科学出版社"十三五"普通高等教育本科规划教材

新时期大学数学信息化精品教材丛书

概率论与数理统计

张军好　谌永荣　安　智　主编

科 学 出 版 社

北 京

内 容 简 介

  本书按新时期大学数学教学大纲要求编写而成,内容丰富,理论严谨,思路清晰,例题典型,方法性强.本书注重分析解题思路与规律,并与现实生活中的问题紧密结合,对培养学生的学习兴趣及提高分析问题与解决问题的能力将起到较大作用.全书共分九章,内容涵盖随机事件、一维随机变量及其分布、多维随机变量及其分布、随机变量的数字特征、大数定律和中心极限定理、样本及抽样分布、参数估计、假设检验、方差分析与回归分析等.每个章节均配有习题,书后附有两套综合测试题及习题参考答案,同时每章后都配有历届考研试题选讲,这样既便于教师教学,又利于学生考试复习.

  本书可作为高等院校理工类、经济类与管理类等非数学专业学生的"概率论与数理统计"课程的教材,也可以作为工程技术人员、自学者及考研学生的参考书.

图书在版编目(CIP)数据

概率论与数理统计/张军好,谌永荣,安智主编. —北京:科学出版社,2021.6
(新时期大学数学信息化精品教材丛书)
科学出版社"十三五"普通高等教育本科规划教材
ISBN 978-7-03-068217-8

Ⅰ.①概… Ⅱ.①张… ②谌… ③安… Ⅲ.概率论-高等学校-教材
②数理统计-高等学校-教材 Ⅳ.①O21

中国版本图书馆 CIP 数据核字(2021)第 039049 号

责任编辑:吉正霞 张 湾/责任校对:高 嵘
责任印制:彭 超/封面设计:苏 波

科 学 出 版 社 出版
北京东黄城根北街 16 号
邮政编码:100717
http://www.sciencep.com

武汉中科兴业印务有限公司印刷
科学出版社发行 各地新华书店经销
*
2021 年 6 月第 一 版 开本:787×1092 1/16
2021 年 6 月第一次印刷 印张:17 3/4
字数:451 000

定价:55.00 元
(如有印装质量问题,我社负责调换)

前　言

本书为"新时期大学数学信息化精品教材丛书"之《概率论与数理统计》，是在遵循新时期大学数学教学大纲，并参考教育部高等学校大学数学课程教学基本要求的基础上编写而成的.

本书在编写过程中参考了同类优秀教材，并在与新时期大学数学教学大纲相结合的前提下遵循了以下编写原则.

（1）本书的编写内容及方法的深广度与理工类、经济类与管理类各专业"概率论与数理统计"课程的教学要求相当，并与教育部最新颁布的研究生入学考试数学的考试大纲相结合. 注重适当地渗透现代数学的思想与方法，以适应新时期对理工类、经济类、管理类人才培养的要求，同时满足新时期研究生入学考试对数学的基本要求.

（2）在满足教学要求的基础上注重理论阐述的深入浅出，同时也注重内容的完善性、理论的严谨性、例题方法的典型性的结合，使教师更容易组织教学内容，学生也较容易接受，从而使学生在知识、能力与素质等方面有较大的提高.

（3）本书与工学、经济学和管理学紧密结合，在大多数章节中都有工学、经济学与管理学等方面的数学知识，从而使学生清楚地认识到"概率论与数理统计"在工学、经济学和管理学等方面的重要应用，进而提高学生学习"概率论与数理统计"的主观积极性，培养学习数学的兴趣，提高利用数学知识分析问题、解决问题的能力.

（4）在每章后给出近年来考研数学中的典型例题，并给出详细的解答过程，以供读者体会"概率论与数理统计"考研题目的难度、深度和广度，从而对"概率论与数理统计"的学习起到一个很好的参考作用.

（5）本书在编写中参考众多优秀教材及近年来考研题型与方法，并结合编者多年的教学实践与心得，精心挑选课后练习，为每章配备习题，书后还配备两套综合测试题，用以检验学生对各章及整体的学习效果，并使学生进一步消化知识，夯实基础，提高能力.

本书共分九章，内容涵盖随机事件、一维随机变量与多维随机变量及其分布、随机变量的数字特征、大数定律和中心极限定理、样本及抽样分布、参数估计、假设检验、方差分析与回归分析等. 部分章节配备习题. 习题安排遵循循序渐进的原则，既注重基本概念、基本理论和方法，又注重经济学和其他方面应用性习题的配置，使习题与教材内容有机结合，教师布置作业更方便、有重点，学生检验学习效果更直接，从而达到教师容易教、学生容易学的目的.

本书由张军好、谌永荣、安智任主编，由叶小青、佘纬、李学锋、江美英任副主编，参与编写的还有田凡、王丽君、吴浩、陈晨、汪政红、胡军浩、夏永波、胡国香、殷红艳、周静、韩东方与曹静等多位老师. 全书由张军好统稿. 数学与统计学学院的胡军浩教授与夏永波教授认真审阅了全书，并提出了宝贵意见，在此表示衷心感谢.

本书在编写过程中参考了众多优秀教材，本书的出版得到了科学出版社的领导和编辑的大力支持，同时也得到了中南民族大学教务处、数学与统计学学院领导的支持与帮助，在此一并致谢！

限于编者的学识与经验，书中难免有不足之处，恳请读者批评指正，使本书不断完善.编者会为新时期大学数学教材资源的建设与发展不断前行.

编　者
二零二零年七月于武昌南湖畔

目　录

第一章　随机事件 ……………………………………………………………… 1

　第一节　随机事件 ……………………………………………………………… 1

　　一、随机试验 ………………………………………………………………… 1

　　二、样本空间 ………………………………………………………………… 1

　　三、随机事件的概念 ………………………………………………………… 2

　　四、事件间的关系与运算 …………………………………………………… 2

　习题 1-1 ………………………………………………………………………… 4

　第二节　随机事件的概率概念 ………………………………………………… 5

　　一、频率与概率 ……………………………………………………………… 5

　　二、概率的性质 ……………………………………………………………… 6

　　三、等可能概型 ……………………………………………………………… 8

　　四、几何概型 ………………………………………………………………… 11

　习题 1-2 ………………………………………………………………………… 12

　第三节　条件概率 ……………………………………………………………… 12

　　一、条件概率的概念 ………………………………………………………… 12

　　二、乘法公式 ………………………………………………………………… 14

　　三、全概率公式和贝叶斯公式 ……………………………………………… 14

　习题 1-3 ………………………………………………………………………… 17

　第四节　独立性 ………………………………………………………………… 17

　习题 1-4 ………………………………………………………………………… 20

　历年考研试题选讲一 …………………………………………………………… 21

　本章小结 ………………………………………………………………………… 24

　总习题一 ………………………………………………………………………… 25

第二章　一维随机变量及其分布 ……………………………………………… 27

　第一节　随机变量 ……………………………………………………………… 27

　习题 2-1 ………………………………………………………………………… 28

　第二节　离散型随机变量及其分布 …………………………………………… 28

　　一、离散型随机变量的概念 ………………………………………………… 28

　　二、常用的离散型随机变量及其分布 ……………………………………… 30

　习题 2-2 ………………………………………………………………………… 33

　第三节　随机变量的分布函数 ………………………………………………… 34

　习题 2-3 ………………………………………………………………………… 37

　第四节　连续型随机变量及其分布 …………………………………………… 38

一、连续型随机变量的概念 ·· 38
二、常用的连续型随机变量及其分布 ··· 39
习题 2-4 ·· 43
第五节　随机变量函数的分布 ·· 44
习题 2-5 ·· 47
历年考研试题选讲二 ·· 48
本章小结 ·· 50
总习题二 ·· 51
第三章　多维随机变量及其分布 ·· 53
第一节　二维随机变量及其分布 ·· 53
习　题　3-1 ·· 56
第二节　边缘分布 ·· 57
习　题　3-2 ·· 59
第三节　条件分布 ·· 60
习　题　3-3 ·· 64
第四节　随机变量的独立性 ·· 64
习　题　3-4 ·· 68
第五节　两个随机变量函数的分布 ··· 69
习　题　3-5 ·· 74
历年考研试题选讲三 ·· 75
本章小结 ·· 85
总习题三 ·· 86
第四章　随机变量的数字特征 ·· 89
第一节　数学期望 ·· 89
一、数学期望的定义 ·· 89
二、随机变量函数的数学期望 ·· 93
三、数学期望的性质 ·· 95
四、常用分布的数学期望 ·· 97
习题 4-1 ·· 99
第二节　方差 ·· 100
一、方差的定义 ·· 100
二、方差的性质 ·· 102
三、常用分布的方差 ·· 103
四、切比雪夫不等式 ·· 105
习题 4-2 ·· 106
第三节　协方差与相关系数 ·· 107
一、协方差 ·· 107
二、相关系数 ·· 107
习题 4-3 ·· 111

　　第四节　矩、协方差矩阵 ···112
　　　一、矩、协方差矩阵的定义 ·····································112
　　　二、n 维正态随机变量 ···113
　　习　题　4-4 ··115
　　历年考研试题选讲四 ··115
　　本章小结 ··125
　　总习题四 ··126

第五章　大数定律和中心极限定理 ···································128
　　第一节　大数定律 ···128
　　第二节　中心极限定理 ···130
　　历年考研试题选讲五 ··134
　　本章小结 ··135
　　总习题五 ··135

第六章　样本及抽样分布 ··137
　　第一节　数理统计的基本概念 ···137
　　　一、样本 ···137
　　　二、统计推断问题简述 ···139
　　　三、分组数据统计表和频率直方图 ·······························139
　　　四、经验分布函数 ··141
　　习题 6-1 ··142
　　第二节　统计量 ··143
　　　一、统计量的概念 ··143
　　　二、常用的统计量 ··143
　　习题 6-2 ··144
　　第三节　抽样分布 ···145
　　　一、χ^2 分布 ··145
　　　二、t 分布 ···146
　　　三、F 分布 ··147
　　　四、正态总体的样本均值与样本方差的分布 ···················149
　　习题 6-3 ··152
　　历年考研试题选讲六 ··153
　　本章小结 ··156
　　总习题六 ··157

第七章　参数估计 ···159
　　第一节　点估计 ··159
　　　一、点估计的概念 ··159
　　　二、点估计的常用方法 ···159
　　习题 7-1 ··166
　　第二节　估计量的评选标准 ··166

一、无偏性 ……………………………………………………………… 167

二、有效性 ……………………………………………………………… 168

三、相合性 ……………………………………………………………… 168

习题 7-2 ……………………………………………………………… 170

第三节 区间估计 …………………………………………………………… 171

一、区间估计的基本概念 ………………………………………………… 171

二、估计方法 ……………………………………………………………… 171

习题 7-3 ……………………………………………………………… 172

第四节 正态总体均值与方差的区间估计 ………………………………… 173

一、单个正态总体的情形 ………………………………………………… 173

二、两个正态总体的情形 ………………………………………………… 176

习题 7-4 ……………………………………………………………… 179

第五节 单侧置信区间 ……………………………………………………… 180

一、单侧置信区间的概念 ………………………………………………… 180

二、单侧置信区间的求法 ………………………………………………… 180

习题 7-5 ……………………………………………………………… 184

历年考研试题选讲七 ………………………………………………… 184

本章小结 ……………………………………………………………… 194

总习题七 ……………………………………………………………… 196

第八章 假设检验 ……………………………………………………… 198

第一节 假设检验问题 ……………………………………………………… 198

一、问题的提出 …………………………………………………………… 198

二、假设检验的思想与步骤 ……………………………………………… 199

三、假设检验的两类错误 ………………………………………………… 200

习题 8-1 ……………………………………………………………… 200

第二节 单个正态总体参数的假设检验 …………………………………… 200

一、总体均值 μ 的假设检验 ………………………………………… 200

二、总体方差的 χ^2 假设检验 …………………………………… 203

习题 8-2 ……………………………………………………………… 204

第三节 两个正态总体参数的假设检验 …………………………………… 205

一、两个正态总体均值差 $\mu_1-\mu_2$ 的假设检验 ………………… 205

二、两个正态总体方差比 σ_1^2/σ_2^2 的假设检验 ……… 206

第四节 假设检验与区间估计的关系 ……………………………………… 208

历年考研试题选讲八 ………………………………………………… 209

本章小结 ……………………………………………………………… 209

总习题八 ……………………………………………………………… 210

第九章 方差分析与回归分析 ………………………………………… 212

第一节 单因素试验的方差分析 …………………………………………… 212

一、数学模型 ……………………………………………………………… 212

　　二、平方和分解 ·· 214

　　三. 假设检验问题 ·· 215

第二节　线性回归 ··· 217

　　一、回归分析概述 ·· 217

　　二、一元线性回归 ·· 219

　　三、多元线性回归 ·· 221

历届考研试题选讲九（略）·· 223

本章小结（略）·· 223

总习题九 ·· 223

概率论与数理统计综合测试题一 ·································· 226

概率论与数理统计综合测试题二 ·································· 228

习题参考答案 ·· 230

主要参考文献 ·· 255

附表 ··· 256

　　附表1　几种常用的概率分布 ·································· 256

　　附表2　标准正态分布表 ······································ 257

　　附表3　泊松分布表 ·· 258

　　附表4　t分布表 ··· 260

　　附表5　χ^2分布表 ······································ 262

　　附表6　F分布表 ··· 265

　　附表7　秩和临界值表 ·· 271

　　附表8　简单相关系数的临界值表 ······························ 272

第一章　随机事件

在多种多样的自然现象和社会现象中，有一类现象被称为**确定性现象**，其特点是在一定的条件下必然发生. 例如，向上抛一石子必然下落；在市场经济条件下，某商品供不应求，其价格必会上涨等等. 另一类现象称为**不确定性现象**，其特点是在一定的条件下可能出现这样的结果，也可能出现那样的结果，而在试验和观察之前不能预知确切的结果. 例如，抛一枚硬币，其落地后可能正面朝上，也可能反面朝上，且抛之前无法确定抛的结果是什么；下周的股市可能会上涨，也可能会下跌等等. 把这种在大量重复试验或观察中所呈现出的固有规律性，称为**统计规律性**. 例如，抛硬币的试验，大量重复试验的结果是正、反面各占一半.

这种在个别试验中其结果呈现出不确定性，在大量重复试验中其结果又具有统计规律性的现象，称为**随机现象**. 概率论与数理统计是研究和揭示随机现象统计规律性的一门数学学科.

第一节　随机事件

一、随机试验

在研究自然现象和社会现象时，常会做各种试验. 它包括各种各样的科学试验，甚至是对某一事物的某种特征进行观察. 下面举一些试验的例子.

E_1：抛一枚硬币，观察正面 H、反面 T 出现的情况.

E_2：抛一枚硬币三次，观察正面 H、反面 T 出现的情况.

E_3：抛一枚硬币三次，观察正面 H 出现的次数.

E_4：掷一颗骰子，观察出现的点数.

E_5：记录某大商场一天内进入的顾客人数.

E_6：在一批彩电中任意抽取一台，测试它的寿命.

上面 6 个试验的例子有以下共同的特点：

（1）可以在相同的条件下重复进行；

（2）每次试验的可能结果不止一个，并且能事先明确试验的所有可能结果；

（3）进行试验之前不能确定哪一个结果会出现.

将具有上述三个特点的试验称为**随机试验**. 在本书中以后提到的试验都指随机试验，故以后将随机试验简称为试验，用 E 表示.

二、样本空间

试验中所有可能的结果是明确的，将随机试验 E 的所有可能结果组成的集合称为 E 的样本空间,记为 Ω 或 S. E 的每一个结果即样本空间的元素称为样本点. 前面提到的试验,对应的样本空间分别为

$\Omega_1 = \{H, T\}$;

$\Omega_2 = \{HHH, HHT, HTH, THH, HTT, THT, TTH, TTT\}$;

$\Omega_3 = \{0, 1, 2, 3\}$;

$\Omega_4 = \{1, 2, 3, 4, 5, 6\}$;

$\Omega_5 = \{0, 1, 2, \cdots\}$;

$\Omega_6 = \{t | t \geq 0\}$.

值得注意的是,试验 E_2 和试验 E_3 都是抛一枚硬币三次,但由于试验目的不同,故它们的样本空间不同.

三、随机事件的概念

在实际中,人们往往关心的是满足某种条件的样本点所组成的集合,即样本空间的子集. 例如,前面提到的测一批彩电的寿命,若规定寿命超过 15 000 h 为合格品,人们关心的是彩电的寿命是否大于 15 000 h,它是 $\Omega_6 = \{t | t \geq 0\}$ 的一个子集,记作 $A = \{t | t > 15\,000\}$,称为一个随机事件.

一般地,称试验 E 的样本空间 Ω 的子集为**随机事件**,简称为事件,用大写字母 $A, B, \cdots$ 表示. 在每次试验中,当且仅当这一子集中的一个样本点出现时,称这一事件发生. 例如,在 E_6 中,若测得彩电的寿命 $t = 1\,600$ h,则事件"彩电为合格品"在该次试验中发生.

特别地,由一个样本点组成的单点集称为**基本事件**. 例如,试验 E_1 有两个基本事件 $\{H\}$ 和 $\{T\}$;试验 E_3 有 4 个基本事件 $\{0\}$, $\{1\}$, $\{2\}$, $\{3\}$.

样本空间 Ω 有两个特殊子集,一个是 Ω 本身,它包含了试验的所有可能结果,所以在每次试验中它总是发生,称为**必然事件**;另一个是空集 $\varnothing$,它不包含任何样本点,因此在每次试验中都不发生,称为**不可能事件**.

四、事件间的关系与运算

事件是一个集合,因此事件间的关系与运算自然按照集合论中集合之间的关系和运算来处理. 下面给出这些关系和运算在概率论中的提法,并概括"事件发生"的含义,相应给出它们在概率论中的含义.

(1)若 $A \subset B$,则称事件 B 包含事件 A,或称事件 A 是事件 B 的**子事件**,其含义是事件 A 发生必然导致事件 B 发生,如图 1-1 所示.

若 $A \subset B$ 且 $B \subset A$,则 $A = B$,称事件 A 与事件 B 相等.

(2)事件 $A \bigcup B = \{x | x \in A 或 x \in B\}$ 称为事件 A 与事件 B 的**和事件**(**并事件**),又可记作 $A + B$,其含义是当且仅当 A, B 中至少有一个发生时,事件 $A \bigcup B$ 发生,如图 1-2 所示. 类似地,称 $\bigcup_{k=1}^{n} A_k = \sum_{k=1}^{n} A_k$ 为 n 个事件 $A_1, A_2, \cdots, A_n$ 的和事件;称 $\bigcup_{k=1}^{\infty} A_k = \sum_{k=1}^{\infty} A_k$ 为可列无穷个事件 $A_1, A_2, \cdots$ 的和事件.

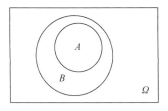

图 1-1　$A \subset B$

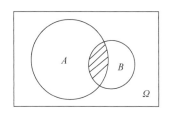

图 1-2　$A \cup B$

（3）事件 $A \cap B = \{x | x \in A$ 且 $x \in B\}$ 称为事件 A 与事件 B 的**积事件（交事件）**，又可记作 $A \cdot B$ 或 AB，其含义是当且仅当事件 A，B 同时发生时，事件 $A \cap B$ 发生，如图 1-3 所示. 类似地，称 $\bigcap\limits_{k=1}^{n} A_k = \prod\limits_{k=1}^{n} A_k$ 为 n 个事件 A_1，A_2，$\cdots$，A_n 的积事件，称 $\bigcap\limits_{k=1}^{\infty} A_k = \prod\limits_{k=1}^{\infty} A_k$ 为可列无穷个事件 A_1，A_2，$\cdots$ 的积事件.

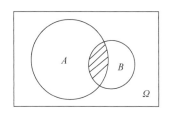

图 1-3　$A \cap B$

（4）事件 $A - B = \{x | x \in A$ 且 $x \notin B\}$ 称为事件 A 与事件 B 的**差事件**，其含义是当事件 A 发生而事件 B 不发生时，事件 $A - B$ 发生，如图 1-4（a）、（b）所示.

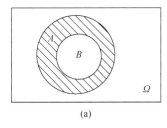

(a)

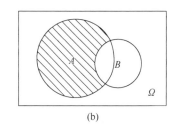

(b)

图 1-4　$A - B$

（5）若 $A \cap B = \varnothing$，则称事件 A 与 B 是**互不相容事件**，或为**互斥事件**，其含义是事件 A 与事件 B 不能同时发生，如图 1-5 所示.

（6）若 $A \cup B = \Omega$ 且 $A \cap B = \varnothing$，则称事件 A 与事件 B 互为**逆事件**，又称事件 A 与事件 B 互为**对立事件**，其含义是对每次试验而言，事件 A，B 中必有一个发生，且仅有一个发生，如图 1-6 所示. A 的对立事件记作 $\overline{A}$，显然对于 A 与 B 的差事件 $A - B$ 有 $A - B = A \cdot \overline{B} = A - A \cap B$.

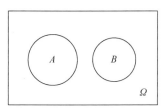

图 1-5　$A \cap B = \varnothing$

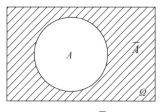

图 1-6　$\overline{A}$

可以验证，一般事件之间的运算还满足如下运算律.

交换律： $A \cup B = B \cup A$；$A \cap B = B \cap A$.

结合律： $A \cup (B \cup C) = (A \cup B) \cup C$；$A \cap (B \cap C) = (A \cap B) \cap C$.

分配律： $A \cup (B \cap C) = (A \cup B) \cap (A \cup C)$；$A \cap (B \cup C) = (A \cap B) \cup (A \cap C)$；

视频：判断正误

$$A \cup (\bigcap_{i=1}^{n} B_i) = \bigcap_{i=1}^{n} (A \cup B_i)；\quad A \cap (\bigcup_{i=1}^{n} B_i) = \bigcup_{i=1}^{n} (A \cap B_i).$$

对偶律（德·摩根律）： $\overline{A \cup B} = \bar{A} \cap \bar{B}$；$\overline{A \cap B} = \bar{A} \cup \bar{B}$；$\overline{(\bigcup_{i=1}^{n} B_i)} = \bigcap_{i=1}^{n} \bar{B_i}$；$\overline{(\bigcap_{i=1}^{n} B_i)} = \bigcup_{i=1}^{n} \bar{B_i}$.

例 1-1 在 E_2 中，事件 A_1："第一次出现正面 H" 为

$$A_1 = \{HHH, HHT, HTH, HTT\},$$

事件 A_2："两次出现正面 H" 为

$$A_2 = \{HHT, HTH, THH\},$$

则

$$A_1 \cup A_2 = \{HHH, HHT, HTH, HTT, THH\},$$

$$A_1 \cap A_2 = \{HHT, HTH\}, \quad A_1 - A_2 = \{HHH, HTT\}.$$

例 1-2 设 A, B, C 是随机事件，则事件"A 与 B 发生而 C 不发生"可以表示为 $AB\bar{C}$；事件"A, B, C 至少一个发生"可以表示为 $A \cup B \cup C$；事件"A, B, C 至少两个发生"可以表示为 $AB \cup AC \cup BC$；事件"A, B, C 恰好一个发生"可以表示为 $A\bar{B}\bar{C} \cup \bar{A}B\bar{C} \cup \bar{A}\bar{B}C$；事件"$A, B, C$ 有不多于一个发生"可以表示为 $\bar{A}\bar{B}\bar{C} \cup A\bar{B}\bar{C} \cup \bar{A}B\bar{C} \cup \bar{A}\bar{B}C$，而事件"$A, B, C$ 有不多于一个发生"即事件"A, B, C 中至少有两个不发生"，故也可以表示成 $\bar{A}\bar{B} \cup \bar{B}\bar{C} \cup \bar{A}\bar{C}$.

习 题 1-1

1. 写出下列随机试验的样本空间.

（1）同时掷三颗骰子，记录三颗骰子的点数之和；

（2）在单位圆内任取一点，记录它的坐标；

（3）生产产品直到生产出 5 件正品为止，记录生产产品的总件数；

（4）重复抛一枚硬币两次，观察出现正面 H、反面 T 的情况.

2. 设 A, B, C 为三事件，利用 A, B, C 的运算关系表示下列各事件.

（1）A 发生，B 与 C 都不发生；

（2）A, B, C 中至少一个不发生；

（3）A, B, C 都发生；

（4）A, B, C 都不发生；

（5）A, B, C 不多于一个发生；

（6）A, B, C 中至少一个发生；

（7）A, B, C 中不多于两个发生.

3. 设 A 表示事件"甲产品畅销，乙产品滞销"，则 A 的对立事件 $\bar{A}$ 表示的意义是什么？

第二节　随机事件的概率概念

一、频率与概率

对于一个事件（除了必然事件和不可能事件）来说，它在一次试验中可能发生，也可能不发生. 人们常常希望知道某些事件在一次试验中发生的可能性有多大. 例如，商业保险机构为获取较大利润，就必须研究个别意外事件发生的可能性大小，由此去计算保险费和赔偿费. 再如，为了确定水坝的高度，就要知道河流在造水坝地段每年最大洪水达到某一高度这一事件发生的可能性大小. 为此，首先引入频率，它描述了事件发生的频繁程度，进而引出概率的统计定义和公理化定义.

在给出定义之前，先介绍一下历史上著名的"抛硬币"试验，历史上有多位数学家做过这样的试验，得到的结果如表 1-1 所示.

视频：投掷硬币试验模拟

表 1-1

试验者	n	n_A	$f_n(A)$
德·摩根	2 048	1 061	0.518 1
蒲丰	4 040	2 048	0.506 9
费勒	10 000	4 979	0.497 9
皮尔逊	24 000	12 012	0.500 5

从上述数据可以看出：①频率具有随机波动性，即对于同样的 n，所得的 $f_n(A)$ 不尽相同；②抛硬币次数 n 较小时，频率 $f_n(A)$ 随机波动的幅度较大，但随着 n 的增大，频率 $f_n(A)$ 呈现出稳定性，即当 n 逐渐增大时，$f_n(A)$ 总是在 0.5 附近摆动，并逐渐稳定于 0.5.

定义 1-1　在相同条件下，进行了 n 次试验，在这 n 次试验中，事件 A 发生的次数 n_A 称为事件 A 发生的**频数**，比值 $\dfrac{n_A}{n}$ 称为事件 A 发生的**频率**，并记为 $f_n(A)$，即

$$f_n(A) = \frac{n_A}{n}.$$

不难验证，频率具有如下性质：

（1）$0 \leqslant f_n(A) \leqslant 1$；

（2）$f_n(\Omega) = 1$；

（3）若事件 $A_1, A_2, \cdots, A_m$ 互不相容，则有

$$f_n\left(\bigcup_{i=1}^{m} A_i\right) = \sum_{i=1}^{m} f_n(A_i).$$

由于事件 A 发生的频率是它发生的次数与试验次数之比，其大小表示 A 发生的频繁程度，频率大，事件 A 发生就频繁，这就意味着事件 A 在一次试验中发生的可能性就大. 因而，直观的想法是用频率来表示事件 A 在一次试验中发生的可能性的大小. 例如，上面提到的"抛硬币"的例子，若记 $A = \{$出现正面向上$\}$，其中蒲丰做了 $n = 4\,040$ 次试验，$n_A = 2\,048$，即有 $f_n(A) = 0.506\,9$；皮尔逊做了 $n = 24\,000$ 次试验，$n_A = 12\,012$，即有 $f_n(A) = 0.500\,5$. 这表明当 n 不同时，得出的结果常常会不一样. 根据试验经验还可知道，即使对相同的 n，投掷的时间、地点和人不一样时，也会得到不同的 $f_n(A)$，这表明频率具有一定的随机波动性. 但是，随着试验

次数 n 的增大， $f_n(A)$ 总是在 0.5 上下波动，且逐渐稳定于 0.5，这表明频率具有稳定性.

但在实际中，不可能对每一个事件做大量的试验，然后求得事件的频率，用以表示事件发生的可能性的大小. 同时，为了理论研究的需要，从频率的稳定性和频率的性质得到启发，给出如下表示事件发生可能性大小的概率的定义.

定义 1-2 设 E 为一个试验，Ω 是 E 的样本空间，对于每一事件 $A(A \subset \Omega)$，都赋予一个实数 $P(A)$，若 $P(A)$ 满足以下三条公理，则称 $P(A)$ 为事件 A 的概率.

公理 1-1 对于任一事件 A，有 $P(A) \geqslant 0$（**非负性**）.

公理 1-2 $P(\Omega) = 1$（**正则性**）.

公理 1-3 若 $A_1, A_2, \cdots, A_n, \cdots$ 为可列无穷多个互不相容的事件，即对于 $i \neq j$，$A_i A_j = \varnothing$，i，$j = 1, 2, \cdots$，则

$$P\left(\bigcup_{i=1}^{\infty} A_i\right) = \sum_{i=1}^{\infty} P(A_i) \quad (\textbf{可列可加性}).$$

由定义 1-2 可知，对于一个试验 E，概率 $P(A)$ 实际上是一个实值函数. 此函数的值域为 $[0, 1]$，而自变量是随机事件 A，因为事件是样本空间 Ω 的子集，所以 $P(A)$ 也称为集合函数. 此函数的定义域是由与试验 E 有关的所有事件构成的集合，称此集合为**事件域**，常用 F 表示. 对于事件域 F 来说，Ω 只是 F 中的一个元素.

二、概率的性质

性质 1-1 $P(\varnothing) = 0$.

证 令 $A_n = \varnothing (n = 1, 2, \cdots)$，则 $\bigcup_{n=1}^{\infty} A_n = \varnothing$，且 $A_i A_j = \varnothing$，$i \neq j$，由公理 1-3 得

$$P(\varnothing) = P\left(\bigcup_{n=1}^{\infty} A_i\right) = \sum_{n=1}^{\infty} P(A_n) = \sum_{n=1}^{\infty} P(\varnothing),$$

而实数 $P(\varnothing) \geqslant 0$，故由上式知 $P(\varnothing) = 0$.

性质 1-2 若 $A_1, A_2, \cdots, A_n$ 是两两互不相容的事件，则有

$$P\left(\bigcup_{i=1}^{n} A_i\right) = \sum_{i=1}^{n} P(A_i) \quad (\textbf{有限可加性}).$$

证 令 $A_{n+1} = A_{n+2} = \cdots = \varnothing$，即有 $A_i A_j = \varnothing$，$i \neq j (i, j = 1, 2, \cdots)$，由公理 1-3 及性质 1-1 有

$$P\left(\bigcup_{i=1}^{n} A_i\right) = P\left(\bigcup_{i=1}^{\infty} A_i\right) = \sum_{i=1}^{\infty} P(A_i) = \sum_{i=1}^{n} P(A_i) + 0 = \sum_{i=1}^{n} P(A_i).$$

性质 1-3 对任一事件 A，有

$$P(\bar{A}) = 1 - P(A).$$

证 因为 $A \cup \bar{A} = \Omega$，且 $A\bar{A} = \varnothing$，由性质 1-2 得

$$1 = P(A \cup \bar{A}) = P(A) + P(\bar{A}),$$

所以

$$P(\bar{A}) = 1 - P(A).$$

性质 1-4 设 A，B 为两个事件，若 $A \subset B$，则有

$$P(B - A) = P(B) - P(A);$$

$$P(B) \geqslant P(A).$$

证　由 $A \subset B$ 知 $B = A \cup (B-A)$，且 $A \cap (B-A) = \varnothing$，由性质 1-2 得

$$P(B) = P(A) + P(B-A),$$

即

$$P(B-A) = P(B) - P(A).$$

又由公理 1-1 知，$P(B-A) \geqslant 0$，即

$$P(B) \geqslant P(A).$$

性质 1-5　对于任一事件 A，有

$$P(A) \leqslant 1.$$

证　因为 $A \subset \Omega$，由性质 1-4 得

$$P(A) \leqslant P(\Omega) = 1.$$

性质 1-6　对于任意两事件 A，B，有

$$P(A \cup B) = P(A) + P(B) - P(AB).$$

证　因为 $A \cup B = A \cup (B-AB)$，且 $A \cap (B-AB) = \varnothing$，$AB \subset B$，所以

$$P(A \cup B) = P(A) + P(B-AB)$$
$$= P(A) + P(B) - P(AB).$$

上式可以推广到多个事件的情形. 例如，设 A_1，A_2，A_3 为任意三个事件，则有

$$P(A_1 \cup A_2 \cup A_3) = P(A_1) + P(A_2) + P(A_3) - P(A_1A_2)$$
$$- P(A_1A_3) - P(A_2A_3) + P(A_1A_2A_3).$$

一般，对于任意 n 个事件 A_1，A_2，$\cdots$，A_n，可以用归纳法证得

$$P(A_1 \cup A_2 \cup \cdots \cup A_n) = \sum_{i=1}^{n} P(A_i) - \sum_{1 \leqslant i < j \leqslant n} P(A_iA_j)$$
$$+ \sum_{1 \leqslant i < j < k \leqslant n} P(A_iA_jA_k) + \cdots$$
$$+ (-1)^{n-1} P(A_1A_2 \cdots A_n).$$

此式称为**概率的一般加法公式**.

这里特别说明：若 $A = \varnothing$，则 $P(A) = 0$，反之不然，即 $P(A) = 0$ 推不出 $A = \varnothing$. 例如，打点机在区间 [0, 1] 上打点，打到点 0.4 的概率是 0，但事件 A："打到点 0.4"不是不可能事件. 同样，$A = \Omega$，则 $P(\Omega) = 1$，反之不然，即 $P(A) = 1$ 推不出 $A = \Omega$.

例 1-3　设 $P(A) = \dfrac{1}{2}$，$P(B) = \dfrac{1}{4}$，就下列三种情况：（1）A 与 B 互不相容；（2）$B \subset A$；（3）$P(AB) = \dfrac{1}{8}$，求 $P(A-B)$ 和 $P(A \cup B)$.

解　（1）由题知 $AB = \varnothing$，有 $P(AB) = 0$，则

$$P(A-B) = P(A) - P(AB) = \frac{1}{2},$$

$$P(A \cup B) = P(A) + P(B) - P(AB) = \frac{3}{4}.$$

（2）由题知 $B \subset A$，有 $AB = B$，则

$$P(A-B) = P(A) - P(B) = \frac{1}{4},$$

$$P(A\bigcup B) = P(A) + P(B) - P(AB) = P(A) = \frac{1}{2}.$$

（3）由题意得

$$P(A-B) = P(A) - P(AB) = \frac{3}{8},$$

$$P(A\bigcup B) = P(A) + P(B) - P(AB) = \frac{5}{8}.$$

例 1-4　设事件 A，B，验证 A 和 B 恰好有一个发生的概率为 $P(A) + P(B) - 2P(AB)$.

证　A 和 B 恰好有一个发生，即 $\bar{A}B\bigcup A\bar{B}$，且 $\bar{A}B\bigcap A\bar{B} = \varnothing$，故

$$P(\bar{A}B\bigcup A\bar{B}) = P(\bar{A}B) + P(A\bar{B}) = P(A) - P(AB) + P(B) - P(AB)$$
$$= P(A) + P(B) - 2P(AB).$$

三、等可能概型

在前面所计算的随机试验的例子中，有一些随机试验具有如下两个特性.

（1）试验的样本空间只含有有限个元素；

（2）试验中每个基本事件发生的可能性相同.

具有以上两个特点的随机试验为**等可能概型**，因为它是概率论发展初期的主要研究对象，所以也称为**古典概型**.

下面来讨论等可能概型中事件概率的计算公式.

设试验的样本空间 $\Omega = \{e_1, e_2, \cdots, e_n\}$，由于在试验中每个基本事件发生的可能性相同，即 $P(\{e_1\}) = P(\{e_2\}) = \cdots = P(\{e_n\})$. 同时考虑到基本事件是两两互不相容的，于是

$$1 = P(\Omega) = P(\{e_1\}\bigcup\{e_2\}\bigcup\cdots\bigcup\{e_n\})$$
$$= P(\{e_1\}) + P(\{e_2\}) + \cdots + P(\{e_n\}) = nP(\{e_i\}),$$

所以

$$P(\{e_i\}) = \frac{1}{n} \qquad (i = 1, 2, \cdots, n).$$

若事件 A 包含 k 个基本事件，则有

$$P(A) = \frac{k}{n} = \frac{A包含的基本事件数}{\Omega中的基本事件总数}.$$

上式给出了等可能概型中事件 A 的概率计算公式.

例 1-5　将一枚硬币抛三次. 设事件 A_1："恰好有一次出现正面 H"，事件 A_2："至少一次出现正面 H"，试求 $P(A_1)$ 与 $P(A_2)$.

解　由题意可知，样本空间为

$$S = \{HHH, HHT, HTH, HTT, THH, THT, TTH, TTT\}, \quad A_1 = \{THT, TTH, HTT\},$$

故 $P(A_1) = \frac{3}{8}$. 而 $\bar{A}_2 = \{TTT\}$，故

$$P(A_2) = 1 - P(\overline{A_2}) = 1 - \frac{1}{8} = \frac{7}{8}.$$

说明：当样本空间中元素较多时，一般不再将 Ω 中的元素——列出，而只需要分别求出 Ω 中和 A 中包含的元素的个数（即基本事件的个数），再由公式计算 A 的概率即可.

例 1-6　设袋中有 4 只白球和 2 只黑球，现从袋中取球两次，每次随机地取一只球，考虑两种取球方式：放回抽样，第一次取球一只，观其颜色后放回袋中，然后再取一只球；不放回抽样，第一次取球一只，观其颜色后不放回袋中，第二次从剩余的球中再取一只球. 试分别就上面两种情况求：①取到的两只球都是白球的概率；②取到的两只球颜色相同的概率；③取到的两只球中至少有一只是白球的概率.

解　本题从以下两种情况进行分析.

（1）放回抽样的情况.

记事件 A："取到的两只球都是白球"，事件 B："取到的两只球都是黑球"；事件 C："取到的两只球中至少有一只是白球"，易知取到两只颜色相同的球即 $A \cup B$，而 $C = \overline{B}$.

这是一个典型的等可能概型，利用等可能概型的公式来计算，第一次从袋中取球有 6 只球可供抽取，第二次也有 6 只球可供抽取。由组合法的乘法原理，共有 6×6 种取法。对于事件 A 而言，由于第一次有 4 只白球可供抽取，第二次也有 4 只球可供抽取，由乘法原理知共有 4×4 种取法，于是

$$P(A) = \frac{4 \times 4}{6 \times 6} = \frac{4}{9}.$$

同理，B 中包含 2×2 个元素，故

$$P(B) = \frac{2 \times 2}{6 \times 6} = \frac{1}{9}.$$

由于 $AB = \varnothing$，故

$$P(A \cup B) = P(A) + P(B) = \frac{5}{9},$$

$$P(C) = P(\overline{B}) = 1 - P(B) = \frac{8}{9}.$$

（2）不放回抽样的情况.

与上面的处理方法类似，这里不再详述.

$$P(A) = \frac{4 \times 3}{6 \times 5} = \frac{2}{5},$$

$$P(B) = \frac{2 \times 1}{6 \times 5} = \frac{1}{15},$$

$$P(A \cup B) = P(A) + P(B) = \frac{7}{15},$$

$$P(C) = P(\overline{B}) = 1 - P(B) = \frac{14}{15}.$$

例 1-7　将 n 只球随机地放入 N（$N \geqslant n$）个盒子中去，设盒子的容量不限，试求每个盒子至多有一只球的概率.

解　将 n 只球放入 N 个盒子中去，每种放法是一个基本事件，显然这是等可能概型问题. 因为每一只球都可以放入 N 个盒子中的任一盒子，所以有 $N \times N \times \cdots \times N = N^n$ 种不同的放法.

而每个盒子中至多放一只球共有 $N(N-1)\cdots(N-n+1)$ 种不同放法，因此所求的概率为

$$P = \frac{N(N-1)\cdots(N-n+1)}{N^n} = \frac{A_N^n}{N^n}.$$

此抽象模型对应许多实际问题. 例如，设每个人的生日在一年 365 天中的任一天是等可能的，即都等于 $\dfrac{1}{365}$，则随机选取 $n(n \leqslant 365)$ 个人，他们的生日各不相同的概率为 $\dfrac{365 \cdot 364 \cdots (365-n+1)}{365^n}$. 因此，$n$ 个人中至少有两个人生日相同的概率为

$$P = \frac{365 \cdot 364 \cdots (365-n+1)}{365^n},$$

若 $n=50$，可求得 $P=0.970$，即在一个 50 人的班级里"至少有两人生日相同"这一事件发生的概率与 1 的差别就不大了. 若 $n=100$，可求得 $P=0.999\,999\,7$，这一概率几乎就是 1 了.

例 1-8　设有 N 件产品，其中有 D 件次品. 今从中任取 n 件，问其中恰有 $k(k \leqslant D)$ 件次品的概率是多少？

解　在 N 件产品中抽取 n 件，所有可能的取法有 $C_N^n = \dbinom{N}{n}$ 种. 又因为在 D 件次品中取 k 件，有 $C_D^k = \dbinom{D}{k}$ 种取法. 在 $N-D$ 件正品中取 $n-k$ 件，有 $C_{N-D}^{n-k} = \dbinom{N-D}{n-k}$ 种取法. 由乘法原理知，在 N 件产品中取 n 件，恰有 k 件次品共有 $C_D^k C_{N-D}^{n-k}$ 种，于是所求概率为

$$P = \frac{C_D^k C_{N-D}^{n-k}}{C_N^n}.$$

例 1-9　袋中有 a 只白球，b 只红球，k 个人依次在袋中任取一个球，（1）做放回抽样；（2）做不放回抽样，求第 $i(i=1,2,\cdots,k)$ 个人取到白球（记为事件 B）的概率（$k \leqslant a+b$）.

解　（1）放回抽样的情况. 显然，有

$$P(B) = \frac{a}{a+b}.$$

（2）不放回抽样的情况. 每个人取一只球，每种取法是一个基本事件，共有 $(a+b)(a+b-1)\cdots(a+b-k+1) = A_{a+b}^k$ 个基本事件，且由对称性知每个基本事件发生的可能性相同. 当事件 B 发生时，第 i 个人取的应是白球，它可以是 a 只白球中的任一只，有 a 种取法，其余被取的 $k-1$ 只球可以是其余 $a+b-1$ 只球中的任意 $k-1$ 只，共有

$$(a+b-1)(a+b-2)\cdots [a+b-1-(k-1)+1] = A_{a+b-1}^{k-1}$$

种取法，于是 B 中包含 $a \cdot A_{a+b-1}^{k-1}$ 个基本事件，故

$$P(B) = \frac{a \cdot A_{a+b-1}^{k-1}}{A_{a+b}^k} = \frac{a}{a+b}.$$

说明：　$P(B)$ 与 i 无关，即 k 个人取球，尽管取球的先后次序不同，但每个人取到白球的概率是相同的，大家机会均等（例如买彩票时，每个人得奖的机会是一样的）. 另外，放回抽样和不放回抽样情况下 $P(B)$ 是一样的.

例 1-10　某接待站在某一周内曾接待 12 次来访，已知所有这 12 次接待都是在周三和周五进行的，问是否可以推断接待时间是有规定的？

解　假设接待时间没有规定，则 12 次接待来访者都在周三和周五的概率是

$P = \dfrac{2^{12}}{7^{12}} = 0.000\,000\,3$．这是一个非常小的概率，人们在长期的实践中总结得到"概率很小的事件在一次试验中几乎是不发生的"（称为**实际推断原理**）．但现在这一事件却发生了，因此有理由怀疑该假设的正确性，从而认为接待时间是有规定的，即规定时间为每周的周三和周五.

四、几何概型

上述等可能概型的计算，只适用于具有等可能性的有限样本空间，若试验结果无穷多，它显然已不适合．为了克服有限的局限性，可将等可能概型的计算加以推广.

设试验具有以下特点.

（1）样本空间 Ω 是一个几何区域，这个区域的大小可以度量（如长度、面积、体积等），并把 Ω 的度量记作 $m(\Omega)$.

（2）向区域 Ω 内任意投掷一个点，落在区域内任一点处都是"等可能的"．或者设落在 Ω 中的区域 A 内的可能性与 A 的度量 $m(A)$ 成正比，与 A 的位置和形状无关.

不妨也用 A 表示事件"掷点落在区域 A 内"，那么事件 A 的概率可用下列公式计算：

$$P(A) = \frac{m(A)}{m(\Omega)},$$

文档：零概率事件与不可能事件

称它为**几何概率**.

例 1-11　在区间 $(0,1)$ 内任取两个数，求这两个数的乘积小于 1/4 的概率.

解　设在 $(0,1)$ 内任取两个数为 x，y，则

$$0 < x < 1, \qquad 0 < y < 1,$$

即样本空间是由点 (x,y) 构成的边长为 1 的正方形 Ω，其面积为 1.

令 A 表示事件"两个数的乘积小于 1/4"，则

$$A = \{(x,y) \mid 0 < xy < \frac{1}{4}, 0 < x < 1, 0 < y < 1\}.$$

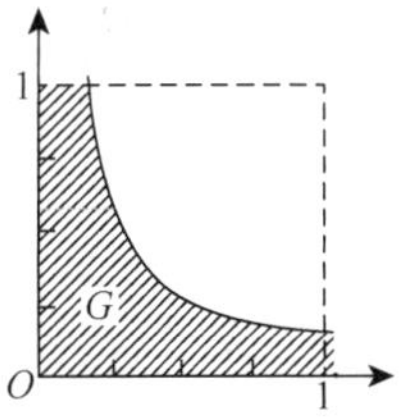

事件 A 所围成的区域见图 1-7，则所求概率为

图 1-7

$$P(A) = \frac{1 - \int_{\frac{1}{4}}^{1}\left(1 - \frac{1}{4x}\right)dx}{1} = 1 - \frac{3}{4} + \int_{\frac{1}{4}}^{1}\frac{1}{4x}dx = \frac{1}{4} + \frac{1}{2}\ln 2.$$

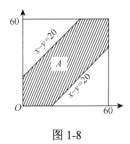

图 1-8

例 1-12（会面问题）　甲、乙两人相约在早上 8～9 点在某地会面，先到者等候另一人 20 min，过时就离开．如果每个人可在指定的 1 h 内的任意时刻到达，试计算两人能会面的概率.

解　记 8 点为计算时刻的 0 时，以分钟（min）为时间单位，如图 1-8 所示，以 x，y 分别表示甲、乙两人到达会面地点的时刻，则 $S = \{(x,y) \mid 0 \le x \le 60, 0 \le y \le 60\}$．以事件 A 表示"两人能会面"，则

$A = \{(x,y) \mid |x-y| \le 20, (x,y) \in S\}$，故 $P = \dfrac{60^2 - 40^2}{60^2} = \dfrac{5}{9}$.

习 题 1-2

1. 已知 $A \subset B$，$P(A) = 0.4$，$P(B) = 0.6$，求:

（1）$P(\bar{A})$，$P(\bar{B})$；   （2）$P(AB)$；

（3）$P(A \cup B)$；   （4）$P(\bar{A}B)$；

（5）$P(\bar{A}\bar{B})$，$P(\bar{B}A)$.

2. 设 A, B 是两个随机事件，且 $P(A) = 0.6$，$P(B) = 0.7$，问分别在什么条件下，$P(AB)$ 取最大值和最小值? 并求此时的最大值和最小值各为多少?

3. 已知 $P(A) = P(B) = P(C) = \dfrac{1}{4}$，$P(AB) = P(AC) = 0$，$P(BC) = \dfrac{1}{8}$，求 A, B, C 至少有一个发生的概率.

4. 10 片药片中有 5 片是止痛片，

（1）从中任取 5 片，求其中有 2 片是止痛片的概率；

（2）从中任取 5 片，求至少有 2 片是止痛片的概率；

（3）从中每次取一片，做不放回抽样，求前两次都取到止痛片的概率.

5. 一个口袋中有 5 只白球，3 只红球，求:

（1）任取两球，取到两只白球的概率；

（2）任取两球，取到的球颜色相同的概率.

6. 10 位朋友随机地围绕圆桌就座，求其中两人一定坐在一起（即座位相邻）的概率.

7. 随机地向半圆 $\left\{(x,y) \,\middle|\, 0 < y < \sqrt{2ax - x^2}\right\}$（$a > 0$，为常数）内投掷一点，点落在半圆内任何区域的概率与该区域的面积成正比，试求原点到该点的连线与 x 轴正向的夹角小于 $\dfrac{\pi}{4}$ 的概率.

第三节 条件概率

一、条件概率的概念

对于人寿保险，保险公司关心的是参保人群在已经活到某个年龄的条件下在未来的一年内存活的概率. 许多实际问题中，往往需要求在某事件 A 发生的条件下，事件 B 发生的概率. 下面举一个例子.

例 1-13 将一枚硬币抛两次，观察出现正面 H、反面 T 的情况. 设事件 A 为"至少有一次 H"，事件 B 为"两次抛同一面"，求事件 A 发生的条件下事件 B 发生的概率.

解 这里样本空间为 $\Omega = \{HH, HT, TH, TT\}$，$A = \{HH, HT, TH\}$，$B = \{HH, TT\}$. 已知事件 A 发生了，此时的样本空间 A 有 3 个元素，而 B 中只有 1 个元素 HH 在 A 中，故记 A 发生的条件下 B 发生的概率为 $P(B|A)$，则 $P(B|A) = \dfrac{1}{3}$.

这里，$P(B) = \dfrac{1}{2} \neq P(B|A)$，这是因为事件 A 的发生影响事件 B 的发生. 另外，$P(A) = \dfrac{3}{4}$，$P(AB) = \dfrac{1}{4}$，$P(B|A) = \dfrac{1}{3} = \dfrac{1/4}{3/4}$，即

$$P(B|A) = \frac{P(AB)}{P(A)}.$$

上式不仅适用于本例，对一般的等可能概型和几何概型问题，也可以证明它是成立的.

定义 1-3 设 A,B 是两个事件，且 $P(A)>0$，称

$$P(B|A) = \frac{P(AB)}{P(A)} \qquad (1\text{-}1)$$

为在事件 A 发生的条件下事件 B 发生的**条件概率**.

不难验证，条件概率 $P(B|A)$ 满足概率公理化定义中的三个条件，即

（1）**非负性**，对于每一个事件 B，有 $P(B|A) \geqslant 0$；

（2）**规范性**，对于必然事件 Ω，有 $P(\Omega|A) = 1$；

（3）**可列可加性**，设 $B_1, B_2, \cdots$ 是两两互不相容的事件，则有

$$P(\bigcup_{i=1}^{\infty} B_i | A) = \sum_{i=1}^{\infty} P(B_i | A). \qquad (1\text{-}2)$$

因此，概率所具有的性质和满足的关系式对条件概率仍适用. 例如：

$$P(\overline{B}|A) = 1 - P(B|A); \qquad (1\text{-}3)$$

$$P(B_1 \bigcup B_2 | A) = P(B_1|A) + P(B_2|A) - P(B_1 B_2 | A); \qquad (1\text{-}4)$$

等等.

根据具体情况，可选用下列两种方法之一来计算条件概率：

（1）在缩减后的样本空间中计算；

（2）在原来的样本空间中，直接由定义计算.

例 1-14 一袋中有 7 只白球，3 只黑球，依次从袋中不放回取两只球.

（1）已知第一次取出的是白球，求第二次取出的仍是白球的概率；

（2）已知第二次取出的是黑球，求第一次取出的也是黑球的概率.

解 记 A_i 为"第 i 次取到白球"，$\overline{A}_i$ 为"第 i 次取到黑球"，其中 $i = 1,2$.

（1）可以在缩减后的样本空间中计算.

第一次取出白球已经发生，第二次取球时有 9 只球，其中白球 6 只，故

$$P(A_2 | A_1) = \frac{2}{3}.$$

（2）用定义来计算比在缩减的样本空间上计算方便.

因为

$$P(\overline{A}_1 \overline{A}_2) = \frac{3 \times 2}{10 \times 9} = \frac{1}{15}, \qquad P(\overline{A}_2) = \frac{3}{10},$$

所以

$$P(\overline{A}_1 | \overline{A}_2) = \frac{P(\overline{A}_1 \overline{A}_2)}{P(\overline{A}_2)} = \frac{2}{9}.$$

例 1-15 人寿保险公司常常需要知道存活到某一年龄段的人在下一年仍然存活的概率，根据统计资料可知，某城市的人从出生存活到 50 岁的概率为 0.907 18，存活到 51 岁的概率为 0.901 35，问现在已经 50 岁的人，能活到 51 岁的概率是多少？

解 记 A："活到 50 岁"，B："活到 51 岁"，显然 $AB = B$，要求 $P(B|A)$.

因为 $P(A) = 0.907\,18$，$P(B) = 0.901\,35$，$P(AB) = P(B) = 0.901\,35$，所以

$$P(B|A) = \frac{P(AB)}{P(A)} = \frac{0.901\,35}{0.907\,18} \approx 0.993\,57 .$$

由此可知，现在已经 50 岁的人，能活到 51 岁的概率为 0.993 57.

二、乘法公式

利用条件概率的定义，可直接得到下述乘法公式.

定理 1-1（乘法公式）　设 $P(A) > 0$ ，则有

$$P(AB) = P(B|A)P(A) . \tag{1-5}$$

式（1-5）很容易推广：若 $P(AB) > 0$ ，则

$$P(ABC) = P(C|AB)P(B|A)P(A) . \tag{1-6}$$

一般地，若 $A_1, A_2, \cdots, A_n$ 是 $n(n \geqslant 2)$ 个事件，且 $P(A_1 A_2 \cdots A_{n-1}) > 0$ ，则

$$P(A_1 A_2 \cdots A_n) = P(A_n | A_1 A_2 \cdots A_{n-1})P(A_{n-1}|A_1 A_2 \cdots A_{n-2}) \cdots P(A_2|A_1)P(A_1) . \tag{1-7}$$

另外，由对称性知，若 $P(B) > 0$ ，则由

$$P(A|B) = \frac{P(AB)}{P(B)}$$

得

$$P(AB) = P(A|B)P(B) . \tag{1-8}$$

例 1-16　一批产品共有 10 件，其中 3 件为次品，每次从中任取一件不放回，问第一、二次取到次品，第三次取到正品的概率是多少？

解　记 A_i ："第 i 次取到正品"，$\overline{A}_i$ ："第 i 次取到次品"，$i = 1, 2, 3$ ，则

$$P(\overline{A}_1) = \frac{3}{10} , \qquad P(\overline{A}_2|\overline{A}_1) = \frac{2}{9} , \qquad P(A_3|\overline{A}_1\overline{A}_2) = \frac{7}{8} ,$$

由乘法公式得

$$P(\overline{A}_1\overline{A}_2 A_3) = P(A_3|\overline{A}_1\overline{A}_2)P(\overline{A}_2|\overline{A}_1)P(\overline{A}_1) = \frac{7}{120} .$$

例 1-17　某光学仪器厂制造的透镜，第一次落下打破的概率为 $\frac{1}{2}$ ，若第一次落下未打破，第二次落下打破的概率为 $\frac{7}{10}$ ，若前两次落下未打破，第三次落下打破的概率为 $\frac{9}{10}$ ，试求透镜落下三次而未打破的概率.

解　记 A_i ："第 i 次落下时打破"，$i = 1, 2, 3$ ，则

$$P(\overline{A}_1\overline{A}_2\overline{A}_3) = P(\overline{A}_3|\overline{A}_1\overline{A}_2)P(\overline{A}_2|\overline{A}_1)P(\overline{A}_1)$$
$$= \left(1 - \frac{9}{10}\right)\left(1 - \frac{7}{10}\right)\left(1 - \frac{1}{2}\right) = \frac{3}{200} .$$

三、全概率公式和贝叶斯公式

下面用概率的有限可加性及条件概率的定义和乘法定理建立两个计算概率的重要公式，先介绍样本空间的划分的定义.

定义 1-4　设 Ω 为试验 E 的样本空间，$B_1, B_2, \cdots, B_n$ 为 E 的一组事件，若

（1）$B_i B_j = \varnothing$，$i \neq j\,(i, j = 1, 2, \cdots, n)$；

（2）$B_1 \bigcup B_2 \bigcup \cdots \bigcup B_n = \Omega$,

则称 $B_1, B_2, \cdots, B_n$ 为样本空间 Ω 的一个**划分**，又称为**完备事件组**.

说明：B 与 $\overline{B}$ 是样本空间 Ω 的一个最简单的划分.

定理 1-2（全概率公式）　设试验 E 的样本空间为 Ω，A 为 E 的事件，$B_1, B_2, \cdots, B_n$ 为 Ω 的一个划分，且 $P(B_i) > 0(i = 1, 2, \cdots, n)$，则

$$P(A) = P(A|B_1)P(B_1) + P(A|B_2)P(B_2) + \cdots + P(A|B_n)P(B_n)$$

$$= \sum_{i=1}^{\infty} P(A|B_i)P(B_i). \tag{1-9}$$

证　因为 $A = A \cdot \Omega = A(B_1 \bigcup B_2 \bigcup \cdots \bigcup B_n) = AB_1 \bigcup AB_2 \bigcup \cdots \bigcup AB_n$，由 $P(B_i) > 0(i = 1, 2, \cdots, n)$ 及 $(AB_i)(AB_j) = \varnothing$，$i \neq j\,(i, j = 1, 2, \cdots, n)$，有

$$P(A) = P(AB_1) + P(AB_2) + \cdots + P(AB_n)$$

$$= P(A|B_1)P(B_1) + P(A|B_2)P(B_2) + \cdots + P(A|B_n)P(B_n).$$

定理 1-3（贝叶斯公式）　设试验 E 的样本空间为 Ω，A 为 E 的事件，$B_1, B_2, \cdots, B_n$ 为 Ω 的一个划分，且 $P(A) > 0$，$P(B_i) > 0(i = 1, 2, \cdots, n)$，则

$$P(B_i|A) = \frac{P(A|B_i)P(B_i)}{\sum\limits_{j=1}^{n} P(A|B_j)P(B_j)} \quad (i = 1, 2, \cdots, n).$$

文档：贝叶斯简介

此公式又称为**逆概率公式**.

证　由条件概率公式及全概率公式，即有

$$P(B_i|A) = \frac{P(AB_i)}{P(A)} = \frac{P(A|B_i)P(B_i)}{\sum\limits_{j=1}^{n} P(A|B_j)P(B_j)} \quad (i = 1, 2, \cdots, n).$$

特别地，当 $n = 2$ 时，此时划分记作 B 与 $\overline{B}$，有

$$P(A) = P(A|B)P(B) + P(A|\overline{B})P(\overline{B}); \tag{1-10}$$

$$P(B|A) = \frac{P(A|B)P(B)}{P(A|B)P(B) + P(A|\overline{B})P(\overline{B})}; \tag{1-11}$$

$$P(\overline{B}|A) = \frac{P(A|\overline{B})P(\overline{B})}{P(A|B)P(B) + P(A|\overline{B})P(\overline{B})}. \tag{1-12}$$

以上公式在很多实际问题中不易求得，若很容易找到样本空间 Ω 的一个划分，则可根据全概率公式和贝叶斯公式很容易求得相应的概率.

例 1-18　人们为了解一只股票未来一定时期内的价格变化，往往会去分析影响股票价格的基本因素，如利率的变化. 现假设经人们分析、估计，利率下调的概率为 60%，利率不变的概率为 40%，根据经验，在利率下调的情况下，该只股票价格上涨的概率为 80%，而在利率不变的情况下，其价格上涨的概率为 40%. 求：（1）该只股票上涨的概率；（2）若该只股票上涨，它由利率下调引起的概率.

解　记 A：“该只股票上涨”，B：“利率下调”，$\bar{B}$：“利率不变”，由题意有

$$P(B)=60\%,\qquad P(\bar{B})=40\%,\qquad P(A|B)=80\%,\qquad P(A|\bar{B})=40\%.$$

（1）由全概率公式，有

$$P(A)=P(A|B)P(B)+P(A|\bar{B})P(\bar{B})$$
$$=80\%\times60\%+40\%\times40\%=64\%.$$

（2）由贝叶斯公式，有

$$P(B|A)=\frac{P(A|B)P(B)}{P(A|B)P(B)+P(A|\bar{B})P(\bar{B})}$$
$$=\frac{80\%\times60\%}{80\%\times60\%+40\%\times40\%}=75\%.$$

这里，$P(B)=60\%$ 是对以往数据分析得到的，叫作先验概率；而 $P(B|A)=75\%$ 是在得到信息（该只股票上涨）后再加以修正的概率，叫作后验概率. 有了后验概率，就能对价格对股票的影响有进一步的了解. 先验概率和后验概率尤其在医学上体现较为明显，如人们常常喜欢找老医生看病，主要是老医生经验丰富，过去的经验能帮助医生做出较好的判断，就能更好地为病人治病，而经验越丰富，先验概率就越高. 贝叶斯公式正是利用了先验概率这种规则，为此，人们称这种方法为**贝叶斯方法**.

例 1-19　某设备厂所用的电子元件由三家工厂提供，各工厂提供的份额分别为 0.15，0.80，0.05，各工厂的次品率分别为 0.02，0.02，0.03. 设这三家工厂的产品在仓库中是均匀混合的，无区别标志.（1）在仓库中随机地取一只，求它是次品的概率；（2）若随机取到一只是次品，问出自哪个工厂的概率较大？

解　记 A：“取到的是一只次品”，B_i：“取到的产品由第 i 家工厂提供”，$i=1,2,3$，且有

$$P(B_1)=0.15,\qquad P(B_2)=0.80,\qquad P(B_3)=0.05,$$
$$P(A|B_1)=0.02,\qquad P(A|B_2)=0.02,\qquad P(A|B_3)=0.03.$$

（1）由全概率公式，有

$$P(A)=P(A|B_1)P(B_1)+P(A|B_2)P(B_2)+P(A|B_3)P(B_3)$$
$$=0.02\times0.15+0.02\times0.80+0.03\times0.05$$
$$=0.020\,5.$$

（2）由贝叶斯公式，有

$$P(B_1|A)=\frac{P(A|B_1)P(B_1)}{P(A)}=0.146,$$
$$P(B_2|A)=\frac{P(A|B_2)P(B_2)}{P(A)}=0.781,$$
$$P(B_3|A)=\frac{P(A|B_3)P(B_3)}{P(A)}=0.073.$$

文档：三门问题

以上结果表明，这只次品来自第二家工厂的可能性最大.

习 题 1-3

1. 已知 $P(A) = \dfrac{1}{4}$, $P(B|A) = \dfrac{1}{3}$, $P(A|B) = \dfrac{1}{2}$, 求 $P(A \cup B)$.

2. 已知 $P(A) = 0.7$, $P(B) = 0.4$, $P(A\bar{B}) = 0.5$, 求 $P(B|A \cup \bar{B})$.

3. 设 A, B 为互不相容事件, $P(A) = 0.3$, $P(B) = 0.5$, 求 $P(A|\bar{B})$.

4. 已知 $P(A) = 0.5$, $P(B) = 0.6$, $P(B|A) = 0.8$, 求 $P(AB)$ 及 $P(\overline{AB})$.

5. 某种动物从出生活到 20 岁的概率为 0.8, 活到 25 岁的概率为 0.4, 这种动物已经活到 20 岁再活到 25 岁的概率是多少?

6. 某人有一笔资金, 他投资购买基金的概率为 0.58, 购买股票的概率为 0.28, 两项同时都投资的概率为 0.19.

（1）已知他已购买基金, 再购买股票的概率是多少?

（2）已知他已购买股票, 再购买基金的概率是多少?

7. 袋中有 r 只红球, t 只白球, 每次从袋中任取一只球, 观察颜色后放回, 并再放入 a 只与取出那只球同色的球, 若在袋中连续取球四次, 试求第一、二次取到红球且第三、四次取到白球的概率（此问题模型称为波利亚罐子模型）.

8. 第一个盒子中有 5 只红球, 4 只白球; 第二个盒子中有 4 只红球, 5 只白球. 先从第一个盒子中任取 2 只球放入第二个盒子中, 然后从第二个盒子中任取一只球, 求取到白球的概率.

9. 某种产品的商标为 "*MAXAM*", 其中有 2 个字母脱落, 有人提起随意放回, 求放回后仍是 "*MAXAM*" 的概率.

10. 已知男子有 5% 是色盲患者, 女子有 0.25% 是色盲患者, 今从男女人数相等的人群中随机地挑选一人, 恰好是色盲患者, 问此人是男性的概率是多少?

11. 将两信息分别编码为 A 和 B 传送出去, 接收站接收时, A 被误收作 B 的概率为 0.02, 而 B 被误收作 A 的概率为 0.01. 信息 A 与信息 B 传送的频繁程度之比为 $2:1$. 若接收站收到的信息是 A, 问原发信息也是 A 的概率是多少?

12. 有三只笔盒, 甲盒中装有 2 支红笔, 4 支蓝笔; 乙盒中装有 4 支红笔, 2 支蓝笔; 丙盒中装有 3 支红笔, 3 支蓝笔. 今从中任取一支笔, 并设从各盒中取笔的可能性相等, 求:

（1）取到红笔的概率;

（2）若取到红笔, 它是从甲盒中取得的概率.

13. 假设本题涉及的事件均有意义, 设 A, B, C 都是事件,

（1）已知 $P(A) > 0$, 证明 $P(AB|A) \geqslant P(AB|A \cup B)$;

（2）若 $P(A|B) = 1$, 证明 $P(\bar{B}|\bar{A}) = 1$;

（3）$P(A|C) \geqslant P(B|C)$, $P(A|\bar{C}) \geqslant P(B|\bar{C})$, 证明 $P(A) \geqslant P(B)$.

第四节 独 立 性

设 A, B 是试验 E 的两个事件, 若 $P(A) > 0$, 一般地, A 的发生对 B 的发生是有影响的, 即 $P(B|A) \neq P(B)$. 但实际问题中也有可能出现 $P(B|A) = P(B)$ 的情形, 此时 $P(AB) = P(B|A)P(A) = P(A)P(B)$. 下面举这样一个例子.

例 1-20 袋中有 6 只白球, 2 只黑球, 从中有放回地抽取两次, 每次取一只球, 记 A: "第

一次取到白球"，B："第二次取到白球"，则

$$P(A) = \frac{3}{4}, \qquad P(B) = \frac{3}{4},$$

$$P(AB) = \frac{6 \times 6}{8 \times 8} = \frac{9}{16}, \qquad P(B|A) = \frac{P(AB)}{P(A)} = \frac{3}{4}.$$

因此，$P(B|A) = P(B)$.

事实上，由题意，无论第一次取到的是白球还是黑球，对第二次取到白球或取到黑球是没有影响的.

定义 1-5　设 A, B 是两个事件，若满足

$$P(AB) = P(A)P(B), \qquad\qquad （1-13）$$

则称事件 A, B **相互独立**，简称 A, B **独立**.

容易知道，若 $P(A) > 0$，$P(B) > 0$，则 A, B 相互独立与 A, B 互不相容 $(AB = \varnothing)$ 不能同时成立；若 $P(A) = 0$，则事件 A 与事件 B 相互独立.

定理 1-4　若事件 A 与事件 B 相互独立，则 A 与 $\overline{B}$，$\overline{A}$ 与 B，$\overline{A}$ 与 $\overline{B}$ 也相互独立.

证　因为 $P(AB) = P(A)P(B)$，所以

$$
\begin{aligned}
P(A\overline{B}) &= P[A(\Omega - B)] = P(A - AB) \\
&= P(A) - P(AB) = P(A) - P(A)P(B) \\
&= P(A)[1 - P(B)] = P(A)P(\overline{B}),
\end{aligned}
$$

故 A 与 $\overline{B}$ 相互独立.

由对称性知，$\overline{A}$ 与 B、$\overline{A}$ 与 $\overline{B}$ 也是相互独立的.

说明： 设 A, B 是两个事件，且 $P(A) > 0$，若 A 与 B 相互独立，则

$$P(B|A) = P(B), \qquad P(B|\overline{A}) = P(B).$$

下面给出多个事件的独立.

定义 1-6　设 A, B, C 是三个事件，若满足

$$
\begin{cases}
P(AB) = P(A)P(B), \\
P(AC) = P(A)P(C), \\
P(BC) = P(B)P(C), \\
P(ABC) = P(A)P(B)P(C),
\end{cases}
\qquad （1-14）
$$

则称事件 A, B, C **相互独立**.

一般地，设 $A_1, A_2, \cdots, A_n$ 是 $n(n \geqslant 2)$ 个事件，若其中任意 2 个，任意 3 个，$\cdots$，任意 n 个事件的积事件的概率都等于各事件概率之积，则事件 $A_1, A_2, \cdots, A_n$ 相互独立.

由定义，可以得到以下结论：

（1）若事件 $A_1, A_2, \cdots, A_n$ $(n \geqslant 2)$ 相互独立，则其中任意 $k(2 \leqslant k \leqslant n)$ 个事件也是相互独立的；

（2）若事件 $A_1, A_2, \cdots, A_n$ $(n \geqslant 2)$ 相互独立，则将 $A_1, A_2, \cdots, A_n$ 中任意多个事件换成它们各自的对立事件，形成的 n 个事件仍相互独立.

于是，这 n 个事件中至少有一个发生的概率为

$$P(\bigcup_{i=1}^{n} A_i) = 1 - P(\overline{A_1 \cup A_2 \cup \cdots \cup A_n}) = 1 - P(\overline{A}_1 \overline{A}_2 \cdots \overline{A}_n)$$

$$= 1 - P(\overline{A}_1)P(\overline{A}_2)\cdots P(\overline{A}_n) = 1 - \prod_{i=1}^{n} P(\overline{A}_i)$$

$$= 1 - \prod_{i=1}^{n}[1 - P(A_i)].$$

例 1-21　甲、乙两人独立地对目标各射击一次,设甲、乙击中目标的概率分别为 0.8, 0.7,求目标被击中的概率.

解　设 A:"甲击中目标",B:"乙击中目标",则 $A \cup B$ 表示目标被击中,因为 A 与 B 独立,所以

$$P(A \cup B) = P(A) + P(B) - P(AB)$$
$$= P(A) + P(B) - P(A)P(B)$$
$$= 0.8 + 0.7 - 0.8 \times 0.7 = 0.94.$$

例 1-22　若每个人的血清中含肝炎病毒的概率为 0.4%,今混合来自不同地区的 100 个人的血清,求此血清中有肝炎病毒的概率.

解　记 A_i:"第 i 个人血清中有肝炎病毒",$i = 1, 2, \cdots, 100$,则

$$P(A_1 \cup A_2 \cup \cdots \cup A_{100}) = 1 - P(\overline{A}_1 \overline{A}_2 \cdots \overline{A}_{100})$$
$$= 1 - [1 - P(A_1)][1 - P(A_2)]\cdots[1 - P(A_{100})]$$
$$= 1 - (1 - 0.4\%)^{100} = 0.330\ 2.$$

例 1-23　设有电路图如图 1-9 所示,其中 1, 2, 3, 4 为继电器接点,设各继电器接点闭合与否是相互独立的,且第 i 个继电器接点闭合的概率为 $p_i(i = 1, 2, 3, 4)$,求 L 至 R 为通路的概率.

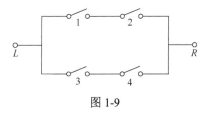

图 1-9

解　记 A_i:"第 i 个继电器闭合",$i = 1, 2, 3, 4$,A:"L 至 R 为通路",则

$$A = A_1 A_2 \cup A_3 A_4.$$

又 A_1, A_2, A_3, A_4 相互独立,于是

$$P(A) = P(A_1 A_2 \cup A_3 A_4) = P(A_1 A_2) + P(A_3 A_4) - P(A_1 A_2 A_3 A_4)$$
$$= P(A_1)P(A_2) + P(A_3)P(A_4) - P(A_1)P(A_2)P(A_3)P(A_4)$$
$$= p_1 p_2 + p_3 p_4 - p_1 p_2 p_3 p_4.$$

例 1-24　要验收一批 100 件的乐器,验收方案如下:自该批乐器中随机地取 3 件测试,设 3 件乐器的测试结果是相互独立的,如果 3 件中至少有一件在测试中被认为音色不纯,这批乐器就被拒绝接收.设一件音色不纯的乐器经测试查出其为音色不纯的概率为 0.95;而一件音色纯的乐器经测试被误认为音色不纯的概率为 0.01. 如果已知 100 件乐器中恰有 4 件是音色不纯的,试问这批乐器被接收的概率是多少?

解　记 A:"这批乐器被接收",B_i:"随机地取出 3 件乐器,其中恰有 i 件音色不纯",

$i = 0,1,2,3$. 由题意，有

$$P(B_0) = \frac{C_{96}^3}{C_{100}^3}, \qquad P(B_1) = \frac{C_{96}^2 C_4^1}{C_{100}^3}, \qquad P(B_2) = \frac{C_{96}^1 C_4^2}{C_{100}^3}, \qquad P(B_3) = \frac{C_4^3}{C_{100}^3},$$

$$P(A|B_0) = 0.99^3, \qquad\qquad P(A|B_1) = 0.99^2 \times 0.05,$$

$$P(A|B_2) = 0.99 \times 0.05^2, \qquad P(A|B_3) = 0.05^3.$$

由全概率公式，有

$$P(A) = \sum_{i=0}^{3} P(A|B_i)P(B_i) = 0.8629.$$

习 题 1-4

1. 已知 $P(A) = 0.5$，$P(B) = 0.6$，$P(A|B) = 0.5$，问事件 A 与 B 是否相互独立？

2. 已知 $P(B) = 0.3$，$P(\bar{A} \cup B) = 0.7$，

（1）若 A 与 B 互不相容，求 $P(A)$；

（2）若 A 与 B 独立，求 $P(A)$.

3. 已知 A 与 B 相互独立，且 $P(A) = 0.4$，$P(B) = 0.5$，求：

（1）$P(A \cup B)$； （2）$P(A \cup \bar{B})$； （3）$P(\bar{A} \cup \bar{B})$； （4）$P(\bar{A} \cup B)$.

4. 三个人独立地去破译一份密码，已知每个人能译出的概率分别为 $\frac{1}{5}, \frac{1}{3}, \frac{1}{4}$，问三个人中至少有一个人能将此密码译出的概率为多少？

5. 盒中有编号为 $1, 2, 3, 4$ 的四只球，随机地自盒中取一只球，事件 A 为"取到 1 号或 2 号球"，事件 B 为"取到 1 号或 3 号球"，事件 C 为"取到 1 号或 4 号球". 验证：$P(AB) = P(A)P(B)$，$P(AC) = P(A)P(C)$，$P(BC) = P(B)P(C)$，但 $P(ABC) \neq P(A)P(B)P(C)$，即事件 A, B, C 两两独立，但 A, B, C 不是相互独立的.

6. （保险赔付）设有 n 个人向保险公司购买人身意外保险（保险期为 1 年），假定投保人在一年内发生意外的概率为 0.01，

（1）求保险公司赔付的概率；

（2）当 n 为多大时，使得以上赔付的概率超过 $\frac{1}{2}$？

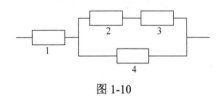

图 1-10

7. 一个元件（或系统）能正常工作的概率称为元件（或系统）的可靠性，设 4 个独立工作的元件 1, 2, 3, 4 的可靠性分别为 p_1, p_2, p_3, p_4. 按并串联方式连接（图 1-10），求这一系统的可靠性.

8. 根据以往记录的数据，某船只运输的某种物品损坏的情况共有三种：损坏 2%（这一事件记为 A_1），损坏 10%（这一事件记为 A_2），损坏 90%（这一事件记为 A_3），且已知 $P(A_1) = 0.8$，$P(A_2) = 0.15$，$P(A_3) = 0.05$. 现在从已被运输的物品中随机地取 3 件，发现这 3 件都是好的（这一事件记作 B），试求 $P(A_1|B)$，$P(A_2|B)$，$P(A_3|B)$（这里设物品件数很多，取出一件后不影响取出的后一件是否损坏的概率）.

9. 甲、乙两人进行乒乓球比赛，每局甲胜的概率为 $p \left(p \geq \frac{1}{2} \right)$. 问对甲而言，采用三局两胜制有利，还是采用五局三胜制有利（设各局胜负相互独立）？

10.（奖金分配的公平性问题）在一次网球比赛中，设立奖金 10 万元，比赛规定：谁先胜三盘，谁获得全部奖金. 设甲、乙两人的球技相当，现已打了三盘，甲 2 胜 1 负. 出于特殊原因必须中止比赛，问这 10 万元应如何分配才算公平？

历年考研试题选讲一

下面再讲解若干个近十几年来概率论与数理统计的考研题目，以供读者体会概率论与数理统计考研题目的难度、深度和广度，从而对概率论与数理统计的学习起到一个很好的参考作用.

例 1（2006 年，数学一） 设 A，B 为随机事件，且 $P(B)>0$，$P(A|B)=1$，则必有___.

（A）$P(A\cup B)>P(A)$　　　　（B）$P(A\cup B)>P(B)$

（C）$P(A\cup B)=P(A)$　　　　（D）$P(A\cup B)=P(B)$

解　由 $P(A|B)=\dfrac{P(AB)}{P(B)}=1$ 有 $P(AB)=P(B)$，再根据加法公式，有

$$P(A\cup B)=P(A)+P(B)-P(AB)=P(A),$$

故答案选（C）.

例 2（2007 年，数学一、数学三） 某人向同一目标独立重复射击，每次射击命中目标的概率为 $p(0<p<1)$，则此人第 4 次射击恰好是第 2 次命中目标的概率为_____.

（A）$3p(1-p)^3$　　　　（B）$6p(1-p)^3$

（C）$3p^2(1-p)^2$　　　　（D）$6p^2(1-p)^2$

解　根据独立重复的伯努利试验，前 3 次试验中有 1 次成功和 2 次失败，其概率为 $C_3^1 p(1-p)^2$，另外第 4 次试验是成功的，概率为 p，根据独立性，第 4 次射击恰好是第 2 次命中目标的概率为 $C_3^1 p(1-p)^2\cdot p=3p^2(1-p)^2$，故答案选（C）.

例 3（2009 年，数学三） 设事件 A 与事件 B 互不相容，则_____.

（A）$P(\overline{AB})=0$　　　　（B）$P(AB)=P(A)P(B)$

（C）$P(A)=1-P(B)$　　　　（D）$P(\overline{A}\cup\overline{B})=1$

解　$AB=\varnothing$，$P(\overline{A}\cup\overline{B})=P(\overline{AB})=1-P(AB)=1-P(\varnothing)=1$，故答案选（D）.

例 4（2012 年，数学一、数学三） 设 A，B，C 是随机事件，A 与 C 互不相容，$P(AB)=\dfrac{1}{2}$，$P(C)=\dfrac{1}{3}$，则 $P(AB|\overline{C})=$_____.

解　A 与 C 互不相容，即有 $\overline{C}\supset A$，更有 $\overline{C}\supset AB$，所以

$$P(AB|\overline{C})=\frac{P(AB\overline{C})}{P(\overline{C})}=\frac{P(AB)}{1-P(C)}=\frac{\dfrac{1}{2}}{\dfrac{2}{3}}=\frac{3}{4}.$$

例 5（2014 年，数学一、数学三） 设随机事件 A 与 B 相互独立，且 $P(B)=0.5$，$P(A-B)=0.3$，则 $P(B-A)=$_____.

（A）0.1　　　　（B）0.2

（C）0.3　　　　（D）0.4

解　A 与 B 相互独立，则 A 与 $\overline{B}$ 相互独立，$\overline{A}$ 与 B 也相互独立，所以

$$0.3 = P(A - B) = P(A\overline{B}) = P(A)P(\overline{B}) = 0.5P(A),$$

有 $P(A) = 0.6$，

$$P(B - A) = P(B\overline{A}) = P(B)P(\overline{A}) = 0.2,$$

故答案选（B）.

例 6（2015 年，数学一、数学三） 设 A，B 为任意两个随机事件，则_____.

（A）$P(AB) \leqslant P(A)P(B)$　　　　　（B）$P(AB) \geqslant P(A)P(B)$

（C）$P(AB) \leqslant \dfrac{P(A) + P(B)}{2}$　　　　（D）$P(AB) \geqslant \dfrac{P(A) + P(B)}{2}$

解 由于 $AB \subset A \cup B$，故 $P(AB) \leqslant P(A \cup B)$，又根据加法公式

$$P(A \cup B) = P(A) + P(B) - P(AB),$$

得

$$P(AB) \leqslant P(A) + P(B) - P(AB),$$

即有

$$P(AB) \leqslant \frac{P(A) + P(B)}{2},$$

故答案选（C）.

例 7（2016 年，数学三） 设袋中有红、白、黑球各 1 个，从中有放回地取球，每次取 1 个，直到三种颜色的球都取到时停止，则取球次数恰好为 4 次的概率为_____.

解 因为有放回取球，所以总的取法数为 3^4，而 4 次取到三种颜色的球的取法，先考虑第 4 次的颜色，它一定与前 3 次的颜色不同，前 3 次必定有且仅有两种颜色，这样第 4 次抽到球才能凑够三种颜色，总之第 4 次有 3 种可能，前 3 次由其余两种颜色构成，其总数为每次有 2 种可能，3 次有 $2^3 = 8$ 种可能，去掉 3 次同一色共 2 种可能，所以前 3 次由两种颜色的球构成共有 6 种可能，故其取法总数为 $3 \times 6 = 18$，根据等可能概型计算法，所求概率为 $\dfrac{18}{3^4} = \dfrac{2}{9}$.

例 8（2017 年，数学三） 设 A，B，C 为任意三个随机事件，且 A 与 C 相互独立，B 与 C 相互独立，则 $A \cup B$ 与 C 相互独立的充分必要条件是_____.

（A）A 与 B 相互独立　　　　　（B）A 与 B 互不相容

（C）AB 与 C 相互独立　　　　　（D）AB 与 C 互不相容

解 由于 $A \cup B$ 与 C 相互独立，故 $P[(A \cup B) \cap C] = P(A \cup B)P(C)$，

$$P[(A \cup B) \cap C] = P(AC \cup BC)$$
$$= P(AC) + P(BC) - P(AC \cap BC)$$
$$= P(AC) + P(BC) - P(ABC),$$
$$P(A \cup B)P(C) = [P(A) + P(B) - P(AB)]P(C)$$
$$= P(A)P(C) + P(B)P(C) - P(AB)P(C),$$

所以 $A \cup B$ 与 C 相互独立的充分必要条件为 $P(ABC) = P(AB)P(C)$，即 AB 与 C 相互独立，故答案选（C）.

例 9（2017 年，数学一） 设 A，B 为随机事件，若 $0 < P(A) < 1$，$0 < P(B) < 1$，则 $P(A|B) > P(A|\overline{B})$ 的充分必要条件是_____.

（A）$P(B|A) > P(B|\overline{A})$　　　　　（B）$P(B|A) < P(B|\overline{A})$

（C）$P(\overline{B}|A)>P(B|\overline{A})$ （D）$P(\overline{B}|A)<P(B|\overline{A})$

解 题设条件 $P(A|B)>P(A|\overline{B})$ 等价于

$$\frac{P(AB)}{P(B)}>\frac{P(A\overline{B})}{P(\overline{B})}=\frac{P(A)-P(AB)}{1-P(B)},$$

整理即得 $P(AB)>P(A)P(B)$，也就是 $P(A|B)>P(A|\overline{B})$ 的充分必要条件为 $P(AB)>P(A)P(B)$，对称地有 $P(BA)>P(B)P(A)$ 的充分必要条件为 $P(B|A)>P(B|\overline{A})$，故答案选（A）.

例 10（2018 年，数学一） 设随机事件 A 与 B 相互独立，A 与 C 相互独立，$BC=\varnothing$，若 $P(A)=P(B)=\dfrac{1}{2}$，$P(AC|AB\cup C)=\dfrac{1}{4}$，则 $P(C)=$ _____.

解 由于

$$P(AC|AB\cup C)=\frac{P[AC(AB\cup C)]}{P(AB\cup C)}=\frac{P(AC)}{P(AB)+P(C)-P(ABC)}=\frac{1}{4},$$

又由题意知

$$\frac{P(A)P(C)}{P(A)P(B)+P(C)-P(ABC)}=\frac{\dfrac{1}{2}P(C)}{\dfrac{1}{2}\cdot\dfrac{1}{2}+P(C)-0}=\frac{1}{4},$$

故 $P(C)=\dfrac{1}{4}$.

例 11（2018 年，数学三） 设随机事件 A，B，C 相互独立，且 $P(A)=P(B)=P(C)=\dfrac{1}{2}$，则 $P(AC|A\cup B)=$ _____.

解 $P(AC|A\cup B)=\dfrac{P[AC(A\cup B)]}{P(A\cup B)}=\dfrac{P(AC\cup ABC)}{P(A\cup B)}=\dfrac{P(AC)}{P(A)+P(B)-P(AB)}$

$$=\frac{P(A)P(C)}{P(A)+P(B)-P(A)P(B)}=\frac{1}{3}.$$

例 12（2019 年，数学一、三） 设 A，B 为随机事件，则 $P(A)=P(B)$ 的充分必要条件是 _____.

（A）$P(A\cup B)=P(A)+P(B)$ （B）$P(AB)=P(A)P(B)$

（C）$P(A\overline{B})=P(B\overline{A})$ （D）$P(AB)=P(\overline{A}\,\overline{B})$

解 $P(A\overline{B})=P(A)-P(AB)$，$P(B\overline{A})=P(B)-P(AB)$，因为 $P(A)=P(B)$，所以 $P(A\overline{B})=P(B\overline{A})$，故选（C）.

例 13（2020 年，数学一、三） 设 A,B,C 为三个随机事件，且 $P(A)=P(B)=P(C)=\dfrac{1}{4}$，$P(AB)=0,P(AC)=P(BC)=\dfrac{1}{12}$，则 A,B,C 中恰有一个事件发生的概率是 _____.

（A）$\dfrac{3}{4}$ （B）$\dfrac{2}{3}$ （C）$\dfrac{1}{2}$ （D）$\dfrac{5}{12}$

解 记事件 D 为"A,B,C 中恰有一个事件发生"，于是

$$P(D) = P(A \cup B \cup C) - P(AB) - P(AC) - P(BC) - P(ABC),$$

因为 $P(AB) = 0, ABC \subset AB$，所以 $P(ABC) = 0$, 又由于

$$P(A \cup B \cup C) = P(A) + P(B) + P(C) - P(AB) - P(AC) - P(BC) + P(ABC)$$

$$= \frac{1}{4} + \frac{1}{4} + \frac{1}{4} - \frac{1}{12} - \frac{1}{12} = \frac{7}{12},$$

故

$$P(D) = P(A \cup B \cup C) - P(AB) - P(AC) - P(BC) - P(ABC)$$

$$= \frac{7}{12} - \frac{1}{12} - \frac{1}{12} = \frac{5}{12},$$

因此答案选（D）.

本 章 小 结

在一个随机试验中总可以找出一组基本结果，由所有基本结果组成的集合 Ω 称为样本空间. 样本空间 Ω 的子集称为随机事件. 因为事件是一个集合，所以事件之间的关系与运算可以用集合间的关系与运算来处理. 集合间的关系和运算读者是熟悉的, 重要的是要知道它们在概率论中的含义.

不仅需要明确一个试验中可能会发生哪些事件，更重要的是知道某些事件在一次试验中发生的可能性的大小. 事件发生的频率的稳定性表明表征事件发生可能性大小的数——概率是客观存在的. 从频率的稳定性和频率的性质得到启发，给出了概率的公理化定义，并由此推出了概率的一些基本性质.

等可能概型是只有有限个基本事件且每个基本事件发生的可能性相等的概率模型. 计算等可能概型中事件 A 的概率，关键是弄清试验的基本事件的具体含义. 计算基本事件总数和事件 A 中包含的基本事件数的方法灵活多样，没有固定模式，一般可利用排列、组合及乘法原理、加法原理的知识来计算. 将等可能概型中只有有限个基本事件推广到有无穷个基本事件的情形，并保留等可能性的条件，就得到几何概型.

条件概率定义为

$$P(A|B) = \frac{P(AB)}{P(B)}, \qquad P(B) > 0.$$

可以证明，条件概率 $P(A|B)$ 满足概率的公理化定义中的三个条件，因而条件概率是一种概率. 概率具有的性质，条件概率也同样具有. 计算条件概率 $P(A|B)$ 通常有两种方法：一是按定义，先算出 $P(B)$ 和 $P(AB)$，再求出 $P(A|B)$；二是在缩减样本空间中计算事件 A 的概率，即得到 $P(A|B)$.

将条件概率定义变形即得到乘法公式

$$P(AB) = P(B)P(A|B), \qquad P(B) > 0,$$

在解题中要注意 $P(A|B)$ 和 $P(AB)$ 间的联系和区别.

全概率公式

$$P(B) = \sum_{i=1}^{n} P(A_i)P(B|A_i)$$

是概率论中最重要的公式之一.

由全概率公式和条件概率的定义很容易得到贝叶斯公式

$$P(A_i|B) = \frac{P(B|A_i)P(A_i)}{\sum_{j=1}^{n} P(B|A_j)P(A_j)} \qquad (i=1,2,\cdots,n).$$

若把全概率公式中的 B 视作"果",而把 Ω 的每一个划分 A_i 视作"因",则全概率公式反映"由因求果"的概率问题,$P(A_i)$ 是根据以往的信息和经验得到的,所以称为先验概率. 而贝叶斯公式则是"执果溯因"的概率问题,即在"结果"B 已发生的条件下,寻找 B 发生的"原因",公式中 $P(A_i|B)$ 是得到"结果"B 后求出的,称为后验概率.

独立性是概率论中一个非常重要的概念,概率论与数理统计中很多内容都是在独立性的前提下讨论的. 就解题而言,独立性有助于简化概率计算. 例如,计算相互独立事件的积的概率可简化为

$$P(A_1 A_2 \cdots A_n) = P(A_1)P(A_2)\cdots P(A_n);$$

计算相互独立事件的并的概率可简化为

$$P(A_1 \cup A_2 \cup \cdots \cup A_n) = 1 - P(\bar{A}_1)P(\bar{A}_2)\cdots P(\bar{A}_n).$$

n 重伯努利试验是一类很重要的概型. 解题前,首先要确认试验是不是多重独立重复试验,以及每次试验结果是否只有两个(若有多个结果,可分成 A 及 $\bar{A}$),再确定重数 n 及一次试验中 A 发生的概率 p,以求出事件 A 在 n 重伯努利试验中发生 k 次的概率.

重要术语及主题

下面列出了本章的重要术语及主题,请读者自查是否能在不看书的前提下写出它们的含义.

随机试验	样本空间	随机事件
基本事件	频率	概率
等可能概型	A 的对立事件 $\bar{A}$ 及其概率	
两个互不相容事件的和事件的概率		概率的加法定理
条件概率	概率的乘法公式	全概率公式
贝叶斯公式	事件的独立性	n 重伯努利试验

总 习 题 一

1. 设 A,B 为两事件,则 $P[(\bar{A}\cup B)(A\cup B)(\bar{A}\cup \bar{B})(A\cup \bar{B})] = $ _____.

2. 已知事件 A 与 B 独立,且 $P(\bar{A}\bar{B})=\dfrac{1}{9}$,$P(A\bar{B})=P(\bar{A}B)$,则 $P(A) = $ _____,$P(B) = $ _____.

3. 设 A,B 是两个互为对立事件,且 $P(A)>0$,$P(B)>0$,则下列结论正确的是_____.

(A) $P(B|A)>0$ (B) $P(A|B) = P(A)$

(C) $P(A|B) = 0$ (D) $P(AB) = P(A)P(B)$

4. 设 $0<P(A)<1$,$0<P(B)<1$,$P(A|B)+P(\bar{A}|\bar{B})=1$,则下列结论正确的是_____.

(A) A 与 B 互不相容   (B) A 与 B 互逆

(C) A 与 B 不相互独立   (D) A 与 B 相互独立

5. 书架上有一部五卷册的文集,求各册自左至右或自右至左排成自然顺序的概率.

6. 从 5 双不同的鞋子中任取 4 只,问这 4 只鞋子中至少有 2 只配成一双的概率是多少?

7. 将 3 只球随机地放到 4 个杯子中去，求杯子中球的最大个数分别为 1, 2, 3 的概率.

8. 从一批 45 件正品、5 件次品组成的产品中任取 3 件产品，求其中恰有一件次品的概率.

9. 在房间里有 10 个人，分别佩戴 1～10 号纪念章，任选 3 人记录其纪念章的号码.

（1）求最小号码为 5 的概率；

（2）求最大号码为 5 的概率.

10. 甲从 2, 4, 6, 8, 10 中任取一数，乙从 1, 3, 5, 7, 9 中任取一数，求甲取得的数大于乙取得的数的概率.

11. 向正方形区域 $S = \{(p,q)\||p|\leqslant 1, |q|\leqslant 1\}$ 中随机投一点，如果 (p,q) 是所投点 M 的坐标，试求：

（1）方程 $x^2 + px + q = 0$ 有两个实根的概率；

（2）方程 $x^2 + px + q = 0$ 有两个正实根的概率.

12. 某人忘记了电话号码的最后一个数字，因而他随意地拨号，求他拨号不超过三次而接通电话的概率. 若已知最后一个数字是偶数，那么此概率是多少？

13. 已知在 10 件产品中有 2 件次品，在其中取两次，每次取 1 件，做不放回抽样，求下列事件的概率：

（1）2 件都是正品；

（2）2 件都是次品；

（3）1 件是正品，1 件是次品；

（4）第二次取出的是次品.

14. 设甲袋中有 6 只白球，4 只红球，乙袋中有 5 只白球，5 只红球，今从甲袋中任取一只球放入乙袋，再从乙袋中任取一只球，问从乙袋中取出的是白球的概率是多少？

15. 某仓库有同样规格的产品 6 箱，其中 3 箱是甲厂生产的，2 箱是乙厂生产的，1 箱是丙厂生产的，且它们的次品率依次为 $\frac{1}{20}, \frac{1}{10}, \frac{1}{10}$，现从中任取一件产品，试求：

（1）取得的一件产品是次品的概率；

（2）取到一件产品是次品，它是甲厂生产的概率.

16. 甲、乙、丙三人同向一飞机射击，设击中飞机的概率分别为 0.4, 0.5, 0.7，如果只有一人击中飞机，则飞机被击落的概率是 0.2，如果有两人击中飞机，则飞机被击落的概率是 0.6，如果三人都击中飞机，则飞机一定被击落，求飞机被击落的概率.

17. 有朋友自远方来，他乘火车、汽车、飞机来的概率分别是 0.4, 0.2, 0.4，若他乘火车、汽车来的话，迟到的概率分别为 $\frac{1}{4}, \frac{1}{3}$，而乘飞机来不会迟到，求：

（1）他迟到的概率；

（2）若他迟到了，他乘火车来的概率.

18. 袋中装有 m 枚正品硬币，n 枚次品硬币（次品硬币的两面均为国徽）. 在袋中任取一枚，将它抛 r 次. 已知每次都是国徽，问这枚硬币是正品的概率是多少？

19. 12 个乒乓球全是新的，每次比赛时取出 3 个，用完后放回去.

（1）求第三次比赛时取到的 3 个球都是新球的概率；

（2）问在第三次比赛时取到的 3 个球都是新球的条件下，第二次取到几个新球的概率最大？

20. 若 $P(A|B) > P(A|\bar{B})$，证明：$P(B|A) > P(B|\bar{A})$.

第二章 一维随机变量及其分布

概率论的另一个重要概念是随机变量，随机变量的引入使概率论的研究对象由个别随机事件扩大为随机变量所表征的随机现象. 本章将主要介绍一维随机变量及其分布.

第一节 随 机 变 量

在第一章里，观察随机现象，其可能结果可以是数量性质的，如掷一颗骰子，观察出现的点数，可能结果是 $1, 2, \cdots, 6$；也可以是非数量性质的，如抛一枚硬币，观察上面出现的情况，可能出现正面 H，也可能出现反面 T.

对于可能结果是非数量性质的随机试验，如抛硬币，可能结果为正面 H 和反面 T，这种看起来与数值无关的随机现象，也常常能联系数值来描述，如"出现正面 H"记为"1"，"出现反面 T"记为"0"，这个过程就相当于引入一个中间对象，暂记为" X "，对于试验的两个可能结果 H，T，将 X 的值分别规定为 1，0，即

$$X = \begin{cases} 0, & \omega = T, \\ 1, & \omega = H. \end{cases}$$

可以看到，X 的取值与随机试验的样本空间 $\Omega = \{H, T\}$ 联系了起来，用" $X = 1$ "来表示试验的结果为"出现正面 H"，用" $X = 0$ "来表示试验的结果为"出现反面 T".

对应于样本空间的不同元素，X 取不同的值，X 的取值随着试验结果 ω 的变化而变化，即 X 可以看作定义在样本空间 $\Omega = \{H, T\}$ 上的一个函数，即

$$X = X(\omega) = \begin{cases} 0, & \omega = T, \\ 1, & \omega = H, \end{cases}$$

而试验的结果 ω 是随机的，故 X 的取值也是随机的，即 X 的实质是一个随机的变量.

为了对随机现象的统计规律进行更深入、更全面的研究，将上述方法推广，将随机试验的结果数量化，在此引入随机变量的概念.

定义 2-1 设 $X = X(\omega)$ 是定义在样本空间 Ω 上的实值单值函数，则称 $X = X(\omega)$ 为**一维随机变量**，简称**随机变量**.

图 2-1 给出了样本点 ω 与随机变量 $X = X(\omega)$ 的对应关系.

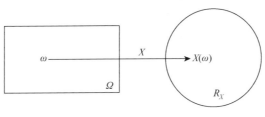

图 2-1

说明：许多随机试验，它们的可能结果本身是数值，即样本点 ω 本身是一个数，如掷一颗骰子，令 $X=X(\omega)=\omega$，则 X 就是一个随机变量；对于可能结果不是数值的随机试验，可以根据研究需要设计随机变量。于是，前面提到的两个例子可设计成随机变量

$$X=X(\omega)=\begin{cases}1, & \omega=1,\\ 2, & \omega=2,\\ \cdots\cdots\\ 6, & \omega=6;\end{cases} \qquad Y=Y(\omega)=\begin{cases}0, & \omega=T,\\ 1, & \omega=H.\end{cases}$$

本书中，一般用大写字母如 X，Y，$Z,\cdots$ 表示随机变量，而用小写字母如 x，y，$z,\cdots$ 表示实数.

对于所有的随机试验，都可以引入合适的随机变量来表示，随机变量的引入，大大丰富和简化了随机事件的表示及其概率的运算.

例如，对于随机试验 E：将一枚硬币连抛三次，观察正反面出现的情况，样本空间为 $\Omega=\{HHH,HHT,HTH,THH,HTT,THT,TTH,TTT\}$，定义随机变量 X 为"正面出现的次数"，则 X 的取值为 0, 1, 2, 3. 事件"出现一次正面"，即事件 $\{HTT,THT,TTH\}$ 可以用 $\{X=1\}$ 来表示. 事件"至少出现一次正面"可以用 $\{X\geqslant 1\}$ 来表示.

随着随机变量的引入，可以将对随机事件的研究转化为对随机变量的研究，进一步地，可以利用数学分析的方法对随机试验的结果进行深入广泛的研究和讨论.

习　题　2-1

1. 掷一颗骰子，以 X 表示其点数，求 $P\{X=i\}(i=1,2,\cdots,6)$ 及 $P\{X\geqslant 2\}$.
2. 检查一个产品，只考察其合格与否，将其结果描述成一个随机变量.

第二节　离散型随机变量及其分布

一、离散型随机变量的概念

按照随机变量可能取值的情况，可以把它们分为两类：离散型随机变量和非离散型随机变量，而非离散型随机变量中最重要的是连续型随机变量，因此本书重点介绍离散型随机变量和连续型随机变量.

首先定义离散型随机变量.

定义 2-2　如果随机变量的全部可能取值只有有限个或无限可列多个，那么称这种随机变量为**离散型随机变量**.

例如，前面掷骰子的试验，随机变量 X 的可能取值为 1, 2, 3, 4, 5, 6. 又如，某城市 110 报警台一昼夜收到的报警次数 X，它可能取 0, 1, 2, $\cdots$ 无限可列个值. 它们都是离散型随机变量，共同特点就是可列.

对于离散型随机变量，想要把握其概率分布情况，只需掌握其所有可能取值及取每个值的概率，并称之为离散型随机变量的分布律.

一般地，设离散型随机变量 X 的所有可能取值为 $x_1,x_2,\cdots,x_k,\cdots$，$X$ 取各可能值的概率，即事件 $\{X=x_k\}$ 的概率为

$$P\{X = x_k\} = p_k \quad (k = 1, 2, \cdots), \tag{2-1}$$

称式（2-1）为离散型随机变量 X 的**分布律**.

分布律也可以用表格的形式来表示：

X	x_1	x_2	$\cdots$	x_n	$\cdots$
p_k	p_1	p_2	$\cdots$	p_n	$\cdots$

由概率的性质，式（2-1）中 p_k 应满足如下两个条件：

$$p_k \geqslant 0 \quad (k = 1, 2, \cdots); \tag{2-2}$$

$$\sum_{k=1}^{\infty} p_k = 1. \tag{2-3}$$

把握了离散型随机变量的分布律，也就掌握了整个离散型随机变量的概率分布，分布律全面地描述了离散型随机变量的统计规律.

例 2-1 设一辆汽车在开往目的地的道路上需要经过四组信号灯，每组信号灯以 $\dfrac{1}{2}$ 的概率允许或禁止汽车通过. 以 X 表示汽车首次停下时它已通过的信号灯的组数，并设各组信号灯的工作是相互独立的，求 X 的分布律.

解 以 p 表示每组信号灯禁止汽车通过的概率，易知 X 的分布律为

X	0	1	2	3	4
p_k	p	$p(1-p)$	$p(1-p)^2$	$p(1-p)^3$	$(1-p)^4$

将 $p = \dfrac{1}{2}$ 代入得 X 的分布律为

X	0	1	2	3	4
p_k	0.5	0.25	0.125	0.0625	0.0625

例 2-2 一袋中有 5 个乒乓球，编号分别为 1, 2, 3, 4, 5. 从中任取 3 个，以 X 表示取出的 3 个球中的最大号码.

（1）求 X 的分布律；

（2）求 $P\{X \leqslant 4.2\}$.

解 （1）本题的试验为等可能概型，基本事件总数为 $C_5^3 = 10$，X 的可能取值为 3, 4, 5，则

$$P\{X = 3\} = \frac{C_2^2}{C_5^3} = \frac{1}{10}, \qquad P\{X = 4\} = \frac{C_3^2}{C_5^3} = \frac{3}{10}, \qquad P\{X = 5\} = \frac{C_4^2}{C_5^3} = \frac{6}{10}.$$

因此，X 的分布律为

X	3	4	5
p_k	$\dfrac{1}{10}$	$\dfrac{3}{10}$	$\dfrac{6}{10}$

（2）$P\{X \leqslant 4.2\} = P\{X = 3\} + P\{X = 4\} = \dfrac{2}{5}$.

二、常用的离散型随机变量及其分布

（一）(0-1) 分布

设随机变量 X 只可能取 0 与 1 两个值，它的分布律为

$$P\{X = k\} = p^k (1-p)^{1-k} \quad (k = 0,1; 0 < p < 1),$$

称 X 服从参数为 p 的 **(0-1) 分布**或者**两点分布**.

(0-1) 分布的分布律也可以写成

X	0	1
p_k	$1-p$	p

对于一个随机试验，如果它的样本空间只包含两个样本点，即 $\Omega = \{\omega_1, \omega_2\}$，总能在 Ω 上定义一个服从 (0-1) 分布的随机变量

$$X = X(\omega) = \begin{cases} 0, & \omega = \omega_1, \\ 1, & \omega = \omega_2. \end{cases}$$

检查产品的质量是否合格，对新生婴儿的性别进行登记，以及前面提到的"抛硬币"的试验都可以用 (0-1) 分布的随机变量来描述.

（二）伯努利试验与二项分布

若试验 E 只有两个可能结果：A 与 $\overline{A}$，则称 E 为**伯努利试验**. 设 $P(A) = p(0 < p < 1)$，此时 $P(\overline{A}) = 1 - p$. 将伯努利试验独立地重复进行 n 次，则称这一连串重复的独立试验为 n **重伯努利试验**.

这里"重复"是指在每次试验中 $P(A) = p(0 < p < 1)$ 保持不变；"独立"是指各次试验的结果互不影响.

n 重伯努利试验是一种非常重要的概率模型，它有广泛的应用，是研究最多的模型之一.

例如，试验 E 是抛一枚硬币观察出现正面或反面，A 表示事件"出现正面"，则 $\overline{A}$ 表示事件"出现反面"，这是一个很典型的伯努利试验. 若将硬币抛 n 次，它是 n 重伯努利试验. 又如，运动员投篮，若 A 表示"投中"，$\overline{A}$ 表示"没投中"，这也是一个伯努利试验. 若运动员投篮 n 次，它是 n 重伯努利试验. 在 n 重伯努利试验中，关心的是事件 A（或 $\overline{A}$）发生的次数.

以 X 表示 n 重伯努利试验中事件 A 出现的次数，则 X 是一个随机变量，它的所有可能取值为 $0,1,2,\cdots,n$. 因为各次试验是相互独立的，所以事件 A 在指定的 $k(0 \leq k \leq n)$ 次试验中发生，在其他 $n-k$ 次试验中 A 不发生的概率为

$$\underbrace{pp\cdots p}_{k\text{个}}\underbrace{(1-p)(1-p)\cdots(1-p)}_{n-k\text{个}} = p^k(1-p)^{n-k},$$

这种指定的方式共有 C_n^k 种（如在前 k 次试验中 A 发生，而后 $n-k$ 次试验中 A 不发生是其中一种），它们是两两互不相容的，故在 n 次试验中 A 发生 k 次的概率为 $C_n^k p^k(1-p)^{n-k}$，即

$$P\{X = k\} = C_n^k p^k (1-p)^{n-k} \quad (k = 0,1,2,\cdots,n).$$

显然，

$$P\{X = k\} \geq 0 \quad (k = 0,1,2,\cdots,n),$$

$$\sum_{k=0}^{n} P\{X = k\} = \sum_{k=0}^{n} C_n^k p^k (1-p)^{n-k} = [p + (1-p)]^n = 1,$$

即 $P\{X=k\}=C_n^k p^k(1-p)^{n-k}$ $(k=0,1,2,\cdots,n)$ 满足分布律的两个条件式（2-2）和式（2-3），又注意到分布律表达式正好是二项式 $[p+(1-p)]^n$ 的展开式中的通项，因此称随机变量 X 服从参数为 n，p 的**二项分布**，并记为 $X\sim b(n,p)$ 或 $X\sim B(n,p)$.

特别地，当 $n=1$ 时，有 $P\{X=k\}=p^k(1-p)^{1-k}$ $(k=0,1)$，即 (0-1) 分布，故 (0-1) 分布可记作 $X\sim b(1,p)$.

例 2-3 袋中有 7 个红球，3 个白球，从袋中有放回地任取 10 个球，求恰好取到 k 个白球的概率 $(k=0,1,2,\cdots,10)$.

解 由于是放回抽样，这是一个 10 重伯努利试验. 设 X 为"任取的 10 个球中的白球的个数"，则 $X\sim b(10,0.3)$，于是 $P\{X=k\}=C_{10}^k 0.3^k 0.7^{10-k}$ $(k=0,1,2,\cdots,10)$. 将计算结果列表如下：

X	0	1	2	3	4	5	6	7	8	9	10
p_k	0.028 0	0.121 1	0.233 5	0.266 8	0.200 1	0.103 0	0.036 7	0.009 0	0.001 5	0.000 3	0

为了对本题的结果有一个直观的了解，作出上表的图形，如图 2-2 所示.

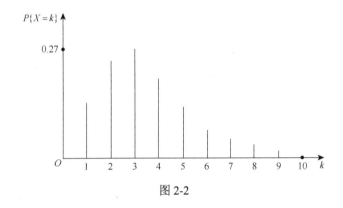

图 2-2

例 2-4 已知某产品的次品率为 0.2，现从一大批这类产品中随机地抽查 20 件，问恰好有 k 件 $(k=0,1,2,\cdots,20)$ 次品的概率是多少？

解 这是不放回抽样，但因为这批产品的总数很大，而且抽查的产品数量相对于产品的总数来说又很小，所以可以当作放回抽样处理. 这样做会有些误差，但误差不大. 将检查一件产品是否为次品看成一次试验，则检查 20 件产品相当于做 20 重伯努利试验，以 X 表示抽出的 20 件产品中次品的件数，则 $X\sim b(20,0.2)$，故所求概率为

$$P\{X=k\}=C_{20}^k 0.2^k 0.8^{20-k} \quad (k=0,1,2,\cdots,20).$$

将结果列表如下：

$P\{X=0\}=0.012$	$P\{X=4\}=0.218$	$P\{X=8\}=0.022$
$P\{X=1\}=0.058$	$P\{X=5\}=0.175$	$P\{X=9\}=0.007$
$P\{X=2\}=0.137$	$P\{X=6\}=0.109$	$P\{X=10\}=0.002$
$P\{X=3\}=0.205$	$P\{X=7\}=0.055$	

当 $k\geq11$ 时，$P\{X=k\}<0.001$.

为了对本题的结果有一个直观的了解，作出上表的图形，如图 2-3 所示.

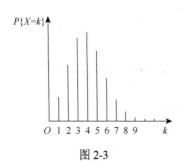

图 2-3

由图 2-2 和图 2-3 可知，$P\{X=k\}$ 的值随着 k 的增加先变大后变小，在中间某个点处达到最大值（例 2-3 中 $k=3$ 时取最大值，例 2-4 中 $k=4$ 时取最大值）.

一般地，对于固定的 n 及 p，二项分布 $b(n,p)$ 都具有这一性质.

例 2-5　某人进行射击，设每次射击的命中率为 0.02. 独立射击 400 次，试求至少击中两次的概率.

解　设击中次数为 X，则 $X \sim b(400, 0.02)$. X 的分布律为

$$P\{X=k\} = C_{400}^k 0.02^k (0.98)^{400-k} \quad (k=0,1,2,\cdots,400),$$

于是所求概率为

$$P\{X \geqslant 2\} = 1 - P\{X=0\} - P\{X=1\}$$
$$= 1 - (0.98)^{400} - 400(0.02)(0.98)^{399} = 0.9972.$$

这个概率几乎接近于 1，其意义在于虽然每次的命中率很小，但如果射击次数较多，则击中目标至少两次是几乎可以肯定的，本例告诉我们绝对不能轻视小概率事件.

（三）泊松分布

设随机变量 X 的所有可能取值为 $0,1,2,\cdots$，而取各个值的概率为

$$P\{X=k\} = \frac{\lambda^k e^{-\lambda}}{k!} \quad (k=0,1,2,\cdots),$$

其中 $\lambda > 0$ 是常数，则称 X 服从参数为 λ 的**泊松分布**，记为 $X \sim \pi(\lambda)$ 或 $X \sim P(\lambda)$.

显然，$P\{X=k\} \geqslant 0 \ (k=0,1,2,\cdots)$，且有

$$\sum_{k=0}^{\infty} P\{X=k\} = \sum_{k=0}^{\infty} \frac{\lambda^k e^{-\lambda}}{k!} = e^{-\lambda} \sum_{k=0}^{\infty} \frac{\lambda^k}{k!} = e^{-\lambda} e^{\lambda} = 1,$$

即满足离散型随机变量分布律的两个条件式（2-2）和式（2-3）.

对于泊松分布，构建了泊松分布表供大家查阅，见附表 3.

具有泊松分布的随机变量在实际应用中是很多的，例如，一本书中一页的印刷错误数、电话台接到的呼叫次数，某地区一个时间段内发生交通事故的次数，某城市一年内发生着火的次数等都服从泊松分布. 一般地，泊松分布可以作为描述大量重复试验中稀有事件出现频数的概率分布情况的数学模型.

下面介绍一个用泊松分布来逼近二项分布的定理.

定理 2-1（泊松定理）　设 $\lambda > 0$ 是一个常数，n 是任意正整数，设 $np_n = \lambda$，则对于任一个固定的非负整数 k，有

$$\lim_{n \to +\infty} C_n^k p_n^k (1-p_n)^{n-k} = \frac{\lambda^k e^{-\lambda}}{k!}.$$

文档：泊松定理的证明

该定理的证明略去.

定理的条件 $np_n = \lambda$（常数）意味着当 n 很大时，p_n 必须很小. 因此，定理 2-1 表明当 n 很大，p_n 很小（$np_n = \lambda$）时，有以下近似式：

$$C_n^k p_n^k (1-p_n)^{n-k} \approx \frac{\lambda^k e^{-\lambda}}{k!}.$$

文档：二项分布与泊松
近似的比较

上式可用来进行二项分布概率的近似计算，原因在于泊松分布可查表，另外泊松分布也有着类似于二项分布的特点，随着 k 取值的不断增加，$P\{X=k\}$ 不断增加到某个最大值后单调减少.

二项分布的泊松近似，常常被应用于研究稀有事件（即每次试验中事件 A 发生的概率 p 很小），且试验的次数 n 很大时，事件 A 发生的次数的概率.

例 2-6　为保证设备正常工作，需要配备一些维修工，如果各台设备发生故障是相互独立的，且每台设备发生故障的概率都是 0.01. 试在以下三种情况下，求设备发生故障而不能及时维修的概率：

（1）1 名维修工负责 20 台设备；

（2）3 名维修工负责 90 台设备；

（3）10 名维修工负责 500 台设备.

解　（1）以 X_1 表示 20 台设备中同时发生故障的设备台数，则 $X_1 \sim b(20,0.01)$，$\lambda = 20 \times 0.01 = 0.2$，所求概率为

$$P\{X_1>1\} = 1 - P\{X_1 \leqslant 1\} \approx 1 - \sum_{k=0}^{1} \frac{0.2^k}{k!} \mathrm{e}^{-0.2} = 1 - 0.982 = 0.018.$$

（2）以 X_2 表示 90 台设备中同时发生故障的设备台数，则 $X_2 \sim b(90,0.01)$，$\lambda = 90 \times 0.01 = 0.9$，所求概率为

$$P\{X_2>3\} = 1 - P\{X_2 \leqslant 3\} \approx 1 - \sum_{k=0}^{3} \frac{0.9^k}{k!} \mathrm{e}^{-0.9} = 1 - 0.987 = 0.013.$$

（3）以 X_3 表示 500 台设备中同时发生故障的设备台数，则 $X_3 \sim b(500,0.01)$，$\lambda = 500 \times 0.01 = 5$，所求概率为

$$P\{X_3>10\} = 1 - P\{X_3 \leqslant 10\} \approx 1 - \sum_{k=0}^{10} \frac{5^k}{k!} \mathrm{e}^{-5} = 1 - 0.986 = 0.014.$$

通过例 2-6，可以发现，后面的两种情况，尽管任务越来越重了，但工作效率不仅没有降低，反而提高了.

习　题　2-2

1. 判断下列表中所列出的是否为某个随机变量的分布律.

（1）

X	0	1	2
p_k	0.4	0.3	0.3

（2）

Y	0	1	2
p_k	0.2	0.3	0.4

（3）

Z	1	2	3	$\cdots$
p_k	$\dfrac{1}{2}$	$\left(\dfrac{1}{2}\right)^2$	$\left(\dfrac{1}{2}\right)^3$	$\cdots$

2. 设随机变量 X 的分布律为 $P\{X=k\}=\dfrac{k}{a}$ $(k=1,2,3,4,5)$，求 a 及 $P\{1\leqslant X\leqslant 3\}$.

3. 设随机变量 X 服从 $(0\text{-}1)$ 分布且 $P\{X=0\}=3P\{X=1\}$，写出 X 的分布律.

4. 设随机变量 X 服从参数为 λ 的泊松分布且 $P\{X=1\}=P\{X=2\}$，求 λ.

5. 一大楼装有 5 个不同类型的供水设备，调查表明在任一时刻每个设备被使用的概率为 0.1，问在同一时刻

　　（1）恰有 2 个设备被使用的概率是多少？

　　（2）至少有 3 个设备被使用的概率是多少？

　　（3）至多有 3 个设备被使用的概率是多少？

6. 已知在 5 重伯努利试验中成功的次数 X 满足 $P\{X=1\}=P\{X=2\}$，求概率 $P\{X=4\}$.

7. 设某城市一周内发生交通事故的次数服从参数为 0.3 的泊松分布，试问：

　　（1）在一周内恰好发生两次交通事故的概率是多少？

　　（2）在一周内至少发生一次交通事故的概率是多少？

8. 设 $X\sim\pi(\lambda)$，其分布律为 $P\{X=k\}=\dfrac{\lambda^k}{k!}\mathrm{e}^{-\lambda}$ $(k=0,1,2,\cdots)$，问当 k 为何值时，$P\{X=k\}$ 最大？

9. 设 $X\sim b(n,p)$，其分布律为 $P\{X=k\}=\mathrm{C}_n^k p^k(1-p)^{n-k}$ $(k=0,1,2,\cdots,n)$，问当 k 为何值时，$P\{X=k\}$ 最大？

10. 纺织厂女工照顾 800 个纺锭，每一个纺锭在某一短时间内发生断头的概率为 0.005，并设短时间内最多只发生一次断头，求在这段时间内发生断头的次数超过 2 的概率（利用泊松定理计算）.

11. 某地有 2 500 人购买某种物品保险，每人在年初向保险公司交付保险费 12 元. 若在这一年内该物品损坏，则可以从保险公司领到 2 000 元. 设该物品的损坏概率为 0.2%，求保险公司获利不少于 20 000 元的概率.

12. 设某机场每天有 200 架飞机在此降落，任一架飞机在某一时刻降落的概率为 0.02，且各飞机降落是相互独立的. 试问该机场需配备多少条跑道，才能保证某一时刻飞机需立即降落而没有空闲跑道的概率小于 0.01（每条跑道只能允许一架飞机降落）？

13. 有一繁忙的汽车站，每天有大量汽车通过，设每辆汽车在一天的某时段出事故的概率为 0.0 001，在某天的该时段内有 1 000 辆汽车通过，问出事故的次数不小于 2 的概率是多少（利用泊松定理）？

第三节　随机变量的分布函数

对于非离散型随机变量 X，其可能取值不是有限个或无限可列多个，而可能是充满某个区间，而且 X 取某个特定值的概率常常是 0. 因此，大家关心的也不再是它取某个特定值的概率，如元件的寿命、排队等候服务的时间等，大家感兴趣的是这类随机变量的取值落在某个区间的概率：$P\{x_1<X\leqslant x_2\}$. 又因为

$$P\{x_1<X\leqslant x_2\}=P\{X\leqslant x_2\}-P\{X\leqslant x_1\},$$

所以，只需要知道 $P\{X\leqslant x\}$ 就可以了，为此引入随机变量的分布函数.

定义 2-3 设 X 是一个随机变量，x 是任意实数，函数

$$F(x)=P\{X\leqslant x\}\quad(-\infty<x<+\infty)\tag{2-4}$$

称为 X 的**分布函数**.

分布函数是一个普通的函数，通过它，能进一步运用数学分析的方法来研究随机变量.

如果将 X 看成数轴上的随机点的坐标，那么分布函数 $F(x)$ 在 x 处的函数值就表示 X 落在区间 $(-\infty, x]$ 上的概率.

分布函数 $F(x)$ 具有以下的性质：

（1）**有界性**，$0 \leqslant F(x) \leqslant 1$，且 $F(-\infty) = \lim\limits_{x \to -\infty} F(x) = 0$，$F(+\infty) = \lim\limits_{x \to +\infty} F(x) = 1$；

（2）**单调性**，$F(x)$ 关于 x 单调不减，即对任意实数 $x_1 < x_2$，有 $F(x_1) \leqslant F(x_2)$；

（3）**右连续性**，$F(x)$ 关于 x 右连续，即 $\lim\limits_{x \to x_0^+} F(x) = F(x_0)$ 或 $F(x+0) = F(x)$.

把握了随机变量 X 的分布函数 $F(x)$，也就进一步了解了 X 的统计规律. 例如：

（1）$P\{x_1 < X \leqslant x_2\} = P\{X \leqslant x_2\} - P\{X \leqslant x_1\} = F(x_2) - F(x_1)$；

（2）$P\{X \leqslant x\} = F(x)$；

（3）$P\{X > x\} = 1 - P\{X \leqslant x\} = 1 - F(x)$.

例 2-7　设随机变量 X 的分布律为

X	-1	0	1
p_k	$\dfrac{1}{4}$	$\dfrac{1}{2}$	$\dfrac{1}{4}$

文档：离散型随机变量
分布函数的特点

求 X 的分布函数，并求 $P\left\{X \leqslant \dfrac{1}{2}\right\}$，$P\{0 < X \leqslant 2\}$，$P\{0 \leqslant X \leqslant 1\}$.

解　由概率的有限可加性，有

$$F(x) = P\{X \leqslant x\} = \begin{cases} 0, & x < -1, \\ P\{X = -1\}, & -1 \leqslant x < 0, \\ P\{X = -1\} + P\{X = 0\}, & 0 \leqslant x < 1, \\ 1, & x \geqslant 1, \end{cases}$$

即

$$F(x) = \begin{cases} 0, & x < -1, \\ \dfrac{1}{4}, & -1 \leqslant x < 0, \\ \dfrac{3}{4}, & 0 \leqslant x < 1, \\ 1, & x \geqslant 1. \end{cases}$$

$F(x)$ 的图形如图 2-4 所示.

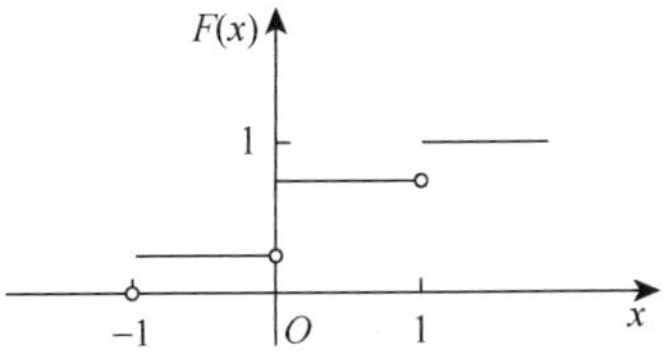

图 2-4

由图可知

$$P\left\{X\leqslant\frac{1}{2}\right\}=F\left(\frac{1}{2}\right)=\frac{3}{4},$$

$$P\{0<X\leqslant2\}=F(2)-F(0)=1-\frac{3}{4}=\frac{1}{4},$$

$$\begin{aligned}P\{0\leqslant X\leqslant1\}&=P\{0<X\leqslant1\}+P\{X=0\}\\&=F(1)-F(0)+P\{X=0\}\\&=1-\frac{3}{4}+\frac{1}{2}=\frac{3}{4}.\end{aligned}$$

文档：由分布函数求分布律

一般地，设离散型随机变量 X 的分布律为

$$P\{X=x_k\}=p_k\quad(k=1,2,\cdots),$$

由概率的可列可加性得 X 的分布函数为

$$F(x)=P\{X\leqslant x\}=\sum_{x_k\leqslant x}P\{X=x_k\},$$

文档：由分布函数求事件概率

即

$$F(x)=\sum_{x_k\leqslant x}p_k.$$

这个和式是对于所有满足 $x_k\leqslant x$ 的 p_k 求和. 分布函数 $F(x)$ 在 $x=x_k(k=1,2,\cdots)$ 处有跳跃，其跳跃值为 $p_k=P\{X=x_k\}$.

例 2-8　一个靶子是半径为 2m 的圆盘，设击中靶上任一同心圆盘上的点的概率与该圆盘的面积成正比. 设射击都能中靶，以 X 表示弹着点与圆心的距离，试求随机变量 X 的分布函数.

解　若 $x<0$，则 $\{X\leqslant x\}$ 是不可能事件，于是 $F(x)=P\{X\leqslant x\}=0$.

若 $0\leqslant x<2$，由题意知 $P\{0\leqslant X\leqslant x\}=kx^2$. 取 $x=2$，有 $P\{0\leqslant X\leqslant2\}=4k$. 又易知 $P\{0\leqslant X\leqslant2\}=1$，故 $k=\frac{1}{4}$，即 $P\{0\leqslant X\leqslant x\}=\frac{x^2}{4}$，于是

$$F(x)=P\{X\leqslant x\}=P\{X<0\}+P\{0\leqslant X\leqslant x\}=\frac{x^2}{4}.$$

若 $x\geqslant2$，由题意知 $\{X\leqslant x\}$ 是必然事件，于是 $F(x)=P\{X\leqslant x\}=1$.

综上所述，X 的分布函数为

$$F(x)=\begin{cases}0,&x<0,\\[2mm]\dfrac{x^2}{4},&0\leqslant x<2,\\[3mm]1,&x\geqslant2.\end{cases}$$

它的图形是一条连续曲线，如图 2-5 所示.

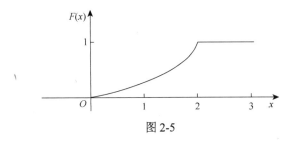

图 2-5

另外，例 2-8 中的分布函数 $F(x)$，对于任意 $x \in \mathbf{R}$ 可写成

$$F(x) = \int_{-\infty}^{x} f(t) \mathrm{d}t,$$

其中

$$f(t) = \begin{cases} \dfrac{t}{2}, & 0 < t < 2, \\ 0, & \text{其他,} \end{cases}$$

即 $F(x)$ 恰是非负函数 $f(t)$ 在区间 $(-\infty, x]$ 上的积分，这与离散型随机变量不同，它是另一类十分重要的随机变量，称它为连续型随机变量，将在第四节中讨论.

习 题 2-3

1. 下列函数是否为某个随机变量的分布函数？

（1） $F(x) = \begin{cases} 0, & x < 0, \\ \dfrac{1}{2}, & 0 \leqslant x < 1, \\ 1, & x \geqslant 1; \end{cases}$

（2） $F(x) = \begin{cases} 0, & x < 0, \\ \dfrac{1}{2}, & 0 \leqslant x < 2, \\ \dfrac{1}{3}, & 2 \leqslant x < 3, \\ 1, & x \geqslant 3; \end{cases}$

（3） $F(x) = \dfrac{1}{1 + x^2} \quad (-\infty < x < +\infty);$

（4） $F(x) = \begin{cases} 0, & x < 0, \\ \sin x, & 0 \leqslant x < \pi, \\ 1, & x \geqslant \pi. \end{cases}$

2. 设 X 的分布函数为 $F(x) = \begin{cases} A(1 - \mathrm{e}^{-x}), & x \geqslant 0, \\ 0, & \text{其他,} \end{cases}$ 求 A 及 $P\{1 < X \leqslant 3\}$.

3. 设 $X \sim b(1, 0.2)$，求 X 的分布函数.

4. 设随机变量 X 的分布律为

X	-1	2	3
p_k	$\dfrac{1}{4}$	$\dfrac{1}{4}$	$\dfrac{1}{2}$

求 X 的分布函数及 $P\left\{X \leqslant \dfrac{1}{2}\right\}$，$P\{2<X \leqslant 3\}$.

5. 在区间 $[0,2]$ 上任意投一个质点，以 X 表示这个质点的坐标，设这个质点落在区间 $[0,2]$ 中任意子区间内的概率与该子区间的长度成正比，试求 X 的分布函数.

第四节　连续型随机变量及其分布

一、连续型随机变量的概念

定义 2-4　对于随机变量 X 的分布函数 $F(x)$，如果存在非负函数 $f(x)$，使得对于任意实数 x，有

$$F(x) = \int_{-\infty}^{x} f(t) \mathrm{d}t, \tag{2-5}$$

则称 X 为**连续型随机变量**，其中 $f(x)$ 称为 X 的**概率密度函数**，简称**概率密度**或**密度函数**.

由定义 2-4 知，概率密度函数 $f(x)$ 具有以下性质：

（1）$f(x) \geqslant 0$；　　　　　　　　　　　　　　　　　　　　　　　　　　（2-6）

（2）$\displaystyle\int_{-\infty}^{+\infty} f(x)\mathrm{d}x = 1$；　　　　　　　　　　　　　　　　　　　　　　　（2-7）

（3）对于任意实数 $x_1 \leqslant x_2$，有

$$P\{x_1 < X \leqslant x_2\} = F(x_2) - F(x_1) = \int_{x_1}^{x_2} f(x)\mathrm{d}x;$$

（4）若 $f(x)$ 在点 x 连续，则有 $F'(x) = f(x)$.

前两条性质是概率密度函数的基本性质，性质（1）表示 $f(x)$ 满足非负性，性质（2）表示曲线 $y = f(x)$ 与 x 轴所围成图形的面积等于 1，性质（3）表示 X 取值落在区间 $(x_1, x_2]$ 的概率等于区间 $(x_1, x_2]$ 上曲线 $y = f(x)$ 之下的曲边梯形的面积，由性质（4）知，在 $f(x)$ 的连续点处有

$$f(x) = \lim_{\Delta x \to 0^+} \frac{F(x + \Delta x) - F(x)}{\Delta x} = \lim_{\Delta x \to 0^+} \frac{P\{x < X \leqslant x + \Delta x\}}{\Delta x}.$$

由上式有 $P\{x < X \leqslant x + \Delta x\} \approx f(x)\Delta x$，这里不计高阶无穷小.

从上面可以看到概率密度函数的定义和物理学中线密度的定义类似，这就是为什么称 $f(x)$ 为概率密度函数的原因.

例 2-9　设连续型随机变量 X 的概率密度函数为

$$f(x) = \begin{cases} kx + 1, & 0 \leqslant x \leqslant 2, \\ 0, & \text{其他}. \end{cases}$$

（1）求常数 k；（2）求 X 的分布函数 $F(x)$；（3）求 $P\left\{\dfrac{3}{2} < X \leqslant \dfrac{5}{2}\right\}$.

解　（1）由 $\displaystyle\int_{-\infty}^{+\infty} f(x)\mathrm{d}x = F(+\infty) = 1$，有

$$\int_0^2 (kx + 1)\mathrm{d}x = 2k + 2 = 1,$$

得 $k = -\dfrac{1}{2}$.

（2）X 的分布函数为

$$F(x) = \int_{-\infty}^{x} f(t)\mathrm{d}t = \begin{cases} 0, & x<0, \\ -\dfrac{x^2}{4} + x, & 0 \leqslant x<2, \\ 1, & x \geqslant 2. \end{cases}$$

（3）$P\left\{\dfrac{3}{2}<X\leqslant\dfrac{5}{2}\right\} = F\left(\dfrac{5}{2}\right) - F\left(\dfrac{3}{2}\right) = \dfrac{1}{16}$.

需要指出的是，对于连续型随机变量 X 来说，它取任一指定实数值 a 的概率均为 0，即 $P\{X=a\}=0$. 这样，就有

$$P\{a<X\leqslant b\} = P\{a<X<b\} = P\{a \leqslant X \leqslant b\} = P\{a \leqslant X<b\}.$$

需要说明的是，尽管 $P\{X=a\}=0$，但 $\{X=a\}$ 并不一定是不可能事件，这个在第一章已经提过.

以后当提到一个随机变量 X 的"概率分布"时，指的是它的分布函数，当 X 是离散型随机变量时，指的是它的分布律，当 X 是连续型随机变量时，指的是它的概率密度函数.

二、常用的连续型随机变量及其分布

（一）均匀分布

若连续型随机变量 X 具有概率密度函数

$$f(x) = \begin{cases} \dfrac{1}{b-a}, & a<x<b, \\ 0, & 其他, \end{cases}$$

则称 X 在区间 (a,b) 上服从**均匀分布**，记为 $X \sim U(a,b)$.

易知，$f(x) \geqslant 0$，且 $\int_{-\infty}^{+\infty} f(x)\mathrm{d}x = 1$.

若 $X \sim U(a,b)$，其分布函数为

$$F(x) = \begin{cases} 0, & x<a, \\ \dfrac{x-a}{b-a}, & a \leqslant x<b, \\ 1, & x \geqslant b. \end{cases}$$

均匀分布的概率密度函数和分布函数的图形分别如图 2-6、图 2-7 所示.

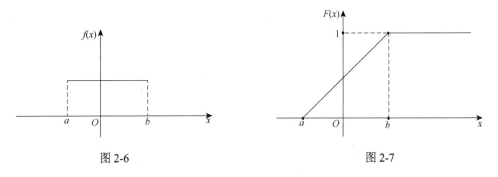

图 2-6　　　　　　　　　　　　　　图 2-7

在 (a,b) 上服从均匀分布的随机变量 X 落在区间 (a,b) 中任一等长子区间内的概率是相等的. 换句话说，X 落在区间 (a,b) 中任一子区间的概率只依赖于子区间的长度，而与子区间的

位置无关. 事实上，对于任一长度为 l 的子区间 $(c,c+l)$，$a \leqslant c \leqslant c+l \leqslant b$，有

$$P\{c < X \leqslant c+l\} = \int_c^{c+l} f(x)\mathrm{d}x = \int_c^{c+l} \frac{1}{b-a}\mathrm{d}x = \frac{l}{b-a}.$$

（二）指数分布

若连续型随机变量 X 的概率密度函数为

$$f(x) = \begin{cases} \lambda \mathrm{e}^{-\lambda x}, & x > 0, \\ 0, & x \leqslant 0, \end{cases}$$

文档：指数分布的无记忆性

其中，$\lambda > 0$ 为常数，则称 X 服从参数为 λ 的**指数分布**，记作 $X \sim E(\lambda)$.

易知，$f(x) \geqslant 0$，且 $\int_{-\infty}^{+\infty} f(x)\mathrm{d}x = 1$.

若 $X \sim E(\lambda)$，其分布函数为

$$F(x) = \begin{cases} 1 - \mathrm{e}^{-\lambda x}, & x > 0, \\ 0, & x \leqslant 0. \end{cases}$$

指数分布的概率密度函数和分布函数的图形分别如图 2-8、图 2-9 所示.

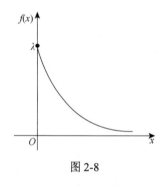

图 2-8

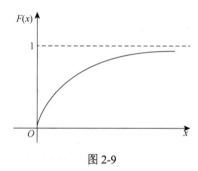

图 2-9

指数分布在可靠性理论与排队理论中有广泛的应用，与"寿命"有关的随机变量都服从指数分布，如电子元件的寿命、动物的寿命及顾客排队等候服务的时间等.

例 2-10　设 X 的概率密度函数为 $f(x) = \begin{cases} k\mathrm{e}^{-3x}, & x > 0, \\ 0, & x \leqslant 0, \end{cases}$ 试求 k 及 $P\{X > 0.1\}$.

解　由 $\int_{-\infty}^{+\infty} f(x)\mathrm{d}x = 1$ 有 $\int_0^{+\infty} k\mathrm{e}^{-3x}\mathrm{d}x = \dfrac{k}{3} = 1$，所以 $k = 3$，由此得

$$P\{X > 0.1\} = \int_{0.1}^{+\infty} 3\mathrm{e}^{-3x}\mathrm{d}x = \mathrm{e}^{-0.3}.$$

文档：指数分布与泊松分布的关系

（三）正态分布

若连续型随机变量 X 的概率密度函数为

$$f(x) = \frac{1}{\sqrt{2\pi}\sigma} \mathrm{e}^{-\frac{(x-\mu)^2}{2\sigma^2}} \quad (-\infty < x < +\infty),$$

其中，μ，σ（$\sigma > 0$）为常数，则称 X 服从参数为 μ，σ 的**正态分布**或**高斯分布**，记为 $X \sim U(\mu, \sigma^2)$.

易知，$f(x) \geqslant 0$，下面来证明 $\int_{-\infty}^{+\infty} f(x)\mathrm{d}x = 1$.

令 $\dfrac{x-\mu}{\sigma} = t$，得

$$\int_{-\infty}^{+\infty} f(x)\mathrm{d}x = \int_{-\infty}^{+\infty} \frac{1}{\sqrt{2\pi}\sigma} \mathrm{e}^{-\frac{(x-\mu)^2}{2\sigma^2}} \mathrm{d}x = \frac{1}{\sqrt{2\pi}} \int_{-\infty}^{+\infty} \mathrm{e}^{-\frac{t^2}{2}} \mathrm{d}t,$$

记 $I = \int_{-\infty}^{+\infty} \mathrm{e}^{-\frac{t^2}{2}} \mathrm{d}t$, 则有 $I^2 = \int_{-\infty}^{+\infty}\int_{-\infty}^{+\infty} \mathrm{e}^{-\frac{t^2+v^2}{2}} \mathrm{d}t\mathrm{d}v$，利用极坐标计算得

$$I^2 = \int_0^{2\pi}\int_{-\infty}^{+\infty} r\mathrm{e}^{-\frac{r^2}{2}} \mathrm{d}r\mathrm{d}\theta = 2\pi,$$

又因为 $I>0$ ，所以 $I=\sqrt{2\pi}$. 于是

$$\int_{-\infty}^{+\infty} f(x)\mathrm{d}x = \frac{1}{\sqrt{2\pi}} \int_{-\infty}^{+\infty} \mathrm{e}^{-\frac{t^2}{2}} \mathrm{d}t = \frac{1}{\sqrt{2\pi}}\sqrt{2\pi} = 1 .$$

$f(x)$ 的图形如图 2-10 所示.

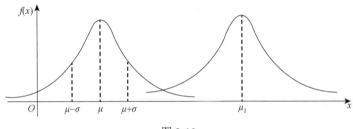

图 2-10

关于参数 μ, σ 的意义将在第四章中说明， $f(x)$ 具有的性质如下：

（1）概率密度函数曲线 $f(x)$ 关于 $x=\mu$ 对称；

（2）当 $x=\mu$ 时，取最大值 $f(\mu)=\dfrac{1}{\sqrt{2\pi}\sigma}$；

（3）在 $x=\mu\pm\sigma$ 处曲线 $f(x)$ 有拐点，曲线 $f(x)$ 以 x 轴为渐近线.

说明：若固定 σ，改变 μ 的值，则图形沿着 x 轴平移，而其形状不会改变，故称 μ 为位置参数，如图 2-10 所示；若固定 μ，改变 σ 的值，由于最大值 $f(\mu)=\dfrac{1}{\sqrt{2\pi}\sigma}$，可知当 σ 越小时，图形变得越尖，因而落在附近的概率越大，如图 2-11 所示.

正态分布的分布函数为

$$F(x) = \frac{1}{\sqrt{2\pi}\sigma} \int_{-\infty}^{x} \mathrm{e}^{-\frac{(t-\mu)^2}{2\sigma^2}} \mathrm{d}t \quad (-\infty<x<+\infty).$$

正态分布的分布函数如图 2-12 所示.

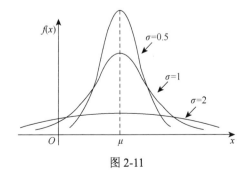

图 2-11

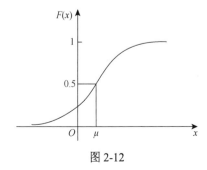

图 2-12

特别地，当 $\mu = 0$，$\sigma = 1$ 时，称 X 服从**标准正态分布**，记为 $X \sim N(0,1)$，其概率密度函数用 $\varphi(x)$ 表示，分布函数用 $\Phi(x)$ 表示，即

$$\varphi(x) = \frac{1}{\sqrt{2\pi}} \mathrm{e}^{-\frac{x^2}{2}} \qquad (-\infty < x < +\infty),$$

$$\Phi(x) = \frac{1}{\sqrt{2\pi}} \int_{-\infty}^{x} \mathrm{e}^{-\frac{t^2}{2}} \mathrm{d}t \quad (-\infty < x < +\infty).$$

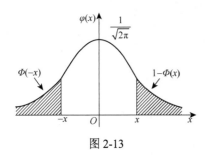

图 2-13

易知，$\Phi(-x) = 1 - \Phi(x)$，如图 2-13 所示，标准正态分布的取值可查表（附表 2）得到.

关于一般正态分布与标准正态分布，有如下结论.

引理 2-1　若 $X \sim N(0,1)$，则 $Y = \dfrac{X - \mu}{\sigma} \sim N(\mu, \sigma^2)$.

证明见第五节.

于是，若 $X \sim N(\mu, \sigma^2)$，则

$$P\{X \leqslant x\} = P\left\{\frac{X-\mu}{\sigma} \leqslant \frac{x-\mu}{\sigma}\right\} = \Phi\left(\frac{x-\mu}{\sigma}\right),$$

$$P\{x_1 < X \leqslant x_2\} = P\left\{\frac{x_1-\mu}{\sigma} < Y \leqslant \frac{x_2-\mu}{\sigma}\right\} = \Phi\left(\frac{x_2-\mu}{\sigma}\right) - \Phi\left(\frac{x_1-\mu}{\sigma}\right).$$

例 2-11　已知 $X \sim N(8, 4^2)$，求 $P\{X \leqslant 16\}$，$P\{X \leqslant 0\}$ 及 $P\{12 < X \leqslant 20\}$.

解　$P\{X \leqslant 16\} = \Phi\left(\dfrac{16-8}{4}\right) = \Phi(2) = 0.977\,2$.

$$P\{X \leqslant 0\} = \Phi\left(\frac{0-8}{4}\right) = \Phi(-2) = 1 - \Phi(2) = 1 - 0.977\,2 = 0.022\,8.$$

$$P\{12 < X \leqslant 20\} = P\left\{\frac{12-8}{4} < X \leqslant \frac{20-8}{4}\right\} = \Phi(3) - \Phi(1)$$

$$= 0.998\,7 - 0.841\,3 = 0.157\,4.$$

例 2-12　将温度调节器放置在储存着某种液体的容器内，调节器在 $d\,℃$. 液体温度 X（以 ℃ 计）是一个随机变量，且 $X \sim N(d, 0.5^2)$. 若要求保持液体的温度至少为 80℃ 的概率不低于 0.99，问 d 至少为多少？

解　由题意知

$$0.99 \leqslant P\{X \geqslant 80\} = 1 - P\{X \leqslant 80\}$$

$$= 1 - P\left\{\frac{X-d}{0.5} \leqslant \frac{80-d}{0.5}\right\}$$

$$= 1 - \Phi\left(\frac{80-d}{0.5}\right)$$

查表知 $\Phi(2.327) = 0.99$，即 $\dfrac{d-80}{0.5} \geqslant 2.327$，故 $d \geqslant 81.1635$.

说明： 若 $X \sim N(\mu, \sigma^2)$，则
$$P\{|X-\mu| < k\sigma\} = P\{\mu - k\sigma < X \leqslant \mu + k\sigma\} = \Phi(k) - \Phi(-k) = 2\Phi(k) - 1,$$
于是
$$P\{|X-\mu| < \sigma\} = 2\Phi(1) - 1 = 0.6826,$$
$$P\{|X-\mu| < 2\sigma\} = 2\Phi(2) - 1 = 0.9544,$$
$$P\{|X-\mu| < 3\sigma\} = 2\Phi(3) - 1 = 0.9974,$$

如图 2-14 所示.

可以看到，尽管正态随机变量 X 的取值范围是 $(-\infty, +\infty)$，但它的值落在 $(\mu - 3\sigma, \mu + 3\sigma)$ 内几乎是肯定的，称为 "3σ" 原则.

为了便于今后在数理统计中的应用，对于标准正态随机变量，引入上 α 分位点的定义.

设 $X \sim N(0,1)$，若数 u_α 满足 $P\{X > u_\alpha\} = \alpha$ （$0 < \alpha < 1$），则称 u_α 为标准正态分布的上 α 分位点（也可以用 z_α 表示标准正态分布的上 α 分位点）. 其几何意义如图 2-15 所示.

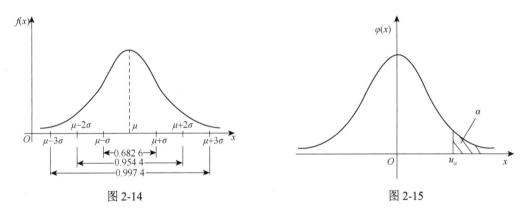

图 2-14   图 2-15

显然
$$\Phi(u_\alpha) = 1 - \alpha.$$
由 $\varphi(x)$ 的对称性可知
$$u_{1-\alpha} = -u_\alpha.$$

下面列出几个常用的 u_α 的值.

α	0.001	0.005	0.01	0.025	0.05	0.10
u_α	3.090	2.576	2.327	1.960	1.045	1.282

自然现象和社会现象中，大量随机变量都是服从或近似服从正态分布，如人的身高、测量产生的误差、某年级学生的数学成绩等. 正态分布在概率论与数理统计的理论研究和实际应用中都起着特别重要的作用. 这一点将在第五章里进一步说明.

习 题 2-4

1. 设随机变量 X 的概率密度函数为

（1）$f(x)=\begin{cases}2\left(1-\dfrac{1}{x^2}\right), & 1\leqslant x\leqslant 2,\\ 0, & \text{其他;}\end{cases}$　　　　（2）$f(x)=\begin{cases}x, & 0\leqslant x\leqslant 1,\\ 2-x, & 1<x\leqslant 2,\\ 0, & \text{其他.}\end{cases}$

求 X 的分布函数 $F(x)$．

2. 设随机变量 X 的分布函数为

$$F(x)=\begin{cases}0, & x<1,\\ \ln x, & 1\leqslant x<\mathrm{e},\\ 1, & x\geqslant \mathrm{e},\end{cases}$$

求：（1）$P\{X<2\},P\{0<X\leqslant 3\},P\left\{2<X<\dfrac{5}{2}\right\}$；（2）$X$ 概率密度函数 $f(x)$．

3. 设随机变量 X 的概率密度函数为

$$f(x)=\begin{cases}A\mathrm{e}^{-2x}, & x\geqslant 0,\\ 0, & \text{其他,}\end{cases}$$

求：（1）常数 A；（2）分布函数 $F(x)$；（3）$P\{X>0.5\}$．

4. 设随机变量 X 的概率密度函数为

$$f(x)=\begin{cases}A\sin x, & 0<x<\pi,\\ 0, & \text{其他,}\end{cases}$$

求：（1）常数 A；（2）$P\left\{0\leqslant X<\dfrac{\pi}{2}\right\}$．

5. 设 $X\sim N(0,5)$，求关于 x 的方程 $4x^2+4Xx+X+2=0$ 有实根的概率.

6. 某型号电子管，其寿命（以 h 计）为一随机变量 X，概率密度函数为

$$f(x)=\begin{cases}\dfrac{100}{x^2}, & x\geqslant 100,\\ 0, & \text{其他,}\end{cases}$$

某一电子设备内配有三个这样的电子管，求电子管使用 158 h 都不需要更换的概率.

7. 设顾客在某银行窗口等待服务的时间 X（以 min 计）服从指数分布，其概率密度函数为

$$f(x)=\begin{cases}\dfrac{1}{5}\mathrm{e}^{-\frac{x}{5}}, & x>0,\\ 0, & \text{其他.}\end{cases}$$

某顾客在窗口等待服务，若超过 10 min 他就离开，他一个月要到银行 5 次，以 Y 表示他一个月中去银行未等到服务而离开的次数，试写出 Y 的分布律，并求 $P\{Y\geqslant 1\}$．

8. 设 $X\sim N(3,2^2)$，

（1）确定 c，使 $P\{X>c\}=P\{X\leqslant c\}$；

（2）求 $P\{2<X\leqslant 5\},P\{-4<X\leqslant 10\},P\{X>3\},P\{|X|>2\}$；

（3）设 d 满足 $P\{X>d\}\geqslant 0.9$，求 d 至多为多少？

9. 由某机器生产的螺栓的长度 X（以 cm 计）服从 $N(10.05,0.06^2)$，规定长度在 (10.05 ± 0.12) cm 内为合格品，求该厂产品的合格率.

第五节　随机变量函数的分布

在实际问题中，人们常常对某些随机变量的函数更感兴趣. 例如，测量圆轴截面的直径 d，

其结果是一个随机变量，而它的截面面积 $A=\frac{1}{4}\pi d^2$ 是大家更关心的. 在这一节中，讨论如何由已知随机变量 X 的概率分布来求其函数 $Y=g(X)$ 的概率分布，这里为了方便，设 $g(X)$ 是已知的连续函数.

先看比较简单的离散型随机变量.

例 2-13　设 X 的分布律为

X	−1	0	1	2
p_k	0.2	0.3	0.4	0.1

求：（1）$Y=(X-1)^2$；（2）$Z=X^2+1$ 的分布律.

解　（1）Y 的所有可能取值为 0，1，4，由

$$P\{Y=0\}=P\{(X-1)^2=0\}=P\{X=1\}=0.4,$$
$$P\{Y=1\}=P\{(X-1)^2=1\}=P\{X=0\}+P\{X=2\}=0.4,$$
$$P\{Y=4\}=P\{(X-1)^2=4\}=P\{X=-1\}=0.2,$$

得 Y 的分布律为

Y	0	1	4
p_k	0.4	0.4	0.2

（2）用同样的方法得 $Z=X^2+1$ 的分布律为

Z	1	2	5
p_k	0.3	0.6	0.1

接下来讨论连续型随机变量. 一般方法为先求 $Y=g(X)$ 的分布函数 $F_Y(y)$，再对 $F_Y(y)$ 求导得 Y 的概率密度函数 $f_Y(y)$.

例 2-14　设随机变量 X 的概率密度函数为

$$f_X(x)=\begin{cases}\dfrac{x}{8}, & 0<x<4,\\ 0, & \text{其他},\end{cases}$$

求随机变量 $Y=2X+4$ 的概率密度函数.

解　先求 $Y=2X+4$ 的分布函数

$$F_Y(y)=P\{Y\leqslant y\}=P\{2X+4\leqslant y\}$$
$$=P\left\{X\leqslant\frac{y-4}{2}\right\}=\int_{-\infty}^{\frac{y-4}{2}}f_X(x)\mathrm{d}x,$$

于是，$Y=2X+4$ 的概率密度函数为

$$f_Y(y)=F_Y'(y)=\begin{cases}\dfrac{1}{8}\left(\dfrac{y-4}{2}\right)\cdot\dfrac{1}{2}, & 0<\dfrac{y-4}{2}<4,\\ 0, & \text{其他}\end{cases}$$
$$=\begin{cases}\dfrac{y-4}{32}, & 4<y<12,\\ 0, & \text{其他}.\end{cases}$$

例 2-15　设随机变量 X 的概率密度函数为 $f_X(x)$ $(-\infty<x<+\infty)$，求 $Y=X^2$ 的概率密度函数.

解　先求 $Y=X^2$ 的分布函数 $F_Y(y)$.

由于 $Y=X^2 \geqslant 0$，故当 $y \leqslant 0$ 时，$F_Y(y)=P\{Y \leqslant y\}=0$.

当 $y>0$ 时

$$F_Y(y)=P\{Y \leqslant y\}=P\{X^2 \leqslant y\}$$
$$=P\{-\sqrt{y} \leqslant X \leqslant \sqrt{y}\}=\int_{-\sqrt{y}}^{\sqrt{y}} f_X(x)\mathrm{d}x,$$

于是，$Y=X^2$ 的概率密度函数为

$$f_Y(y)=F_Y'(y)=\begin{cases} \dfrac{1}{2\sqrt{y}}\Big[f_X(\sqrt{y})-f_X(-\sqrt{y})\Big], & y>0, \\ 0, & \text{其他.} \end{cases}$$

例如，设 $X \sim N(0,1)$，其概率密度函数为 $f_X(x)=\dfrac{1}{\sqrt{2\pi}}\mathrm{e}^{-\frac{x^2}{2}}$ $(-\infty<x<+\infty)$，则 $Y=X^2$ 的概率密度函数为

$$f_Y(y)=\begin{cases} \dfrac{1}{\sqrt{2\pi}}y^{-\frac{1}{2}}\mathrm{e}^{-\frac{y}{2}}, & y>0, \\ 0, & \text{其他.} \end{cases}$$

此时，称 Y 服从自由度为 1 的 χ^2 分布.

上述两个例子的不同在于，例 2-14 是一个单调函数，例 2-15 则不是，而对于单调函数，还有如下结论.

定理 2-2　设随机变量 X 具有概率密度函数 $f_X(x)$ $(-\infty<x<+\infty)$，又设函数 $g(x)$ 处处可导且恒有 $g'(x)>0$（或 $g'(x)<0$），则 $Y=g(X)$ 是连续型随机变量，其概率密度函数为

$$f_Y(y)=\begin{cases} f_X[h(y)]\big|h'(y)\big|, & \alpha<y<\beta, \\ 0, & \text{其他,} \end{cases}$$

其中，$\alpha=\min\{g(-\infty),g(+\infty)\},\beta=\max\{g(-\infty),g(+\infty)\}$，$h(y)$ 是 $g(x)$ 的反函数.

证　先考虑 $g'(x)>0$ 的情况. 此时，$g(x)$ 在 $(-\infty,+\infty)$ 上严格单调增加，它的反函数 $h(y)$ 存在，且在 (α,β) 上严格单调增加、可导，分别记 X，Y 的分布函数为 $F_X(x)$，$F_Y(y)$.

因为 $Y=g(X)$ 在 (α,β) 上取值，所以当 $y \leqslant \alpha$ 时，$F_Y(y)=P\{Y \leqslant y\}=0$；当 $y \geqslant \beta$ 时，$F_Y(y)=P\{Y \leqslant y\}=1$；当 $\alpha<y<\beta$ 时

$$F_Y(y)=P\{Y \leqslant y\}=P\{g(X) \leqslant y\}=P\{X \leqslant h(y)\}=F_X[h(y)].$$

因此，$Y=g(X)$ 的概率密度函数为

$$f_Y(y)=F_Y'(y)=\begin{cases} f_X[h(y)]h'(y), & \alpha<y<\beta, \\ 0, & \text{其他.} \end{cases}$$

对于 $g'(x)<0$ 的情况可同样证明，此时有

$$f_Y(y)=\begin{cases} f_X[h(y)]\big|-h'(y)\big|, & \alpha<y<\beta, \\ 0, & \text{其他.} \end{cases}$$

综上所述，有

$$f_Y(y) = \begin{cases} f_X[h(y)]|h'(y)|, & \alpha < y < \beta, \\ 0, & \text{其他.} \end{cases}$$

说明：若 $f_X(x)$ 在有限区间 $[a, b]$ 以外等于 0，则只需要假设在 $[a, b]$ 上恒有 $g'(x) > 0$（或 $g'(x) < 0$），此时 $\alpha = \min\{g(a), g(b)\}, \beta = \max\{g(a), g(b)\}$.

例 2-16 设随机变量 $X \sim N(\mu, \sigma^2)$，试证明 X 的线性函数 $Y = aX + b \ (a \neq 0)$ 也服从正态分布.

证 X 的概率密度函数为 $f(x) = \dfrac{1}{\sqrt{2\pi}\sigma} e^{-\frac{(x-\mu)^2}{2\sigma^2}} \quad (-\infty < x < +\infty)$，而 $y = ax + b = g(x)$，有

$$x = h(y) = \frac{y-b}{a},$$

且 $h'(y) = \dfrac{1}{a}$，故 $Y = aX + b$ 的概率密度函数为

$$f_Y(y) = \frac{1}{|a|} f_X\left(\frac{y-b}{a}\right) \quad (-\infty < y < +\infty),$$

即

$$f_Y(y) = \frac{1}{|a|} \frac{1}{\sqrt{2\pi}\sigma} e^{-\frac{\left(\frac{y-b}{a}-\mu\right)^2}{2\sigma^2}} = \frac{1}{\sqrt{2\pi}|a|\sigma} e^{-\frac{[y-(a\mu+b)]^2}{2(a\sigma)^2}} \quad (-\infty < y < +\infty).$$

于是，$Y = aX + b \sim N(a\mu + b, (a\sigma)^2)$.

特别地，取 $a = \dfrac{1}{\sigma}, b = -\dfrac{\mu}{\sigma}$，则 $Y = \dfrac{X-\mu}{\sigma} \sim N(0,1)$，即引理 2-1 的结果.

例 2-17 设随机变量 $X \sim U\left(-\dfrac{\pi}{2}, \dfrac{\pi}{2}\right)$，$Y = \sin X$，求随机变量 Y 的概率密度函数.

解 X 的概率密度函数为

$$f_X(x) = \begin{cases} \dfrac{1}{\pi}, & -\dfrac{\pi}{2} < x < \dfrac{\pi}{2}, \\ 0, & \text{其他,} \end{cases}$$

文档：例 2-17 补充

而 $y = g(x) = \sin x$ 在 $\left(-\dfrac{\pi}{2}, \dfrac{\pi}{2}\right)$ 上恒有 $g'(x) = \cos x > 0$，且 $x = h(y) = \arcsin y$，$h'(y) = \dfrac{1}{\sqrt{1-y^2}}$. 因此，$Y = \sin X$ 的概率密度函数为

$$f_Y(y) = \begin{cases} \dfrac{1}{\pi} \dfrac{1}{\sqrt{1-y^2}}, & -1 < y < 1, \\ 0, & \text{其他.} \end{cases}$$

若在例 2-17 中 $X \sim U(0, \pi)$，此时 $y = g(x) = \sin x$ 在 $(0, \pi)$ 上不是单调函数，定理 2-2 不能使用，只能按照例 2-15 的方法，先从分布函数入手来做，请读者自行求出其结果.

习 题 2-5

1. 设随机变量 X 的分布律为

X	−2	−1	0	1	2
p_k	0.1	0.3	0.3	0.2	0.1

试求：（1）$Y=2X+1$；　（2）$Z=X^2$ 的分布律.

2. 设随机变量 $X\sim U(0,1)$，求（1）$Y=\mathrm{e}^X$；　（2）$Y=-2\ln X$ 的概率密度函数.

3. 设随机变量 $X\sim E(1)$，求 $Y=X^2$ 的概率密度函数.

4. 设随机变量 X 的概率密度函数为

$$f_X(x)=\begin{cases}\dfrac{1}{x^2}, & x>1,\\ 0, & x\leqslant 1,\end{cases}$$

证明：$Y=\ln X\sim E(1)$.

5. 设随机变量 $X\sim U(0,1)$，求 $Y=|X|$ 的概率密度函数.

6. 某物体的温度 T（以℃计）是一个随机变量，且有 $T\sim N(98,6^2)$，已知 $\Theta=\dfrac{5}{9}(T-32)$，试求 Θ 的概率密度函数.

历年考研试题选讲二

下面再讲解若干个近十几年来概率论与数理统计的考研题目，以供读者体会概率论与数理统计考研题目的难度、深度和广度，从而对概率论与数理统计的学习起到一个很好的参考作用.

例 1（2006 年，数学一、数学三）　设随机变量 X 服从正态分布 $N(\mu_1,\sigma_1^2)$，Y 服从正态分布 $N(\mu_2,\sigma_2^2)$，且 $P\{|X-\mu_1|<1\}>P\{|Y-\mu_2|<1\}$，则必有_____.

（A）$\sigma_1<\sigma_2$　　　　（B）$\sigma_1>\sigma_2$　　　　（C）$\mu_1<\mu_2$　　　　（D）$\mu_1>\mu_2$

解　根据正态分布的性质有

$$P\{|X-\mu_1|<1\}=\Phi\left(\frac{1}{\sigma_1}\right)-\Phi\left(-\frac{1}{\sigma_1}\right)=2\Phi\left(\frac{1}{\sigma_1}\right)-1,$$

$$P\{|X-\mu_2|<1\}=\Phi\left(\frac{1}{\sigma_2}\right)-\Phi\left(-\frac{1}{\sigma_2}\right)=2\Phi\left(\frac{1}{\sigma_2}\right)-1,$$

又因为 $P\{|X-\mu_1|<1\}>P\{|Y-\mu_2|<1\}$，所以有

$$2\Phi\left(\frac{1}{\sigma_1}\right)-1>2\Phi\left(\frac{1}{\sigma_2}\right)-1,$$

即 $\Phi\left(\dfrac{1}{\sigma_1}\right)>\Phi\left(\dfrac{1}{\sigma_2}\right)$，故 $\dfrac{1}{\sigma_1}>\dfrac{1}{\sigma_2}$，则 $\sigma_1<\sigma_2$，因此答案选（A）.

例 2（2010 年，数学一、数学三）　设随机变量 X 的分布函数为

$$F(x)=\begin{cases}0, & x<0,\\ \dfrac{1}{2}, & 0\leqslant x<1,\\ 1-\mathrm{e}^{-x}, & x\geqslant 1,\end{cases}$$

则 $P\{X=1\}=$_____.

（A）0　　　　　　（B）$\dfrac{1}{2}$　　　　　　（C）$\dfrac{1}{2}-\mathrm{e}^{-1}$　　　　　　（D）$1-\mathrm{e}^{-1}$

解　根据分布函数的性质有

$$P\{X=1\}=F(1)-F(1-0)=1-\mathrm{e}^{-1}-\frac{1}{2}=\frac{1}{2}-\mathrm{e}^{-1},$$

故答案选（C）.

例 3（**2010 年，数学一、数学三**） 设 $f_1(x)$ 为标准正态分布的概率密度函数，$f_2(x)$ 为 $[-1,3]$ 上均匀分布的概率密度函数，若

$$f(x)=\begin{cases} af_1(x), & x\leqslant 0, \\ bf_2(x), & x>0 \end{cases} \quad (a>0,b>0)$$

为概率密度函数，则 a,b 应满足_____.

（A）$2a+3b=4$ 　　（B）$3a+2b=4$ 　　（C）$a+b=1$ 　　（D）$a+b=2$

解 根据概率密度函数的性质有

$$1=\int_{-\infty}^{+\infty}f(x)\mathrm{d}x=\int_{-\infty}^{0}af_1(x)\mathrm{d}x+\int_{0}^{+\infty}bf_2(x)\mathrm{d}x=a\int_{-\infty}^{0}f_1(x)\mathrm{d}x+b\int_{0}^{+\infty}f_2(x)\mathrm{d}x,$$

再根据标准正态分布和均匀分布落在区间内的概率的性质有

$$\int_{-\infty}^{0}f_1(x)\mathrm{d}x=\frac{1}{2}, \qquad \int_{0}^{+\infty}f_2(x)\mathrm{d}x=\frac{3}{4},$$

所以 $1=\frac{1}{2}a+\frac{3}{4}b$，即 $2a+3b=4$，故答案选（A）.

例 4（**2013 年，数学一、数学三**） 设 X_1,X_2,X_3 是随机变量，且 $X_1\sim N(0,1)$，$X_2\sim N(0,2^2)$，$X_3\sim N(5,3^2)$，$p_i=P\{-2\leqslant X_i\leqslant 2\}$ $(i=1,2,3)$，则_____.

（A）$p_1>p_2>p_3$ 　　　　　　　　（B）$p_2>p_1>p_3$
（C）$p_3>p_1>p_2$ 　　　　　　　　（D）$p_1>p_3>p_2$

解 根据正态分布的性质有

$$p_1=P\{-2\leqslant X_1\leqslant 2\}=\Phi(2)-\Phi(-2)=2\Phi(2)-1,$$
$$p_2=P\{-2\leqslant X_2\leqslant 2\}=\Phi(1)-\Phi(-1)=2\Phi(1)-1, \qquad p_2>0.5,$$
$$p_3=P\{-2\leqslant X_3\leqslant 2\}=\Phi(-1)-\Phi\left(-\frac{7}{3}\right), \qquad p_3<0.5.$$

总之，有 $p_1>p_2>p_3$，故选答案（A）.

例 5（**2013 年，数学一**） 设随机变量 Y 服从参数为 1 的指数分布，a 为常数且大于零，则 $P\{Y\leqslant a+1\,|\,Y>a\}=$_____.

解 $P\{Y\leqslant a+1\,|\,Y>a\}=1-P\{Y>a+1\,|\,Y>a\}$

$$=1-\frac{P\{Y>a+1,Y>a\}}{P\{Y>a\}}=1-\frac{P\{Y>a+1\}}{P\{Y>a\}}$$

$$=1-\frac{\int_{a+1}^{+\infty}\mathrm{e}^{-y}\mathrm{d}y}{\int_{a}^{+\infty}\mathrm{e}^{-y}\mathrm{d}y}=1-\frac{\mathrm{e}^{-(a+1)}}{\mathrm{e}^{-a}}=1-\mathrm{e}^{-1}.$$

例 6（**2016 年，数学一**） 设随机变量 $X\sim N(\mu,\sigma^2)$，$\sigma>0$，记 $p=P\{X\leqslant\mu+\sigma^2\}$，则_____.

（A）p 随着 μ 的增加而增加 　　（B）p 随着 σ 的增加而增加
（C）p 随着 μ 的增加而减少 　　（D）p 随着 σ 的增加而减少

解 根据正态分布的性质有

$$p = P\{X \leqslant \mu + \sigma^2\} = \Phi\left(\frac{\mu + \sigma^2 - \mu}{\sigma}\right) = \Phi(\sigma),$$

再由标准正态分布函数的单增性有，p 随着 σ 的增加而增加，故答案选（B）.

例 7（2018 年数学一、三）　设随机变量 X 的概率密度函数 $f(x)$ 满足 $f(1+x) = f(1-x)$，且 $\int_0^2 f(x)\mathrm{d}x = 0.6$，则 $P\{X < 0\} = $ ＿＿＿.

解　由 $f(1+x) = f(1-x)$ 知 $f(x)$ 关于 $x = 1$ 对称，故 $P\{X < 0\} = P\{X > 2\}$，又 $\int_0^2 f(x)\mathrm{d}x = 0.6 = P\{0 \leqslant X \leqslant 2\}$，故 $P\{X < 0\} = \dfrac{1}{2}(1 - P\{0 \leqslant X \leqslant 2\}) = 0.2$.

本 章 小 结

随机变量 $X = X(\omega)$ 是定义在样本空间 Ω 上的实值单值函数，它的取值随试验结果而定，不是预先确定的，且它的取值有一定的概率，因而它与普通函数是不同的. 引入随机变量，就可以用微积分的理论和方法对随机试验中随机事件的概率进行数学推理与计算，从而完成对随机试验结果的规律性的研究.

分布函数 $F(x) = P\{X \leqslant x\}$ $(-\infty < x < +\infty)$ 反映了随机变量 X 的取值不大于实数 x 的概率. 随机变量 X 落入数轴上任意区间 $(x_1, x_2]$ 上的概率也可以用 $F(x)$ 来表示，即

$$P\{x_1 < X \leqslant x_2\} = F(x_2) - F(x_1).$$

因此，掌握了随机变量 X 的分布函数，就了解了随机变量 X 在 $(-\infty, +\infty)$ 上的概率分布，可以说分布函数完整地描述了随机变量的统计规律性.

本书只讨论了两类重要的随机变量. 一类是离散型随机变量. 对于离散型随机变量，需要知道它可能取哪些值，以及它取每个可能值的概率，常用分布律

$$P\{X = x_k\} = p_k \quad (k = 1, 2, \cdots)$$

或用如下表格表示它取值的统计规律性.

X	x_1	x_2	$\cdots$	x_n	$\cdots$
p_k	p_1	p_2	$\cdots$	p_n	$\cdots$

读者需要掌握已知分布律求分布函数 $F(x)$ 的方法，以及已知分布函数 $F(x)$ 求分布律的方法. 分布律与分布函数是一一对应的.

另一类是连续型随机变量，设随机变量 X 的分布函数为 $F(x)$，若存在非负函数 $f(x)$，使得对于任意的 x，有

$$F(x) = \int_{-\infty}^x f(t)\mathrm{d}t,$$

则称 X 是连续型随机变量，其中 $f(x)$ 称为 X 的概率密度函数. 连续型随机变量的分布函数是连续的，但不能认为凡是分布函数为连续函数的随机变量就是连续型随机变量. 判别一个随机变量是不是连续型随机变量，要看符合定义条件的 $f(x)$ 是否存在（事实上，存在分布函数连续，但又不能以非负函数的变上限的定积分表示的随机变量）.

读者需要掌握已知 $f(x)$ 求 $F(x)$ 的方法，以及已知 $F(x)$ 求 $f(x)$ 的方法. 由连续型随机变量的定义可知，改变 $f(x)$ 在个别点的函数值，并不改变 $F(x)$ 的值，因此改变 $f(x)$ 在个别点的值是无关紧要的.

　　读者要掌握分布函数、分布律、概率密度函数的性质.

　　本章还介绍了几种重要的分布：（0-1）分布、二项分布、泊松分布、均匀分布、指数分布、正态分布. 读者必须熟练掌握这几种分布的分布律或概率密度函数，还必须知道每一种分布的概率意义，对这几种分布的理解不能仅限于知道它们的分布律或概率密度函数.

　　随机变量 X 的函数 $Y = g(X)$ 也是一个随机变量. 求 Y 的分布时，首先要准确界定 Y 的取值范围（当 X 为离散型随机变量时，要注意相同值的合并），其次要正确计算 Y 的分布，特别是当 Y 为连续型随机变量时. 当 $y = g(x)$ 单调或分段单调时，可按定理 2-2 写出 Y 的概率密度函数 $f_Y(y)$，否则应先按分布函数的定义求出 $F_Y(y)$，再对 y 求导，得到 $f_Y(y)$（即使是当 $y = g(x)$ 单调或分段单调时，也应掌握先求出 $F_Y(y)$，再求出 $f_Y(y)$ 的一般方法）.

重要术语及主题

随机变量	分布函数	离散型随机变量及其分布律
连续型随机变量及其概率密度函数	（0-1）分布	
二项分布	泊松分布	均匀分布
指数分布	正态分布	随机变量函数的分布

总 习 题 二

　　1. 一袋中装有 5 只球，编号为 1，2，3，4，5. 在袋中同时取 3 只，以 X 表示 3 只球中的最小号码，写出 X 的分布律.

　　2. 将一颗骰子掷两次，以 X 表示两次中得到的小的点数，求 X 的分布律.

　　3. 进行独立重复试验，设每次试验的成功率为 p（$0 < p < 1$），

　　（1）将试验进行到出现一次成功为止，以 X 表示所进行的试验次数，写出 X 的分布律（此时称 X 服从参数为 p 的几何分布）；

　　（2）将试验进行到出现 r 次成功为止，以 Y 表示所进行的试验次数，写出 Y 的分布律（此时称 Y 服从参数为 p 的负二项分布或帕斯卡分布）；

　　（3）一篮球运动员的投篮命中率为 45%，以 Z 表示投中时累计已投篮的次数，写出 Z 的分布律，并求 Z 取偶数的概率.

　　4. 已知甲、乙两箱中装有同种产品，其中甲箱中装有 3 件合格品和 3 件不合格品，乙箱中装有 3 件合格品，从甲箱中任取 3 件产品放入乙箱后，求：

　　（1）乙箱中次品件数 X 的分布律；

　　（2）从乙箱中任取一件产品是次品的概率.

　　5. 设事件 A 在每次试验中发生的概率为 0.3，A 发生不少于 3 次时，指示灯发出信号，

　　（1）进行了 5 次独立重复试验，求指示灯发出信号的概率；

　　（2）进行了 7 次独立重复试验，求指示灯发出信号的概率.

　　6. 一电话总机每分钟收到的呼唤次数 X 服从参数为 4 的泊松分布，求：

　　（1）某一分钟恰有 3 次呼唤的概率；

　　（2）某一分钟的呼唤次数大于 3 的概率.

　　7. 设书籍上每页的印刷错误 X 服从泊松分布，经统计发现某本书上，有一个印刷错误与有两个印刷错误的页数相同，求任意检查 4 页，每页上都没有印刷错误的概率.

　　8. 以 X 表示某商店从早晨开始营业起直到第一个顾客到达的等待时间（以 min 计），X 的分布函数为

$$F_X(x) = \begin{cases} 1 - e^{-0.4x}, & x > 0, \\ 0, & \text{其他.} \end{cases}$$

求：（1）$P\{$至多 3 min$\}$；

（2）$P\{$至少 4 min$\}$；

（3）$P\{3\sim4\ \text{min}\}$；

（4）$P\{$至多 3 min 或至少 4 min$\}$；

（5）$P\{$恰好 3 min$\}$.

9. 某一仪器装有 3 个独立工作的同型号电子元件，其寿命（以 h 计）都服从同一指数分布，其概率密度函数为

$$f(x) = \begin{cases} \dfrac{1}{600} e^{-\frac{x}{600}}, & x > 0, \\ 0, & \text{其他.} \end{cases}$$

试求在仪器使用的最初 200 h 内，至少有 1 个电子元件损坏的概率.

10. 设 X 为一离散型随机变量，其分布律为

X	-1	0	1
p_k	0.5	$1 - 1.5a$	a^2

试求：（1）a 的值；（2）X 的分布函数.

11. 设随机变量 X 的分布函数为 $F(x) = A + B\arctan x$ $(-\infty < x < +\infty)$，试求：

（1）A 和 B；（2）$P\{-1 \leqslant X \leqslant 1\}$ ；（3）X 的概率密度函数 $f(x)$.

12. 设 X 在区间 $(1,6)$ 上服从均匀分布，求方程 $x^2 + Xx + 1 = 0$ 有实根的概率.

13. 某地区 18 岁的女青年的血压（以 mmHg 计）服从分布 $N(110,12^2)$，在该地区任选一 18 岁女青年，测量她的血压，（1）求 $P\{X \leqslant 105\}$，$P\{100 < X \leqslant 120\}$；（2）确定最小的 x，使 $P\{X > x\} \leqslant 0.05$.

14. 设某项竞赛成绩 $X \sim N(65,100)$，若按参赛人数的 10% 发奖，问获奖分数线应定为多少？

15. 若 $F_1(x)$，$F_2(x)$ 为分布函数，

（1）判断 $F_1(x) + F_2(x)$ 是不是分布函数，为什么？

（2）若 α_1, α_2 是正常数，且 $\alpha_1 + \alpha_2 = 1$，证明：$\alpha_1 F_1(x) + \alpha_2 F_2(x)$ 是分布函数.

16. 设随机变量 X 的概率密度函数为

$$f(x) = \begin{cases} Ax(3x + 2), & 0 \leqslant x \leqslant 2, \\ 0, & \text{其他,} \end{cases}$$

试确定 A，并求 $P\{-1 < X < 1\}$.

17. 设随机变量 X 的概率密度函数为 $f(x) = ce^{-x^2 + x}$ $(-\infty < x < +\infty)$，试求常数 c.

18. 设随机变量 $X \sim N(2, \sigma^2)$，且 $P\{2 < X < 4\} = 0.3$，求 $P\{X < 0\}$，$P\{X > 4\}$.

19. 设随机变量 $X \sim E\left(\dfrac{1}{2}\right)$，试证明：$Y = 1 - e^{-2X} \sim U(0,1)$.

20. 设 $X \sim N(0,1)$，求：（1）$Y = e^X$ 的概率密度函数；（2）$Y = 2X^2 + 1$ 的概率密度函数.

21. 设随机变量 X 的概率密度函数为

$$f(x) = \begin{cases} \dfrac{2x}{\pi^2}, & 0 < x < \pi, \\ 0, & \text{其他,} \end{cases}$$

求 $Y = \sin X$ 的概率密度函数.

第三章 多维随机变量及其分布

前面讨论的随机变量是一维的,但在实际问题中,对于某些随机试验的结果需要同时用两个或两个以上的随机变量来描述. 例如,为了研究某学生的健康状况,测量其身高和体重;为了研究一个国家的经济发展状况,观察其国民生产总值和人均国民生产总值等等. 它们都是定义在同一样本空间的两个随机变量. 本章将主要讨论二维随机变量及其分布,然后推广到 n 维随机变量的情况.

第一节 二维随机变量及其分布

首先给出二维随机变量的定义.

定义 3-1 设 X,Y 是定义在样本空间 Ω 上的两个随机变量,则 (X,Y) 称为**二维随机变量**或**二维随机向量**.

二维随机变量 (X,Y) 的性质不仅与 X,Y 有关,而且与这两个随机变量的相互关系有关. 因此,逐个地来研究 X 或 Y 的性质是不够的,还要将 (X,Y) 作为一个整体来研究.

类似于一维随机变量的情况,给出二维随机变量的分布函数.

定义 3-2 设 (X,Y) 是二维随机变量,对任意实数 x,y,函数

$$F(x,y) = P\{(X \leqslant x) \bigcap (Y \leqslant y)\} \triangleq P\{X \leqslant x, Y \leqslant y\}$$

称为二维随机变量 (X,Y) 的分布函数,或称为随机变量 X 和 Y 的**联合分布函数**.

若将二维随机变量 (X,Y) 看成平面上随机点的坐标,则分布函数 $F(x,y)$ 就表示随机点 (X,Y) 落在以点 (x,y) 为顶点的左下方的无限矩形域内的概率,如图 3-1 所示.

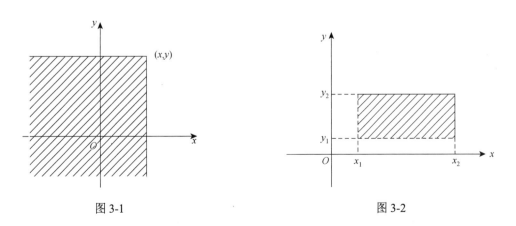

图 3-1   图 3-2

这时,点 (X,Y) 落入任一矩形 $\{(x,y) | x_1 < x \leqslant x_2, y_1 < y \leqslant y_2\}$ 内的概率为

$$P\{x_1 < X \leqslant x_2, y_1 < Y \leqslant y_2\} = F(x_2,y_2) - F(x_1,y_2) - F(x_2,y_1) + F(x_1,y_1), \qquad (3\text{-}1)$$

如图 3-2 所示.

显然，联合分布函数的基本性质如下：

（1）$F(x,y)$ 是 x 和 y 的不减函数，即对任意固定的 y，当 $x_2 > x_1$ 时，$F(x_2,y) \geqslant F(x_1,y)$；对任意固定的 x，当 $y_2 > y_1$ 时，$F(x,y_2) \geqslant F(x,y_1)$.

（2）$0 \leqslant F(x,y) \leqslant 1$，且对任意固定的 y，$F(-\infty,y) = 0$；对任意固定的 x，$F(x,-\infty) = 0$；同时，$F(-\infty,-\infty) = 0$，$F(+\infty,+\infty) = 1$.

（3）$F(x+0,y) = F(x,y)$，$F(x,y+0) = F(x,y)$，即 $F(x,y)$ 关于 x 或 y 都是右连续的.

若二维随机变量 (X,Y) 的全部可能取值 (x_i,y_j) 是有限对或无限可列对，则称 (X,Y) 是**二维离散型随机变量**.

为简单起见，记

$$P\{X = x_i, Y = y_j\} = p_{ij} \quad (i,j = 1,2,\cdots).\tag{3-2}$$

式（3-2）称为二维离散型随机变量 (X,Y) 的分布律，或称为随机变量 X 和 Y 的**联合分布律**.

容易验证 p_{ij} 满足：

$$p_{ij} \geqslant 0, \qquad \sum_{i=1}^{\infty} \sum_{j=1}^{\infty} p_{ij} = 1.$$

二维离散型随机变量 (X,Y) 的分布律也可以用表格的形式描述如下.

Y＼X	x_1	x_2	$\cdots$	x_i	$\cdots$
y_1	p_{11}	p_{21}	$\cdots$	p_{i1}	$\cdots$
y_2	p_{12}	p_{22}	$\cdots$	p_{i2}	$\cdots$
$\vdots$	$\vdots$	$\vdots$		$\vdots$	
y_j	p_{1j}	p_{2j}	$\cdots$	p_{ij}	$\cdots$
$\vdots$	$\vdots$	$\vdots$		$\vdots$	

例 3-1　一箱子里有 5 件产品，其中有 3 件正品，2 件次品，每次从中取 1 件产品，做不放回抽样和放回抽样，定义随机变量 X 和 Y 如下：

$$X = \begin{cases} 1, & \text{第一次取到次品,} \\ 0, & \text{第一次取到正品;} \end{cases} \qquad Y = \begin{cases} 1, & \text{第二次取到次品,} \\ 0, & \text{第二次取到正品.} \end{cases}$$

试求 (X,Y) 的分布律.

解　先考虑不放回抽样的情况.

(X,Y) 的可能取值为 $(0,0)$，$(0,1)$，$(1,0)$，$(1,1)$，且

$$P\{X = 0, Y = 0\} = \frac{3}{5} \cdot \frac{2}{4} = 0.3, \qquad P\{X = 0, Y = 1\} = \frac{3}{5} \cdot \frac{2}{4} = 0.3,$$

$$P\{X = 1, Y = 0\} = \frac{2}{5} \cdot \frac{3}{4} = 0.3, \qquad P\{X = 1, Y = 1\} = \frac{2}{5} \cdot \frac{1}{4} = 0.1.$$

(X,Y) 的分布律为

Y \ X	0	1
0	0.3	0.3
1	0.3	0.1

放回抽样的情况类似，(X,Y) 的分布律为

Y \ X	0	1
0	0.36	0.24
1	0.24	0.16

将 (X,Y) 看成一个随机点的坐标，则 (X,Y) 的分布函数为

$$F(x,y) = \sum_{x_i \leqslant x} \sum_{y_j \leqslant y} p_{ij}. \tag{3-3}$$

其中，和式是对一切满足 $x_i \leqslant x$，$y_j \leqslant y$ 的 p_{ij} 来求和的.

与一维随机变量类似，对于二维随机变量 (X,Y) 的分布函数，若存在非负函数 $f(x,y)$，使对于任意的 x,y，有

$$F(x,y) = \int_{-\infty}^{y} \int_{-\infty}^{x} f(u,v)\mathrm{d}u\mathrm{d}v, \tag{3-4}$$

则称 (X,Y) 是连续型二维随机变量，函数 $f(x,y)$ 称为二维随机变量 (X,Y) 的概率密度函数，或者称为随机变量 X 和 Y 的联合概率密度函数.

按定义，概率密度函数 $f(x,y)$ 的性质如下：

（1）$f(x,y) \geqslant 0$；

（2）$\int_{-\infty}^{+\infty} \int_{-\infty}^{+\infty} f(x,y)\mathrm{d}x\mathrm{d}y = F(+\infty, +\infty) = 1$；

（3）设 G 是 xOy 平面上的区域，点 (X,Y) 落在 G 内的概率为

$$P\{(X,Y) \in G\} = \iint_G f(x,y)\mathrm{d}x\mathrm{d}y; \tag{3-5}$$

（4）若 $f(x,y)$ 在点 (x,y) 连续，则有 $\dfrac{\partial^2 F(x,y)}{\partial x \partial y} = f(x,y)$. $\tag{3-6}$

说明：性质（1）表示 $f(x,y)$ 非负；性质（2）表示曲面 $z = f(x,y)$ 和 xOy 平面所围空间区域的体积为 1；性质（3）表示 $P\{(X,Y) \in G\}$ 的值等于以 G 为底、以曲面 $z = f(x,y)$ 为顶面的曲顶柱体的体积.

例 3-2　设 D 是平面上的一个有界区域，其面积为 A，(X,Y) 的概率密度函数为

$$f(x,y) = \begin{cases} \dfrac{1}{A}, & (x,y) \in D, \\ 0, & \text{其他}, \end{cases} \tag{3-7}$$

称 (X,Y) 服从区域 D 上的均匀分布，这种定义规则还可以推广到三维均匀分布，甚至 n 维均匀分布.

例如，已知 $f(x,y) = \begin{cases} \dfrac{1}{A}, & x^2 \leqslant y \leqslant x, \\ 0, & \text{其他}, \end{cases}$ 求 A.

解　由于 D 的面积为 $\int_0^1 (x - x^2)\mathrm{d}x = \dfrac{1}{6}$，故 $A = \dfrac{1}{6}$.

例 3-3　设二维随机变量 (X, Y) 的概率密度函数为

$$f(x, y) = \begin{cases} A\mathrm{e}^{-(3x+4y)}, & x > 0, y > 0, \\ 0, & \text{其他}. \end{cases}$$

试求：（1）A 的值；（2）分布函数 $F(x, y)$；（3）$P\{X \leqslant Y\}$.

解　（1）由 $\displaystyle\int_{-\infty}^{+\infty}\int_{-\infty}^{+\infty} f(x, y)\mathrm{d}x\mathrm{d}y = 1$，有

$$A\int_0^{+\infty} \mathrm{e}^{-3x}\mathrm{d}x \int_{-\infty}^{+\infty} \mathrm{e}^{-4y}\mathrm{d}y = \frac{A}{12} = 1,$$

文档：二维连续型随机变量
事件概率的计算

故 $A = 12$.

（2）$F(x, y) = \displaystyle\int_{-\infty}^y \int_{-\infty}^x f(u, v)\mathrm{d}u\mathrm{d}v$

$$= \begin{cases} 12\displaystyle\int_0^y \mathrm{e}^{-4v}\mathrm{d}v \int_0^x \mathrm{e}^{-3u}\mathrm{d}u, & x > 0, y > 0, \\ 0, & \text{其他}, \end{cases}$$

即有

$$F(x, y) = \begin{cases} (1 - \mathrm{e}^{-3x})(1 - \mathrm{e}^{-4y}), & x > 0, y > 0, \\ 0, & \text{其他}. \end{cases}$$

（3）把位于 xOy 平面的直线 $y = x$ 上方的区域记为 G，如图 3-3 所示，于是

$$P\{X \leqslant Y\} = P\{(X, Y) \in G\} = \iint_G f(x, y)\mathrm{d}x\mathrm{d}y = \int_0^{+\infty}\int_x^{+\infty} 12\mathrm{e}^{-(3x+4y)}\mathrm{d}y\mathrm{d}x = \frac{3}{7}.$$

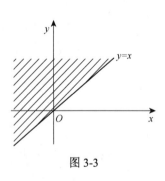

图 3-3

以上关于二维随机变量的讨论，不难推广到 n 维随机变量的情况. 设 $X_1, X_2, \cdots, X_n$ 是定义在样本空间 Ω 上的 n 维随机变量，则 $(X_1, X_2, \cdots, X_n)$ 称为 **n 维随机变量**或 **n 维随机向量**.

对于 n 个任意实数 $x_1, x_2, \cdots, x_n$，函数

$$F(x_1, x_2, \cdots, x_n) = P\{X_1 \leqslant x_1, X_2 \leqslant x_2, \cdots, X_n \leqslant x_n\}$$

称为 n 维随机变量 $(X_1, X_2, \cdots, X_n)$ 的分布函数或随机变量 $X_1, X_2, \cdots, X_n$ 的联合分布函数，其性质类似于二维随机变量的分布函数的性质.

习　题　3-1

1. 在一箱子中装有 12 只开关，其中 2 只是次品，在其中取两次，每次取 1 只，考虑 2 种抽取方式，即（1）不放回抽样；（2）放回抽样，定义随机变量 X, Y 如下：

$$X = \begin{cases} 0, & \text{第一次取出的是正品}, \\ 1, & \text{第一次取出的是次品}; \end{cases} \quad Y = \begin{cases} 0, & \text{第二次取出的是正品}, \\ 1, & \text{第二次取出的是次品}. \end{cases}$$

试分别写出以上两种情况下 (X, Y) 的分布律.

2. 将一枚硬币掷三次，以 X 表示正面出现的次数，以 Y 表示正面出现次数与反面出现次数之差的绝对值，求 (X, Y) 的分布律.

3. 设 (X,Y) 的概率密度函数为

$$f(x,y)=\begin{cases} cxy, & 0\leqslant x\leqslant 1, 0\leqslant y\leqslant 1,\\ 0, & \text{其他},\end{cases}$$

求：（1）常数 c；（2）$P\{X<Y\}$；（3）(X,Y) 的分布函数 $F(x,y)$.

4. 设二维随机变量 (X,Y) 的分布函数为

$$F(x,y)=A\left(B+\arctan\frac{x}{2}\right)\left(C+\arctan\frac{y}{3}\right),$$

求：（1）常数 A，B，C；

（2）(X,Y) 的概率密度函数.

5. 设二维随机变量 (X,Y) 的分布函数为

$$F(x,y)=\begin{cases} \sin x\sin y, & 0\leqslant x\leqslant\frac{\pi}{2}, 0\leqslant y\leqslant\frac{\pi}{2},\\ 0, & \text{其他}.\end{cases}$$

求二维随机变量 (X,Y) 在长方形域 $\left\{(x,y)\,|\,0<x\leqslant\frac{\pi}{4},\frac{\pi}{6}<y\leqslant\frac{\pi}{3}\right\}$ 内的概率和 (X,Y) 的概率密度函数.

第二节　边　缘　分　布

二维随机变量 (X,Y) 的分布函数为 $F(x,y)$，随机变量 X 和 Y 各自的分布函数为 $F_X(x)$，$F_Y(y)$，称它们为二维随机变量 (X,Y) 关于 X 和 Y 的**边缘分布函数**，且

$$F_X(x)=P\{X\leqslant x\}=P\{X\leqslant x,Y\leqslant+\infty\}=F(x,+\infty),\tag{3-8}$$

即只要在 $F(x,y)$ 中令 $y\to+\infty$ 就可以得到 $F_X(x)$. 同理，$F_Y(y)=F(+\infty,y)$.

设离散型随机变量 (X,Y) 的分布律为 $p_{ij}(i,j=1,2,\cdots)$，则有

$$F_X(x)=F(x,+\infty)=\sum_{x_i\leqslant x}\sum_{j=1}^{+\infty}p_{ij},\tag{3-9}$$

于是 X 的分布律为 $P\{X=x_i\}=\sum_{j=1}^{+\infty}p_{ij}\ (i=1,2,\cdots)$. 同样地，$P\{Y=y_j\}=\sum_{i=1}^{+\infty}p_{ij}\ (j=1,2,\cdots)$ 为 Y 的分布律.

记

$$p_{i\cdot}=P\{X=x_i\}=\sum_{j=1}^{+\infty}p_{ij}\quad(i=1,2,\cdots),\tag{3-10}$$

$$p_{\cdot j}=P\{Y=y_j\}=\sum_{i=1}^{+\infty}p_{ij}\quad(j=1,2,\cdots),\tag{3-11}$$

分别称 $p_{i\cdot}(i=1,2,\cdots)$ 和 $p_{\cdot j}(j=1,2,\cdots)$ 为 (X,Y) 关于 X 与 Y 的边缘分布律.

设连续型随机变量 (X,Y) 的概率密度函数为 $f(x,y)$，则

$$F_X(x)=F(x,+\infty)=\int_{-\infty}^{x}\left[\int_{-\infty}^{+\infty}f(x,y)\mathrm{d}y\right]\mathrm{d}x,$$

那么 X 是一个连续型随机变量，其概率密度函数为

$$f_X(x)=\int_{-\infty}^{+\infty}f(x,y)\mathrm{d}y.\tag{3-12}$$

同样地，Y 也是一个连续型随机变量，其概率密度函数为

$$f_Y(y) = \int_{-\infty}^{+\infty} f(x,y)\mathrm{d}x . \tag{3-13}$$

分别称 $f_X(x)$，$f_Y(y)$ 为 (X,Y) 关于 X 和 Y 的边缘概率密度函数.

例 3-4　设随机变量 X 在 1，2，3，4 四个数中等可能地取一个值，另一随机变量 Y 在 $1\sim X$ 中等可能地取一整数值. 试求 (X,Y) 的分布律及边缘分布律.

解　由题意，(X,Y) 的分布律为

$$P\{X=x_i, Y=y_j\} = P\{Y=j \,|\, X=i\} \cdot P\{X=i\} = \frac{1}{i} \cdot \frac{1}{4} \quad (i=1,2,3,4; j \leqslant i),$$

用表格表示为

Y \ X	1	2	3	4	$p_{\cdot j}$
1	$\frac{1}{4}$	$\frac{1}{8}$	$\frac{1}{12}$	$\frac{1}{16}$	$\frac{25}{48}$
2	0	$\frac{1}{8}$	$\frac{1}{12}$	$\frac{1}{16}$	$\frac{13}{48}$
3	0	0	$\frac{1}{12}$	$\frac{1}{16}$	$\frac{7}{48}$
4	0	0	0	$\frac{1}{16}$	$\frac{1}{16}$
$p_{i\cdot}$	$\frac{1}{4}$	$\frac{1}{4}$	$\frac{1}{4}$	$\frac{1}{4}$	1

边缘分布律为

X	1	2	3	4
$p_{i\cdot}$	$\frac{1}{4}$	$\frac{1}{4}$	$\frac{1}{4}$	$\frac{1}{4}$

X	1	2	3	4
$p_{\cdot j}$	$\frac{25}{48}$	$\frac{13}{48}$	$\frac{7}{48}$	$\frac{1}{16}$

文档：例 3-4 中边缘分布的直接计算

常常将边缘分布律写在联合分布律表格的边缘，这就是"边缘分布律"的由来.

例 3-5　设 $D = \{(x,y) \,|\, x^2 \leqslant y \leqslant x\}$ 是平面上的一个有界区域，其面积为 A，并设 (X,Y) 的概率密度函数为

$$f(x,y) = \begin{cases} \dfrac{1}{A}, & (x,y) \in D, \\ 0, & \text{其他}, \end{cases}$$

求边缘概率密度函数.

解　由 $\int_{-\infty}^{+\infty}\int_{-\infty}^{+\infty} f(x,y)\mathrm{d}x\mathrm{d}y = 1$，得 $\int_0^1 \mathrm{d}x \int_{x^2}^{x} \frac{1}{A}\mathrm{d}y = \frac{1}{6A} = 1$，故 $A = \frac{1}{6}$，所以 (X,Y) 的概率密度函数为

$$f(x,y) = \begin{cases} 6, & x^2 \leqslant y \leqslant x, \\ 0, & \text{其他}, \end{cases}$$

则

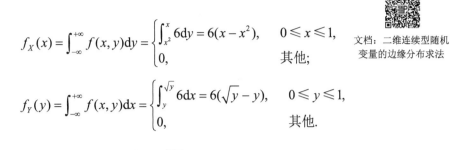

文档：二维连续型随机
变量的边缘分布求法

$$f_X(x) = \int_{-\infty}^{+\infty} f(x,y)\mathrm{d}y = \begin{cases} \int_{x^2}^{x} 6\mathrm{d}y = 6(x-x^2), & 0 \leqslant x \leqslant 1, \\ 0, & \text{其他}; \end{cases}$$

$$f_Y(y) = \int_{-\infty}^{+\infty} f(x,y)\mathrm{d}x = \begin{cases} \int_{y}^{\sqrt{y}} 6\mathrm{d}x = 6(\sqrt{y}-y), & 0 \leqslant y \leqslant 1, \\ 0, & \text{其他}. \end{cases}$$

习　题　3-2

1. 设随机变量 (X,Y) 的分布函数为

$$F(x,y) = \begin{cases} 1-\mathrm{e}^{-x}-\mathrm{e}^{-y}+\mathrm{e}^{-x-y}, & x>0, y>0, \\ 0, & \text{其他}, \end{cases}$$

求边缘分布函数.

2. 完成下列表格：

X＼Y	y_1	y_2	y_3	$p_{i\cdot}$
x_1	0.1		0.2	0.4
x_2	0.2	0.2		
$p_{\cdot j}$				1

3. 将一枚硬币抛 3 次，以 X 表示前两次中出现 H 的次数，以 Y 表示三次中出现 H 的次数，试写出 X, Y 的联合分布律及边缘分布律.

4. 设随机变量 (X,Y) 的概率密度函数为

$$f(x,y) = \begin{cases} \mathrm{e}^{-y}, & 0<x<y, \\ 0, & \text{其他}, \end{cases}$$

求边缘概率密度函数.

5. 设随机变量 (X,Y) 的概率密度函数为

$$f(x,y) = \begin{cases} cx^2 y, & x^2 \leqslant y \leqslant 1, \\ 0, & \text{其他}, \end{cases}$$

求：（1）常数 c；（2）边缘概率密度函数.

6. 设随机变量 (X,Y) 在以原点为圆心、半径为 1 的圆上服从均匀分布，试求 (X,Y) 的概率密度函数及边缘概率密度函数.

7. 设 (X,Y) 的概率密度函数为

$$f(x,y) = \begin{cases} A\sin(x+y), & 0<x<\dfrac{\pi}{2}, 0<y<\dfrac{\pi}{2}, \\ 0, & \text{其他}, \end{cases}$$

求：（1）A 的值；（2）边缘概率密度函数.

8. 设 (X, Y) 的概率密度函数为

$$f(x, y) = \begin{cases} Axy^2, & 0 \leqslant x \leqslant 2, 0 \leqslant y \leqslant 1, \\ 0, & \text{其他}, \end{cases}$$

求：（1）系数 A 的值；

（2）边缘概率密度函数；

（3）(X, Y) 落在以 $(0,0)$，$(0,2)$，$(2,1)$ 为顶点的三角形区域内的概率.

第三节　条 件 分 布

可以由条件概率很自然地引出条件概率分布的概念.

设 (X, Y) 是二维离散型随机变量，其分布律为

$$P\{X = x_i, Y = y_j\} = p_{ij} \quad (i, j = 1, 2, \cdots),$$

(X, Y) 关于 X 和 Y 的边缘分布律为

$$P\{X = x_i\} = p_{i.} = \sum_{j=1}^{+\infty} p_{ij} \quad (i = 1, 2, \cdots),$$

$$P\{Y = y_j\} = p_{.j} = \sum_{i=1}^{+\infty} p_{ij} \quad (j = 1, 2, \cdots).$$

设 $p_{.j} > 0$，由条件概率公式有

$$P\{X = x_i | Y = y_j\} = \frac{P\{X = x_i, Y = y_j\}}{P\{Y = y_j\}} = \frac{p_{ij}}{p_{.j}} \quad (i = 1, 2, \cdots), \tag{3-14}$$

称为在 $Y = y_j$ 的条件下随机变量 X 的**条件分布律**.

设 $p_{i.} > 0$，由条件概率公式有

$$P\{Y = y_j | X = x_i\} = \frac{P\{X = x_i, Y = y_j\}}{P\{X = x_i\}} = \frac{p_{ij}}{p_{i.}} \quad (j = 1, 2, \cdots), \tag{3-15}$$

文档：条件分布律的理解

称为在 $X = x_i$ 的条件下随机变量 Y 的**条件分布律**.

例 3-6　将两个球随机地放入已经编好号的 3 个盒子中去，设 X，Y 分别表示放入第 1，2 个盒子中球的数目，求 (X, Y) 的分布律及 $Y = 0$ 条件下 X 的条件分布律和 $X = 1$ 条件下 Y 的条件分布律.

解　X，Y 的可能取值均为 0，1，2，且

$$P\{X = 0, Y = 0\} = \frac{1}{3^2} = \frac{1}{9}, \qquad P\{X = 0, Y = 1\} = \frac{2}{3^2} = \frac{2}{9},$$

$$P\{X = 1, Y = 0\} = \frac{2}{3^2} = \frac{2}{9}, \qquad P\{X = 0, Y = 2\} = \frac{1}{3^2} = \frac{1}{9},$$

$$P\{X = 2, Y = 0\} = \frac{1}{3^2} = \frac{1}{9}, \qquad P\{X = 1, Y = 1\} = \frac{2}{3^2} = \frac{2}{9},$$

$$P\{X = 1, Y = 2\} = P\{X = 2, Y = 1\} = P\{X = 2, Y = 2\} = 0,$$

用表格表示如下：

Y \ X	0	1	2	$p_{\cdot j}$
0	$\frac{1}{9}$	$\frac{2}{9}$	$\frac{1}{9}$	$\frac{4}{9}$
1	$\frac{2}{9}$	$\frac{2}{9}$	0	$\frac{4}{9}$
2	$\frac{1}{9}$	0	0	$\frac{1}{9}$
$p_{i\cdot}$	$\frac{4}{9}$	$\frac{4}{9}$	$\frac{1}{9}$	1

在 $Y=0$ 的条件下，X 的条件分布律为

$$P\{X=0|Y=0\}=\frac{P\{X=0,Y=0\}}{P\{Y=0\}}=\frac{1/9}{4/9}=\frac{1}{4},$$

$$P\{X=1|Y=0\}=\frac{P\{X=1,Y=0\}}{P\{Y=0\}}=\frac{2/9}{4/9}=\frac{1}{2},$$

$$P\{X=2|Y=0\}=\frac{P\{X=2,Y=0\}}{P\{Y=0\}}=\frac{1/9}{4/9}=\frac{1}{4},$$

用表格表示如下：

$X=k$	0	1	2
$P\{X=k|Y=0\}$	$\frac{1}{4}$	$\frac{1}{2}$	$\frac{1}{4}$

在 $X=1$ 的条件下，Y 的条件分布律为

$$P\{Y=0|X=1\}=\frac{P\{X=1,Y=0\}}{P\{X=1\}}=\frac{2/9}{4/9}=\frac{1}{2},$$

$$P\{Y=1|X=1\}=\frac{P\{X=1,Y=1\}}{P\{X=1\}}=\frac{2/9}{4/9}=\frac{1}{2},$$

$$P\{Y=2|X=1\}=\frac{P\{X=1,Y=2\}}{P\{X=1\}}=\frac{0}{4/9}=0,$$

用表格表示如下：

$Y=n$	0	1	2
$P\{Y=n|X=1\}$	$\frac{1}{2}$	$\frac{1}{2}$	0

例 3-7　一射手进行射击，击中目标的概率为 $p(0<p<1)$，射击直至击中目标两次为止. 设以 X 表示首次击中目标所进行的射击次数，以 Y 表示总共进行的射击次数，试求 (X,Y) 的分布律及条件分布律.

解　按题意，$Y=n$ 就表示在第 n 次射击时击中目标，且第 1 次，第 2 次，…，第 $n-1$ 次射击中恰有一次击中目标，已知各次射击是独立的，则不管 $X=m$ 是多少，$P\{X=m,Y=n\}$ 都为 $pp\cdots(1-p)=p^2(1-p)^{n-2}$，即 (X,Y) 的分布律为

$$P\{X=m, Y=n\} = p^2(1-p)^{n-2} \quad (n=2,3,\cdots; m=1,2,\cdots,n-1),$$

故 X 和 Y 的边缘分布律为

$$P\{X=m\} = \sum_{n=m+1}^{+\infty} P\{X=m, Y=n\} = \sum_{n=m+1}^{+\infty} p^2(1-p)^{n-2}$$

$$= p^2 \frac{(1-p)^{m-1}}{1-(1-p)} = p(1-p)^{m-1} \quad (m=1,2,\cdots),$$

$$P\{Y=n\} = \sum_{m=1}^{n-1} P\{X=m, Y=n\} = \sum_{m=1}^{n-1} p^2(1-p)^{n-2}$$

$$= (n-1)p^2(1-p)^{n-2} \quad (n=2,3,\cdots),$$

于是所求的条件分布律如下.

当 $n=2,3,\cdots$ 时，有

$$P\{X=m\big|Y=n\} = \frac{P\{X=m, Y=n\}}{P\{Y=n\}} = \frac{1}{n-1} \quad (m=1,2,\cdots,n-1).$$

当 $m=1,2,\cdots$ 时，有

$$P\{Y=n\big|X=m\} = \frac{P\{X=m, Y=n\}}{P\{X=m\}} = p(1-p)^{n-m-1} \quad (n=m+1, m+2,\cdots).$$

例如，$P\{X=m\big|Y=4\} = \dfrac{1}{3} \ (m=1,2,3), P\{Y=n\big|X=4\} = p(1-p)^{n-5} \ (n=5,6).$

对于二维连续型随机变量 (X,Y)，因为对任意的实数 x，y 有 $P\{X=x\}=0$，$P\{Y=y\}=0$，所以不能直接用条件概率公式引入"条件分布函数".

设 (X,Y) 的概率密度函数为 $f(x,y)$，(X,Y) 关于 Y 的边缘概率密度函数为 $f_Y(y)$，给定 y，对任意固定的 $\varepsilon>0$ 和任意的 x，考虑 $P\{X\leqslant x\big|y<Y\leqslant y+\varepsilon\}$，设 $P\{y<Y\leqslant y+\varepsilon\}>0$，则有

$$P\{X\leqslant x\big|y<Y\leqslant y+\varepsilon\} = \frac{P\{X\leqslant x, y<Y\leqslant y+\varepsilon\}}{P\{y<Y\leqslant y+\varepsilon\}} = \frac{\int_{-\infty}^{x}\left[\int_{y}^{y+\varepsilon} f(x,y)\mathrm{d}y\right]\mathrm{d}x}{\int_{y}^{y+\varepsilon} f_Y(y)\mathrm{d}y}.$$

在某些条件下，当 ε 很小时，上式分子、分母分别近似于 $\varepsilon\int_{-\infty}^{x} f(x,y)\mathrm{d}x$ 和 $\varepsilon f_Y(y)$，于是

$$P\{X\leqslant x\big|y<Y\leqslant y+\varepsilon\} \approx \frac{\varepsilon\int_{-\infty}^{x} f(x,y)\mathrm{d}x}{\varepsilon f_Y(y)} = \int_{-\infty}^{x} \frac{f(x,y)}{f_Y(y)}\mathrm{d}x,$$

称为 $Y=y$ 的条件下 X 的条件分布函数，记作 $F_{X|Y}(x\big|y)$，即

$$F_{X|Y}(x\big|y) = P\{X\leqslant x\big|Y=y\} = \int_{-\infty}^{x} \frac{f(x,y)}{f_Y(y)}\mathrm{d}x.$$

同样地

$$F_{Y|X}(y\big|x) = P\{Y\leqslant y\big|X=x\} = \int_{-\infty}^{y} \frac{f(x,y)}{f_X(x)}\mathrm{d}y,$$

称为 $X=x$ 的条件下 Y 的条件分布函数.

因此，(X,Y) 的概率密度函数为 $f(x,y)$，(X,Y) 关于 X 和 Y 的边缘概率密度函数为 $f_X(x)$，$f_Y(y)$，若 $f_X(x)>0$，$f_Y(y)>0$，则在 $Y=y$ 的条件下，X 的条件概率密度函数为

$$f_{X|Y}(x|y) = \frac{f(x,y)}{f_Y(y)};\qquad(3\text{-}16)$$

在 $X = x$ 的条件下，Y 的条件概率密度函数为

文档：条件概率密度的理解

$$f_{Y|X}(y|x) = \frac{f(x,y)}{f_X(x)}.\qquad(3\text{-}17)$$

例 3-8 设随机变量 (X,Y) 在区域 $x^2 + y^2 \leqslant R^2$ 上服从均匀分布（$R>0$，是常数），求条件概率密度函数.

解 (X,Y) 的概率密度函数为

$$f(x,y) = \begin{cases} \dfrac{1}{\pi R^2}, & x^2 + y^2 \leqslant R^2, \\ 0, & \text{其他}, \end{cases}$$

边缘概率密度函数为

$$f_X(x) = \int_{-\infty}^{+\infty} f(x,y)\mathrm{d}y = \begin{cases} \displaystyle\int_{-\sqrt{R^2-x^2}}^{\sqrt{R^2-x^2}} \dfrac{1}{\pi R^2}\mathrm{d}y, & -R \leqslant x \leqslant R, \\ 0, & \text{其他} \end{cases}$$

$$= \begin{cases} \dfrac{2}{\pi R^2}\sqrt{R^2 - x^2}, & -R \leqslant x \leqslant R, \\ 0, & \text{其他}, \end{cases}$$

$$f_Y(y) = \int_{-\infty}^{+\infty} f(x,y)\mathrm{d}x = \begin{cases} \displaystyle\int_{-\sqrt{R^2-y^2}}^{\sqrt{R^2-y^2}} \dfrac{1}{\pi R^2}\mathrm{d}x, & -R \leqslant y \leqslant R, \\ 0, & \text{其他} \end{cases}$$

$$= \begin{cases} \dfrac{2}{\pi R^2}\sqrt{R^2 - y^2}, & -R \leqslant y \leqslant R, \\ 0, & \text{其他}. \end{cases}$$

于是，条件概率密度函数为

$$f_{X|Y}(x|y) = \frac{f(x,y)}{f_Y(y)} = \begin{cases} \dfrac{1}{2\sqrt{R^2 - y^2}}, & -\sqrt{R^2 - y^2} \leqslant x \leqslant \sqrt{R^2 - y^2}, \\ 0, & \text{其他}, \end{cases}$$

$$f_{Y|X}(y|x) = \frac{f(x,y)}{f_X(x)} = \begin{cases} \dfrac{1}{2\sqrt{R^2 - x^2}}, & -\sqrt{R^2 - x^2} \leqslant x \leqslant \sqrt{R^2 - x^2}, \\ 0, & \text{其他}. \end{cases}$$

当 $y = 0$ 时，$f_{X|Y}(x|y) = \begin{cases} \dfrac{1}{2R}, & -R \leqslant x \leqslant R, \\ 0, & \text{其他}. \end{cases}$

例 3-9 设数 X 在区间 $(0,1)$ 上随机地取一实数值，当观察到 $X = x(0<x<1)$ 时，数 Y 在区间 $(x,1)$ 上随机地取一实数值，求 Y 的概率密度函数 $f_Y(y)$.

解 由题意，X 的概率密度函数为

$$f_X(x) = \begin{cases} 1, & 0 < x < 1, \\ 0, & \text{其他}. \end{cases}$$

在 $X = x$ 的条件下 Y 的条件概率密度函数为

$$f_{Y|X}(y|x) = \frac{f(x,y)}{f_X(x)} = \begin{cases} \dfrac{1}{1-x}, & x < y < 1, \\ 0, & \text{其他}. \end{cases}$$

于是，X 和 Y 的联合概率密度函数为

$$f(x,y) = f_{Y|X}(y|x)f_X(x) = \begin{cases} \dfrac{1}{1-x}, & 0 < x < y < 1, \\ 0, & \text{其他}. \end{cases}$$

文档：二维均匀分布的边缘
分布与条件分布

因此，Y 的概率密度函数为

$$f_Y(y) = \int_{-\infty}^{+\infty} f(x,y)\mathrm{d}x = \begin{cases} \displaystyle\int_0^y \frac{1}{1-x}\mathrm{d}x = -\ln(1-y), & 0 < y < 1, \\ 0, & \text{其他}. \end{cases}$$

习 题 3-3

1. 设 (X,Y) 的分布律为

Y \ X	−1	0	2
0	0.1	0.2	0
1	0.3	0.05	0.1
2	0.15	0	0.1

求：（1）$X = 0$ 的条件下，Y 的条件分布律；

（2）$Y = 2$ 的条件下，X 的条件分布律.

2. 设 (X,Y) 的概率密度函数为 $f(x,y) = \begin{cases} 1, & |y| < x, 0 < x < 1, \\ 0, & \text{其他}, \end{cases}$ 求条件概率密度函数.

3. 已知 (X,Y) 的概率密度函数为

$$f(x,y) = \begin{cases} Ax, & 0 < x < 1, 0 < y < x, \\ 0, & \text{其他}. \end{cases}$$

求：（1）常数 A；（2）边缘概率密度函数；（3）条件概率密度函数.

4. 设 (X,Y) 的概率密度为

$$f(x,y) = \begin{cases} Ay(1-x), & 0 \leqslant x \leqslant 1, 0 \leqslant y \leqslant x, \\ 0, & \text{其他}. \end{cases}$$

求：（1）常数 A；（2）条件概率密度 $f_{Y|X}(y|x)$ 和 $f_{X|Y}(x|y)$.

第四节　随机变量的独立性

本节将利用两个事件相互独立的概念引出两个随机变量相互独立的概念.

定义 3-3　设 $F(x,y)$ 及 $F_X(x)$，$F_Y(y)$ 分别是二维随机变量 (X,Y) 的分布函数和边缘分布函数，若对于所有 x,y，有

$$P\{X \leqslant x, Y \leqslant y\} = P\{X \leqslant x\} \cdot P\{Y \leqslant y\}, \tag{3-18}$$

即

$$F(x,y) = F_X(x) \cdot F_Y(y), \tag{3-19}$$

则称随机变量 X 和 Y 是**相互独立的.**

当 (X,Y) 是离散型随机变量时，X 和 Y 相互独立的条件等价于对于 (X,Y) 的所有可能取值 (x_i, y_j)，有

$$P\{X = x_i, Y = y_j\} = P\{X = x_i\} \cdot P\{Y = y_j\}, \tag{3-20}$$

即

$$p_{ij} = p_{i.} \cdot p_{.j}. \tag{3-21}$$

当 (X,Y) 是连续型随机变量时，X 和 Y 相互独立的条件等价于

$$f(x,y) = f_X(x) \cdot f_Y(y) \tag{3-22}$$

在平面上几乎处处成立.

说明："几乎处处成立"的含义为，除去平面上"面积"为零的集合以外，处处成立.

上面提到的 $p_{ij} = P\{X = x_i, Y = y_j\}$，$p_{i.} = P\{X = x_i\}$ 和 $p_{.j} = P\{Y = y_j\}$ 分别指 (X,Y) 的分布律及边缘分布律. $f(x,y)$，$f_X(x)$ 和 $f_Y(y)$ 分别指 (X,Y) 的概率密度函数及边缘概率密度函数.

在实际使用中，式（3-21）、式（3-22）要比式（3-19）更方便.

例如，第一节中例 3-1，放回式抽取 X 和 Y 是相互独立的，而不放回式抽取 X 和 Y 不是相互独立的；第二节中例 3-5 不是相互独立的.

例 3-10　(X,Y) 的分布律为

文档：二维连续型随机变量独立性的判断

Y \ X	0	1
1	$\frac{1}{6}$	$\frac{1}{3}$
2	$\frac{1}{6}$	$\frac{1}{3}$

判断 X 与 Y 是否相互独立.

解　X 的分布律为

X	0	1
p_k	$\frac{1}{3}$	$\frac{2}{3}$

Y 的分布律为

Y	1	2
p_k	$\frac{1}{2}$	$\frac{1}{2}$

因为对所有 X，Y 的取值都有 $p_{ij} = p_{i.} \cdot p_{.j}$，所以 X 与 Y 相互独立.

例 3-11　对第二节中例 3-4，判断 X 与 Y 是否相互独立.

解　因为 $P\{X = 4, Y = 4\} = \frac{1}{16}$，又 $P\{X = 4\} = \frac{1}{4}$，$P\{Y = 4\} = \frac{1}{16}$，即

$$P\{X=4,Y=4\} \neq P\{X=4\} \cdot P\{Y=4\},$$

所以 X 与 Y 不相互独立.

例 3-12　设 (X,Y) 的概率密度函数为

$$f(x,y)=\frac{1}{2\pi\sigma_1\sigma_2\sqrt{1-\rho^2}}e^{-\frac{1}{2(1-\rho^2)}\left[\frac{(x-\mu_1)^2}{\sigma_1^2}-2\rho\frac{(x-\mu_1)(y-\mu_2)}{\sigma_1\sigma_2}+\frac{(y-\mu_2)^2}{\sigma_2^2}\right]},$$

其中，μ_1，μ_2，σ_1，σ_2，ρ 都是常数，且 $\sigma_1>0$，$\sigma_2>0$，$-1<\rho<1$，称 (X,Y) 服从参数为 μ_1，μ_2，σ_1，σ_2，ρ 的二维正态分布，记为 $(X,Y)\sim N(\mu_1,\mu_2,\sigma_1^2,\sigma_2^2,\rho)$. 判断 X 与 Y 是否相互独立.

解　由于

$$\frac{(y-\mu_2)^2}{\sigma_2^2}-2\rho\frac{(x-\mu_1)(y-\mu_2)}{\sigma_1\sigma_2}+\frac{(x-\mu_1)^2}{\sigma_1^2}$$

$$=\left(\frac{y-\mu_2}{\sigma_2}-\rho\frac{x-\mu_1}{\sigma_1}\right)^2+(1-\rho^2)\frac{(y-\mu_1)^2}{\sigma_1^2},$$

令 $t=\dfrac{1}{\sqrt{1-\rho^2}}\left(\dfrac{y-\mu_2}{\sigma_2}-\rho\dfrac{x-\mu_1}{\sigma_1}\right)$，则有

$$f_X(x)=\frac{1}{2\pi\sigma_1\sigma_2\sqrt{1-\rho^2}}e^{-\frac{(x-\mu_1)^2}{2\sigma_1^2}}\int_{-\infty}^{+\infty}e^{\frac{-1}{2(1-\rho^2)}\left(\frac{y-\mu_2}{\sigma_2}-\rho\frac{x-\mu_1}{\sigma_1}\right)^2}\mathrm{d}y$$

$$=\frac{1}{2\pi\sigma_1}e^{-\frac{(x-\mu_1)^2}{2\sigma_1^2}}\int_{-\infty}^{+\infty}e^{-\frac{t^2}{2}}\mathrm{d}t$$

$$=\frac{1}{\sqrt{2\pi}\sigma_1}e^{-\frac{(x-\mu_1)^2}{2\sigma_1^2}}\quad(-\infty<x<+\infty),$$

即 $X\sim N(\mu_1,\sigma_1^2)$，$Y\sim N(\mu_2,\sigma_2^2)$.

显然，当 $\rho\neq0$ 时，$f(x,y)\neq f_X(x)\cdot f_Y(y)$，故 X 与 Y 不独立；仅当 $\rho=0$ 时，有 $f(x,y)=f_X(x)\cdot f_Y(y)$，也就是说 X 与 Y 相互独立的充分必要条件是 $\rho=0$.

例 3-13　一负责人到达办公室的时间均匀分布在 8～12 h 时，他的秘书到达办公室的时间均匀分布在 7～9 h，设他们两人到达的时间相互独立. 求他们到达办公室的时间相差不超过 5 min（$\dfrac{1}{12}$ h）的概率.

解　设 X 和 Y 分别表示负责人与他的秘书到达办公室的时间，由题设知 X 和 Y 的概率密度函数分别为

$$f_X(x)=\begin{cases}\dfrac{1}{4}, & 8<x<12,\\[2mm] 0, & \text{其他};\end{cases}\qquad f_Y(y)=\begin{cases}\dfrac{1}{2}, & 7<y<9,\\[2mm] 0, & \text{其他}.\end{cases}$$

又 X 与 Y 相互独立，则 (X,Y) 的概率密度函数为

$$f(x,y)=f_X(x)\cdot f_Y(y)=\begin{cases}\dfrac{1}{8}, & 8<x<12,7<y<9,\\[2mm] 0, & \text{其他}.\end{cases}$$

文档：二维正态分布
的边缘分布

按题意要求概率 $P\left\{|X-Y|\leqslant\dfrac{1}{12}\right\}$. 画出区域 $|x-y|\leqslant\dfrac{1}{12}$, 以及长方形区域 $\{(x,y)|8<x<12,7<y<9\}$, 它们的公共部分是四边形 $B'C'CB$, 记为 G（图 3-4）.

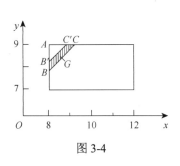

图 3-4

显然, 仅当 (X,Y) 在 G 内取值时, 他们两人到达的时间相差才不超过 $\dfrac{1}{12}$ h. 因此, 所求的概率为

$$P\left\{|X-Y|\leqslant\frac{1}{12}\right\}=\iint\limits_{G}f(x,y)\mathrm{d}x\mathrm{d}y=\frac{1}{8}\times G\text{的面积},$$

而

$$G\text{的面积}=\triangle ABC\text{的面积}-\triangle AB'C'\text{的面积}=\frac{1}{2}\left(\frac{13}{12}\right)^{2}-\frac{1}{2}\left(\frac{11}{12}\right)^{2}=\frac{1}{6},$$

于是

$$P\left\{|X-Y|\leqslant\frac{1}{12}\right\}=\frac{1}{48},$$

即负责人和他的秘书到达办公室的时间相差不超过 5 min 的概率为 $\dfrac{1}{48}$.

以上所述的关于二维随机变量的一些概念, 容易推广到 n 维随机变量的情况.

前面提到, n 维随机变量 $(X_1,X_2,\cdots,X_n)$ 的分布函数定义为

$$F(x_1,x_2,\cdots,x_n)=P\{X_1\leqslant x_1,X_2\leqslant x_2,\cdots,X_n\leqslant x_n\},$$

这里, $x_1,x_2,\cdots,x_n$ 为任意实数.

若存在非负可积函数 $f(x_1,x_2,\cdots,x_n)$, 使对于任意实数 $x_1,x_2,\cdots,x_n$, 有

$$F(x_1,x_2,\cdots,x_n)=\int_{-\infty}^{x_n}\int_{-\infty}^{x_{n-1}}\cdots\int_{-\infty}^{x_1}f(x_1,x_2,\cdots,x_n)\mathrm{d}x_1\mathrm{d}x_2\cdots\mathrm{d}x_n,$$

则称 $f(x_1,x_2,\cdots,x_n)$ 为 $(X_1,X_2,\cdots,X_n)$ 的概率密度函数, 称 $P\{X_1=x_1,X_2=x_2,\cdots,X_n=x_n\}$ 为 $(X_1,X_2,\cdots,X_n)$ 的分布律.

若 $F(x_1,x_2,\cdots,x_n)=F_{X_1}(x_1)F_{X_2}(x_2)\cdots F_{X_n}(x_n)$, 则称 $X_1,X_2,\cdots,X_n$ 相互独立.

离散型随机变量 $X_1,X_2,\cdots,X_n$ 相互独立的充分必要条件是

$$P\{X_1=x_1,X_2=x_2,\cdots,X_n=x_n\}=P\{X_1=x_1\}P\{X_2=x_2\}\cdots P\{X_n=x_n\}.$$

连续型随机变量 $X_1,X_2,\cdots,X_n$ 相互独立的充分必要条件

$$f(x_1,x_2,\cdots,x_n)=f_{X_1}(x_1)f_{X_2}(x_2)\cdots f_{X_n}(x_n)$$

在区域上几乎处处成立.

进一步地, 若对所有的 $x_1,x_2,\cdots,x_m$ 和 $y_1,y_2,\cdots,y_n$ 有

$$F(x_1,x_2,\cdots,x_m,y_1,y_2,\cdots,y_n)=F_1(x_1,x_2,\cdots,x_m)F_2(y_1,y_2,\cdots,y_n),$$

其中, F_1,F_2,F 依次为随机变量 $(X_1,X_2,\cdots,X_m)$, $(Y_1,Y_2,\cdots,Y_n)$ 和 $(X_1,X_2,\cdots,X_m,Y_1,Y_2,\cdots,Y_n)$ 的分布函数, 则称 $(X_1,X_2,\cdots,X_m)$ 和 $(Y_1,Y_2,\cdots,Y_n)$ 是相互独立的. 因此, 设 X 和 Y 是相互独立的随机变量, $h(x)$ 和 $g(y)$ 是 $(-\infty,+\infty)$ 上的连续函数, 则 $h(X)$ 和 $g(Y)$ 也是相互独立的. 更进一步, 设 $(X_1,X_2,\cdots,X_m)$ 和 $(Y_1,Y_2,\cdots,Y_n)$ 相互独立, 则 $X_i(i=1,2,\cdots,m)$ 与 $Y_j=(j=1,2,\cdots,n)$ 相互

独立. 又若 h，g 是连续函数，则 $h(X_1, X_2, \cdots, X_m)$ 和 $g(Y_1, Y_2, \cdots, Y_n)$ 相互独立. 这在数理统计中是很有用的.

习　题　3-4

1. 设 X 与 Y 相互独立，下表列出了 (X,Y) 的分布律及 X 和 Y 的边缘分布律的部分值，请将其余值填入表中的空白处.

X＼Y	y_1	y_2	y_3	$p_{i.}$
x_1		$\frac{1}{8}$		
x_2	$\frac{1}{8}$			
$p_{.j}$	$\frac{1}{6}$			1

2. 若 (X,Y) 的分布律为

Y＼X	1	2	3
1	$\frac{2}{9}$	$\frac{1}{3}$	$\frac{1}{9}$
2	$\frac{1}{9}$	α	β

试问 α，β 为何值时，X 与 Y 相互独立？

3. 设 (X,Y) 的分布函数为

$$F(x,y) = \begin{cases} (1-e^{-\alpha x})y, & x \geq 0, 0 \leq y \leq 1, \\ 1-e^{-\alpha x}, & x \geq 0, y>1 \\ 0 & \text{其他,} \end{cases}$$

这里 $\alpha>0$，证明 X 与 Y 相互独立.

4. 设 X 与 Y 的联合概率密度函数为

（1）$f(x,y) = \begin{cases} \frac{3}{2}y^2, & 0 \leq x \leq 2, 0 \leq y \leq 1, \\ 0, & \text{其他;} \end{cases}$

（2）$f(x,y) = \begin{cases} 8xy, & 0 \leq x \leq y, 0 \leq y \leq 1, \\ 0, & \text{其他.} \end{cases}$

问 X 与 Y 是否相互独立？

5. 设 X 与 Y 是两个相互独立的随机变量，X 在区间 $(0,1)$ 上服从均匀分布，Y 的概率密度函数为

$$f_Y(y) = \begin{cases} \frac{1}{2}e^{-\frac{y}{2}}, & y>0, \\ 0, & \text{其他.} \end{cases}$$

（1）求 X 和 Y 的联合概率密度函数；

（2）设关于 a 的二次方程为 $a^2 + 2Xa + Y = 0$，试求方程有实根的概率.

6. 设 X 和 Y 是两个相互独立的随机变量，其概率密度函数为

$$f_X(x) = \begin{cases} \lambda e^{-\lambda x}, & x > 0, \\ 0, & \text{其他}, \end{cases} \qquad f_Y(y) = \begin{cases} \mu e^{-\mu y}, & y > 0, \\ 0, & \text{其他}, \end{cases}$$

其中，$\lambda > 0$，$\mu > 0$ 是常数，引入随机变量 $Z = \begin{cases} 1, & X \leqslant Y, \\ 0, & X > Y. \end{cases}$

求: （1）条件概率密度函数 $f_{X|Y}(x|y)$；

（2）Z 的分布律和分布函数.

第五节　两个随机变量函数的分布

在第二章第五节中，已经讨论过一个随机变量的函数的分布，本节讨论两个随机变量的函数 $Z = g(X, Y)$ 的分布. 这类问题要复杂一些，但其基本方法仍然是适用的，就下面几个具体的函数来进行讨论.

对于离散型随机变量 (X, Y)，$Z = g(X, Y)$ 仍是离散型随机变量，且较简单.

例 3-14 设 (X, Y) 的分布律为

X＼Y	−1	0	1
0	0.1	0.2	0.1
1	0.3	0.1	0.2

求：（1）$Z = X + Y$；（2）$U = XY$；（3）$V = \max\{X, Y\}$ 的分布律.

解　（1）由题意，Z 的可能取值为 $-1, 0, 1, 2$，且

$$P\{Z = -1\} = P\{X = 0, Y = -1\} = 0.1,$$
$$P\{Z = 0\} = P\{X = 0, Y = 0\} + P\{X = 1, Y = -1\} = 0.5,$$
$$P\{Z = 1\} = P\{X = 0, Y = 1\} + P\{X = 1, Y = 0\} = 0.2,$$
$$P\{Z = 2\} = P\{X = 1, Y = 1\} = 0.2,$$

即 Z 的分布律为

Z	−1	0	1	2
p_k	0.1	0.5	0.2	0.2

（2）$U = XY$ 的分布律为

U	−1	0	1
p_k	0.3	0.5	0.2

（3）$V = \max\{X, Y\}$ 的分布律为

V	0	1
p_k	0.3	0.7

对于连续型随机变量，和第二章第五节类似，从分布函数入手.

（一）$Z = X + Y$ 的分布

设 (X, Y) 是二维连续型随机变量，它的概率密度函数为 $f(x, y)$，则 $Z = X + Y$ 为连续型随

机变量，其分布函数为

$$F_Z(z) = P\{Z \leqslant z\} = \iint\limits_{x+y \leqslant z} f(x,y)\mathrm{d}x\mathrm{d}y,$$

这里，积分区域 $x+y \leqslant z$ 如图 3-5 所示.

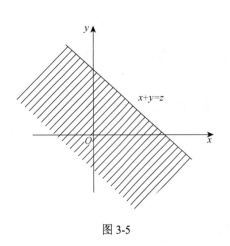

图 3-5

将分布函数化成累次积分，有

$$F_Z(z) = \int_{-\infty}^{+\infty}\left[\int_{-\infty}^{z-y} f(x,y)\mathrm{d}x\right]\mathrm{d}y,$$

固定 z 和 y，对积分 $F_Z(z) = \int_{-\infty}^{+\infty}\left[\int_{-\infty}^{z-y} f(x,y)\mathrm{d}x\right]\mathrm{d}y$ 进行变量代换，令 $x = u - y$，得

$$F_Z(z) = \int_{-\infty}^{+\infty}\left[\int_{-\infty}^{z} f(u-y,y)\mathrm{d}u\right]\mathrm{d}y$$

$$= \int_{-\infty}^{z}\left[\int_{-\infty}^{+\infty} f(u-y,y)\mathrm{d}y\right]\mathrm{d}u,$$

所以

$$f_Z(z) = F_Z'(z) = \int_{-\infty}^{+\infty} f(z-y,y)\mathrm{d}y. \tag{3-23}$$

类似地，可得

$$f_Z(z) = \int_{-\infty}^{+\infty} f(x,z-x)\mathrm{d}x. \tag{3-24}$$

特别地，当 X 与 Y 相互独立时，有

$$f_Z(z) = \int_{-\infty}^{+\infty} f_X(z-y)f_Y(y)\mathrm{d}y \tag{3-25}$$

或

$$f_Z(z) = \int_{-\infty}^{+\infty} f_X(x)f_Y(z-x)\mathrm{d}x, \tag{3-26}$$

式（3-25）、式（3-26）称为 f_X 和 f_Y 的**卷积公式**，记为 $f_X * f_Y$.

例 3-15 设 X 和 Y 是两个相互独立的随机变量，它们都服从分布 $N(0,1)$，求 $Z = X + Y$ 的概率密度函数.

解 由题设知，X 和 Y 的概率密度函数为

$$f_X(x) = \frac{1}{\sqrt{2\pi}}\mathrm{e}^{\frac{-x^2}{2}} \quad (-\infty < x < +\infty),$$

$$f_Y(y) = \frac{1}{\sqrt{2\pi}}\mathrm{e}^{\frac{-y^2}{2}} \quad (-\infty < y < +\infty),$$

由卷积分公式（3-26）知

$$f_Z(z) = \int_{-\infty}^{+\infty} f_X(x)f_Y(z-x)\mathrm{d}x$$

$$= \frac{1}{2\pi}\int_{-\infty}^{+\infty} \mathrm{e}^{-\frac{x^2}{2}} \cdot \mathrm{e}^{-\frac{(z-x)^2}{2}}\mathrm{d}x$$

$$= \frac{1}{2\pi}\mathrm{e}^{-\frac{z^2}{4}}\int_{-\infty}^{+\infty} \mathrm{e}^{-\left(x-\frac{z}{2}\right)^2}\mathrm{d}x,$$

文档：具有可加性的分布

令 $t = x - \dfrac{z}{2}$，得

$$f_Z(z) = \frac{1}{2\pi} e^{-\frac{z^2}{4}} \int_{-\infty}^{+\infty} e^{-t^2} dx = \frac{1}{2\sqrt{\pi}} e^{-\frac{z^2}{4}},$$

即 $Z \sim N(0,2)$.

一般地，设 X，Y 相互独立且 $X \sim N(\mu_1, \sigma_1^2)$，$Y \sim N(\mu_2, \sigma_2^2)$，由式（3-26）计算知 $Z = X + Y$ 仍服从正态分布，且有 $Z \sim N(\mu_1 + \mu_2, \sigma_1^2 + \sigma_2^2)$. 推而广之，若 $X_i \sim N(\mu_i, \sigma_i^2)$ $(i = 1, 2, \cdots, n)$ 且它们相互独立，则它们的和 $Z = X_1 + X_2 + \cdots + X_n$ 仍然服从正态分布，且有

$$Z \sim N(\mu_1 + \mu_2 + \cdots + \mu_n, \sigma_1^2 + \sigma_2^2 + \cdots + \sigma_n^2).$$

更一般地，可以证明有限个相互独立的正态随机变量的线性组合仍然服从正态分布.

例 3-16 设随机变量 X，Y 相互独立，其概率密度函数分别为

$$f_X(x) = \begin{cases} 1, & 0 < x < 1, \\ 0, & 其他, \end{cases} \qquad f_Y(y) = \begin{cases} e^{-y}, & y > 0, \\ 0, & 其他, \end{cases}$$

求随机变量 $Z = X + Y$ 的概率密度函数.

解 由题意知，仅当 $\begin{cases} 0 < x < 1, \\ z - x > 0, \end{cases}$ 即 $\begin{cases} 0 < x < 1, \\ x < z \end{cases}$ 时，式（3-26）中被积函数不等于零. 因此，

$$f_Z(z) = \int_{-\infty}^{+\infty} f_X(x) f_Y(z - x) dx = \begin{cases} \int_0^z e^{-(z-x)} dx, & 0 < z < 1, \\ \int_0^1 e^{-(z-x)} dx, & z \geq 1, \\ 0, & 其他, \end{cases}$$

即有

$$f_Z(z) = \begin{cases} 1 - e^{-z}, & 0 < z < 1, \\ (e-1)e^{-z}, & z \geq 1, \\ 0, & 其他. \end{cases}$$

先求出 $Z = X + Y$ 的分布函数，然后由 $f_Z(z) = F_Z'(z)$ 求出 $f_Z(z)$ 的方法，读者可以自己尝试计算.

（二）$Z = \dfrac{Y}{X}$ 的分布和 $Z = XY$ 的分布

设 (X, Y) 是二维连续型随机变量，它的概率密度函数为 $f(x, y)$，则 $Z = \dfrac{Y}{X}$，$Z = XY$ 仍为连续型随机变量，其概率密度函数分别为

$$f_{\frac{Y}{X}}(z) = \int_{-\infty}^{+\infty} |x| f(x, xz) dx, \tag{3-27}$$

$$f_{XY}(z) = \int_{-\infty}^{+\infty} \frac{1}{|x|} f\left(x, \frac{z}{x}\right) dx. \tag{3-28}$$

若 X 和 Y 相互独立，则

$$f_{\frac{Y}{X}}(z) = \int_{-\infty}^{+\infty} |x| f_X(x) f_Y(xz) dx, \tag{3-29}$$

$$f_{XY}(z) = \int_{-\infty}^{+\infty} \frac{1}{|x|} f_X(x) f_Y\left(\frac{z}{x}\right) \mathrm{d}x .$$ 　　　　（3-30）

证明从略，读者可参照下面的例题给出相应的证明过程.

例 3-17　某公司提供一种地震保险，保险费 Y 的概率密度函数为

$$f(y) = \begin{cases} \dfrac{y}{25} \mathrm{e}^{-\frac{y}{5}}, & y > 0, \\ 0, & \text{其他,} \end{cases}$$

保险赔付 X 的概率密度函数为

$$g(x) = \begin{cases} \dfrac{1}{5} \mathrm{e}^{-\frac{x}{5}}, & x > 0, \\ 0, & \text{其他,} \end{cases}$$

设 X 与 Y 相互独立，求 $\dfrac{Y}{X}$ 的概率密度函数.

解　由题意，当 $z < 0$ 时，$F_Z(z) = 0$，故 $f_Z(z) = 0$.

当 $z > 0$ 时，

$$F_Z(z) = P\left\{\frac{Y}{X} \leqslant z\right\} = \iint\limits_{\frac{y}{x} \leqslant z} f(x,y)\mathrm{d}x\mathrm{d}y = \int_0^{+\infty}\left[\int_0^{zx} f_X(x) f_Y(y) \mathrm{d}y\right]\mathrm{d}x$$

$$\xlongequal{\diamondsuit\, y = ux} \int_0^{+\infty}\left[\int_0^{z} x \frac{1}{5}\mathrm{e}^{-\frac{x}{5}} \frac{xu}{25}\mathrm{e}^{-\frac{xu}{5}}\mathrm{d}u\right]\mathrm{d}x$$

$$= \int_0^{z}\left[\int_0^{+\infty} x \frac{1}{5}\mathrm{e}^{-\frac{x}{5}} \frac{xu}{25}\mathrm{e}^{-\frac{xu}{5}}\mathrm{d}x\right]\mathrm{d}u,$$

$$f_Z(z) = F_Z'(z) = \int_0^{+\infty} x \frac{1}{5}\mathrm{e}^{-\frac{x}{5}} \frac{xu}{25}\mathrm{e}^{-\frac{xu}{5}}\mathrm{d}x = \frac{z}{125}\int_0^{+\infty} x^2 \mathrm{e}^{-x\left(\frac{1+z}{5}\right)}\mathrm{d}x = \frac{z}{125} \frac{\Gamma(3)}{\left(\dfrac{1+z}{5}\right)^3} = \frac{2z}{(1+z)^3} .$$

综上，有

$$f_Z(z) = \begin{cases} \dfrac{2z}{(1+z)^3}, & z > 0, \\ 0, & \text{其他.} \end{cases}$$

例 3-18　设 (X,Y) 在区域 $G = \{(x,y) \mid 0 \leqslant x \leqslant 2, 0 \leqslant y \leqslant 1\}$ 上服从均匀分布，试求边长为 X 和 Y 的矩形面积 S 的概率密度函数 $f(s)$.

解　由题意，(X,Y) 的概率密度函数为

$$f(x,y) = \begin{cases} \dfrac{1}{2}, & (x,y) \in G, \\ 0, & \text{其他.} \end{cases}$$

令 $F(s)$ 为 S 的分布函数，则 $F(s) = P\{S \leqslant s\} = \iint\limits_{xy \leqslant s} f(x,y)\mathrm{d}x\mathrm{d}y$.

当 $s \leqslant 0$ 时，$F(s) = 0$；

当 $s \geqslant 2$ 时，$F(s) = 1$；

当 $0<s<2$ 时，如图 3-6 所示，有

$$F(s)=\iint\limits_{xy\leqslant s}f(x,y)\mathrm{d}x\mathrm{d}y=1-\frac{1}{2}\int_s^2\left[\int_{\frac{s}{x}}^1\mathrm{d}y\right]\mathrm{d}x=\frac{s}{2}(1+\ln 2-\ln s)\,,$$

于是

$$F(s)=\begin{cases}0, & s\leqslant 0,\\[1mm]\dfrac{s}{2}(1+\ln 2-\ln s), & 0<s<2,\\[1mm]1, & s\geqslant 2.\end{cases}$$

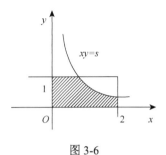

图 3-6

因此，S 的概率密度函数为

$$f(s)=F'(s)=\begin{cases}\dfrac{1}{2}(\ln 2-\ln s), & 0<s<2,\\[1mm]0, & 其他.\end{cases}$$

（三）$M=\max\{X,Y\}$ 及 $N=\min\{X,Y\}$ 的分布

设 X，Y 是两个相互独立的随机变量，它们的分布函数分别为 $F_X(x)$，$F_Y(y)$，现在来求 $M=\max\{X,Y\}$ 及 $N=\min\{X,Y\}$ 的分布函数.

由于 $M=\max\{X,Y\}$ 不大于 z 等价于 X 和 Y 都不大于 z，故有

$$P\{M\leqslant z\}=P\{X\leqslant z,Y\leqslant z\}\,.$$

又 X 和 Y 相互独立，故 $M=\max\{X,Y\}$ 的分布函数为

$$F_{\max}(z)=P\{M\leqslant z\}=P\{X\leqslant z,Y\leqslant z\}=P\{X\leqslant z\}\cdot P\{Y\leqslant z\}\,,$$

即

$$F_{\max}(z)=F_X(z)\cdot F_Y(z)\,.\tag{3-31}$$

类似地，可得 $N=\min\{X,Y\}$ 的分布函数为

$$\begin{aligned}F_{\min}(z)&=P\{N\leqslant z\}=1-P\{N>z\}=1-P\{X>z,Y>z\}=1-P\{X>z\}\cdot P\{Y>z\}\\&=1-(1-P\{X\leqslant z\})(1-P\{Y\leqslant z\}),\end{aligned}$$

即

$$F_{\min}(z)=1-[1-F_X(z)][1-F_Y(z)]\,.\tag{3-32}$$

推而广之，设 $X_1,X_2,\cdots,X_n$ 是 n 个相互独立的随机变量，它们的分布函数分别为 $F_{X_i}(x_i)(i=1,2,\cdots,n)$，则 $M=\max\{X_1,X_2,\cdots,X_n\}$ 及 $N=\min\{X_1,X_2,\cdots,X_n\}$ 的分布函数分别为

$$F_{\max}(z)=F_{X_1}(z)\cdot F_{X_2}(z)\cdots F_{X_n}(z)\,,\tag{3-33}$$

$$F_{\min}(z)=1-[1-F_{X_1}(z)][1-F_{X_2}(z)]\cdots[1-F_{X_n}(z)]\,.\tag{3-34}$$

特别地，当 $X_1,X_2,\cdots,X_n$ 相互独立且具有相同的分布函数 $F(x)$ 时，有

$$F_{\max}(z)=[F(z)]^n\,,\tag{3-35}$$

$$F_{\min}(z)=1-[1-F(z)]^n\,.\tag{3-36}$$

例 3-19 设系统 L 由两个独立的子系统 L_1，L_2 连接而成，连接的方式分别为（1）串联，（2）并联，（3）备用（当 L_1 损坏时，L_2 开始工作），如图 3-7 所示. 设 L_1，L_2 的寿命分别为 X，Y，已知它们的概率密度函数分别为

$$f_X(x)=\begin{cases}\alpha\,\mathrm{e}^{-\alpha x}, & x>0,\\0, & 其他,\end{cases}$$

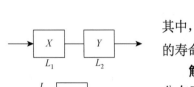

$$f_Y(y) = \begin{cases} \beta e^{-\beta y}, & y>0, \\ 0, & \text{其他}, \end{cases}$$

其中，$\alpha>0$，$\beta>0$，且 $\alpha \neq \beta$，试分别对以上三种连接方式写出 L 的寿命的概率密度函数.

解　（1）由题意，此时 L 的寿命为 $Z = \min\{X,Y\}$，X，Y 的分布函数分别为

$$F_X(x) = \begin{cases} 1-e^{-\alpha x}, & x>0, \\ 0, & \text{其他}, \end{cases} \qquad F_Y(y) = \begin{cases} 1-e^{-\beta y}, & y>0, \\ 0, & \text{其他}, \end{cases}$$

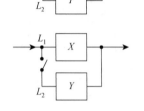

图 3-7

故 $Z = \min\{X,Y\}$ 的分布函数为

$$F_{\min}(z) = \begin{cases} 1-e^{-(\alpha+\beta)z}, & z>0, \\ 0, & \text{其他}, \end{cases}$$

于是 $Z = \min\{X,Y\}$ 的概率密度函数为

$$f_{\min}(z) = F_{\min}'(z) = \begin{cases} (\alpha+\beta)e^{-(\alpha+\beta)z}, & z>0, \\ 0, & \text{其他}. \end{cases}$$

（2）由题意，此时 L 的寿命为 $Z = \max\{X,Y\}$，故 $Z = \max\{X,Y\}$ 的分布函数为

$$F_{\max}(z) = \begin{cases} (1-e^{-\alpha z})(1-e^{-\beta z}), & z>0, \\ 0, & \text{其他}, \end{cases}$$

于是 $Z = \max\{X,Y\}$ 的概率密度函数为

$$f_{\max}(z) = F_{\max}'(z) = \begin{cases} \alpha e^{-\alpha z} + \beta e^{-\beta z} - (\alpha+\beta)e^{-(\alpha+\beta)z}, & z>0, \\ 0, & \text{其他}. \end{cases}$$

（3）由题意，此时 L 的寿命为 $Z = X+Y$，于是当 $z>0$ 时，$Z = X+Y$ 的概率密度函数为

$$f_Z(z) = \int_{-\infty}^{+\infty} f_X(z-y) f_Y(y)\mathrm{d}y = \int_0^z \alpha e^{-\alpha(z-y)} \beta e^{-\beta y}\,\mathrm{d}y$$

$$= \alpha\beta e^{-\alpha z} \int_0^z e^{-(\beta-\alpha)y}\,\mathrm{d}y = \frac{\alpha\beta}{\beta-\alpha}(e^{-\alpha z} - e^{-\beta z}),$$

当 $z \leqslant 0$ 时，$f(z) = 0$. 因此，$Z = X+Y$ 的概率密度函数为

$$f(z) = \begin{cases} \dfrac{\alpha\beta}{\beta-\alpha}(e^{-\alpha z} - e^{-\beta z}), & z>0, \\ 0, & \text{其他}. \end{cases}$$

习　题　3-5

1. 已知 (X,Y) 的分布律为

Y \ X	0	1	2
0	0.1	0.25	0.15
1	0.15	0.2	0.15

求：（1）$Z = X+Y$ 的分布律；

　　（2）$Z = XY$ 的分布律；

（3）$Z = \min\{X,Y\}$ 的分布律.

2. 设 X，Y 是相互独立的随机变量，其概率密度函数分别为

$$f_X(x) = \begin{cases} 1, & 0<x<1, \\ 0, & 其他, \end{cases} \qquad f_Y(y) = \begin{cases} 2y, & 0<y<1, \\ 0, & 其他, \end{cases}$$

求 $Z = X + Y$ 的概率密度函数.

3. 设 (X,Y) 的概率密度函数为

$$f(x,y) = \begin{cases} \dfrac{1}{2}(x+y)\mathrm{e}^{-(x+y)}, & x>0, y>0, \\ 0, & 其他. \end{cases}$$

（1）问 X 和 Y 是否相互独立？

（2）求 $Z = X + Y$ 的概率密度函数.

4. 设随机变量 X，Y 相互独立，它们的概率密度函数均为

$$f(x) = \begin{cases} \mathrm{e}^{-x}, & x>0, \\ 0, & 其他, \end{cases}$$

求 $Z = \dfrac{Y}{X}$ 的概率密度函数.

5. 设随机变量 X，Y 相互独立，它们都在区间 $(0,1)$ 上服从均匀分布，求以 X，Y 为边长的矩形面积 A 的概率密度函数.

6. 设 X，Y 是相互独立的随机变量，它们都服从正态分布 $N(0,\sigma^2)$，试验证随机变量 $Z = \sqrt{X^2 + Y^2}$ 具有概率密度函数

$$f(z) = \begin{cases} \dfrac{z}{\sigma^2}\mathrm{e}^{-\frac{z^2}{2\sigma^2}}, & z \geq 0, \\ 0, & 其他, \end{cases}$$

称 Z 服从参数为 σ （$\sigma>0$）的瑞利分布.

7. 设 (X,Y) 的概率密度函数为

$$f(x,y) = \begin{cases} b\mathrm{e}^{-(x+y)}, & 0<x<1, 0<y<+\infty, \\ 0, & 其他. \end{cases}$$

（1）试确定常数 b；

（2）求边缘概率密度函数 $f_X(x)$，$f_Y(y)$；

（3）求 $U = \max\{X,Y\}$ 的分布函数.

8. 设随机变量 X，Y 相互独立，且服从同一分布，试证明：

$$P\{a<\min\{X,Y\} \leq b\} = [P\{x>a\}]^2 - [P\{x>b\}]^2 \quad (a \leq b).$$

历年考研试题选讲三

下面再讲解若干个近十几年来概率论与数理统计的考研题目，以供读者体会概率论与数理统计考研题目的难度、深度和广度，从而对概率论与数理统计的学习起到一个很好的参考作用。

例 1 （2005 年，数学一、数学三） 从数 $1,2,3,4$ 中任取一个数，记为 X，再从 $1,2,\cdots,X$ 中任取一个数，记为 Y，则 $P\{Y = 2\} = $ _____.

解 用全概率公式得

$$P\{Y=2\}=\sum_{i=1}^{4}P\{X=i\}P\{Y=2\mid X=i\}$$

$$=\sum_{i=1}^{4}\frac{1}{4}P\{Y=2\mid X=i\}$$

$$=\frac{1}{4}\left(0+\frac{1}{2}+\frac{1}{3}+\frac{1}{4}\right)=\frac{13}{48}.$$

例 2 （2005 年，数学一、数学三）　设二维随机变量 (X,Y) 的分布律为

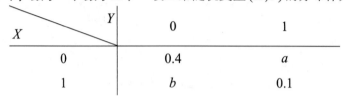

X＼Y	0	1
0	0.4	a
1	b	0.1

已知随机事件 $\{X=0\}$ 与 $\{X+Y=1\}$ 相互独立，则_____.

（A）$a=0.2,b=0.3$　　　　　　（B）$a=0.4,b=0.1$

（C）$a=0.3,b=0.2$　　　　　　（D）$a=0.1,b=0.4$

解　显然，$0.4+a+b+0.1=1$，可知 $a+b=0.5$，再由事件 $\{X=0\}$ 与 $\{X+Y=1\}$ 相互独立，有

$$P\{X=0,X+Y=1\}=P\{X=0\}P\{X+Y=1\},$$

而

$$P\{X=0,X+Y=1\}=P\{X=0,Y=1\}=a,$$
$$P\{X=0\}=P\{X=0,Y=0\}+P\{X=0,Y=1\}=0.4+a,$$
$$P\{X+Y=1\}=P\{X=0,Y=1\}+P\{X=1,Y=0\}=a+b=0.5,$$

代入独立性等式，可得 $a=0.5(0.4+a)$，解得 $a=0.4$，再由 $a+b=0.5$ 得 $b=0.1$，故答案选（B）.

例 3 （2005 年，数学一、数学三）　设二维随机变量 (X,Y) 的概率密度函数为

$$f(x,y)=\begin{cases}1, & 0<x<1,0<y<2x,\\ 0, & \text{其他}.\end{cases}$$

求：（1）(X,Y) 的边缘概率密度函数 $f_X(x)$，$f_Y(y)$；

（2）$Z=2X-Y$ 的概率密度函数 $f_Z(z)$；

（3）$P\left\{Y\leqslant\dfrac{1}{2}\Big|X\leqslant\dfrac{1}{2}\right\}$.

解　（1）$f_X(x)=\displaystyle\int_{-\infty}^{+\infty}f(x,y)\mathrm{d}y=\begin{cases}\displaystyle\int_0^{2x}\mathrm{d}y=2x, & 0<x<1,\\ 0 & \text{其他};\end{cases}$

$f_Y(y)=\displaystyle\int_{-\infty}^{+\infty}f(x,y)\mathrm{d}x=\begin{cases}\displaystyle\int_{\frac{y}{2}}^{1}\mathrm{d}x=1-\dfrac{y}{2}, & 0<y<2,\\ 0 & \text{其他}.\end{cases}$

（2）当 $z\leqslant0$ 时，$F_Z(z)=0$；

当 $z\geqslant2$ 时，$F_Z(z)=1$；

当 $0<z<2$ 时

$$F_Z(z) = P\{2X - Y \leqslant z\} = \iint\limits_{2x-y \leqslant z} f(x,y)\mathrm{d}x\mathrm{d}y$$

$$= 1 - \left(1 - \frac{z}{2}\right)^2 = z - \frac{z^2}{4}.$$

因此

$$f_Z(z) = F_Z'(z) = \begin{cases} 1 - \dfrac{z}{2}, & 0 < z < 2, \\ 0, & \text{其他.} \end{cases}$$

（3） $P\left\{Y \leqslant \dfrac{1}{2} \middle| X \leqslant \dfrac{1}{2}\right\} = \dfrac{P\left\{Y \leqslant \dfrac{1}{2}, X \leqslant \dfrac{1}{2}\right\}}{P\left\{X \leqslant \dfrac{1}{2}\right\}} = \dfrac{\int_0^{\frac{1}{2}} \mathrm{d}y \int_{\frac{y}{2}}^{\frac{1}{2}} \mathrm{d}x}{\int_0^{\frac{1}{2}} 2x\mathrm{d}x} = \dfrac{\dfrac{3}{16}}{\dfrac{1}{4}} = \dfrac{3}{4}.$

例4（2006年，数学一、数学三） 设随机变量 X 和 Y 相互独立，且都服从区间$[0,3]$上的均匀分布，则 $P\{\max(X,Y) \leqslant 1\} =$ _____.

解 由两个随机变量的独立性和均匀分布的性质有

$$P\{\max(X,Y) \leqslant 1\} = P\{X \leqslant 1, Y \leqslant 1\} = P\{X \leqslant 1\}P\{Y \leqslant 1\}$$

$$= \frac{1}{3} \times \frac{1}{3} = \frac{1}{9}.$$

例5（2006年，数学一） 设随机变量 X 的概率密度函数为

$$f_X(x) = \begin{cases} \dfrac{1}{2}, & -1 < x < 0, \\ \dfrac{1}{4}, & 0 \leqslant x < 2, \\ 0, & \text{其他,} \end{cases}$$

令 $Y = X^2$，$F(x,y)$ 为二维随机变量 (X,Y) 的分布函数，求：

（1） Y 的概率密度函数 $f_Y(y)$；

（2） $F\left(-\dfrac{1}{2}, 4\right)$.

解 （1）设 Y 的分布函数为 $F_Y(y)$，则

$$F_Y(y) = P\{Y \leqslant y\} = P\{X^2 \leqslant y\}.$$

当 $y \leqslant 0$ 时，$F_Y(y) = 0$；

当 $y \geqslant 4$ 时，$F_Y(y) = 1$；

当 $0 < y < 1$ 时

$$F_Y(y) = P\{-\sqrt{y} \leqslant X \leqslant \sqrt{y}\}$$

$$= P\{-\sqrt{y} \leqslant X < 0\} + P\{0 \leqslant X \leqslant \sqrt{y}\}$$

$$= \frac{1}{2}\sqrt{y} + \frac{1}{4}\sqrt{y} = \frac{3}{4}\sqrt{y};$$

当 $1 \leqslant y < 4$ 时

$$F_Y(y) = P\left\{-\sqrt{y} \leqslant X \leqslant \sqrt{y}\right\}$$
$$= P\left\{-\sqrt{y} \leqslant X < 0\right\} + P\left\{0 \leqslant X \leqslant \sqrt{y}\right\}$$
$$= \frac{1}{2} + \frac{1}{4}\sqrt{y}.$$

因此，Y 的概率密度函数为

$$f_Y(y) = F_Y'(y) = \begin{cases} \dfrac{3}{8\sqrt{y}}, & 0 < y < 1, \\[2mm] \dfrac{1}{8\sqrt{y}}, & 1 \leqslant y < 4, \\[2mm] 0, & \text{其他.} \end{cases}$$

（2）
$$F\left(-\frac{1}{2}, 4\right) = P\left\{X \leqslant -\frac{1}{2}, Y \leqslant 4\right\} = P\left\{X \leqslant -\frac{1}{2}, X^2 \leqslant 4\right\}$$
$$= P\left\{X \leqslant -\frac{1}{2}, -2 \leqslant X \leqslant 2\right\} = P\left\{-2 \leqslant X \leqslant -\frac{1}{2}\right\}$$
$$= P\left\{-1 \leqslant X \leqslant -\frac{1}{2}\right\} = \frac{1}{4}.$$

例 6（2007 年，数学一、数学三）　设随机变量 (X, Y) 服从二维正态分布，且 X 与 Y 不相关，$f_X(x)$，$f_Y(y)$ 分别表示 X，Y 的概率密度函数，则在 $Y = y$ 的条件下，X 的条件概率密度函数 $f_{X|Y}(x \mid y)$ 为_____.

（A）$f_X(x)$ 　　　　　　　　　　（B）$f_Y(y)$

（C）$f_X(x)f_Y(y)$ 　　　　　　　　（D）$\dfrac{f_X(x)}{f_Y(y)}$

解　根据二维正态分布中，X 与 Y 相互独立和 X 与 Y 不相关等价知，X 与 Y 相互独立，又根据相互独立的性质有 $f_{X|Y}(x \mid y) = f_X(x)$，故答案选（A）.

例 7（2008 年，数学一、数学三）　设随机变量 X，Y 独立同分布，且 X 的分布函数为 $F(x)$，则 $Z = \max(X, Y)$ 的分布函数为_____.

（A）$F^2(x)$ 　　　　　　　　　　（B）$F(x)F(y)$

（C）$1 - [1 - F(x)]^2$ 　　　　　　　（D）$[1 - F(x)][1 - F(y)]$

解　由于
$$F_Z(x) = P\{Z \leqslant x\} = P\{\max(X, Y) \leqslant x\} = P\{X \leqslant x, Y \leqslant x\}$$
$$= P\{X \leqslant x\}P\{Y \leqslant x\} = F(x)F(x) = F^2(x),$$

所以答案选（A）.

例 8（2008 年，数学一、数学三）　设随机变量 X 与 Y 相互独立，X 的分布律为 $P\{X = i\} = \dfrac{1}{3}(i = -1, 0, 1)$，$Y$ 的概率密度函数为 $f_Y(y) = \begin{cases} 1, & 0 \leqslant y < 1, \\ 0, & \text{其他,} \end{cases}$ 记 $Z = X + Y$，求：

（1）$P\left\{Z \leqslant \dfrac{1}{2} \mid X = 0\right\}$；

（2）Z 的概率密度函数 $f_Z(z)$.

解　（1）$P\left\{Z \leqslant \dfrac{1}{2}\,\middle|\,X=0\right\} = P\left\{X+Y \leqslant \dfrac{1}{2}\,\middle|\,X=0\right\}$

$$= P\left\{Y \leqslant \frac{1}{2}\,\middle|\,X=0\right\} = P\left\{Y \leqslant \frac{1}{2}\right\} = \frac{1}{2}.$$

（2）先求 Z 的分布函数.

$$
\begin{aligned}
F_Z(z) &= P\{Z \leqslant z\} = P\{X+Y \leqslant z\} \\
&= P\{X+Y \leqslant z, X=-1\} + P\{X+Y \leqslant z, X=0\} + P\{X+Y \leqslant z, X=1\} \\
&= P\{Y \leqslant z+1, X=-1\} + P\{Y \leqslant z, X=0\} + P\{Y \leqslant z-1, X=1\} \\
&= P\{Y \leqslant z+1\}P\{X=-1\} + P\{Y \leqslant z\}P\{X=0\} + P\{Y \leqslant z-1\}P\{X=1\} \\
&= \frac{1}{3}\left(P\{Y \leqslant z+1\} + P\{Y \leqslant z\} + P\{Y \leqslant z-1\}\right) \\
&= \frac{1}{3}\left[F_Y(z+1) + F_Y(z) + F_Y(z-1)\right],
\end{aligned}
$$

故 Z 的概率密度函数为

$$
f_Z(z) = F_Z'(z) = \frac{1}{3}\left[f_Y(z+1) + f_Y(z) + f_Y(z-1)\right] = \begin{cases} \dfrac{1}{3}, & -1 < z < 2, \\ 0, & \text{其他.} \end{cases}
$$

例 9（2009 年，数学一、数学三）　设随机变量 X 与 Y 相互独立，且 X 服从标准正态分布 $N(0,1)$，Y 分布律为 $P\{Y=0\} = P\{Y=1\} = \dfrac{1}{2}$，记 $F_Z(z)$ 为随机变量 $Z=XY$ 的分布函数，则函数 $F_Z(z)$ 的间断点个数为_____.

（A）0　　　　　　　　　　　　　　　（B）1

（C）2　　　　　　　　　　　　　　　（D）3

解　因为

$$
\begin{aligned}
F_Z(z) &= P\{XY \leqslant z \mid Y=0\}P\{Y=0\} + P\{XY \leqslant z \mid Y=1\}P\{Y=1\} \\
&= \frac{1}{2}P\{0 \leqslant z \mid Y=0\} + \frac{1}{2}P\{X \leqslant z \mid Y=1\},
\end{aligned}
$$

又 X 与 Y 相互独立，有

$$
F_Z(z) = \frac{1}{2}P\{0 \leqslant z\} + \frac{1}{2}P\{X \leqslant z\}.
$$

当 $z \leqslant 0$ 时

$$
F_Z(z) = \frac{1}{2} \times 0 + \frac{1}{2}P\{X \leqslant z\} = \frac{1}{2}\Phi(z);
$$

当 $z > 0$ 时

$$
F_Z(z) = \frac{1}{2} \times 1 + \frac{1}{2}P\{X \leqslant z\} = \frac{1}{2} + \frac{1}{2}\Phi(z).
$$

$\Phi(z)$ 为标准正态分布的分布函数，且 $\Phi(0) = \dfrac{1}{2}$，于是有 $F_Z(0-0) = \dfrac{1}{4}$，$F_Z(0+0) = \dfrac{3}{4}$，所以 $F_Z(z)$ 在 $z=0$ 处有 1 个间断点，故答案选（B）.

例 10（2010 年，数学一、数学三）　设二维随机变量 (X,Y) 的概率密度函数为

$$f(x,y) = A\mathrm{e}^{-2x^2+2xy-y^2} \quad (-\infty < x < +\infty;\ -\infty < y < +\infty),$$

求常数 A 及条件概率密度函数.

解　二维正态分布的概率密度函数的一般形式为

$$f(x,y) = \frac{1}{2\pi\sigma_1\sigma_2\sqrt{1-\rho^2}} \mathrm{e}^{-\frac{1}{2(1-\rho^2)}\left[\frac{(x-\mu_1)^2}{\sigma_1^2}-2\rho\frac{(x-\mu_1)(y-\mu_2)}{\sigma_1\sigma_2}+\frac{(y-\mu_2)^2}{\sigma_2^2}\right]},$$

根据本题所给 $f(x,y) = A\mathrm{e}^{-2x^2+2xy-y^2}$ 可知 $\mu_1 = 0$，$\mu_2 = 0$，且

$$\begin{cases} \dfrac{1}{2(1-\rho^2)\sigma_1^2} = 2, \\[3mm] \dfrac{\rho}{(1-\rho^2)\sigma_1\sigma_2} = 2, \\[3mm] \dfrac{1}{2(1-\rho^2)\sigma_2^2} = 1, \end{cases}$$

解上式可得

$$\sigma_1 = \sqrt{\frac{1}{2}}, \qquad \sigma_2 = 1, \qquad \rho = \sqrt{\frac{1}{2}}, \qquad A = \frac{1}{2\pi\sigma_1\sigma_2\sqrt{1-\rho^2}} = \frac{1}{\pi}.$$

再根据二维正态分布的边缘概率密度函数为正态分布，有

$$f_X(x) = \frac{1}{\sqrt{2\pi}\sigma_1} \mathrm{e}^{-\frac{(x-\mu_1)^2}{2\sigma_1^2}} = \frac{1}{\sqrt{\pi}} \mathrm{e}^{-x^2} \quad (-\infty < x < +\infty),$$

故

$$f_{Y|X}(y \mid x) = \frac{f(x,y)}{f_X(x)} = \frac{\dfrac{1}{\pi}\mathrm{e}^{-2x^2+2xy-y^2}}{\dfrac{1}{\sqrt{\pi}}\mathrm{e}^{-x^2}} = \frac{1}{\sqrt{\pi}} \mathrm{e}^{-(x-y)^2} \quad (-\infty < y < +\infty).$$

本题还有一种做法，根据概率密度函数的二重积分等于 1 可求得常数 A，再按照求边缘概率密度函数和条件概率密度函数的计算公式去计算，那样可能计算比较复杂，请读者尝试去计算一下.

例 11（2012 年，数学一）　设随机变量 X 与 Y 相互独立，且分别服从参数为 1 与参数为 4 的指数分布，则 $P\{X < Y\} =$ _____.

（A）$\dfrac{1}{5}$　　　　（B）$\dfrac{1}{3}$　　　　（C）$\dfrac{2}{3}$　　　　（D）$\dfrac{4}{5}$

解　根据独立性及二维随机变量落在区域内概率的性质，有

$$P\{X<Y\} = \iint\limits_{x<y} f(x,y)\mathrm{d}x\mathrm{d}y = \int_0^{+\infty}\mathrm{d}y\int_0^y 4\mathrm{e}^{-x-4y}\mathrm{d}x$$

$$= \int_0^{+\infty} 4\mathrm{e}^{-4y}(1-\mathrm{e}^{-y})\mathrm{d}y = \frac{1}{5},$$

故答案选（A）.

例 12（2013 年，数学一）　设随机变量 X 的概率密度函数为

$$f_X(x) = \begin{cases} \dfrac{x^2}{9}, & 0 < x < 3, \\ 0, & \text{其他}, \end{cases}$$

另随机变量 $Y = \begin{cases} 2, & X \leqslant 1, \\ X, & 1 < X < 2, \\ 1, & X \geqslant 2. \end{cases}$ 求：

（1）Y 的分布函数；

（2）概率 $P\{X \leqslant Y\}$.

解　（1）当 $y < 1$ 时，$F_Y(y) = P\{Y \leqslant y\} = 0$；

当 $1 \leqslant y < 2$ 时

$$\begin{aligned} F_Y(y) &= P\{Y \leqslant y\} = P\{Y < 1\} + P\{Y = 1\} + P\{1 < Y \leqslant y\} \\ &= 0 + P\{X \geqslant 2\} + P\{1 < X \leqslant y\} \\ &= \int_2^3 \frac{x^2}{9}\mathrm{d}x + \int_1^y \frac{x^2}{9}\mathrm{d}x = \frac{y^3 + 18}{27}; \end{aligned}$$

当 $y \geqslant 2$ 时，$F_Y(y) = P\{Y \leqslant y\} = P\{Y \leqslant 2\} = 1$.

综上，Y 的分布函数为

$$F_Y(y) = \begin{cases} 0, & y < 1, \\ \dfrac{y^3 + 18}{27}, & 1 \leqslant y < 2, \\ 1, & y \geqslant 2. \end{cases}$$

（2）因为 $Y = \begin{cases} 2, & X \leqslant 1, \\ X, & 1 < X < 2, \\ 1, & X \geqslant 2, \end{cases}$ 所以

$$P\{X \leqslant Y\} = P\{X = Y\} + P\{X < Y\} = P\{1 < X < 2\} + P\{X \leqslant 1\}$$

$$= P\{X < 2\} = \int_0^2 \frac{x^2}{9}\mathrm{d}x = \frac{8}{27}.$$

例 13（2013 年，数学三）　设 (X, Y) 是二维随机变量，X 的边缘概率密度函数为

$$f_X(x) = \begin{cases} 3x^2, & 0 < x < 1, \\ 0, & \text{其他}. \end{cases}$$

在给定 $X = x(0 < x < 1)$ 的条件下，Y 的条件概率密度函数为

$$f_{Y|X}(y \mid x) = \begin{cases} \dfrac{3y^2}{x^3}, & 0 < y < x, \\ 0, & \text{其他}. \end{cases}$$

（1）求 (X, Y) 的概率密度函数 $f(x, y)$；

（2）求 Y 的边缘概率密度函数 $f_Y(y)$；

（3）求 $P\{X > 2Y\}$.

解　（1）由条件分布公式有 $f(x, y) = f_{Y|X}(y \mid x) f_X(x)$，所以当 $0 < x < 1$，$0 < y < x$ 时，有

$$f(x,y) = 3x^2 \cdot \frac{3y^2}{x^3} = \frac{9y^2}{x}，\text{ 并且有}$$

$$\iint\limits_{0<x<1,0<y<x} \frac{9y^2}{x} \mathrm{d}x\mathrm{d}y = \int_0^1 \mathrm{d}x \int_0^x \frac{9y^2}{x} \mathrm{d}y = 1，$$

故 (X,Y) 的概率密度函数为 $f(x,y) = \begin{cases} \dfrac{9y^2}{x}, & 0<y<x<1, \\ 0, & \text{其他.} \end{cases}$

（2）Y 的边缘概率密度函数为

$$f_Y(y) = \int_{-\infty}^{+\infty} f(x,y)\mathrm{d}y$$

$$= \begin{cases} \displaystyle\int_y^1 \frac{9y^2}{x} \mathrm{d}x = -9y^2 \ln y, & 0<y<1, \\ 0, & \text{其他.} \end{cases}$$

（3）$P\{X>2Y\} = \displaystyle\int_0^1 \mathrm{d}x \int_0^{\frac{x}{2}} \frac{9y^2}{x} \mathrm{d}y = \int_0^1 \frac{3x^2}{8} \mathrm{d}x = \frac{1}{8}$.

例 14（2015 年，数学一、数学三）　设二维随机变量 (X,Y) 服从正态分布 $N(1,0,1,1,0)$，则 $P\{XY - Y < 0\} = $ _____.

解　因为 $(X,Y) \sim N(1,0,1,1,0)$，所以 X，Y 相互独立且 $X \sim N(1,1)$，$Y \sim N(0,1)$，同时 $X - 1 \sim N(0,1)$ 且与 Y 相互独立.

$$P\{XY - Y < 0\} = P\{(X-1)Y < 0\}$$

$$= P\{X-1<0, Y>0\} + P\{X-1>0, Y<0\}$$

$$= P\{X-1<0\}P\{Y>0\} + P\{X-1>0\}P\{Y<0\}$$

$$= \frac{1}{2} \times \frac{1}{2} + \frac{1}{2} \times \frac{1}{2} = \frac{1}{2}.$$

例 15（2016 年，数学一、数学三）　设二维随机变量 (X,Y) 在区域 $D = \left\{ (x,y) \big| 0<x<1, x^2<y<\sqrt{x} \right\}$ 上服从均匀分布，令 $U = \begin{cases} 1, & X \leqslant Y, \\ 0, & X > Y. \end{cases}$

（1）写出 (X,Y) 的概率密度函数；

（2）请问 U 与 X 是否相互独立？并说明理由；

（3）求 $Z = U + X$ 的分布函数 $F(z)$.

解　（1）因为区域 D 的面积为

$$S_D = \int_0^1 \mathrm{d}x \int_{x^2}^{\sqrt{x}} \mathrm{d}y = \int_0^1 (\sqrt{x} - x^2)\mathrm{d}x = \frac{1}{3},$$

所以 (X,Y) 的概率密度函数为

$$f(x,y) = \begin{cases} 3, & 0<x<1, x^2<y<\sqrt{x}, \\ 0, & \text{其他.} \end{cases}$$

（2）当 $0<t<1$ 时

$$P\{U=0, X\leqslant t\}=P\{X>Y, X\leqslant t\}=P\{Y<X\leqslant t\}$$

$$=\int_0^t dx\int_{x^2}^x 3dy=\frac{3}{2}t^2-t^3,$$

$$P\{U=0\}=P\{X>Y\}=\int_0^1 dx\int_{x^2}^x 3dy=\frac{1}{2},$$

$$P\{X\leqslant t\}=\int_0^t dx\int_{x^2}^{\sqrt{x}} 3dy=2t^{\frac{3}{2}}-t^3,$$

即有 $P\{U=0, X\leqslant t\}\neq P\{U=0\}P\{X\leqslant t\}$，所以 U 与 X 不相互独立.

（3） $Z=U+X$ 的分布函数为

$$\begin{aligned}
F(z)&=P\{Z\leqslant z\}=P\{U+X\leqslant z\}\\
&=P\{U=0, U+X\leqslant z\}+P\{U=1, U+X\leqslant z\}\\
&=P\{X>Y, X\leqslant z\}+P\{X\leqslant Y, X\leqslant z-1\}\\
&=\iint\limits_{\substack{x>y\\x\leqslant z}} f(x,y)dxdy+\iint\limits_{\substack{x\leqslant y\\x\leqslant z-1}} f(x,y)dxdy.
\end{aligned}$$

当 $z<0$ 时， $F(z)=0$ ；

当 $0\leqslant z<1$ 时

$$F(z)=\iint\limits_{\substack{x>y\\x\leqslant z}} f(x,y)dxdy+0=\int_0^z dx\int_{x^2}^x 3dy=\frac{3}{2}z^2-z^3;$$

当 $1\leqslant z<2$ 时

$$\begin{aligned}
F(z)&=\iint\limits_{\substack{x>y\\x\leqslant z}} f(x,y)dxdy+\iint\limits_{\substack{x\leqslant y\\x\leqslant z-1}} f(x,y)dxdy\\
&=\int_0^1 dx\int_{x^2}^x 3dy+\int_0^{z-1} dx\int_x^{\sqrt{x}} 3dy\\
&=\frac{1}{2}+2(z-1)^{\frac{3}{2}}-\frac{3}{2}(z-1)^2;
\end{aligned}$$

当 $z\geqslant 2$ 时， $F(z)=1$.

综上

$$F(z)=\begin{cases}
0, & z<0,\\
\dfrac{3}{2}z^2-z^3, & 0\leqslant z<1,\\
\dfrac{1}{2}+2(z-1)^{\frac{3}{2}}-\dfrac{3}{2}(z-1)^2, & 1\leqslant z<2,\\
1, & z\geqslant 2.
\end{cases}$$

例 16（2019 年，数学一、数学三）　设随机变量 X 与 Y 相互独立，且都服从正态分布 $N(\mu,\sigma^2)$，则 $P\{|X-Y|<1\}$ _____.

（A）与 μ 无关，而与 σ^2 有关　　　　（B）与 μ 有关，而与 σ^2 无关

（C）与 μ ， σ^2 都有关　　　　　　　（D）与 μ ， σ^2 都无关

解　由已知条件知 $X-Y \sim N(0,2\sigma^2)$，于是 $P\{|X-Y|<1\} = 2\varPhi\left(\dfrac{1}{\sqrt{2}\sigma}\right) - 1$，即与 μ 无关，而与 σ^2 有关，故选（A）.

例 17（2019 年，数学一、数学三）　设随机变量 X 与 Y 独立，X 服从参数为 1 的指数分布，Y 的分布律为 $P\{Y=-1\}=p, P\{Y=1\}=1-p(0<p<1)$，令 $Z=XY$.

（1）求 Z 的概率密度函数；

（2）问 p 为何值时，X 与 Z 不相关？

（3）X 与 Z 是否相互独立？

解　（1）随机变量 X 的分布函数为

$$F_X(x) = \begin{cases} 1-\mathrm{e}^{-x}, & x>0, \\ 0, & x \leqslant 0. \end{cases}$$

$$\begin{aligned} F_Z(z) = P\{Z \leqslant z\} &= P\{XY \leqslant z\} \\ &= P\{X \leqslant z, Y=1\} + P\{X \geqslant -z, Y=-1\} \\ &= (1-p)F_X(z) + p[1-F_X(-z)]. \end{aligned}$$

当 $z \leqslant 0$ 时，$F_Z(z) = p[1-F_X(-z)] = p\mathrm{e}^z$；

当 $z>0$ 时，$F_Z(z) = (1-p)F_X(z) + p[1-F_X(-z)] = (1-p)(1-\mathrm{e}^{-z}) + p$.

综上

$$F_Z(z) = F_Z'(z) = \begin{cases} (1-p)\mathrm{e}^{-z}, & z>0, \\ p\mathrm{e}^z, & z \leqslant 0. \end{cases}$$

（2）$E(X)=1$，$E(Y)=1 \cdot (1-p) + (-1) \cdot p = 1-2p$，$E(Z) = E(XY) = E(X) \cdot E(Y) = 1-2p$，$E(XZ) = E(X^2Y) = E(X^2) \cdot E(Y) = 2(1-2p)$，当 $E(XZ) = E(X) \cdot E(Z)$ 时，X 与 Z 不相关，即 $1-2p = 2(1-2p)$，故 $p = \dfrac{1}{2}$.

（3）因为 $P\{X \leqslant 1\} = 1-\mathrm{e}^{-1}$，$P\{Z \leqslant -1\} = p\mathrm{e}^{-1}$，而

$$P\{X \leqslant 1, Z \leqslant -1\} = P\{X \leqslant 1, XY \leqslant -1\} = 0,$$

则

$$P\{X \leqslant 1, Z \leqslant -1\} \neq P\{X \leqslant 1\} \cdot P\{Z \leqslant -1\},$$

故 X 与 Z 不独立.

例 18（2019 年，数学一）　设随机变量 X_1, X_2, X_3 相互独立，其中 X_1 和 X_2 均服从标准正态分布，X_3 的分布律为

$$P\{X_3=0\} = P\{X_3=1\} = \frac{1}{2},$$

且

$$Y = X_3 X_1 + (1-X_3) X_2.$$

（1）求二维随机变量 (X_1, Y) 的分布函数，结果用标准正态分布函数 $\varPhi(x)$ 表示；

（2）证明随机变量 Y 服从标准正态分布.

解　（1）(X_1, Y) 的分布函数为

$$F(x, y) = P\{X_1 \leqslant x, Y \leqslant y\}$$

$$= P\{X_3 = 0, X_1 \leqslant x, Y \leqslant y\} + P\{X_3 = 1, X_1 \leqslant x, Y \leqslant y\}$$

$$= P\{X_3 = 0, X_1 \leqslant x, X_2 \leqslant y\} + P\{X_3 = 1, X_1 \leqslant x, X_1 \leqslant y\}$$

$$= \frac{1}{2} P\{X_1 \leqslant x, X_2 \leqslant y\} + \frac{1}{2} P\{X_1 \leqslant x, X_1 \leqslant y\}$$

$$= \frac{1}{2} P\{X_1 \leqslant x\} P\{X_2 \leqslant y\} + \frac{1}{2} P\{X_1 \leqslant x, X_1 \leqslant y\}.$$

当 $x \leqslant y$ 时

$$F(x, y) = \frac{1}{2} P\{X_1 \leqslant x\} P\{X_2 \leqslant y\} + \frac{1}{2} P\{X_1 \leqslant x\}$$

$$= \frac{1}{2} \Phi(x) \Phi(y) + \frac{1}{2} \Phi(x);$$

当 $x > y$ 时

$$F(x, y) = \frac{1}{2} P\{X_1 \leqslant x\} P\{X_2 \leqslant y\} + \frac{1}{2} P\{X_1 \leqslant y\}$$

$$= \frac{1}{2} \Phi(x) \Phi(y) + \frac{1}{2} \Phi(y).$$

综上，(X_1, Y) 的分布函数为

$$F(x, y) = \begin{cases} \dfrac{1}{2} \Phi(x) \Phi(y) + \dfrac{1}{2} \Phi(x), & x \leqslant y, \\[2mm] \dfrac{1}{2} \Phi(x) \Phi(y) + \dfrac{1}{2} \Phi(y), & x > y. \end{cases}$$

证　（2）Y 的分布函数为

$$F_Y(y) = P\{Y \leqslant y\} = P\{X_3 = 0, X_2 \leqslant y\} + P\{X_3 = 1, X_1 \leqslant y\}$$

$$= \frac{1}{2} \Phi(y) + \frac{1}{2} \Phi(y) = \Phi(y),$$

故随机变量 Y 服从标准正态分布.

本 章 小 结

将一维随机变量的概念加以扩充，就得到多维随机变量. 本章着重讨论了二维随机变量. 与一维随机变量一样，定义二维随机变量 (X, Y) 的分布函数为

$$F(x, y) = P\{X \leqslant x, Y \leqslant y\} \quad (-\infty < x < +\infty;\ -\infty < y < +\infty).$$

对于离散型随机变量 (X, Y)，定义了分布律：

$$P\{X = x_i, Y = y_j\} = p_{ij} \quad \left(i, j = 1, 2, \cdots;\ p_{ij} \geqslant 0, \sum_{i=1}^{\infty} \sum_{j=1}^{\infty} p_{ij} = 1 \right).$$

对于连续型随机变量 (X, Y)，定义了概率密度函数 $f(x, y)(f(x, y) \geqslant 0)$：

$$F(x, y) = \int_{-\infty}^{y} \int_{-\infty}^{x} f(u, v) \mathrm{d}u \mathrm{d}v \quad (\text{对于任意 } x, y).$$

二维随机变量的分布律和概率密度函数的性质与一维随机变量类似. 特别地，二维连续型

随机变量落在某平面区域内的概率计算公式其实是一维随机变量落在某区间内概率的扩充.

在研究二维随机变量 (X,Y) 时,除了讨论上述与一维随机变量类似的内容外,还要讨论以下新的内容:边缘分布、条件分布、随机变量的独立性等.

注意,对于 (X,Y) 而言,由 (X,Y) 的分布可以确定关于 X , Y 的边缘分布.反之,由关于 X , Y 的边缘分布一般不能确定 (X,Y) 的分布,只有当 X , Y 相互独立时,由边缘分布才能确定 (X,Y) 的分布.

随机变量的独立性是随机事件独立性的扩充.人们也常利用问题的实际意义去判断两个随机变量的独立性.

本章还讨论了随机变量函数的分布的求法,重点讨论 $Z=X+Y$, $M=\max\{X,Y\}$, $N=\min\{X,Y\}$ 的计算.

本章在进行各种问题的计算时,要用到二重积分,或者用到二元函数固定其中一个变量对另一个变量的积分.此时一定要搞清楚积分变量的变化范围.在做题时,画出积分区域的图形是相当有必要的,往往题目做错都是由于积分时,上下限的选择弄错了.另外,边缘概率密度函数、条件概率密度函数、随机变量函数的概率密度函数等,往往都是分段函数,所以要求正确写出分段函数的表达式.

重要术语及主题

二维随机变量 (X,Y) (X,Y) 的分布函数　　离散型随机变量 (X,Y) 的分布律

连续型随机变量 (X,Y) 的概率密度函数　　离散型随机变量 (X,Y) 的边缘分布律

连续型随机变量 (X,Y) 的边缘概率密度函数　条件分布律　条件概率密度函数

两个随机变量 X , Y 的独立性

随机变量的函数 $Z=X+Y$, $M=\max\{X,Y\}$, $N=\min\{X,Y\}$ 的概率密度函数

总 习 题 三

1.(1)将一硬币抛三次,用 X 表示在三次中出现正面的次数,用 Y 表示三次中出现正面次数与出现反面次数之差的绝对值,试写出 X 和 Y 的联合分布律;

(2)盒子里装有 3 只黑球,2 只红球,2 只白球,在其中任取 4 只球,用 X 表示取到黑球的只数,用 Y 表示取到红球的只数,求 X 和 Y 的联合分布律.

2. 设随机变量 (X,Y) 的概率密度函数为

$$f(x,y)=\begin{cases}k(6-x-y), & 0<x<2,2<y<4,\\0, & 其他.\end{cases}$$

(1)确定常数 k ;

(2)求 $P\{X<1,Y<3\}$;

(3)$P\{X<1.5\}$;

(4)$P\{X+Y\leqslant 4\}$.

3. 设随机变量 (X,Y) 的概率密度函数为

$$f(x,y)=\begin{cases}Ae^{-(3x+2y)}, & x>0,y>0,\\0, & 其他,\end{cases}$$

求常数 A 及 (X,Y) 的分布函数,并判断 X 与 Y 是否独立.

4. 设随机变量 (X,Y) 的概率密度函数为

$$f(x,y)=\begin{cases}4.8y(2-x), & 0\leqslant x\leqslant 1,0\leqslant y\leqslant x,\\0, & 其他,\end{cases}$$

求边缘概率密度函数.

5. 将某一医药公司 8 月和 9 月收到的青霉素针剂的订单数分别记为 X 与 Y，据以往积累的资料知 (X,Y) 的分布律为

Y \ X	51	52	53	54	55
51	0.06	0.05	0.05	0.01	0.01
52	0.07	0.05	0.01	0.01	0.01
53	0.05	0.10	0.10	0.05	0.05
54	0.05	0.02	0.01	0.01	0.03
55	0.05	0.06	0.05	0.01	0.03

（1）求边缘分布律；

（2）求 8 月的订单数为 51 时，9 月订单数的条件分布律.

6. 设 X,Y 相互独立，其概率密度函数分别为

$$f_X(x)=\begin{cases}\alpha e^{-\alpha x}, & x>0,\\0, & 其他,\end{cases}\qquad f_Y(y)=\begin{cases}\beta e^{-\beta y}, & y>0,\\0, & 其他,\end{cases}$$

求 $P\{X<Y\}$.

7. 设随机变量 (X,Y) 的概率密度函数为

$$f(x,y)=\begin{cases}1, & 0\leqslant x\leqslant 2,\max\{0,x-1\}\leqslant y\leqslant\min\{1,x\},\\0, & 其他.\end{cases}$$

求：（1）边缘概率密度函数；

（2）条件概率密度函数.

8. 设随机变量 (X,Y) 的概率密度函数为

$$f(x,y)=\begin{cases}\dfrac{1}{2x^2 y}, & 1\leqslant x<+\infty,\dfrac{1}{x}\leqslant y\leqslant x,\\0, & 其他.\end{cases}$$

（1）求边缘概率密度函数；

（2）求条件概率密度函数；

（3）判断 X 与 Y 是否相互独立.

9. 设 X 和 Y 是两个相互独立的随机变量，X 在（0，0.2）上服从均匀分布，Y 的概率密度函数为

$$f_Y(y)=\begin{cases}5e^{-5y}, & y>0,\\0, & 其他.\end{cases}$$

求：（1）X 与 Y 的联合概率密度函数；（2）$P\{Y\leqslant X\}$.

10. 设 X 与 Y 相互独立，它们的分布律为

$$P\{X=k\}=P\{Y=k\}=\frac{1}{2^k}\quad(k=1,2,\cdots),$$

试求 $X+Y$ 的分布律.

11. 设 X 和 Y 是两个相互独立的随机变量，X 在（0，1）上服从均匀分布，Y 的概率密度函数为

$$f_Y(y) = \begin{cases} \dfrac{1}{2} \mathrm{e}^{-\frac{y}{2}}, & y > 0, \\ 0, & \text{其他.} \end{cases}$$

（1）求 X 和 Y 的联合概率密度函数；

（2）设含有 a 的二次方程为 $a^2 + 2Xa + Y = 0$，试求 a 有实根的概率.

12. 设 X 和 Y 是两个相互独立的随机变量，它们的概率密度函数均为

$$f(x) = \begin{cases} x\mathrm{e}^{-x}, & x > 0, \\ 0, & \text{其他,} \end{cases}$$

求 $Z = X + Y$ 的概率密度函数.

13. 设 X 和 Y 分别表示两个不同电子器件的寿命（以 h 计），并设 X 和 Y 相互独立，且服从同一分布，其概率密度函数为

$$f(x) = \begin{cases} \dfrac{1000}{x^2}, & x > 1000, \\ 0, & \text{其他,} \end{cases}$$

求 $Z = \dfrac{X}{Y}$ 的概率密度函数.

14. 设随机变量 X，Y 相互独立，若 X 与 Y 分别服从区间 $(0,1)$ 与 $(0,2)$ 上的均匀分布，求 $U = \max\{X,Y\}$ 与 $V = \min\{X,Y\}$ 的概率密度函数.

15. 设 X,Y 是相互独立的随机变量，$X \sim \pi(\lambda_1)$，$Y \sim \pi(\lambda_2)$，证明：

$$Z = X + Y \sim \pi(\lambda_1 + \lambda_2).$$

16. 设 X,Y 是相互独立的随机变量，$X \sim b(n_1, p)$，$Y \sim b(n_2, p)$，证明：

$$Z = X + Y \sim b(n_1 + n_2, p).$$

17. 设 X,Y 相互独立，其概率密度函数分别为

$$f_X(x) = \begin{cases} 1, & 0 \leqslant x \leqslant 1, \\ 0, & \text{其他,} \end{cases} \qquad f_Y(y) = \begin{cases} \mathrm{e}^{-y}, & y > 0, \\ 0, & \text{其他,} \end{cases}$$

求 $Z = X - Y$ 的概率密度函数.

18. 设随机变量 (X,Y) 的分布律为

Y＼X	0	1	2	3	4	5
0	0.00	0.01	0.03	0.05	0.07	0.09
1	0.01	0.02	0.04	0.05	0.06	0.08
2	0.01	0.03	0.05	0.05	0.05	0.06
3	0.01	0.02	0.04	0.06	0.06	0.05

求：（1）$P\{X = 2 | Y = 2\}$，$P\{Y = 3 | X = 0\}$；

（2）$U = \max\{X,Y\}$ 的分布律；

（3）$V = \min\{X,Y\}$ 的分布律；

（4）$W = X + Y$ 的分布律.

第四章 随机变量的数字特征

前面讨论了随机变量的分布函数、分布律和概率密度函数，它们都能完整地描述随机变量的统计特性. 但在某些实际问题中，往往不需要去全面考察随机变量的变化情况，而只是关注随机变量的某些特征. 例如，考察一个班级学生的学习成绩时，关心的是班级的平均成绩及其分散程度. 一支篮球队上场比赛的运动员的身高是一个随机变量，人们常常关心的是上场运动员的平均身高. 这种由随机变量的分布所确定的，能刻划随机变量某一方面的特征的常数统称为数字特征. 本章将介绍随机变量的常用数字特征：数学期望、方差、相关系数和矩.

第一节 数 学 期 望

一、数学期望的定义

先看一个例子.

要评判一个射手的射击水平，需要知道射手平均命中的环数. 设射手在同样条件下进行射击，命中的环数 X 是一随机变量，其分布律为

X	0	5	6	7	8	9	10
p_k	0.1	0.1	0.1	0.3	0.2	0.1	0.1

由 X 的分布律可知，若射手共射击 N 次，根据频率的稳定性，在 N 次射击中，大约有 $0.1 \times N$ 次命中 10 环，$0.1 \times N$ 次命中 9 环，$0.2 \times N$ 次命中 8 环，$0.3 \times N$ 次命中 7 环，$0.1 \times N$ 次命中 6 环，$0.1 \times N$ 次命中 5 环，$0.1 \times N$ 次脱靶. 于是，在 N 次射击中，射手命中的环数之和约为

$$10 \times 0.1 \times N + 9 \times 0.1 \times N + 8 \times 0.2 \times N + 7 \times 0.3 \times N + 6 \times 0.1 \times N + 5 \times 0.1 \times N + 0 \times 0.1 \times N$$

平均每次命中的环数为

$$\frac{1}{N}(10 \times 0.1 \times N + 9 \times 0.1 \times N + 8 \times 0.2 \times N + 7 \times 0.3 \times N + 6 \times 0.1 \times N + 5 \times 0.1 \times N + 0 \times 0.1 \times N)$$
$$= 10 \times 0.1 + 9 \times 0.1 + 8 \times 0.2 + 7 \times 0.3 + 6 \times 0.1 + 5 \times 0.1 + 0 \times 0.1 = 6.7 (\text{环})$$

受上面问题的启发，引入如下定义.

定义 4-1 设离散型随机变量 X 的分布律为

$$P\{X = x_k\} = p_k \quad (k = 1, 2, \cdots),$$

若级数 $\sum_{k=1}^{\infty} x_k p_k$ 绝对收敛，则称级数 $\sum_{k=1}^{\infty} x_k p_k$ 的和为随机变量 X 的数学期望（数学期望简称为期望），记为 $E(X)$ 或 EX ，即

$$E(X) = \sum_{k=1}^{\infty} x_k p_k. \tag{4-1}$$

为简单地解释期望的意义，暂设随机变量 X 仅取有限个值 $x_1, x_2, \cdots, x_n$. 先考虑特殊情形，

即

$$P\{X = x_k\} = \frac{1}{n} \quad (k = 1, 2, \cdots, n, \cdots)$$

这时，

$$E(X) = \frac{1}{n} \sum_{k=1}^{n} x_k .$$

视频：分赌资问题

这表明，在这种特殊情形下，期望 $E(X)$ 即通常意义下的算术平均值.

一般地，有

$$E(X) = \sum_{k=1}^{n} x_k P\{X = x_k\}, \tag{4-1}'$$

也把它看作某种更广泛意义下的平均值. 把它与算术平均值相对照，在算术平均值中，每一个 x_k 都乘以相同的权数 $\frac{1}{n}$. 但式（4-1）′中，每个 x_k 乘的权数则是随机变量取此值时的概率 $P\{X = x_k\}$. 于是，概率值 $P\{X = x_k\}$ 越大，相应的 x_k 对平均值的"贡献"越大，从这一意义上说，把这样的平均称作加权平均或概率平均. 显而易见，算术平均是概率平均的特例，鉴于上述解释，通常也把期望 $E(X)$ 称为随机变量 X 的均值.

定义 4-2　设连续型随机变量 X 的概率密度函数为 $f(x)$，若积分

$$\int_{-\infty}^{+\infty} xf(x)\mathrm{d}x$$

绝对收敛，则称积分 $\int_{-\infty}^{+\infty} xf(x)\mathrm{d}x$ 的值为随机变量 X 的数学期望，记为 $E(X)$，即

$$E(X) = \int_{-\infty}^{+\infty} xf(x)\mathrm{d}x . \tag{4-2}$$

例 4-1　某国际旅行团规定每位旅客必须参加意外保险，保险赔付额是每位旅客 10 000 美元，假如每次旅游发生事故的概率为 0.005，则平均的保费应是多少？

解　设 X 为保险公司付给旅客的赔付金，则 X 的分布律为

X	0	10 000
p_k	0.995	0.005

因此

$$E(X) = 0 \times 0.995 + 10\,000 \times 0.005 = 50 \text{（美元）},$$

即保险公司预期给每位旅客的赔付金是 50 美元. 如不考虑别的因素，从长期或大量地来看，保险公司收取每人 50 美元的保费正好是不赚不赔（当然这在实际中是不可行的）.

例 4-2　某种电子元件的使用寿命 X 是随机变量，其概率密度函数为

$$f(x) = \begin{cases} \dfrac{1}{1\,000} \mathrm{e}^{-\frac{x}{1\,000}}, & x > 0, \\ 0, & x \leq 0. \end{cases}$$

若规定使用寿命在 500 h 以下为废品，产值为 0 元；使用寿命在 500～1 000 h 为次品，产值为 10 元；使用寿命在 1 000～1 500 h 为二等品，产值为 30 元；使用寿命在 1 500 h 以上为一等品，产值为 40 元，求该种产品的平均产值.

解　设该种产品的产值为 Y 元，Y 可取的值为 0, 10, 30, 40，且

$$P\{Y=0\}=P\{X<500\}=\int_{0}^{500}\frac{1}{1\,000}\,\mathrm{e}^{-\frac{x}{1\,000}}\mathrm{d}x=1-\mathrm{e}^{-0.5},$$

$$P\{Y=10\}=P\{500\leqslant X<1\,000\}=\int_{500}^{1\,000}\frac{1}{1\,000}\,\mathrm{e}^{-\frac{x}{1\,000}}\mathrm{d}x=\mathrm{e}^{-0.5}-\mathrm{e}^{-1}.$$

类似地，$P\{Y=30\}=\mathrm{e}^{-1}-\mathrm{e}^{-1.5}$，$P\{Y=40\}=\mathrm{e}^{-1.5}$.

综上，Y 的分布律为

Y	0	10	30	40
p_k	$1-\mathrm{e}^{-0.5}$	$\mathrm{e}^{-0.5}-\mathrm{e}^{-1}$	$\mathrm{e}^{-1}-\mathrm{e}^{-1.5}$	$\mathrm{e}^{-1.5}$

因此

$$E(Y)=10(\mathrm{e}^{-0.5}-\mathrm{e}^{-1})+30(\mathrm{e}^{-1}-\mathrm{e}^{-1.5})+40\mathrm{e}^{-1.5}=15.65\ （元）.$$

例 4-3 有 5 个相互独立工作的电子装置，它们的寿命 $X_k(k=1,2,3,4,5)$ 服从同一指数分布，其概率密度函数为

$$f(x)=\begin{cases}\dfrac{1}{\theta}\,\mathrm{e}^{-\frac{x}{\theta}}, & x>0, \\ 0, & x\leqslant 0,\end{cases}\qquad(\theta>0).$$

视频：相关图

（1）若将这 5 个电子装置串联工作组成整机，求整机寿命 N 的数学期望；

（2）若将这 5 个电子装置并联工作组成整机，求整机寿命 M 的数学期望.

解 $X_k(k=1,2,3,4,5)$ 的分布函数为

$$F(x)=\begin{cases}1-\mathrm{e}^{-\frac{x}{\theta}}, & x>0, \\ 0, & x\leqslant 0.\end{cases}$$

（1）由式（3-32）可知 $N=\min\{X_1,X_2,X_3,X_4,X_5\}$ 的分布函数为

$$F_N(x)=1-\left[1-F(x)\right]^5=\begin{cases}1-\mathrm{e}^{-\frac{5x}{\theta}}, & x>0, \\ 0, & x\leqslant 0.\end{cases}$$

因此，N 的概率密度函数为

$$f_N(x)=\begin{cases}\dfrac{5}{\theta}\,\mathrm{e}^{-\frac{5x}{\theta}}, & x>0, \\ 0, & x\leqslant 0,\end{cases}$$

于是 N 的数学期望为

$$E(N)=\int_{-\infty}^{+\infty}xf_N(x)\mathrm{d}x=\int_{0}^{+\infty}\frac{5x}{\theta}\,\mathrm{e}^{-\frac{5x}{\theta}}\mathrm{d}x=\frac{\theta}{5}.$$

（2）由式（3-31）可知 $M=\max\{X_1,X_2,X_3,X_4,X_5\}$ 的分布函数为

$$F_M(x)=\left[F(x)\right]^5=\begin{cases}\left(1-\mathrm{e}^{-\frac{x}{\theta}}\right)^5, & x>0, \\ 0, & x\leqslant 0.\end{cases}$$

因此，M 的概率密度函数为

$$f_M(x) = \begin{cases} \dfrac{5}{\theta}\left(1-\mathrm{e}^{-\frac{x}{\theta}}\right)^4 \mathrm{e}^{-\frac{x}{\theta}}, & x>0, \\ 0, & x \leqslant 0, \end{cases}$$

于是 M 的数学期望为

$$E(M) = \int_{-\infty}^{+\infty} x f_M(x)\mathrm{d}x = \int_0^{+\infty} \frac{5x}{\theta}\left(1-\mathrm{e}^{-\frac{x}{\theta}}\right)^4 \mathrm{e}^{-\frac{x}{\theta}}\mathrm{d}x = \frac{137}{60}\theta.$$

例 4-4　设某车站每天 8∶00～9∶00，9∶00～10∶00 都恰有一辆客车到站，但到站的时刻是随机的，且两者到站的时间相互独立，其规律为

到站时间	8∶10 9∶10	8∶30 9∶30	8∶50 9∶50
概率	$\dfrac{1}{6}$	$\dfrac{3}{6}$	$\dfrac{2}{6}$

（1）有一旅客 8∶00 到车站，求他候车时间的数学期望；

（2）有一旅客 8∶20 到车站，求他候车时间的数学期望.

解　设旅客的候车时间为 X min.

（1）X 的分布律为

X	10	30	50
p_k	$\dfrac{1}{6}$	$\dfrac{3}{6}$	$\dfrac{2}{6}$

因此

$$E(X) = 10 \times \frac{1}{6} + 30 \times \frac{3}{6} + 50 \times \frac{2}{6} = 33.33 \ (\text{min}).$$

（2）X 的分布律为

X	10	30	50	70	90
p_k	$\dfrac{3}{6}$	$\dfrac{2}{6}$	$\dfrac{1}{6} \times \dfrac{1}{6}$	$\dfrac{3}{6} \times \dfrac{1}{6}$	$\dfrac{2}{6} \times \dfrac{1}{6}$

对上述计算进行说明：如 $P\{X=70\} = P(AB) = P(A)P(B) = \dfrac{1}{6} \times \dfrac{3}{6}$，其中 A 表示"第一班车在 8∶10 到站"，B 表示"第二班车在 9∶30 到站". 因此

$$E(X) = 10 \times \frac{3}{6} + 30 \times \frac{2}{6} + 50 \times \frac{1}{36} + 70 \times \frac{3}{36} + 90 \times \frac{2}{36} = 27.22 \ (\text{min}).$$

例 4-5　在一个人数很多的团体中普查某种疾病，为此要抽验 N 个人的血，可以用两种方法进行.

（1）将每个人的血都分别去化验，这就需要 N 次；

（2）按 k 个人一组进行分组，把从 k 个人抽来的血混合在一起进行化验. 若该混合血液呈阴性反应，就说明 k 个人的血都呈阴性反应，这样对 k 个人只做一次化验就够了；若呈阳性，则再对这 k 个人的血液分别进行化验，这时对这 k 个人共需做 $k+1$ 次化验. 假定对所有的人来说，化验是阳性反应的概率都是 p，而且这些人的反应是独立的.

试说明当 p 较小时，选取适当的 k，按第（2）种方法可以减少化验的次数.

解 每个人的血呈阴性反应的概率为 $q=1-p$，因而 k 个人的混合血液呈阴性反应的概率为 q^k，k 个人的混合血液呈阳性反应的概率为 $1-q^k$.

设以 k 个人为一组时，组内每个人化验的次数为 X，则 X 的分布律为

X	$\dfrac{1}{k}$	$\dfrac{k+1}{k}$
p_k	q^k	$1-q^k$

X 的数学期望为

$$E(X)=\frac{1}{k}q^k+\left(1+\frac{1}{k}\right)(1-q^k)=1-q^k+\frac{1}{k}.$$

N 个人平均需化验的次数为 $N\left(1-q^k+\dfrac{1}{k}\right)$，由此可知，只要 k 满足

$$1-q^k+\frac{1}{k}<1,$$

就能减少验血次数. 当 p 固定时，选取适当的 k，使得 $\left(1-q^k+\dfrac{1}{k}\right)$ 小于 1 且取得最小值，就能得到最好的分组方法.

例如，$p=0.1$，$q=0.9$，当 $k=4$ 时，$L=1-q^k+\dfrac{1}{k}$ 取到最小值，此时得到最好的分组方法. 若 $N=1\,000$，以 $k=4$ 分组，则按第（2）种方法平均只需化验 $1\,000\left(1-0.9^4+\dfrac{1}{4}\right)=594$（次），平均来说，可以减少 40% 的工作量.

例 4-6 设随机变量 X 服从柯西分布，其概率密度函数为

$$f(x)=\frac{1}{\pi(1+x^2)}\quad(-\infty<x<+\infty),$$

试证 $E(X)$ 不存在.

证 因为积分 $\displaystyle\int_{-\infty}^{+\infty}\frac{|x|}{(x^2+1)}\mathrm{d}x$ 不收敛，所以 $E(X)$ 不存在.

二、随机变量函数的数学期望

定理 4-1 设 Y 是随机变量 X 的函数，即 $Y=g(X)$（$g(x)$ 是连续函数）.

（1）若 X 是离散型随机变量，它的分布律为 $P\{X=x_k\}=p_k\ (k=1,2,\cdots)$；若 $\displaystyle\sum_{k=1}^{\infty}g(x_k)p_k$ 绝对收敛，则有

$$E(Y)=E\big[g(X)\big]=\sum_{k=1}^{\infty}g(x_k)p_k.\tag{4-3}$$

（2）若 X 是连续型随机变量，它的概率密度函数为 $f(x)$. 若 $\displaystyle\int_{-\infty}^{+\infty}g(x)f(x)\mathrm{d}x$ 绝对收敛，则有

$$E(Y)=E\big[g(X)\big]=\int_{-\infty}^{+\infty}g(x)f(x)\mathrm{d}x.\tag{4-4}$$

定理 4-1 的重要意义在于，当求 $E(Y)$ 时，不必知道 Y 的分布而只需知道 X 的分布就可以了．当然，也可以由已知的 X 的分布，先求出其函数 $g(X)$ 的分布，再根据数学期望的定义去求 $E[g(X)]$．然而，有时候求 $g(X)$ 的分布是不容易的，这时用定理 4-1 较简单.

定理 4-1 的证明超出了本书的范围，这里不予以证明.

例 4-7　设随机变量 X 的分布律为

X	-1	0	2	3
p_k	$\dfrac{1}{8}$	$\dfrac{1}{4}$	$\dfrac{3}{8}$	$\dfrac{1}{4}$

求 $E(X^2)$，$E(-2X+1)$.

解　由式（4-3）得

$$E(X^2) = (-1)^2 \times \frac{1}{8} + 0^2 \times \frac{1}{4} + 2^2 \times \frac{3}{8} + 3^2 \times \frac{1}{4} = \frac{31}{8}.$$

$$E(-2X+1) = [-2 \times (-1) + 1] \times \frac{1}{8} + (-2 \times 0 + 1) \times \frac{1}{4}$$

$$+ (-2 \times 2 + 1) \times \frac{3}{8} + (-2 \times 3 + 1) \times \frac{1}{4}$$

$$= -\frac{7}{4}.$$

例 4-8　设风速 V 在 $(0,a)$ 上服从均匀分布，即具有概率密度函数

$$f(v) = \begin{cases} \dfrac{1}{a}, & 0 < v < a, \\ 0, & \text{其他.} \end{cases}$$

又设飞机机翼受到的正压力 W 是 V 的函数，即 $W = kV^2 (k > 0，是常数)$，求 W 的数学期望.

解　由式（4-4）有

$$E(W) = \int_{-\infty}^{+\infty} kV^2 f(v) \mathrm{d}v = \int_0^a kV^2 \frac{1}{a} \mathrm{d}v = \frac{1}{3} ka^2.$$

例 4-9　设国际市场每年对我国某种出口商品的需求量 X（以 t 计）服从区间 $[2\,000, 4\,000]$ 上的均匀分布. 若售出这种商品 1 t，可挣得外汇 3 万元，但若销售不出而囤积于仓库，则每吨需保管费 1 万元. 问应预备多少吨这种商品，才能使国家的收益最大？

解　设预备这种商品 y t，则收益 Z（万元）为

$$Z = g(X) = \begin{cases} 3y, & X \geqslant y, \\ 3X - (y - X), & X < y, \end{cases}$$

则

$$E(Z) = \int_{-\infty}^{+\infty} g(x) f(x) \mathrm{d}x = \int_{2\,000}^{4\,000} g(x) \frac{1}{4\,000 - 2\,000} \mathrm{d}x$$

$$= \frac{1}{2\,000} \int_{2\,000}^{y} [3x - (y - x)] \mathrm{d}x + \frac{1}{2\,000} \int_{y}^{4\,000} 3y \mathrm{d}x$$

$$= \frac{1}{1\,000} (-y^2 + 7\,000y - 4 \times 10^6),$$

令

$$\frac{\mathrm{d}}{\mathrm{d}x}E(Z) = -2y + 7\,000 = 0,$$

得

$$y = 3\,500,$$

而

$$\frac{\mathrm{d}^2}{\mathrm{d}x^2}E(Z) = -2 < 0,$$

故当 $y = 3\,500$ 时 $E(Z)$ 取最大值.

因此，预备 $3\,500\ \mathrm{t}$ 此种商品能使国家的收益最大，最大收益为 $8\,250$ 万元.

定理 4-2　设 Z 是随机变量 X,Y 的函数，即 $Z = g(X,Y)$（$g(x,y)$ 是连续函数）.

（1）若 (X,Y) 是离散型随机变量，其分布律为

$$P\{X = x_i, Y = y_j\} = p_{ij} \quad (i,j = 1,2,\cdots),$$

若级数 $\displaystyle\sum_{i=1}^{\infty}\sum_{j=1}^{\infty}g(x_i,y_j)p_{ij}$ 绝对收敛，则随机变量 $Z = g(X,Y)$ 的数学期望为

$$E(Z) = \sum_{i=1}^{\infty}\sum_{j=1}^{\infty}g(x_i,y_j)p_{ij}. \tag{4-5}$$

（2）若 (X,Y) 是连续型随机变量，其概率密度函数为 $f(x,y)$，若积分 $\displaystyle\int_{-\infty}^{+\infty}\int_{-\infty}^{+\infty}g(x,y)f(x,y)\mathrm{d}x\mathrm{d}y$ 绝对收敛，则随机变量 $Z = g(X,Y)$ 的数学期望为

$$E(Z) = \int_{-\infty}^{+\infty}\int_{-\infty}^{+\infty}g(x,y)f(x,y)\mathrm{d}x\mathrm{d}y. \tag{4-6}$$

特别地，有

$$E(X) = \int_{-\infty}^{+\infty}\int_{-\infty}^{+\infty}xf(x,y)\mathrm{d}x\mathrm{d}y = \int_{-\infty}^{+\infty}xf_X(x)\mathrm{d}x,$$

$$E(Y) = \int_{-\infty}^{+\infty}\int_{-\infty}^{+\infty}yf(x,y)\mathrm{d}x\mathrm{d}y = \int_{-\infty}^{+\infty}yf_Y(y)\mathrm{d}y.$$

例 4-10　设二维随机变量 (X,Y) 的概率密度函数为

$$f(x,y) = \begin{cases} x + y, & 0 \leqslant x \leqslant 1, 0 \leqslant y \leqslant 1, \\ 0, & \text{其他}, \end{cases}$$

求 $E(X), E(Y), E(XY)$.

解　$E(X) = \displaystyle\int_{-\infty}^{+\infty}\int_{-\infty}^{+\infty}xf(x,y)\mathrm{d}y\mathrm{d}x = \int_0^1\int_0^1 x(x+y)\mathrm{d}y\mathrm{d}x = \frac{7}{12}$,

$E(Y) = \displaystyle\int_{-\infty}^{+\infty}\int_{-\infty}^{+\infty}yf(x,y)\mathrm{d}x\mathrm{d}y = \int_0^1\int_0^1 y(x+y)\mathrm{d}x\mathrm{d}y = \frac{7}{12}$,

$E(XY) = \displaystyle\int_{-\infty}^{+\infty}\int_{-\infty}^{+\infty}xyf(x,y)\mathrm{d}x\mathrm{d}y = \int_0^1\int_0^1 xy(x+y)\mathrm{d}x\mathrm{d}y = \frac{1}{3}$.

三、数学期望的性质

（1）$E(C) = C$（C 为常数）；

（2）$E(CX) = CE(X)$（C 为常数）；

（3）设 X，Y 是两个随机变量，则有

文档：期望性质证明

$$E(X+Y) = E(X) + E(Y),$$

这个性质可以推广到任意有限个随机变量之和的情况；

（4）设随机变量 X 和 Y 相互独立，则

$$E(XY) = E(X)E(Y),$$

这个性质可以推广到有限个相互独立的随机变量乘积的情况.

证　（1）、（2）请读者自己证明，下面只在连续型随机变量情况下证明（3）、（4）.

设 (X,Y) 为连续型随机变量，概率密度函数为 $f(x,y)$，其边缘概率密度函数为 $f_X(x)$，$f_Y(y)$.

（3）由式（4-6），有

$$
\begin{aligned}
E(X+Y) &= \int_{-\infty}^{+\infty}\int_{-\infty}^{+\infty}(x+y)f(x,y)\mathrm{d}x\mathrm{d}y \\
&= \int_{-\infty}^{+\infty}\int_{-\infty}^{+\infty}xf(x,y)\mathrm{d}x\mathrm{d}y + \int_{-\infty}^{+\infty}\int_{-\infty}^{+\infty}yf(x,y)\mathrm{d}x\mathrm{d}y \\
&= E(X) + E(Y).
\end{aligned}
$$

（4）若 X 和 Y 相互独立，有 $f(x,y) = f_X(x)f_Y(y)$，则

$$
\begin{aligned}
E(XY) &= \int_{-\infty}^{+\infty}\int_{-\infty}^{+\infty}xyf(x,y)\mathrm{d}x\mathrm{d}y = \int_{-\infty}^{+\infty}\int_{-\infty}^{+\infty}xyf_X(x)f_Y(y)\mathrm{d}x\mathrm{d}y \\
&= \int_{-\infty}^{+\infty}xf_X(x)\mathrm{d}x\int_{-\infty}^{+\infty}yf_Y(y)\mathrm{d}y = E(X)E(Y).
\end{aligned}
$$

注意：性质（4）的逆命题不成立.

例 4-11　设一电路中电流 I（以 A 计）与电阻 R（以 Ω 计）是两个相互独立的随机变量，其概率密度函数分别为

$$
g(i) = \begin{cases} 2i, & 0 \leqslant i \leqslant 1, \\ 0, & \text{其他,} \end{cases}
\qquad
h(r) = \begin{cases} \dfrac{r^2}{9}, & 0 \leqslant r \leqslant 3, \\ 0, & \text{其他,} \end{cases}
$$

试求电压 $V = IR$ 的均值（以 V 计）.

解　$E(V) = E(I)E(R) = \left[\int_{-\infty}^{+\infty}ig(i)\mathrm{d}i\right]\left[\int_{-\infty}^{+\infty}rh(r)\mathrm{d}r\right]$

$$= \left(\int_0^1 2i^2\mathrm{d}i\right)\left(\int_0^3 \frac{r^3}{9}\mathrm{d}r\right) = \frac{3}{2} \text{ (V)}.$$

例 4-12　某一民航送客的车载有 20 位旅客自机场开出，旅客有 10 个车站可以下车，但如到达一个车站没有人下车就不停车. 假设每位旅客在各个车站下车是等可能的，并设各个旅客是否下车相互独立，求停车次数的数学期望.

解　令 X 为停车次数，并设

$$
X_i = \begin{cases} 0, & \text{在}i\text{站没有人下车,} \\ 1, & \text{在}i\text{站有人下车,} \end{cases}
\qquad (i = 1,2,\cdots,10).
$$

显然，$X = X_1 + X_2 + \cdots + X_{10}$，下面来求 $E(X)$. 由题意，任一旅客在第 i 站不下车的概率为 $\dfrac{9}{10}$，因此 20 位旅客都不在第 i 站下车的概率为 $\left(\dfrac{9}{10}\right)^{20}$，有

$$P\{X_i = 0\} = \left(\frac{9}{10}\right)^{20}, \qquad P\{X_i = 1\} = 1 - \left(\frac{9}{10}\right)^{20},$$

因此，得

$$E(X_i) = 1 - \left(\frac{9}{10}\right)^{20} \quad (i = 1, 2, \cdots, 10),$$

$$\begin{aligned} E(X) &= E(X_1 + X_2 + \cdots + X_{10}) \\ &= E(X_1) + E(X_2) + \cdots + E(X_{10}) \\ &= 10\left[1 - \left(\frac{9}{10}\right)^{20}\right] = 8.784\,(\text{次}). \end{aligned}$$

本题是将 X 分解为若干个随机变量之和，然后利用随机变量和的数学期望的性质去求解，这种处理方法具有一定的普遍意义.

四、常用分布的数学期望

（一）（0-1）分布

设 X 的分布律为

$$P\{X = 0\} = 1 - p, \qquad P\{X = 1\} = p \quad (0 < p < 1),$$

则 X 的数学期望为

$$E(X) = 0 \times (1 - p) + 1 \times p = p.$$

（二）二项分布

设 $X \sim b(n, p)\,(0 < p < 1)$，其分布律为

$$P\{X = k\} = C_n^k p^k (1 - p)^{n-k} \quad (k = 0, 1, 2, \cdots, n),$$

则 X 的数学期望为

$$\begin{aligned} E(X) &= \sum_{k=0}^{n} k C_n^k p^k (1 - p)^{n-k} = \sum_{k=0}^{n} k \frac{n!}{k!(n-k)!} p^k (1 - p)^{n-k} \\ &= np \sum_{k=0}^{n} \frac{(n-1)!}{(k-1)![(n-1)-(k-1)]!} p^{k-1} (1 - p)^{[(n-1)-(k-1)]}, \end{aligned}$$

令 $k - 1 = t$，则

$$\begin{aligned} E(X) &= np \sum_{t=0}^{n-1} \frac{(n-1)!}{t![(n-1)-t]!} p^t (1 - p)^{[(n-1)-t]} \\ &= np[p + (1 - p)]^{n-1} = np. \end{aligned}$$

上述结果还可以利用数学期望的性质来得到.

令

$$X_i = \begin{cases} 0, & \text{第}i\text{次试验}A\text{没有发生}, \\ 1, & \text{第}i\text{次试验}A\text{发生}, \end{cases} \quad (i = 1, 2, \cdots, n),$$

于是 X_i 表示第 $i(i = 1, 2, \cdots, n)$ 次试验中 A 发生的次数，则

$$X = X_1 + X_2 + \cdots + X_n,$$

易知 $X_i(i = 1, 2, \cdots, n)$ 服从参数为 p 的(0-1)分布，因而 $E(X_i) = p\ (i = 1, 2, \cdots, n)$，故

$$E(X) = np.$$

（三）泊松分布

设 $X \sim \pi(\lambda)$，其分布律为

$$P\{X=k\} = \frac{\lambda^k}{k!} e^{-\lambda} \quad (k=0,1,2,\cdots; \lambda>0),$$

则 X 的数学期望为

$$E(X) = \sum_{k=0}^{\infty} k \frac{\lambda^k}{k!} e^{-\lambda} = \lambda e^{-\lambda} \sum_{k=1}^{\infty} \frac{\lambda^{k-1}}{(k-1)!}$$
$$= \lambda e^{-\lambda} \cdot e^{\lambda} = \lambda.$$

（四）均匀分布

设 $X \sim U(a,b)$，其概率密度函数为

$$f(x) = \begin{cases} \dfrac{1}{b-a}, & a<x<b, \\ 0, & 其他, \end{cases}$$

则 X 的数学期望为

$$E(X) = \int_{-\infty}^{+\infty} x f(x) dx = \int_a^b \frac{x}{b-a} dx = \frac{a+b}{2}.$$

（五）指数分布

设 $X \sim E(\lambda)\ (\lambda>0)$，其概率密度函数为

$$f(x) = \begin{cases} \lambda e^{-\lambda x}, & x \geqslant 0, \\ 0, & x<0, \end{cases}$$

则 X 的数学期望为

$$E(X) = \int_{-\infty}^{+\infty} x f(x) dx = \int_{-\infty}^{+\infty} x \lambda e^{-\lambda x} dx = \frac{1}{\lambda}.$$

（六）正态分布

设 $X \sim N(\mu, \sigma^2)$，其概率密度函数为

$$f(x) = \frac{1}{\sqrt{2\pi}\sigma} e^{-\frac{(x-\mu)^2}{2\sigma^2}},$$

则 X 的数学期望为

$$E(X) = \int_{-\infty}^{+\infty} x f(x) dx = \frac{1}{\sqrt{2\pi}\sigma} \int_{-\infty}^{+\infty} x e^{-\frac{(x-\mu)^2}{2\sigma^2}} dx,$$

令 $\dfrac{x-\mu}{\sigma} = t$，则

$$E(X) = \frac{1}{\sqrt{2\pi}} \int_{-\infty}^{+\infty} (\mu+\sigma t) e^{-\frac{t^2}{2}} dt,$$

注意到

$$\frac{\mu}{\sqrt{2\pi}} \int_{-\infty}^{+\infty} e^{-\frac{t^2}{2}} dt = \mu, \qquad \frac{1}{\sqrt{2\pi}} \int_{-\infty}^{+\infty} \sigma t e^{-\frac{t^2}{2}} dt = 0,$$

故有 $E(X) = \mu.$

习 题 4-1

1. 袋中装有 10 只球，3 只白球，7 只红球，现从中任意取出 2 只球，求这 2 只球中白球数的数学期望.

2. 设随机变量 X 的分布律为 $P\left\{X=(-1)^{j+1}\dfrac{3^j}{j}\right\}=\dfrac{2}{3^j}$ （ $j=1,2,\cdots$ ）. 证明：X 的数学期望不存在.

3. 设连续型随机变量 X 的概率密度函数为

$$f(x)=\begin{cases} kx^{\alpha}, & 0<x<1, \\ 0, & 其他, \end{cases}$$

其中，$k,\alpha>0$ ，又已知 $E(X)=0.75$ ，求 k,α 的值.

4. 设随机变量 X 的概率密度函数为

$$f(x)=\begin{cases} \dfrac{1}{\pi\sqrt{1-x^2}}, & |x|<1, \\ 0, & |x|\geqslant 1, \end{cases}$$

求 $E(X)$.

5. 设随机变量 X 的分布律为

X	-2	0	2
p_k	0.4	0.3	0.3

求 $E(X)$ ，$E(X^2)$ ，$E(3X^2+5)$.

6. 设随机变量 X 的概率密度函数为

$$f(x)=\begin{cases} A\mathrm{e}^{-x}, & x\geqslant 0, \\ 0, & x<0, \end{cases}$$

求：（1）常数 A ；

（2）$Y_1=2X$ ，$Y_2=\mathrm{e}^{-2X}$ 的数学期望.

7. 按季节出售的某种应时商品，每售出 1 kg 获利润 6 元，如到季末尚有剩余商品，每千克净亏损 2 元，设某商店在季节内这种商品的销售量 X（以 kg 计）是一个随机变量，X 在区间 $(8,16)$ 内服从均匀分布，为使商店所获得的利润最大，问商店应进多少货？

8. 一工厂生产的某种设备的寿命 X（以年计）服从指数分布，概率密度函数为

$$f(x)=\begin{cases} \dfrac{1}{4}\mathrm{e}^{-\frac{x}{4}}, & x\geqslant 0, \\ 0, & x<0. \end{cases}$$

工厂规定，出售的设备若在售出一年之内损坏可予以调换. 若工厂售出一台设备赢利 100 元，调换一台设备厂方需花费 300 元，试求厂方出售一台设备净赢利的数学期望.

9. 设 (X,Y) 的分布律为

Y \ X	1	2	3
-1	0.2	0.1	0.0
0	0.1	0.0	0.3
1	0.1	0.1	0.1

求：（1）$E(X)$ ，$E(Y)$ ；（2）$E\left(\dfrac{Y}{X}\right)$ ；（3）$E(X-Y)^2$.

10. 设随机变量 (X,Y) 的概率密度函数为

$$f(x,y) = \begin{cases} 12y^2, & 0 \leqslant y \leqslant x \leqslant 1, \\ 0, & \text{其他}, \end{cases}$$

求 $E(X), E(Y), E(XY), E(X^2 + Y^2)$.

11. 若有 n 把样子看上去相同的钥匙，其中只有一把能打开门上的锁，用它们去试开门上的锁. 设取到每把钥匙是等可能的，若每把钥匙试开一次后除去，求试开次数 X 的数学期望.

第二节 方 差

一、方差的定义

随机变量的数学期望是随机变量的重要数字特征之一，它表示了随机变量取值的集中趋势. 但在许多实际问题中，仅仅知道数学期望是不够的，还应知道随机变量的取值在均值周围的变化情况.

例 4-13 某手表厂生产甲、乙两种牌号的手表，设甲、乙两种牌号手表的"日走时误差"分别为 X_1，X_2，其分布律分别为

X_1	−1	0	1
p_k	0.1	0.8	0.1

X_2	−2	−1	0	1	2
p_k	0.1	0.2	0.4	0.2	0.1

试比较两种牌号手表质量的好坏.

显然，$E(X_1) = E(X_2) = 0$.

从平均值看不出它们质量的好坏，但是它们的分布却是不同的. 甲牌号手表的日走时误差与它的平均值的偏离程度较小，即日走时误差比较集中，而乙牌号手表的日走时误差与它的平均值的偏离程度较大，即日走时误差比较分散，这说明甲牌号手表的质量比乙牌号手表的质量要稳定一些. 那么能否用一个数量指标来衡量一个随机变量离开它的平均值的偏离程度呢？

对任一随机变量 X，可以用 $E[|X - E(X)|]$ 来描述随机变量 X 取值的分散程度. 然而，由于绝对值运算不便，故通常用偏差的平方 $[X - E(X)]^2$ 的数学期望来描述随机变量 X 取值的分散程度.

定义 4-3 设 X 是一个随机变量,若 $E[X - E(X)]^2$ 存在,则称 $E[X - E(X)]^2$ 为随机变量 X 的**方差**，记为 $D(X)$ 或 $\text{Var}(X)$ 或 DX，即

$$D(X) = \text{Var}(X) = E[X - E(X)]^2. \tag{4-7}$$

$\sqrt{D(X)}$ 称为 X 的**标准差**或**均方差**，记为 $\sigma(X)$.

由定义可知，随机变量的方差总是一个非负数. 若 X 的取值密集地在它的均值周围，则方差较小；若 X 的取值比较分散，则方差较大. 因此，方差是度量随机变量在其均值周围取值分散程度的一个数量指标.

由定义知，方差是随机变量 X 的函数 $g(X)=[X-E(X)]^2$ 的数学期望. 若离散型随机变量 X 的分布律为 $P\{X=x_k\}=p_k\ (k=1,2,\cdots)$，则

$$D(X)=\sum_{k=1}^{\infty}[x_k-E(X)]^2 p_k.\qquad(4\text{-}8)$$

若连续型随机变量 X 的概率密度函数为 $f(x)$，则

$$D(X)=\int_{-\infty}^{+\infty}[x-E(X)]^2 f(x)\mathrm{d}x.\qquad(4\text{-}9)$$

例如，在例 4-13 中利用式（4-7），有

$$D(X_1)=E[X_1-E(X_1)]^2=E(X_1^2)=0.2,$$
$$D(X_2)=E[X_2-E(X_2)]^2=E(X_2^2)=1.2,$$

由于 $D(X_1)<D(X_2)$，故甲牌号手表的质量较好.

随机变量 X 的方差可按下列公式计算，即

$$D(X)=E(X^2)-E^2(X).\qquad(4\text{-}10)$$

由数学期望的性质，可知

$$
\begin{aligned}
D(X)&=E[X-E(X)]^2\\
&=E\left[X^2-2XE(X)+E^2(X)\right]\\
&=E(X^2)-2E(X)E(X)+E^2(X)\\
&=E(X^2)-E^2(X).
\end{aligned}
$$

例 4-14 设有甲、乙两种棉花，从中各抽取等量的样品进行检验，X,Y 分别表示甲、乙两种棉花的纤维的长度（以 mm 计），它们的分布律为

X	28	29	30	31	32
p_k	0.1	0.15	0.5	0.15	0.1

Y	28	29	30	31	32
p_k	0.13	0.17	0.4	0.17	0.13

试求 $D(X),D(Y)$，并评定它们的质量.

解 先求数学期望

$$E(X)=28\times0.1+29\times0.15+30\times0.5+31\times0.15+32\times0.1=30,$$
$$E(Y)=28\times0.13+29\times0.17+30\times0.4+31\times0.17+32\times0.13=30,$$

于是

$$
\begin{aligned}
D(X)&=(28-30)^2\times0.1+(29-30)^2\times0.15+(30-30)^2\times0.5\\
&\quad+(31-30)^2\times0.15+(32-30)^2\times0.1\\
&=4\times0.1+1\times0.15+0\times0.5+1\times0.15+4\times0.1=1.1,\\
D(Y)&=(28-30)^2\times0.13+(29-30)^2\times0.17+(30-30)^2\times0.4\\
&\quad+(31-30)^2\times0.17+(32-30)^2\times0.13\\
&=4\times0.13+1\times0.17+0\times0.4+1\times0.17+4\times0.13=1.38,
\end{aligned}
$$

所以 $D(X)<D(Y)$，说明甲种棉花纤维长度的方差小些，其纤维长度比乙种棉花的纤维长度均

匀，故甲种棉花质量较好.

例 4-15　设随机变量 X 的概率密度函数为

$$f(x) = \begin{cases} 1+x, & -1 \leqslant x < 0, \\ 1-x, & 0 \leqslant x < 1, \\ 0, & \text{其他}, \end{cases}$$

求 $D(X)$.

解　$E(X) = \int_{-1}^{0} x(1+x)\mathrm{d}x + \int_{0}^{1} x(1-x)\mathrm{d}x = 0$，

$E(X^2) = \int_{-1}^{0} x^2(1+x)\mathrm{d}x + \int_{0}^{1} x^2(1-x)\mathrm{d}x = \frac{1}{6}$，

于是

$$D(X) = E(X^2) - E^2(X) = \frac{1}{6}.$$

二、方差的性质

随机变量的方差具有下列性质.

（1）设 c 为常数，则

$$D(c) = 0.$$

（2）设 a, b 为常数，则

$$D(aX + b) = a^2 D(X).$$

（3）$D(X \pm Y) = D(X) + D(Y) \pm 2E\{[X - E(X)][Y - E(Y)]\}$.

若 X, Y 相互独立，则

$$D(X \pm Y) = D(X) + D(Y).$$

这一性质可以推广到一般情形：设 $X_1, X_2, \cdots, X_n$ 相互独立，且方差存在，$c_1, c_2, \cdots, c_n$ 为常数，则

$$D\left(\sum_{i=1}^{n} c_i X_i\right) = \sum_{i=1}^{n} c_i^2 D(X_i).$$

（4）$D(X) = 0$ 的充分必要条件是 X 以概率 1 取常数 c，即 $P\{X = c\} = 1$.

证　仅证性质（3）.

由方差定义得

$$D(X \pm Y) = E\left\{[X - E(X)] \pm [Y - E(Y)]\right\}^2$$
$$= E[X - E(X)]^2 + E[Y - E(Y)]^2 \pm 2E\left\{[X - E(X)][Y - E(Y)]\right\}$$
$$= D(X) + D(Y) \pm 2E\left\{[X - E(X)][Y - E(Y)]\right\}.$$

若 X, Y 相互独立，则

$$E\left\{[X - E(X)][Y - E(Y)]\right\} = E(XY) - E(X)E(Y)$$
$$= E(X)E(Y) - E(X)E(Y) = 0,$$

故

$$D(X \pm Y) = D(X) + D(Y).$$

例 4-16 设随机变量 X 的数学期望为 $E(X)$，方差 $D(X)>0$，令 $Y = \dfrac{X - E(X)}{\sqrt{D(X)}}$，求 $E(Y), D(Y)$.

解　$E\left[\dfrac{X - E(X)}{\sqrt{D(X)}}\right] = \dfrac{1}{\sqrt{D(X)}} E[X - E(X)] = \dfrac{1}{\sqrt{D(X)}}[E(X) - E(X)] = 0,$

$D\left[\dfrac{X - E(X)}{\sqrt{D(X)}}\right] = \dfrac{1}{\left[\sqrt{D(X)}\right]^2} D[X - E(X)] = \dfrac{1}{D(X)} D(X) = 1,$

称 Y 为 X 的标准化随机变量.

三、常用分布的方差

（一）（0-1）分布

设 X 服从参数为 p 的（0-1）分布，其分布律为

$$P\{X = 0\} = 1 - p, \qquad P\{X = 1\} = p,$$

由式（4-10）得

$$D(X) = E(X^2) - E^2(X) = p - p^2 = p(1 - p).$$

（二）二项分布

设 $X \sim b(n, p)$ $(0<p<1)$，其分布律为

$$P\{X = k\} = C_n^k p^k (1 - p)^{n-k} \quad (k = 0, 1, 2, \cdots, n),$$

令

$$X_i = \begin{cases} 0, & \text{第} i \text{次试验} A \text{没有发生,} \\ 1, & \text{第} i \text{次试验} A \text{发生,} \end{cases} \quad (i = 1, 2, \cdots, n),$$

于是 X_i 表示第 $i(i = 1, 2, \cdots, n)$ 次试验中 A 发生的次数，则

$$X = X_1 + X_2 + \cdots + X_n,$$

易知 $X_i(i = 1, 2, \cdots, n)$ 相互独立且都服从参数为 p 的（0-1）分布，因而

$$D(X_i) = p(1 - p) \quad (i = 1, 2, \cdots, n),$$

故

$$D(X) = np(1 - p).$$

（三）泊松分布

设 $X \sim \pi(\lambda)$，第一节知 $E(X) = \lambda$，又

$$E(X^2) = E[X(X-1) + X] = E[X(X-1)] + E(X)$$

$$= \sum_{k=0}^{\infty} k(k-1) \frac{\lambda^k}{k!} e^{-\lambda} + \lambda = \lambda^2 e^{-\lambda} \sum_{k=2}^{\infty} \frac{\lambda^{k-2}}{(k-2)!} + \lambda$$

$$= \lambda^2 e^{-\lambda} e^{\lambda} + \lambda = \lambda^2 + \lambda,$$

从而有

$$D(X) = E(X^2) - E^2(X) = \lambda^2 + \lambda - \lambda^2 = \lambda.$$

（四）均匀分布

设 $X \sim U(a,b)$，由第一节知

$$E(X) = \frac{a+b}{2},$$

又

$$E(X^2) = \int_a^b \frac{x^2}{b-a}\mathrm{d}x = \frac{a^2+ab+b^2}{3},$$

所以

$$D(X) = E(X^2) - E^2(X) = \frac{1}{3}(a^2+ab+b^2) - \frac{1}{4}(a+b)^2 = \frac{(b-a)^2}{12}.$$

（五）指数分布

设 $X \sim E(\lambda)$，由第一节知

$$E(X) = \frac{1}{\lambda},$$

又

$$E(X^2) = \int_0^{+\infty} x^2 \lambda \mathrm{e}^{-\lambda x}\mathrm{d}x = \frac{2}{\lambda^2},$$

所以

$$D(X) = E(X^2) - E^2(X) = \frac{2}{\lambda^2} - \left(\frac{1}{\lambda}\right)^2 = \frac{1}{\lambda^2}.$$

（六）正态分布

设 $X \sim N(\mu, \sigma^2)$，由第一节知

$$E(X) = \mu,$$

从而

$$D(X) = \int_{-\infty}^{+\infty} \left[x - E(X)\right]^2 f(x)\mathrm{d}x = \int_{-\infty}^{+\infty} (x-\mu)^2 \frac{1}{\sqrt{2\pi}\sigma} \mathrm{e}^{-\frac{(x-\mu)^2}{2\sigma^2}}\mathrm{d}x,$$

令 $\dfrac{x-\mu}{\sigma} = t$，则

$$D(X) = \frac{\sigma^2}{\sqrt{2\pi}} \int_{-\infty}^{+\infty} t^2 \mathrm{e}^{-\frac{t^2}{2}}\mathrm{d}t = \frac{\sigma^2}{\sqrt{2\pi}} \left(-t\mathrm{e}^{-\frac{t^2}{2}}\Big|_{-\infty}^{+\infty} + \int_{-\infty}^{+\infty} \mathrm{e}^{-\frac{t^2}{2}}\mathrm{d}t\right)$$

$$= \frac{\sigma^2}{\sqrt{2\pi}}(0 + \sqrt{2\pi}) = \sigma^2.$$

由此可知，正态分布的概率密度函数中的两个参数 μ 和 σ 分别是该分布的数学期望与均方差. 因而，正态分布可以完全由它的数学期望和方差所确定. 再者，由例 3-15 的推广结果可知，若 $X_i \sim N\left(\mu_i, \sigma_i^2\right)$ $(i=1,2,\cdots,n)$，且它们相互独立，则它们的线性组合 $c_1 X_1 + c_2 X_2 + \cdots + c_n X_n$（$c_1, c_2, \cdots, c_n$ 是不全为 0 的常数）仍然服从正态分布，于是由数学期望和方差的性质知

$$c_1 X_1 + c_2 X_2 + \cdots + c_n X_n \sim N\left(\sum_{i=1}^n c_i \mu_i, \sum_{i=1}^n c_i^2 \sigma_i^2\right).$$

例如，若 $X \sim N(-1, 2^2), Y \sim N(2, 4^2)$，且 X, Y 相互独立，则 $X + 2Y$ 也服从正态分布，$E(X+2Y) = -1 + 2\times2 = 3$，$D(X+2Y) = 2^2 + 4\times4^2 = 68$，故

$$X + 2Y \sim N(3,68).$$

例 4-17 设活塞的直径（以 cm 计） $X \sim N(22.40, 0.03^2)$ ，气缸的直径（以 cm 计） $Y \sim N(22.50, 0.04^2)$ ， X, Y 相互独立,任取一只活塞,任取一只气缸,求活塞能装入气缸的概率.

解 按题意,需求 $P\{X < Y\} = P\{X - Y < 0\}$.

由于

$$E(X - Y) = 22.40 - 22.50 = -0.10,$$
$$D(X - Y) = D(X) + D(Y) = 0.03^2 + 0.04^2 = 0.05^2,$$

即 $X - Y \sim N(-0.10, 0.05^2)$ ，故

$$P\{X < Y\} = P\left\{ \frac{(X - Y) - (-0.10)}{0.05} < \frac{0 - (-0.10)}{0.05} \right\} = \Phi\left(\frac{0.10}{0.05} \right)$$
$$= \Phi(2) = 0.977\,2.$$

四、切比雪夫不等式

视频：切比雪夫不等式应用

定理 4-3 设随机变量 X 的数学期望和方差为 $E(X) = \mu, D(X) = \sigma^2$ ，则对于任意整数 ε ,不等式

$$P\{|X - \mu| \geqslant \varepsilon\} \leqslant \frac{\sigma^2}{\varepsilon^2}$$

成立.

这一不等式称为**切比雪夫不等式**.

证 下面只就连续型随机变量的情况来证明. 设 X 的概率密度函数为 $f(x)$ （图 4-1）,则有

$$P\{|X - \mu| \geqslant \varepsilon\} = \int_{|x - \mu| \geqslant \varepsilon} f(x) \mathrm{d}x \leqslant \int_{|x - \mu| \geqslant \varepsilon} \frac{|x - \mu|^2}{\varepsilon^2} f(x) \mathrm{d}x$$
$$\leqslant \frac{1}{\varepsilon^2} \int_{-\infty}^{+\infty} (x - \mu)^2 f(x) \mathrm{d}x = \frac{\sigma^2}{\varepsilon^2}.$$

切比雪夫不等式也可以写成如下形式:

$$P\{|X - \mu| < \varepsilon\} \geqslant 1 - \frac{\sigma^2}{\varepsilon^2}.$$

切比雪夫不等式给出了在随机变量 X 的分布未知的情况下概率 $P\{|X - E(X)| < \varepsilon\}$ 的下限估计.

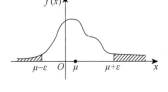

图 4-1

例 4-18 设某工厂有 100 台同类型的机器,出于工艺原因,每台机器的实际工作时间只占全部工作时间的 80%,各台机器的工作是相互独立的,试用切比雪夫不等式估计任一时刻有 70~90 台机器正在工作的概率.

解 令 X 表示任一时刻正在工作的机器数,它服从参数为 $n = 100, p = 0.8$ 的二项分布,于是
$$E(X) = np = 80, \qquad D(X) = np(1 - p) = 16,$$
故

$$P\{70 < X < 90\} = P\{|X - 80| < 10\} \geqslant 1 - \frac{16}{10^2} = 0.84.$$

本节最后将常用分布的数学期望和方差总结如表 4-1 所示.

表 4-1 常用分布的数学期望和方差

分布名称	分布律或概率密度函数	数学期望	方差
(0-1) 分布	$P\{X=k\} = p^k q^{1-k}$ $(k=0,1; 0<p<1)$	p	pq
二项分布 $b(n,p)$	$P\{X=k\} = C_n^k p^k q^{n-k}$ $(k=1,2,\cdots,n; 0<p<1)$	np	npq
几何分布 $G(p)$	$P\{X=k\} = pq^{k-1}$ $(k=1,2,\cdots; 0<p<1)$	$\dfrac{1}{p}$	$\dfrac{q}{p^2}$
泊松分布 $\pi(\lambda)$	$P\{X=k\} = \dfrac{\lambda^k}{k!}e^{-\lambda}$ $(k=0,1,2,\cdots; \lambda>0)$	λ	λ
均匀分布 $U(a,b)$	$f(x) = \begin{cases} \dfrac{1}{b-a}, & a \leqslant x \leqslant b, \\ 0, & \text{其他} \end{cases}$	$\dfrac{a+b}{2}$	$\dfrac{(b-a)^2}{12}$
指数分布 $E(\lambda)$	$f(x) = \begin{cases} \lambda e^{-\lambda x}, & x>0, \\ 0, & x \leqslant 0 \end{cases}$ $(\lambda>0)$	$\dfrac{1}{\lambda}$	$\dfrac{1}{\lambda^2}$
正态分布 $N(\mu, \sigma^2)$	$f(x) = \dfrac{1}{\sqrt{2\pi}\sigma} e^{-\frac{1}{2}\frac{(x-\mu)^2}{\sigma^2}}$ $(-\infty<x<+\infty; \sigma>0; \mu \in (-\infty,+\infty))$	μ	σ^2

习 题 4-2

1. 一台设备由三大部件构成, 在设备运转过程中各部件需要调整的概率相应为 0.1, 0.2, 0.3, 假设各部件的状态相互独立, 以 X 表示同时需要调整的部件数, 试求 X 的数学期望和方差.

2. 设随机变量 X 的概率密度函数为

$$f(x) = \begin{cases} x, & 0 \leqslant x < 1, \\ 2-x, & 1 \leqslant x \leqslant 2, \\ 0, & \text{其他}, \end{cases}$$

求 $E(X), D(X)$.

3. 设随机变量 X, Y 相互独立, 且 $E(X) = E(Y) = 3, D(X) = 12, D(Y) = 16$, 求 $E(3X - 2Y), D(2X - 3Y)$.

4. 设二维随机变量 (X, Y) 的概率密度函数为

$$f(x,y) = \begin{cases} 15xy^2, & 0 \leqslant y \leqslant x \leqslant 1, \\ 0, & \text{其他}, \end{cases}$$

求 $D(X), D(Y)$.

5. 设随机变量 X, Y 相互独立, 且 $X \sim E(2), Y \sim E(4)$, 求 $D(X+Y)$.

6. 设随机变量 X_1, X_2, X_3, X_4 相互独立, 且有

$$E(X_i) = i, \qquad D(X_i) = 5 - i \quad (i = 1,2,3,4),$$

设 $Y = 2X_1 - X_2 + 3X_3 - \dfrac{1}{2}X_4$, 求 $E(Y), D(Y)$.

7. 设随机变量 X, Y 相互独立, 且 $X \sim N(720, 30^2), Y \sim N(640, 25^2)$, 求 $Z_1 = 2X + Y$, $Z_2 = X - Y$ 的分布, 并求概率 $P\{X > Y\}, P\{X + Y > 1400\}$.

8. 5 家商店联营, 它们每两周售出的某种农产品的数量（以 kg 计）分别为 X_1, X_2, X_3, X_4, X_5, 已知

$X_1 \sim N(200,225)$，$X_2 \sim N(240,240)$，$X_3 \sim N(180,225)$，$X_4 \sim N(260,265)$，$X_5 \sim N(320,270)$，X_1,X_2,X_3,X_4,X_5 相互独立.

（1）求 5 家商店两周的总销量的均值和方差；

（2）商店每隔两周进一次货，为了使新的供货到达商店前不会脱销的概率大于 0.99，问商店的仓库应至少储存多少千克产品？

9. 设 X 为随机变量，C 是常数，证明：$D(X) < E(X-C)^2$，其中 $C \neq E(X)$.

10. 已知正常成人男性，每毫升血液中白细胞数平均是 7 300，均方差是 700，利用切比雪夫不等式估计每毫升血液含白细胞数在 5 200～9 400 的概率.

第三节　协方差与相关系数

对于二维随机变量 (X,Y)，除了讨论 X 与 Y 的数学期望和方差以外，还需讨论描述 X 与 Y 之间相互关系的数字特征. 本节讨论有关这方面的数字特征——协方差与相关系数.

一、协方差

定义 4-4　对于随机变量 X，Y，如果 $E\{[X-E(X)][Y-E(Y)]\}$ 存在，则称其为随机变量 X 与 Y 的协方差，记为 $\mathrm{Cov}(X,Y)$，即

$$\mathrm{Cov}(X,Y) = E\{[X-E(X)][Y-E(Y)]\}. \tag{4-11}$$

若 (X,Y) 是离散型随机变量，分布律为 $P\{X=x_i,Y=y_j\}=p_{ij}$ $(i,j=1,2,\cdots)$，则由式（4-5）有

$$\mathrm{Cov}(X,Y) = \sum_i \sum_j [x_i-E(X)][y_j-E(Y)]p_{ij}.$$

若 (X,Y) 是连续型随机变量，概率密度函数为 $f(x,y)$，则由式（4-6）有

$$\mathrm{Cov}(X,Y) = \int_{-\infty}^{+\infty}\int_{-\infty}^{+\infty}[x-E(X)][y-E(Y)]f(x,y)\mathrm{d}x\mathrm{d}y.$$

由上述定义知，对于任意两个随机变量 X,Y，下列等式成立：

$$D(X\pm Y) = D(X)+D(Y)\pm 2\mathrm{Cov}(X,Y).$$

按 $\mathrm{Cov}(X,Y)$ 的定义展开，得

$$\mathrm{Cov}(X,Y) = E(XY)-E(X)E(Y). \tag{4-12}$$

常常利用式（4-12）计算协方差.

协方差具有以下性质：

（1）$\mathrm{Cov}(X,Y)=\mathrm{Cov}(Y,X)$；

（2）$\mathrm{Cov}(X,X)=D(X)$；

（3）若 X 与 Y 相互独立，则 $\mathrm{Cov}(X,Y)=0$；

（4）$\mathrm{Cov}(aX,bY)=ab\mathrm{Cov}(X,Y)$（$a,b$ 为任意常数）；

（5）$\mathrm{Cov}(c,X)=0$（c 为任意常数）；

（6）$\mathrm{Cov}(X_1+X_2,Y)=\mathrm{Cov}(X_1,Y)+\mathrm{Cov}(X_2,Y)$.

证明请读者自己完成.

二、相关系数

定义 4-5　设随机变量 X 与 Y 的方差存在，且均不为零，称 $\dfrac{\mathrm{Cov}(X,Y)}{\sqrt{D(X)}\sqrt{D(Y)}}$ 为 X 与 Y 的相

关系数，记作 ρ_{XY}，即

$$\rho_{XY} = \frac{\text{Cov}(X,Y)}{\sqrt{D(X)}\sqrt{D(Y)}} = \frac{E\{[X-E(X)][Y-E(Y)]\}}{\sqrt{D(X)}\sqrt{D(Y)}}. \tag{4-13}$$

由于 $E\left[\dfrac{X-E(X)}{\sqrt{D(X)}}\right] = 0, E\left[\dfrac{Y-E(Y)}{\sqrt{D(Y)}}\right] = 0$，则相关系数就是标准化随机变量 $\dfrac{X-E(X)}{\sqrt{D(X)}}$ 与

$\dfrac{Y-E(Y)}{\sqrt{D(Y)}}$ 的协方差.

性质 4-1　若随机变量 X 与 Y 相互独立，则 $\rho_{XY} = 0$.

证　因为 X 与 Y 相互独立，则 $\text{Cov}(X,Y) = 0$，所以 $\rho_{XY} = 0$.

定理 4-4　（柯西-施瓦茨不等式）　对任意两个随机变量 X 与 Y 都有

$$E^2(XY) \leqslant E(X^2)E(Y^2). \tag{4-14}$$

证　对任意实数 t，定义

$$\mu(t) = E(tX-Y)^2 = t^2 E(X^2) - 2tE(XY) + E(Y^2),$$

因为 $(tX-Y)^2 \geqslant 0$，所以其数学期望也必定非负，即 $\mu(t) \geqslant 0$，因此关于 t 的二次方程 $\mu(t) = 0$，或者没有实根，或者有一个重根. 根据二次方程根的判别法则，其判别式非正，即

$$E^2(XY) - E(X^2)E(Y^2) \leqslant 0,$$

于是式（4-14）得证.

利用定理 4-4 可以得到相关系数的两个重要性质.

性质 4-2　（1）$|\rho_{XY}| \leqslant 1$；

（2）$|\rho_{XY}| = 1$ 的充分必要条件是存在常数 a,b，使 $P\{Y = a+bX\} = 1$.

证　（1）首先将随机变量 X 与 Y 标准化，令

$$X' = \frac{X-E(X)}{\sqrt{D(X)}}, \quad Y' = \frac{Y-E(Y)}{\sqrt{D(Y)}},$$

由于 $E(X') = 0$，$D(X') = 1$，$E(Y') = 0$，$D(Y') = 1$，有

$$\rho_{X'Y'} = \rho_{XY} = E(X'Y').$$

因此

$$\left|\rho_{X'Y'}\right|^2 = \left|\rho_{XY}\right|^2 = E^2(X'Y') \leqslant E(X'^2)E(Y'^2) = D(X')D(Y') = 1,$$

即得 $|\rho_{XY}| \leqslant 1$.

（2）考虑二次方程 $\mu(t) = E(tX'-Y')^2 = 0$（X'，Y' 同上），从定理 4-4 的证明中可知，该二次方程有一个重根 t_0 的充分必要条件是

$$E^2(X'Y') = E(X'^2)E(Y'^2), \tag{4-15}$$

此时 $E(t_0 X'-Y') = 0$，由于 X'，Y' 是标准化随机变量，故

$$D(t_0 X'-Y') = E(t_0 X'-Y')^2 = 0.$$

由方差性质知，$D(X) = 0$ 的充分必要条件是存在常数 C，使 $P\{X = C\} = 1$，因此有

$$P\{t_0 X'-Y' = C\} = 1.$$

注意到 X'，Y' 与 X，Y 的关系，容易将上式整理为

$$P\{Y = a+bX\} = 1,$$

其中，a,b 为两个常数. 由于式（4-15）与 $|\rho_{XY}|=1$ 是等价的，性质 4-2 的（2）得证.

定理 4-5　若随机变量 Y 是 X 的线性函数，即 $Y=aX+b\ (a\neq 0)$，则

$$\rho_{XY}=\begin{cases}1, & a>0,\\-1, & a<0.\end{cases}$$

证　$\mathrm{Cov}(X,Y)=E\{[X-E(X)][Y-E(Y)]\}$

$$=E\{[X-E(X)][aX+b-aE(X)-b]\}$$

$$=aE[X-E(X)]^2=aD(X).$$

$$\rho_{XY}=\frac{\mathrm{Cov}(X,Y)}{\sqrt{D(X)}\sqrt{D(Y)}}=\frac{aD(X)}{|a|D(X)}=\frac{a}{|a|}=\begin{cases}1, & a>0,\\-1, & a<0.\end{cases}$$

由上可知，相关系数是表示两个随机变量之间线性相关程度的数值.

定义 4-6　设随机变量 X 与 Y 的相关系数为 ρ，若

（1）$\rho=0$，称 X 与 Y **不相关**.

（2）$\rho\neq 0$，称 X 与 Y 为**相关的**. 特别地，当 $\rho>0$ 时，称 X 与 Y 为**正相关**；当 $\rho<0$ 时，称 X 与 Y 为**负相关**；当 $|\rho|=1$ 时，称 X 与 Y **完全相关**.

对于任意的随机变量 X，Y，ρ_{XY} 是一个可以用来表示 X,Y 之间线性关系紧密程度的量. 当 $|\rho_{XY}|$ 越接近于 0 时，X 与 Y 越接近于线性无关；当 $|\rho_{XY}|$ 越接近于 1 时，X 与 Y 的线性相关程度越好；当 $|\rho_{XY}|=1$ 时，X 与 Y 以概率 1 存在线性关系.

假设随机变量 X,Y 的相关系数 ρ_{XY} 存在，当 X 与 Y 相互独立时，有 $\mathrm{Cov}(X,Y)=0$，从而 $\rho_{XY}=0$，即 X 与 Y 不相关. 反之，若 X,Y 不相关，X 与 Y 却不一定独立（见例 4-19）. 不相关只是就线性关系来说的，而相互独立是就一般关系而言的.

对于随机变量 X 与 Y，下面的事实是等价的.

（1）X 与 Y 不相关；

（2）$\mathrm{Cov}(X,Y)=0$；

（3）$\rho_{XY}=0$；

（4）$E(XY)=E(X)E(Y)$；

（5）$D(X\pm Y)=D(X)+D(Y)$.

请读者自己证明.

视频：相关图

例 4-19　设 (X,Y) 的分布律为

Y ＼ X	−2	−1	1	2	$p_{\cdot j}$
1	0	$\dfrac{1}{4}$	$\dfrac{1}{4}$	0	$\dfrac{1}{2}$
4	$\dfrac{1}{4}$	0	0	$\dfrac{1}{4}$	$\dfrac{1}{2}$
$p_{i\cdot}$	$\dfrac{1}{4}$	$\dfrac{1}{4}$	$\dfrac{1}{4}$	$\dfrac{1}{4}$	1

试证明：X,Y 不相关但不相互独立.

证　由分布律易知

$$E(X) = 0, \qquad E(Y) = \frac{5}{2}, \qquad E(XY) = 0,$$

于是 $\rho_{XY} = 0$, X 与 Y 不相关，表示 X, Y 之间不存在线性关系，但是

$$P\{X = -2, Y = 1\} = 0 \neq P\{X = -2\}P\{Y = 1\},$$

因而 X 与 Y 不独立.

　　事实上，例 4-19 中， X 与 Y 具有关系 $Y = X^2$. 此例表明， X 与 Y 不相关，只说明 X, Y 之间不存在线性关系，它们之间可能会有其他函数关系.

　　例 4-20　设 (X, Y) 服从二维正态分布，即概率密度函数为

$$f(x, y) = \frac{1}{2\pi\sigma_1\sigma_2\sqrt{1-\rho^2}} \exp\left\{ -\frac{1}{2(1-\rho^2)} \left[\frac{(x-\mu_1)^2}{\sigma_1^2} - \frac{2\rho(x-\mu_1)(y-\mu_2)}{\sigma_1\sigma_2} + \frac{(y-\mu_2)^2}{\sigma_2^2} \right] \right\},$$

其中， $\mu_1, \mu_2, \sigma_1, \sigma_2, \rho$ 都是常数，且 $\sigma_1 > 0, \sigma_2 > 0, -\infty < \mu_1, \mu_2 < +\infty, -1 < \rho < 1$ ，记作

$$(X, Y) \sim N(\mu_1, \mu_2, \sigma_1^2, \sigma_2^2, \rho),$$

求 X 与 Y 的相关系数 ρ_{XY} .

　　解　先来求边缘概率密度函数. 因为

$$\frac{(x-\mu_1)^2}{\sigma_1^2} - 2\rho\frac{(x-\mu_1)(y-\mu_2)}{\sigma_1\sigma_2} + \frac{(y-\mu_2)^2}{\sigma_2^2}$$

$$= \left(\frac{y-\mu_2}{\sigma_2} - \rho\frac{x-\mu_1}{\sigma_1} \right)^2 + (1-\rho^2)\frac{(x-\mu_1)^2}{\sigma_1^2},$$

文档：相互独立与不相关

所以

$$f_X(X) = \int_{-\infty}^{+\infty} f(x, y)\mathrm{d}y$$

$$= \frac{1}{2\pi\sigma_1\sigma_2\sqrt{1-\rho^2}} e^{-\frac{(x-\mu_1)}{2\sigma_1^2}} \int_{-\infty}^{+\infty} e^{-\frac{1}{2(1-\rho^2)}\left(\frac{y-\mu_2}{\sigma_2} - \rho\frac{x-\mu_1}{\sigma_1} \right)^2} \mathrm{d}y.$$

再令 $t = \frac{1}{\sqrt{1-\rho^2}}\left(\frac{y-\mu_2}{\sigma_2} - \rho\frac{x-\mu_1}{\sigma_1} \right)$ ，则 $\mathrm{d}y = \sigma_2\sqrt{1-\rho^2}\mathrm{d}t$ ，于是

$$f_X(x) = \frac{1}{\sqrt{2\pi}\sigma_1} e^{-\frac{(x-\mu_1)}{2\sigma_1^2}} \int_{-\infty}^{+\infty} \frac{1}{\sqrt{2\pi}} e^{-\frac{t^2}{2}} \mathrm{d}t = \frac{1}{\sqrt{2\pi}\sigma_1} e^{-\frac{(x-\mu_1)}{2\sigma_1^2}} \quad (-\infty < y < +\infty).$$

　　类似地，有

$$f_Y(y) = \frac{1}{\sqrt{2\pi}\sigma_1} e^{-\frac{(y-\mu_2)}{2\sigma_2^2}} \quad (-\infty < y < +\infty).$$

　　因此

$$E(X) = \mu_1, \qquad D(X) = \sigma_1^2, \qquad E(Y) = \mu_2, \qquad D(Y) = \sigma_2^2,$$

则 X 与 Y 的相关系数为

$$\rho_{XY} = \frac{E\{[X - E(X)][Y - E(Y)]\}}{\sqrt{D(X)}\sqrt{D(Y)}}$$

$$= \frac{1}{\sigma_1\sigma_2} \int_{-\infty}^{+\infty} \int_{-\infty}^{+\infty} (x-\mu_1)(y-\mu_2) f(x, y)\mathrm{d}x\mathrm{d}y,$$

令 $s=\dfrac{x-\mu_1}{\sigma_1}$，$t=\dfrac{y-\mu_2}{\sigma_2}$，则

$$\rho_{XY}=\int_{-\infty}^{+\infty}\int_{-\infty}^{+\infty}\frac{st}{2\pi\sqrt{1-\rho^2}}\mathrm{e}^{-\frac{1}{2(1-\rho^2)}\left(s^2-2\rho st+t^2\right)}\mathrm{d}s\mathrm{d}t$$

$$=\int_{-\infty}^{+\infty}\int_{-\infty}^{+\infty}\frac{st}{2\pi\sqrt{1-\rho^2}}\mathrm{e}^{-\frac{\left[(t-\rho s)^2+(1-\rho^2)s^2\right]}{2(1-\rho^2)}}\mathrm{d}s\mathrm{d}t$$

$$=\int_{-\infty}^{+\infty}\frac{s}{\sqrt{2\pi}}\mathrm{e}^{-\frac{s^2}{2}}\left[\int_{-\infty}^{+\infty}\frac{t}{\sqrt{2\pi}\sqrt{1-\rho^2}}\mathrm{e}^{-\frac{(t-\rho s)^2}{2(1-\rho^2)}}\mathrm{d}t\right]\mathrm{d}s.$$

注意到在对 t 进行配方之后，第二个积分号下的被积函数恰好是正态分布 $N(\rho s,\ (1-\rho^2))$ 的概率密度函数 $f(t)$ 与实数 t 的乘积，其积分 $\int_{-\infty}^{+\infty}tf(t)\mathrm{d}t$ 是正态分布 $N(\rho s,(1-\rho^2))$ 的期望值 ρs，因此

$$\rho_{XY}=\int_{-\infty}^{+\infty}\frac{\rho s^2}{\sqrt{2\pi}}\mathrm{e}^{-\frac{s^2}{2}}\mathrm{d}s=\rho\int_{-\infty}^{+\infty}\frac{s^2}{\sqrt{2\pi}}\mathrm{e}^{-\frac{s^2}{2}}\mathrm{d}s.$$

显然，最右边的积分恰是标准正态分布的方差，因此积分值为 1，即

$$\rho_{XY}=\rho.$$

例 4-20 表明，二维正态分布确定的两个边缘分布都是一维正态分布，即若 $(X,Y)\sim N\left(\mu_1,\mu_2,\sigma_1^2,\sigma_2^2,\rho\right)$，则 $X\sim N(\mu_1,\sigma_1^2)$，$X\sim N(\mu_2,\sigma_2^2)$.

二维正态分布 $N\left(\mu_1,\mu_2,\sigma_1^2,\sigma_2^2,\rho\right)$ 中的 5 个参数分别为

$$E(X)=\mu_1,\qquad E(Y)=\mu_2,\qquad D(X)=\sigma_1^2,\qquad D(Y)=\sigma_2^2,\qquad \rho_{XY}=\rho.$$

对于二维正态随机变量 (X,Y) 来说，X 与 Y 不相关等价于 X 与 Y 相互独立. 但在一般情况下，若 X 与 Y 相互独立，则 X 与 Y 不相关；反之，若 X 与 Y 不相关，却不能断言 X 与 Y 相互独立.

习 题 4-3

1. 设二维随机变量 (X,Y) 的概率密度函数为

$$f(x,y)=\begin{cases}\dfrac{1}{\pi}, & x^2+y^2\leqslant 1,\\ 0, & \text{其他}.\end{cases}$$

试验证：X 与 Y 是不相关的，但 X 和 Y 不是相互独立的.

2. 设随机向量 (X,Y) 的分布律为

Y \ X	-2	0	2
-2	0	$\frac{1}{4}$	0
0	$\frac{1}{4}$	0	$\frac{1}{4}$
2	0	$\frac{1}{4}$	0

证明：X 与 Y 是不相关的，但 X 和 Y 不是相互独立的.

3. 已知二维离散型随机变量 (X, Y) 的分布律为

Y　　　　X	−2	1
0	0.1	0.8
1	0	0.1

求 X 与 Y 的相关系数 ρ_{XY}.

4. 设随机变量 (X, Y) 的概率密度函数为

$$f(x, y) = \begin{cases} 1, & |y| < x, 0 < x < 1, \\ 0, & \text{其他}, \end{cases}$$

求 $E(X)$，$E(Y)$，$\mathrm{Cov}(X, Y)$.

5. 设随机变量 (X, Y) 的概率密度函数为

$$f(x, y) = \begin{cases} \dfrac{1}{8}(x + y), & 0 \leqslant x \leqslant 2, 0 \leqslant y \leqslant 2, \\ 0, & \text{其他}, \end{cases}$$

求 $E(X)$，$E(Y)$，$\mathrm{Cov}(X, Y)$，ρ_{XY}，$D(X + Y)$.

6. 已知三个随机变量 X, Y, Z，$E(X) = E(Y) = 1$，$E(Z) = -1$，$D(X) = D(Y) = D(Z) = 1$，$\rho_{ZY} = 0$，$\rho_{XZ} = \dfrac{1}{2}$，$\rho_{YZ} = -\dfrac{1}{2}$，求 $E(X + Y + Z)$，$D(X + Y + Z)$.

7. 已知随机变量 X 与 Y 分别服从正态分布 $N(1, 3^2)$ 和 $N(0, 4^2)$，且 X 与 Y 的相关系数 $\rho_{XY} = -\dfrac{1}{2}$，设 $Z = \dfrac{X}{3} + \dfrac{Y}{2}$，

（1）求 $E(Z), D(Z), \rho_{XZ}$；

（2）问 X 与 Z 是否相互独立，为什么？

8. 对随机变量 X 与 Y，已知 $D(X) = 2$，$D(Y) = 3$，$\mathrm{Cov}(X, Y) = -1$，计算：

$$\mathrm{Cov}(3X - 2Y + 1, X + 4Y - 3).$$

第四节　矩、协方差矩阵

一、矩、协方差矩阵的定义

定义 4-7　设 X 和 Y 是随机变量，

（1）若 $E(X^k)$ $(k = 1, 2, \cdots)$ 存在，则称它为 X 的 k 阶原点矩，简称 k 阶矩；

（2）若 $E[X - E(X)]^k$ $(k = 1, 2, \cdots)$ 存在，则称它为 X 的 k 阶中心矩；

（3）若 $E(X^k Y^l)$ $(k = 1, 2, \cdots; l = 1, 2, \cdots)$ 存在，则称它为 X 和 Y 的 $k + l$ 阶原点混合矩；

（4）若 $E\left\{ [X - E(X)]^k [Y - E(Y)]^l \right\}$ $(k, l = 1, 2, \cdots)$ 存在，则称它为 X 和 Y 的 $k + l$ 阶中心混合矩.

显然，由定义可知，X 的数学期望 $E(X)$ 是 X 的一阶原点矩，方差 $D(X)$ 是 X 的二阶中

心矩，协方差 $\mathrm{Cov}(X,Y)$ 是 X 和 Y 的二阶中心混合矩.

定义 4-8　设 n 维随机变量 $(X_1, X_2, \cdots, X_n)$ 的二阶中心混合矩

$$C_{ij} = \mathrm{Cov}(X_i, X_j) = E\left\{\left[X_i - E(X_i)\right]\left[X_j - E(X_j)\right]\right\} \quad (i,j = 1,2,\cdots,n)$$

都存在，则称矩阵

$$\boldsymbol{C} = \begin{pmatrix} C_{11} & C_{12} & \cdots & C_{1n} \\ C_{21} & C_{22} & \cdots & C_{2n} \\ \vdots & \vdots & & \vdots \\ C_{n1} & C_{n2} & \cdots & C_{nn} \end{pmatrix} \tag{4-16}$$

为 n 维随机变量 $(X_1, X_2, \cdots, X_n)$ 的**协方差矩阵**. 由于 $C_{ij} = C_{ji}$ $(i \neq j$; $i,j = 1,2,\cdots,n)$，特别地，$C_{ii} = D(X_i)$ $(i = 1,2,\cdots,n)$，故上述矩阵是一个**对称矩阵**.

一般，n 维随机变量的分布是未知的，或者是太复杂，以至于在数学上不易处理，因此在实际应用中协方差矩阵就显得很重要了.

二、n 维正态随机变量

下面将借助协方差矩阵，介绍 n 维正态随机变量的概率密度函数. 先将二维正态随机变量的概率密度函数改写成另一种形式，以便将它推广到 n 维随机变量的情形中去.

设二维正态随机变量 (X_1, X_2) 的概率密度函数为

$$f(x_1, x_2) = \frac{1}{2\pi\sigma_1\sigma_2} \frac{1}{\sqrt{1-\rho^2}} \mathrm{e}^{\left\{-\frac{1}{2(1-\rho^2)}\left[\frac{(x_1-\mu_1)^2}{\sigma_1^2} - 2\rho\frac{(x_1-\mu_1)(x_2-\mu_2)}{\sigma_1\sigma_2} + \frac{(x_2-\mu_2)^2}{\sigma_2^2}\right]\right\}}.$$

现在将上式大括号内的式子写成矩阵形式，为此引入下面的矩阵：

$$\boldsymbol{X} = \begin{pmatrix} x_1 \\ x_2 \end{pmatrix}, \qquad \boldsymbol{\mu} = \begin{pmatrix} \mu_1 \\ \mu_2 \end{pmatrix},$$

(X_1, X_2) 的协方差矩阵为

$$\boldsymbol{C} = \begin{pmatrix} C_{11} & C_{12} \\ C_{21} & C_{22} \end{pmatrix} = \begin{pmatrix} \sigma_1^2 & \rho\sigma_1\sigma_2 \\ \rho\sigma_1\sigma_2 & \sigma_2^2 \end{pmatrix},$$

它的行列式 $|\boldsymbol{C}| = \sigma_1^2\sigma_2^2(1-\rho^2)$，$\boldsymbol{C}$ 的逆矩阵为

$$\boldsymbol{C}^{-1} = \frac{1}{|\boldsymbol{C}|}\begin{pmatrix} \sigma_2^2 & -\rho\sigma_1\sigma_2 \\ -\rho\sigma_1\sigma_2 & \sigma_1^2 \end{pmatrix},$$

经计算有

$$(\boldsymbol{X} - \boldsymbol{\mu})^{\mathrm{T}}\boldsymbol{C}^{-1}(\boldsymbol{X} - \boldsymbol{\mu})$$

$$= \frac{1}{|\boldsymbol{C}|}\begin{bmatrix} x_1 - \mu_1 & x_1 - \mu_2 \end{bmatrix}\begin{pmatrix} \sigma_2^2 & -\rho\sigma_1\sigma_2 \\ -\rho\sigma_1\sigma_2 & \sigma_1^2 \end{pmatrix}\begin{pmatrix} x_1 - \mu_1 \\ x_2 - \mu_2 \end{pmatrix}$$

$$= \frac{1}{1-\rho^2}\left[\frac{(x_1-\mu_1)^2}{\sigma_1^2} - 2\rho\frac{(x_1-\mu_1)(x_2-\mu_2)}{\sigma_1\sigma_2} + \frac{(x_2-\mu_2)^2}{\sigma_2^2}\right],$$

于是 (X_1, X_2) 的概率密度函数可写成

$$f(x_1, x_2) = \frac{1}{(2\pi)^{2/2} |C|^{1/2}} \exp\left[-\frac{1}{2}(X - \mu)^{\mathrm{T}} C^{-1}(X - \mu)\right]. \tag{4-17}$$

式（4-17）容易推广到 n 维正态随机变量 $(X_1, X_2, \cdots, X_n)$ 的情形.

定义 4-9　引入列矩阵

$$X = \begin{pmatrix} x_1 \\ x_2 \\ \vdots \\ x_n \end{pmatrix}, \qquad \mu = \begin{pmatrix} \mu_1 \\ \mu_2 \\ \vdots \\ \mu_n \end{pmatrix} = \begin{pmatrix} E(X_1) \\ E(X_2) \\ \vdots \\ E(X_n) \end{pmatrix},$$

n 维正态随机变量 $(X_1, X_2, \cdots, X_n)$ 的概率密度函数定义为

$$f(x_1, x_2, \cdots, x_n) = \frac{1}{(2\pi)^{n/2} |C|^{1/2}} \exp\left[-\frac{1}{2}(X - \mu)^{\mathrm{T}} C^{-1}(X - \mu)\right], \tag{4-18}$$

其中，C 是 $(X_1, X_2, \cdots, X_n)$ 的协方差矩阵.

下面不加证明地给出 n 维正态随机变量的三条性质.

（1）n 维随机变量 $(X_1, X_2, \cdots, X_n)$ 服从 n 维正态分布的充分必要条件是 $X_1, X_2, \cdots, X_n$ 的任意线性组合

$$l_1 X_1 + l_2 X_2 + \cdots + l_n X_n$$

服从一维正态分布.

（2）若 $(X_1, X_2, \cdots, X_n)$ 服从 n 维正态分布，设 $Y_1, Y_2, \cdots, Y_k$ 是 $X_1, X_2, \cdots, X_n$ 的线性函数，则 $(Y_1, Y_2, \cdots, Y_k)$ 也服从多维正态分布.

这一性质称为正态随机变量的线性变换不变性.

（3）设 $(X_1, X_2, \cdots, X_n)$ 服从 n 维正态分布，则 $X_1, X_2, \cdots, X_n$ 相互独立与 $X_1, X_2, \cdots, X_n$ 两两不相关是等价的.

例 4-21　已知随机变量 X 与 Y 的联合分布律如下表：

X \ Y	-2	0	1	$p_{i\cdot}$
-1	0.30	0.12	0.18	0.60
1	0.10	0.18	0.12	0.40
$p_{\cdot j}$	0.40	0.30	0.30	1

求 (X, Y) 的协方差矩阵.

解　$E(X) = (-1) \times 0.6 + 1 \times 0.4 = -0.2$,　　　$E(Y) = -0.5$,

$E(X^2) = (-1)^2 \times 0.6 + 1^2 \times 0.4 = 1$,　　　$E(Y^2) = 1.9$,

$C_{11} = D(X) = 1 - 0.04 = 0.96$,

$C_{22} = D(Y) = 1.9 - 0.25 = 1.65$,

$E(XY) = (-1)(-2) \times 0.3 + (-1) \times 1 \times 0.18 + 1 \times (-2) \times 0.1 + 1 \times 1 \times 0.12 = 0.34$,

$C_{12} = C_{21} = \mathrm{Cov}(X, Y) = E(XY) - E(X)E(Y) = 0.24$,

因此

$$C = \begin{pmatrix} 0.96 & 0.24 \\ 0.24 & 1.65 \end{pmatrix}.$$

习　题　4-4

1. 设随机变量 X 的概率密度函数为

$$f(x)=\begin{cases}0.5x, & 0<x<2,\\ 0, & 其他,\end{cases}$$

求随机变量 X 的一至二阶原点矩和中心矩.

2. 随机变量 (X,Y) 服从二维正态分布，已知 $E(X)=0,E(Y)=0$，协方差矩阵是

$$C=\begin{pmatrix}16 & 12\\ 12 & 25\end{pmatrix},$$

求 (X,Y) 的概率密度函数 $f(x,y)$.

3. 设随机变量 $W=(aX+3Y)^2$，$E(X)=E(Y)=0$，$D(X)=4$，$D(Y)=16$，$\rho_{XY}=-0.5$，求常数 a 使 $E(W)$ 为最小，并求 $E(W)$ 的最小值.

4. 设随机变量 (X,Y) 服从二维正态分布，且 $D_X=\sigma_X^2,D_Y=\sigma_Y^2$，证明当 $a^2=\sigma_X^2/\sigma_Y^2$ 时，随机变量 $W=X-aY$ 与 $V=X+aY$ 相互独立.

5. 设 (X,Y) 服从二维正态分布，其概率密度函数为

$$f(x,y)=\frac{1}{2\pi}e^{-\left[2x^2+\sqrt{3}x(y-1)+\frac{1}{2}(y-1)^2\right]},$$

求 $f_X(x)$，$f_Y(y)$，$\mathrm{Cov}(X,Y)$，ρ_{XY}.

6. 设 (X,Y) 服从二维正态分布，其概率密度函数为

$$f(x,y)=\frac{1}{2\pi\cdot10^2}e^{-\frac{1}{2}\left(\frac{x^2}{10^2}+\frac{y^2}{10^2}\right)}\quad(-\infty<x,y<+\infty),$$

求 $P\{X<Y\}$.

历年考研试题选讲四

下面再讲解若干个近十几年来概率论与数理统计的考研题目，以供读者体会概率论与数理统计考研题目的难度、深度和广度，从而对概率论与数理统计的学习起到一个很好的参考作用.

例1（2005 年，数学一）　设 $X_1,X_2,\cdots,X_n(n>2)$ 为来自总体 $N(0,1)$ 的简单随机样本，$\bar{X}$ 为样本均值，记 $Y_i=X_i-\bar{X}\ (i=1,2,\cdots,n)$，求：

（1）Y_i 的方差 $D(Y_i)\ (i=1,2,\cdots,n)$；

（2）Y_1 与 Y_n 的协方差 $\mathrm{Cov}(Y_1,Y_n)$.

解　（1）$D(Y_i)=D(X_i-\bar{X})=D\left[\left(1-\frac{1}{n}\right)X_i-\frac{1}{n}\sum_{j=1,j\neq i}^{n}X_j\right]$

$$=\left(1-\frac{1}{n}\right)^2D(X_i)+\frac{1}{n^2}\sum_{j=1,j\neq i}^{n}D(X_j)$$

$$=\left(1-\frac{1}{n}\right)^2\times1+\frac{1}{n^2}\times(n-1)=\frac{n-1}{n}\quad(i=1,2,\cdots,n).$$

（2）$\mathrm{Cov}(Y_1, Y_n) = E\left\{Y_1 - E(Y_1)\left[Y_n - E(Y_n)\right]\right\}$

$$= E(Y_1 Y_n) = E\left[(X_1 - \bar{X})(X_n - \bar{X})\right]$$

$$= E(X_1 X_n - X_1 \bar{X} - X_n \bar{X} + \bar{X}^2)$$

$$= E(X_1 X_n) - 2E(X_1 \bar{X}) + E(\bar{X}^2)$$

$$= 0 - \frac{2}{n} E\left(X_1^2 + \sum_{j=2}^{n} X_1 X_j\right) + D(\bar{X}) + E^2(\bar{X})$$

$$= -\frac{2}{n} + \frac{1}{n} = -\frac{1}{n}.$$

例 2（2008 年，数学一、数学三）　设随机变量 X 服从参数为 1 的泊松分布，则 $P\{X = E(X^2)\} = \underline{\qquad}$.

解　$E(X^2) = D(X) + E^2(X) = 1 + 1^2 = 2$，所以

$$P\{X = E(X^2)\} = P\{X = 2\} = \frac{1^2 \mathrm{e}^{-1}}{2!} = \frac{1}{2\mathrm{e}}.$$

例 3（2008 年，数学一、数学三）　设随机变量 $X \sim N(0,1)$，$Y \sim N(1,4)$，且相关系数 $\rho_{XY} = 1$，则 \underline{\qquad}.

（A）$P\{Y = -2X - 1\} = 1$　　　　　　（B）$P\{Y = 2X - 1\} = 1$

（C）$P\{Y = -2X + 1\} = 1$　　　　　　（D）$P\{Y = 2X + 1\} = 1$

解　由 $P\{Y = aX + b\} = 1$ 可得，$E(Y) = aE(X) + b$，又 $X \sim N(0,1)$，$Y \sim N(1,4)$，所以 $1 = a \times 0 + b$，即 $b = 1$，同时 X 与 Y 正相关，有 $a > 0$，故答案选（D）.

例 4（2009 年，数学一）　设随机变量 X 的分布函数为 $F(x) = 0.3\Phi(x) + 0.7\Phi\left(\dfrac{x-1}{2}\right)$，其中 $\Phi(x)$ 为标准正态分布的分布函数，则 $E(X) = \underline{\qquad}$.

（A）0　　　　　　　　　　　　　　　（B）0.3

（C）0.7　　　　　　　　　　　　　　（D）1

解　由于

$$F(x) = 0.3\Phi(x) + 0.7\Phi\left(\frac{x-1}{2}\right),$$

故

$$f(x) = F'(x) = 0.3\varphi(x) = 0.7\varphi\left(\frac{x-1}{2}\right) \cdot \frac{1}{2}$$

其中，$\varphi(x)$ 为标准正态分布的概率密度函数，有

$$E(X) = \int_{-\infty}^{+\infty} x f(x) \mathrm{d}x = \int_{-\infty}^{+\infty} 0.3 x \varphi(x) \mathrm{d}x + \int_{-\infty}^{+\infty} 0.35 x \varphi\left(\frac{x-1}{2}\right) \mathrm{d}x$$

$$= 0.3 \int_{-\infty}^{+\infty} x \varphi(x) \mathrm{d}x + 0.7 \int_{-\infty}^{+\infty} (2t + 1)\varphi(t) \mathrm{d}t$$

$$= 0.3 \times 0 + 0.7 \times (0 + 1) = 0.7,$$

因此答案选（C）.

例 5（**2010 年，数学一**）　设随机变量 X 的分布律为 $P\{X=k\}=\dfrac{C}{k!}$ $(k=0,1,2,\cdots)$，则 $E(X^2)=$_____.

解　泊松分布的分布律为 $P\{X=k\}=\dfrac{\lambda^k \mathrm{e}^{-\lambda}}{k!}$ $(k=0,1,2,\cdots)$，对比 $P\{X=k\}=\dfrac{C}{k!}$ $(k=0,1,2,\cdots)$，可以看出 $C=\mathrm{e}^{-1}$，$X\sim\pi(1)$，所以 $E(X^2)=D(X)+E^2(X)=1+1^2=2$.

例 6（**2011 年，数学一**）　设随机变量 X 与 Y 相互独立，且 $E(X)$ 与 $E(Y)$ 都存在，记 $U=\max\{X,Y\}$，$V=\min\{X,Y\}$，则 $E(UV)=$_____.

（A）$E(U)\cdot E(V)$　　　　　　　　　　（B）$E(X)\cdot E(Y)$
（C）$E(U)\cdot E(Y)$　　　　　　　　　　（D）$E(X)\cdot E(V)$

解　因为

$$U=\max\{X,Y\}=\frac{X+Y=|X-Y|}{2},$$

$$V=\min\{X,Y\}=\frac{X+Y-|X-Y|}{2},$$

所以

$$UV=\frac{X+Y+|X-Y|}{2}\cdot\frac{X+Y-|X-Y|}{2}=XY.$$

又 X 与 Y 相互独立，则 $E(UV)=E(XY)=E(X)\cdot E(Y)$，故答案选（B）.

例 7（**2011 年，数学一、数学三**）　设二维随机变量 (X,Y) 服从正态分布 $N(\mu,\mu,\sigma^2,\sigma^2,0)$，则 $E(XY^2)=$_____.

解　因为 $(X,Y)\sim N(\mu,\mu,\sigma^2,\sigma^2,0)$，所以 X 与 Y 相互独立，且
$$E(X)=E(Y)=\mu,\qquad D(X)=D(Y)=\sigma^2,$$
故
$$E(XY^2)=E(X)\cdot E(Y^2)=E(X)\cdot[D(Y)+E^2(Y)]=\mu(\sigma^2+\mu^2).$$

例 8（**2012 年，数学一**）　将长度为 1 m 的木棒随机地截成两段，则两段的长度的相关系数为_____.

（A）1　　　　　　（B）$\dfrac{1}{2}$　　　　　　（C）$-\dfrac{1}{2}$　　　　　　（D）-1

解　设木棒截成两段的长度分别为 X 与 Y，显然 $X+Y=1$，于是
$$D(Y)=D(1-X)=D(X),$$
$$\mathrm{Cov}(X,Y)=\mathrm{Cov}(X,1-X)=\mathrm{Cov}(X,1)-\mathrm{Cov}(X,X)=-D(X),$$
$$\rho_{XY}=\frac{\mathrm{Cov}(X,Y)}{\sqrt{D(X)}\sqrt{D(Y)}}=\frac{-D(X)}{\sqrt{D(X)}\sqrt{D(X)}}=-1,$$
故答案选（D）.

此题也可以根据 $Y=1-X$ 判断 X 与 Y 为明显的负线性关系，所以选（D）.

例 9（**2012 年，数学一**）　设随机变量 X 与 Y 相互独立，且都服从参数为 1 的指数分布，记 $U=\max\{X,Y\}$，$V=\min\{X,Y\}$. 求：

（1）V 的概率密度函数 $f_V(v)$；（2）$E(U+V)$.

解　（1）由已知有 $f_Y(y) = \begin{cases} e^{-x}, & y>0, \\ 0, & y \leqslant 0, \end{cases}$ 且 $P\{X>t\} = e^{-t}$ $(t>0)$. 当 $y>0$ 时

$$F_V(v) = P\{V \leqslant v\} = P\{\min\{X,Y\} \leqslant v\}$$
$$= 1 - P\{\min\{X,Y\}>v\} = 1 - P\{X>v, Y>v\}$$
$$= 1 - P\{X>v\}P\{Y>v\} = 1 - e^{-v} \cdot e^{-v} = 1 - e^{-2v};$$

当 $v \leqslant 0$ 时，$F_V(v) = 0$. 因此，

$$f_V(v) = F_V'(v) = \begin{cases} 2e^{-2v}, & v>0, \\ 0, & v \leqslant 0. \end{cases}$$

（2）因为 $U + V = \max\{X,Y\} + \min\{X,Y\} = X + Y$，所以

$$E(U+V) = E(X+Y) = E(X) + E(Y) = 1 + 1 = 2.$$

例 10 （**2012 年，数学一、数学三**）　设二维离散型随机变量 (X,Y) 的分布律为

X \ Y	0	1	2
0	$\dfrac{1}{4}$	0	$\dfrac{1}{4}$
1	0	$\dfrac{1}{3}$	0
2	$\dfrac{1}{12}$	0	$\dfrac{1}{12}$

求：（1）$P\{X = 2Y\}$；

（2）$\mathrm{Cov}(X-Y, Y)$.

解　（1）$P\{X = 2Y\} = P\{X=0, Y=0\} + P\{X=2, Y=1\} = \dfrac{1}{4}$.

（2）容易求得 X，Y，XY 的分布律为

X	0	1	2
p_k	$\dfrac{1}{2}$	$\dfrac{1}{3}$	$\dfrac{1}{6}$

Y	0	1	2
p_k	$\dfrac{1}{3}$	$\dfrac{1}{3}$	$\dfrac{1}{3}$

XY	0	1	2	4
p_k	$\dfrac{7}{12}$	$\dfrac{1}{3}$	0	$\dfrac{1}{12}$

$$E(X) = 0 \times \frac{1}{2} + 1 \times \frac{1}{3} + 2 \times \frac{1}{6} = \frac{2}{3},$$
$$E(Y) = 0 \times \frac{1}{3} + 1 \times \frac{1}{3} + 2 \times \frac{1}{3} = 1,$$

$$D(Y) = \frac{1}{3} \times (0-1)^2 + \frac{1}{3} \times (1-1)^2 + \frac{1}{3} \times (2-1)^2 = \frac{2}{3},$$

$$E(XY) = 0 \times \frac{7}{12} + 1 \times \frac{1}{3} + 2 \times 0 + 4 \times \frac{1}{12} = \frac{2}{3},$$

故

$$\text{Cov}(X-Y,Y) = \text{Cov}(X,Y) + \text{Cov}(-Y,Y) = E(XY) - E(X) \cdot E(Y) - D(Y)$$

$$= \frac{2}{3} - \frac{2}{3} \times 1 - \frac{2}{3} = -\frac{2}{3}.$$

例 11（2013 年，数学三） 设随机变量 X 服从标准正态分布 $N(0,1)$，则 $E(Xe^{2X}) = $ _____.

解 $E(Xe^{2X}) = \int_{-\infty}^{+\infty} xe^{2x} \cdot \frac{1}{\sqrt{2\pi}} e^{-\frac{x^2}{2}} dx = e^2 \cdot \int_{-\infty}^{+\infty} x \frac{1}{\sqrt{2\pi}} e^{-\frac{x^2-4x+4}{2}} dx$

$$= e^2 \cdot \int_{-\infty}^{+\infty} x \frac{1}{\sqrt{2\pi}} e^{-\frac{(x-2)^2}{2}} dx = e^2 \cdot 2 = 2e^2.$$

例 12（2014 年，数学一、数学三） 设随机变量 X 的分布律为 $P\{X=1\} = P\{X=2\} = \frac{1}{2}$，在给定 $X=i$ 的条件下，随机变量 Y 服从均匀分布 $U(0,1)(i=1,2)$. 求：

（1）Y 的分布函数 $F_Y(y)$；（2）$E(Y)$.

解 （1）记 $U(0,i)$ 的分布函数为 $F_i(x)(i=1,2)$，则

$$F_i(x) = \begin{cases} 0, & x < 0, \\ \dfrac{x}{i}, & 0 \leqslant x < i, (i=1,2), \\ 1, & x \geqslant i \end{cases}$$

$$F_Y(y) = P\{Y \leqslant y\} = P\{X=1\}P\{Y \leqslant y \mid X=1\} + P\{X=2\}P\{Y \leqslant y \mid X=2\}$$

$$= \frac{1}{2}P\{Y \leqslant y \mid X=1\} + \frac{1}{2}P\{Y \leqslant y \mid X=2\} = \frac{1}{2}P\{Y \leqslant y\} + \frac{1}{2}P\{Y \leqslant y\}$$

$$= \frac{1}{2}F_1(y) + \frac{1}{2}F_2(y) = \begin{cases} 0, & y = 0, \\ \dfrac{3}{4}y, & 0 \leqslant y < 1, \\ \dfrac{1}{2} + \dfrac{3}{4}y, & 1 \leqslant y < 2, \\ 1, & y \geqslant 2. \end{cases}$$

（2）随机变量 Y 的概率密度函数为

$$f_Y(y) = F_Y'(y) = \begin{cases} \dfrac{3}{4}, & 0 < y < 1, \\ \dfrac{1}{4}, & 1 \leqslant y < 2, \\ 0, & \text{其他}, \end{cases}$$

故

$$E(Y) = \int_{-\infty}^{+\infty} y f_Y(y) dy = \int_0^1 \frac{3}{4} y dy + \int_1^2 \frac{1}{4} y dy = \frac{3}{4}.$$

例 13（2015 年，数学一） 设随机变量 X，Y 不相关，且 $E(X) = 2$，$E(Y) = 1$，$D(X) = 3$，

则 $E[X(X+Y-2)]=$ _____.

（A）-3　　　　（B）3　　　　（C）-5　　　　（D）5

解　$E[X(X+Y-2)]=E(X^2+XY-2X)=E(X^2)+E(XY)-2E(X)$

$$=D(X)+E^2(X)+E(X)\cdot E(Y)-2E(X)$$

$$=3+4+2-4=5,$$

故答案选（D）.

例 14（2014 年,数学三）　设随机变量 X , Y 的分布律相同, X 的分布律为 $P\{X=0\}=\dfrac{1}{3}$,

$P\{X=1\}=\dfrac{2}{3}$, 且 X 与 Y 的相关系数 $\rho_{XY}=\dfrac{1}{2}$. 求:

（1）(X,Y) 的分布律;

（2）$P\{X+Y\leqslant 1\}$.

解　（1）由于 X , Y 的分布律相同, 都服从（0-1）分布, 所以设 (X,Y) 的分布律为

X＼Y	0	1	$P_{i\cdot}$
0	a	b	$\dfrac{1}{3}$
1	c	d	$\dfrac{2}{3}$
$P_{\cdot j}$	$\dfrac{1}{3}$	$\dfrac{2}{3}$	1

$$E(X)=E(Y)=\frac{2}{3},\qquad D(X)=D(Y)=\frac{2}{9},\qquad E(XY)=d,$$

$$\text{Cov}(X,Y)=E(XY)-E(X)\cdot E(Y)=d-\frac{4}{9},$$

由 $\rho_{XY}=\dfrac{\text{Cov}(X,Y)}{\sqrt{D(X)}\sqrt{D(Y)}}=\dfrac{d-\dfrac{4}{9}}{\dfrac{2}{9}}=\dfrac{1}{2}$ 有, $d=\dfrac{5}{9}$, 再根据联合分布和边缘分布的关系有

$b=c=\dfrac{2}{3}-d=\dfrac{1}{9}$, $a=\dfrac{1}{3}-b=\dfrac{2}{9}$, 故 $(X$, $Y)$ 的分布律为

X＼Y	0	1	$P_{i\cdot}$
0	$\dfrac{2}{9}$	$\dfrac{1}{9}$	$\dfrac{1}{3}$
1	$\dfrac{1}{9}$	$\dfrac{5}{9}$	$\dfrac{2}{3}$
$P_{\cdot j}$	$\dfrac{1}{3}$	$\dfrac{2}{3}$	1

（2）$P\{X+Y\leqslant 1\}=1-P\{X+Y>1\}=1-P\{X=1,Y=1\}=1-\dfrac{5}{9}=\dfrac{4}{9}$.

例 15（2015 年，数学一、数学三）　设随机变量 X 的概率密度函数为

$$f_X(x)=\begin{cases}2^{-x}\ln 2,&x>0,\\0,&\text{其他,}\end{cases}$$

对 X 进行独立重复的观测，直到第 2 个大于 3 的观测值出现时停止，记 Y 为观测次数. 求：

（1）Y 的分布律；

（2）$E(Y)$.

解　（1）记观测值大于 3 的概率为 p，则

$$p=P\{X>3\}=\int_3^{+\infty}2^{-x}\ln 2\,\mathrm{d}x=\dfrac{1}{8},$$

所以 Y 的分布律为

$$P\{Y=k\}=\mathrm{C}_{k-1}^1 p(1-p)^{k-2}\cdot p=(k-1)p^2(1-p)^{k-2}\quad(k=2,3,\cdots).$$

（2）记 $q=1-p$，则

$$E(Y)=\sum_{k=2}^\infty k(k-1)p^2 q^{k-2}=p^2\sum_{k=2}^\infty k(k-1)q^{k-2}=p^2\dfrac{\mathrm{d}}{\mathrm{d}q}\sum_{k=2}^\infty kq^{k-1}$$

$$=p^2\dfrac{\mathrm{d}}{\mathrm{d}q}\left(\sum_{k=1}^\infty kq^{k-1}-1\right)=p^2\dfrac{\mathrm{d}}{\mathrm{d}q}\sum_{k=1}^\infty kq^{k-1}=p^2\left(\dfrac{\mathrm{d}}{\mathrm{d}q}\right)^2\sum_{k=1}^\infty q^k$$

$$=p^2\left(\dfrac{\mathrm{d}}{\mathrm{d}q}\right)^2\left(\sum_{k=0}^\infty q^k-1\right)=p^2\left(\dfrac{\mathrm{d}}{\mathrm{d}q}\right)^2\left(\sum_{k=0}^\infty q^k\right)=p^2\left(\dfrac{\mathrm{d}}{\mathrm{d}q}\right)^2\left(\dfrac{1}{1-q}\right)$$

$$=p^2\dfrac{\mathrm{d}}{\mathrm{d}q}\left[\dfrac{1}{(1-q)^2}\right]=p^2\cdot\dfrac{2}{(1-q)^3}=\dfrac{2}{p}=16.$$

例 16（2016 年，数学一）　随机试验 E 有三种两两互不相容的结果 A_1,A_2,A_3，且三种结果发生的概率均为 $\dfrac{1}{3}$，将试验 E 独立重复做 2 次，X 表示 2 次试验中结果 A_1 发生的次数，Y 表示 2 次试验中结果 A_2 发生的次数，则 X 与 Y 的相关系数为＿＿＿＿＿＿.

（A）$\dfrac{1}{3}$　　　　（B）$-\dfrac{1}{3}$　　　　（C）$\dfrac{1}{2}$　　　　（D）$-\dfrac{1}{2}$

解　由题有 $P(A_1)=P(A_2)=P(A_3)=\dfrac{1}{3}$，且 $X\sim b\left(2,\dfrac{2}{3}\right)$，$Y\sim b\left(2,\dfrac{2}{3}\right)$，显然 $E(X)=E(Y)=\dfrac{2}{3}$，$D(X)=D(Y)=\dfrac{4}{9}$，因为 X 和 Y 的取值均为 $0,1,2$，所以 XY 的取值为 $0,1,2,4$，并且 $P\{XY=4\}=0$，因为 2 次试验中不可能同时有 2 次 A_1 和 2 次 A_2.

同理，可得

$$P\{XY=2\}=P\{X=2,Y=1\}+P\{X=1,Y=2\}=0,$$

$$P\{XY=1\}=P\{X=1,Y=1\}=\mathrm{C}_2^1\dfrac{1}{3}\cdot\dfrac{1}{3}=\dfrac{2}{9},$$

$$P\{XY=0\}=1-\frac{2}{9}=\frac{7}{9},$$

于是
$$E(XY)=\frac{2}{9},$$

$$\mathrm{Cov}(X,Y)=E(XY)-E(X)\cdot E(Y)=\frac{2}{9}-\frac{2}{3}\times\frac{2}{3}=-\frac{2}{9},$$

$$\rho_{XY}=\frac{\mathrm{Cov}(X,Y)}{\sqrt{D(X)}\sqrt{D(Y)}}=\frac{-\dfrac{2}{9}}{\dfrac{2}{3}\times\dfrac{2}{3}}=-\frac{1}{2},$$

故答案选（D）.

例 17（2017 年，数学一、数学三）　设随机变量 X，Y 相互独立，且 X 的分布律为 $P\{X=0\}=P\{X=2\}=\dfrac{1}{2}$，$Y$ 的概率密度函数为 $f_Y(y)=\begin{cases}2y,&0<y<1,\\0,&\text{其他}.\end{cases}$ 求：

（1）$P\{Y\leqslant E(Y)\}$；

（2）$Z=X+Y$ 的概率密度函数.

解　（1）$E(Y)=\displaystyle\int_{-\infty}^{+\infty}yf(y)\mathrm{d}y=\int_0^1 2y^2\mathrm{d}y=\frac{2}{3}$，

$$P\{Y\leqslant E(Y)\}=P\left\{Y\leqslant\frac{2}{3}\right\}=\int_0^{\frac{2}{3}}2y\mathrm{d}y=\frac{4}{9}.$$

（2）先求 $Z=X+Y$ 的分布函数

$$\begin{aligned}F_Z(z)&=P\{Z\leqslant z\}=P\{X+Y\leqslant z\}\\&=P\{X=0\}P\{X+Y\leqslant z\,|\,X=0\}+P\{X=2\}P\{X+Y\leqslant z\,|\,X=2\}\\&=\frac{1}{2}P\{X+Y\leqslant z\,|\,X=0\}+\frac{1}{2}P\{X+Y\leqslant z\,|\,X=2\}\\&=\frac{1}{2}P\{Y\leqslant z\}+\frac{1}{2}P\{Y\leqslant z-2\}.\end{aligned}$$

当 $z<0$ 时，$F_Z(z)=0$；

当 $0\leqslant z<1$ 时，$F_Z(z)=\dfrac{1}{2}P\{Y\leqslant z\}+0=\dfrac{1}{2}\displaystyle\int_0^z 2y\mathrm{d}y=\dfrac{1}{2}z^2$；

当 $1\leqslant z<2$ 时，$F_Z(z)=\dfrac{1}{2}P\{Y\leqslant 1\}+0=\dfrac{1}{2}\displaystyle\int_0^1 2y\mathrm{d}y=\dfrac{1}{2}$；

当 $2\leqslant z<3$ 时

$$\begin{aligned}F_Z(z)&=\frac{1}{2}P\{Y\leqslant 1\}+\frac{1}{2}P\{Y\leqslant z-2\}=\frac{1}{2}+\frac{1}{2}\int_0^{z-2}2y\mathrm{d}y\\&=\frac{1}{2}+\frac{1}{2}(z-2)^2;\end{aligned}$$

当 $z\geqslant 3$ 时，$F_Z(z)=1$.

因此，Z 的概率密度函数为

$$f_Z(z) = F_Z^{'}(z) = \begin{cases} z, & 0 < z < 1, \\ z-2, & 2 \leqslant z < 3, \\ 0, & \text{其他}. \end{cases}$$

例 18（2018 年，数学一，数学三）　设随机变量 X 与 Y 相互独立，X 的分布律为

$P\{X=1\} = P\{X=-1\} = \dfrac{1}{2}$，$Y$ 服从参数为 λ 的泊松分布，令 $Z = XY$．求：

（1）$\mathrm{Cov}(X, Z)$；

（2）Z 的分布律.

解　（1）$E(X) = 0, E(X^2) = 1, E(Y) = \lambda$，则 $E(XZ) = E(X^2Y) = E(X^2) \cdot E(Y) = \lambda$，故

$$\mathrm{Cov}(X, Z) = E(XZ) - E(X) \cdot E(Z) = \lambda.$$

（2）Z 的取值为 $0, \pm 1, \pm 2, \cdots$，有

$$P\{Z = 0\} = P\{X = 1, Y = 0\} + P\{X = -1, Y = 0\} = \frac{1}{2}P\{Y=0\} + \frac{1}{2}P\{Y=0\} = \mathrm{e}^{-\lambda},$$

$$P\{Z = k\} = P\{X = 1, Y = k\} = \frac{1}{2}P\{Y = k\} = \frac{1}{2}\frac{\lambda^k \mathrm{e}^{-\lambda}}{k!},$$

$$P\{Z = -k\} = P\{X = -1, Y = k\} = \frac{1}{2}P\{Y = k\} = \frac{1}{2}\frac{\lambda^k \mathrm{e}^{-\lambda}}{k!},$$

其中，$k = 1, 2, \cdots$.

例 19（2019 年，数学一，数学三）　设随机变量 X 的概率密度函数为 $f(x) = \begin{cases} \dfrac{x}{2}, & 0 < x < 2, \\ 0, & \text{其他}, \end{cases}$

$F(x)$ 为 X 的分布函数，$E(X)$ 为 X 的数学期望，则 $P\{F(X) > E(X) - 1\} = \underline{\hspace{2cm}}$.

解　由已知有

$$E(X) = \int_0^2 x \cdot \frac{x}{2} \mathrm{d}x = \frac{4}{3},$$

$$F(X) = \int_{-\infty}^x f(t)\mathrm{d}t = \begin{cases} 0, & x < 0, \\ \dfrac{x^2}{4}, & 0 \leqslant x < 2, \\ 1, & x \geqslant 2, \end{cases}$$

故

$$P\{F(X) > E(X) - 1\} = P\left\{F(X) > \frac{1}{3}\right\} = P\left\{\frac{2}{\sqrt{3}} < X < 2\right\} = \int_{\frac{2}{\sqrt{3}}}^2 \frac{x}{2}\mathrm{d}x = \frac{2}{3}.$$

例 20（2020 年，数学一）　设 X 服从区间 $\left(-\dfrac{\pi}{2}, \dfrac{\pi}{2}\right)$ 上的均匀分布，$Y = \sin X$，则

$\mathrm{Cov}(X, Y) = \underline{\hspace{2cm}}$.

解　由题知，X 的概率密度函数为

$$f(x) = \begin{cases} \dfrac{1}{\pi}, & -\dfrac{\pi}{2} < x < \dfrac{\pi}{2}, \\ 0, & \text{其他}, \end{cases}$$

故有 $E(X) = 0$，从而

$$\text{Cov}(X,Y) = E(X \sin X) - E(X)E(\sin X)$$

$$= \frac{1}{\pi} \int_{-\frac{\pi}{2}}^{\frac{\pi}{2}} x \sin x \, dx = \frac{2}{\pi}.$$

例 21（2020 年，数学三）　设随机变量 (X,Y) 服从二维正态分布 $N\left(0,0,1,4,-\frac{1}{2}\right)$，则服从标准正态分布且与随机变量 X 独立的是_____.

（A）$\frac{\sqrt{5}}{5}(X+Y)$　　（B）$\frac{\sqrt{5}}{5}(X-Y)$　　（C）$\frac{\sqrt{3}}{3}(X+Y)$　　（D）$\frac{\sqrt{3}}{3}(X-Y)$

解　因为 (X,Y) 服从二维正态分布 $N\left(0,0,1,4,-\frac{1}{2}\right)$，所以选项（A），（B），（C），（D）都服从正态分布，而

$$E(X+Y) = 0, \qquad E(X-Y) = 0,$$

$$D(X+Y) = D(X) + D(Y) + 2\sqrt{D(X)D(Y)}\rho_{XY} = 1 + 4 + 2 \times 1 \times 2 \times \left(-\frac{1}{2}\right) = 3,$$

$$D(X-Y) = D(X) + D(Y) - 2\sqrt{D(X)D(Y)}\rho_{XY} = 1 + 4 - 2 \times 1 \times 2 \times \left(-\frac{1}{2}\right) = 7,$$

$$D\left(\frac{\sqrt{3}}{3}(X+Y)\right) = 1, \qquad E\left(\frac{\sqrt{3}}{3}(X+Y)\right) = 0,$$

故答案选（C）.

例 22（2020 年，数学三）　设随机变量 X 的分布律为 $P\{X=k\} = \frac{1}{2^k}$ $(k=1,2,\cdots)$，Y 表示 X 被 3 除的余数，则 $E(Y) = $_____.

解　$P\{Y=0\} = P\{X=3k \ (k=1,2,\cdots)\} = \sum_{k=1}^{\infty} \frac{1}{2^{3k}},$

$$P\{Y=1\} = P\{X=3k+1 \ (k=0,1,2,\cdots)\} = \sum_{k=0}^{\infty} \frac{1}{2^{3k+1}},$$

$$P\{Y=2\} = P\{X=3k+2 \ (k=0,1,2,\cdots)\} = \sum_{k=0}^{\infty} \frac{1}{2^{3k+2}},$$

于是，

$$E(Y) = 0 \times \sum_{k=1}^{\infty} \frac{1}{2^{3k}} + 1 \times \sum_{k=0}^{\infty} \frac{1}{2^{3k+1}} + 2 \times \sum_{k=0}^{\infty} \frac{1}{2^{3k+2}} = \frac{1}{2} \cdot \frac{1}{1-\frac{1}{8}} + \frac{1}{2} \cdot \frac{1}{1-\frac{1}{8}} = \frac{8}{7}.$$

例 23（2020 年，数学三）　设二维随机变量 (X,Y) 在 $D = \left\{(x,y) \middle| 0 < y < \sqrt{1-x^2}\right\}$ 上服从均匀分布，且

$$Z_1 = \begin{cases} 1, & X-Y>0, \\ 0, & X-Y \leqslant 0, \end{cases} \qquad Z_2 = \begin{cases} 1, & X+Y>0, \\ 0, & X+Y \leqslant 0. \end{cases}$$

求：（1）(Z_1,Z_2) 的分布律；（2）$\rho_{Z_1 Z_2}$.

解　（1）由题意可知 (X,Y) 的概率密度函数为

$$f(x,y) = \begin{cases} \dfrac{2}{\pi}, & 0 < y < \sqrt{1-x^2}, \\ 0, & \text{其他}. \end{cases}$$

如图 4-2 所示，可知

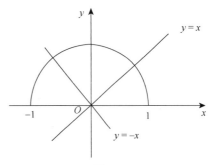

$$P\{Z_1 = 0, Z_2 = 0\} = P\{X \leqslant Y, X \leqslant -Y\} = \frac{1}{4},$$

$$P\{Z_1 = 0, Z_2 = 1\} = P\{X \leqslant Y, X > -Y\} = \frac{1}{2},$$

$$P\{Z_1 = 1, Z_2 = 0\} = P\{X > Y, X \leqslant -Y\} = 0,$$

$$P\{Z_1 = 1, Z_2 = 1\} = P\{X > Y, X > -Y\} = \frac{1}{4},$$

故 (Z_1, Z_2) 的分布律为

图 4-2

Z_1 \ Z_2	0	1
0	$\dfrac{1}{4}$	$\dfrac{1}{2}$
1	0	$\dfrac{1}{4}$

（2）由（1）可得

$$E(Z_1) = \frac{1}{4}, \qquad E(Z_2) = \frac{3}{4}, \qquad E(Z_1^2) = \frac{1}{4}, \qquad E(Z_2^2) = \frac{3}{4}, \qquad E(Z_1 Z_2) = \frac{1}{4},$$

$$\mathrm{Cov}(Z_1, Z_2) = E(Z_1 Z_2) - E(Z_1) E(Z_2) = \frac{1}{16},$$

$$D(Z_1) = E(Z_1^2) - E^2(Z_1) = \frac{3}{16}, \qquad D(Z_2) = E(Z_2^2) - E^2(Z_2) = \frac{3}{16},$$

故

$$\rho_{Z_1 Z_2} = \frac{\mathrm{Cov}(Z_1, Z_2)}{\sqrt{D(Z_1) D(Z_1)}} = \frac{\dfrac{1}{16}}{\sqrt{\dfrac{3}{16} \cdot \dfrac{3}{16}}} = \frac{1}{3}.$$

本 章 小 结

随机变量的数字特征是由随机变量的分布确定的，能描述随机变量某一个方面的特征. 数字特征中最重要的是数学期望和方差，数学期望 $E(X)$ 描述随机变量 X 取值的平均大小，方差描述随机变量 X 与它自己的数学期望 $E(X)$ 的偏离程度，即反映了随机变量 X 取值的分散程度. 数学期望和方差在应用与理论上都非常重要.

要掌握随机变量函数 $Y = g(X)$ 的数学期望的计算公式式（4-3）和式（4-4）. 两个公式的意义在于当求 $E(Y)$ 时，不必先求 Y 的分布，而只需用 X 的分布就够了.

要掌握随机变量的数学期望和方差的性质. 读者请注意以下几点：

（1）当 X,Y 独立或不相关时，才有 $E(XY)=E(X)E(Y)$ 成立.

（2）设 a,b 为常数，则 $D(aX+b)=a^2D(X)$.

（3）$D(X\pm Y)=D(X)+D(Y)\pm 2\mathrm{Cov}(X,Y)$. 当 X,Y 独立或不相关时，$D(X\pm Y)=D(X)+D(Y)$.

相关系数 ρ_{XY} 是一个用来描述随机变量 (X,Y) 的两个分量 X,Y 之间线性关系紧密程度的数字特征. 当 $|\rho_{XY}|$ 较小时，X,Y 的线性相关程度较差；当 $\rho_{XY}=0$ 时，称 X,Y 不相关，不相关是指 X,Y 之间不存在线性关系，但它们还可能存在除线性关系外的关系. 又由于 X,Y 相互独立是对 X,Y 的一般关系而言的，故有以下结论：若 X,Y 相互独立，则 X,Y 一定不相关；反之，若 X,Y 不相关，则 X,Y 不一定相互独立.

特别地，对于二维正态随机变量 (X,Y)，X 和 Y 不相关与 X 和 Y 相互独立是等价的，且二维正态分布中的参数 ρ 就是 X 和 Y 的相关系数，于是用"$\rho=0$"是否成立来检验 X,Y 是否相互独立是很方便的.

切比雪夫不等式给出了在随机变量 X 的分布未知，只知道数学期望 $E(X)$ 和方差 $D(X)$ 的情况下，对概率 $P\{|X-E(X)|\leqslant\varepsilon\}$ 的下限估计.

重要术语及主题

数学期望	随机变量函数的期望	数学期望的性质
方差	标准差	方差的性质
切比雪夫不等式	常用分布的期望和方差	协方差
相关系数	协方差的性质	相关系数的性质
不相关	完全相关	矩
协方差矩阵		

总 习 题 四

1. 设随机变量 X 的概率密度函数为

$$f(x)=\begin{cases}\dfrac{1}{2}\cos\dfrac{x}{2}, & 0\leqslant x\leqslant\pi,\\ 0, & \text{其他},\end{cases}$$

对 X 独立地重复观察 4 次，用 Y 表示观察值大于 $\dfrac{\pi}{3}$ 的次数，求 $E(Y^2)$.

2. r 个人在一楼进入电梯，楼上共有 n 层，设每个乘客在任何一层出电梯的概率相同，求直到电梯中的乘客出空为止，电梯需要停的次数的数学期望.

3. 设随机变量 (X,Y) 的概率密度函数为

$$f(x,y)=\begin{cases}k, & 0<x<1,0<y<x,\\ 0, & \text{其他},\end{cases}$$

求常数 k 及 $E(XY)$.

4. 掷一颗均匀的骰子，以 X 表示掷出的点数，求 X 的期望与方差.

5. 设随机变量 X 的概率密度函数为

$$f(x)=\begin{cases}ax, & 0<x<2,\\ cx+b, & 2\leqslant x\leqslant 4,\\ 0, & \text{其他},\end{cases}$$

已知 $E(X)=2, P\{1<X<3\}=\dfrac{3}{4}$，求：

（1）a,b,c；　（2）$E(e^X), D(e^X)$.

6. 设随机变量 X 的概率密度函数为 $f(x)=\dfrac{1}{2}e^{-|x|}$，求 $E(X)$，$D(X)$.

7. 证明：若 X 与 Y 相互独立，则
$$D(XY)=D(X)D(Y)+E^2(X)D(Y)+E^2(Y)D(X).$$

8. 设 $X_1,X_2,\cdots,X_n$ 是相互独立的随机变量，且有 $E(X_i)=\mu$，$D(X_i)=\sigma^2$ $(i=1,2,\cdots,n)$. 记 $\bar X=\dfrac{1}{n}\sum_{i=1}^{n}X_i$，$S^2=\dfrac{1}{n-1}\sum_{i=1}^{n}(X_i-\bar X)^2$，证明：

（1）$E(\bar X)=\mu$，$D(\bar X)=\dfrac{\sigma^2}{n}$；

（2）$S^2=\dfrac{1}{n-1}\left(\sum_{i=1}^{n}X_i^2-n\bar X^2\right)$；

（3）$E(S^2)=\sigma^2$.

9. 设二维随机变量 (X,Y) 在以 $(0,0),(0,1),(1,0)$ 为顶点的三角形区域上服从均匀分布，求 $Cov(X,Y),\rho_{XY}$.

10. 某箱装有 100 件产品，其中一等品、二等品和三等品分别为 80 件，10 件和 10 件，现在从中随机抽取一件，记
$$X_i=\begin{cases}1,&\text{抽到}i\text{等品},\\0,&\text{其他}\end{cases}(i=1,2,3),$$
求：（1）随机变量 X_1 与 X_2 的联合分布律；（2）随机变量 X_1 与 X_2 的相关系数 $\rho_{X_1X_2}$.

11. 已知二维随机变量 (X,Y) 的协方差矩阵为 $\begin{pmatrix}1&1\\1&4\end{pmatrix}$，求 $Z_1=X-2Y$ 和 $Z_2=2X-Y$ 的相关系数.

12. 设二维随机变量 (X,Y) 的概率密度函数为
$$f(x,y)=\dfrac{1}{2}\left[\varphi_1(x,y)+\varphi_2(x,y)\right],$$
其中，$\varphi_1(x,y)$ 和 $\varphi_2(x,y)$ 都是二维正态概率密度函数，且它们对应的二维正态随机变量的相关系数分别为 $\dfrac{1}{3}$ 和 $-\dfrac{1}{3}$，它们的边缘概率密度函数所对应的随机变量的数学期望都是 0，方差都是 1.

（1）求随机变量 X 和 Y 的概率密度函数 $f_1(x)$ 和 $f_2(y)$ 及 X 和 Y 的相关系数 ρ；

（2）问 X 和 Y 是否独立？为什么？

13. 已知随机变量 X 的期望 $E(X)=\mu$，方差 $D(X)=\sigma^2$，且 $Y=3-4X$，求 X 与 Y 的协方差矩阵.

14. 对于两个随机变量 V,W，若 $E(V^2),E(W^2)$ 存在，证明：
$$E^2(VW)\leqslant E(V^2)E(W^2).$$
这一不等式称为柯西-施瓦茨不等式.

15. 设随机变量 X 和 Y 的数学期望分别为–2 和 2，方差分别为 1 和 4，而相关系数为–0.5，根据切比雪夫不等式估计 $P\{|X+Y|\geqslant 6\}$ 的值.

16. 设 A 和 B 是试验 E 的两个事件，且 $P(A)>0$，$P(B)>0$，并定义随机变量 X,Y 为
$$X=\begin{cases}1,&A\text{发生},\\0,&A\text{不发生},\end{cases}\qquad Y=\begin{cases}1,&B\text{发生},\\0,&B\text{不发生}.\end{cases}$$
证明：若 $\rho_{XY}=0$，则 A 与 B 必定相互独立.

第五章 大数定律和中心极限定理

第一节 大 数 定 律

人们在长期的实践中发现，虽然随机事件在某次试验中可能发生，也可能不发生，但是在大量重复试验中却呈现明显的规律性. 也就是说，随着试验次数的增多，事件发生的频率稳定于一个确定的常数. 另外，人们在长期的生产实践活动中还认识到，大量测量值的算术平均值也具有稳定性. 概率论中用来表述大量随机现象平均值的稳定性的一系列定理称为大数定律.

定义 5-1 设 $X_1, X_2, \cdots, X_n, \cdots$ 是一个随机变量序列，a 是一个确定的常数，若对任意给定的 $\varepsilon > 0$，有

$$\lim_{n \to \infty} P\{|X_n - a| < \varepsilon\} = 1 \qquad (5\text{-}1)$$

或

$$\lim_{n \to \infty} P\{|X_n - a| \geqslant \varepsilon\} = 0, \qquad (5\text{-}2)$$

文档：依概率收敛不同于
微积分中的数列收敛

则称随机变量序列 $X_1, X_2, \cdots, X_n, \cdots$ 依概率收敛于 a，记作 $X_n \xrightarrow{P} a$.

$X_n \xrightarrow{P} a$ 的直观解释是，对 $\forall \varepsilon > 0$，当 n 充分大时，事件 $\{|X_n - a| \geqslant \varepsilon\}$ 发生的概率很小，即无论给定怎样小的正数 ε，X_n 与 a 的偏差大于等于 ε 是可能的，但当 n 很大时，出现这种偏差的可能性很小. 因此，当 n 很大时，事件 $\{|X_n - a| < \varepsilon\}$ 几乎是必然发生的.

定理 5-1 （伯努利大数定律） 设 n_A 是 n 重伯努利试验中事件 A 发生的次数，$p(0 < p < 1)$ 是事件 A 在每次试验中发生的概率，则对于任意的 $\varepsilon > 0$，有

$$\lim_{n \to \infty} P\left\{\left|\frac{n_A}{n} - p\right| < \varepsilon\right\} = 1 \qquad (5\text{-}3)$$

或

$$\lim_{n \to \infty} P\left\{\left|\frac{n_A}{n} - p\right| \geqslant \varepsilon\right\} = 0 \qquad (5\text{-}4)$$

证 记 X_i 为第 i 次试验中事件 A 发生的次数，$i = 1, 2, \cdots, n$，由条件可知

$$X_i = \begin{cases} 0, & \text{第}i\text{次试验中事件}A\text{不发生,} \\ 1, & \text{第}i\text{次试验中事件}A\text{发生,} \end{cases}$$

则 $n_A = X_1 + X_2 + \cdots + X_n$，其中 $X_1, X_2, \cdots, X_n$ 是 n 个相互独立的随机变量，因为

$$E(X_i) = p, \qquad D(X_i) = p(1-p),$$

所以

$$E(n_A) = np, \qquad D(n_A) = np(1-p),$$

由切比雪夫不等式有

$$1 \geqslant P\left\{\left|\frac{n_A}{n} - p\right| < \varepsilon\right\} = P\left\{\left|n_A - np\right| < n\varepsilon\right\}$$

$$\geqslant 1 - \frac{D(n_A)}{(n\varepsilon)^2} = 1 - \frac{p(1-p)}{n\varepsilon^2}.$$

因为

$$\lim_{n \to \infty}\left[1 - \frac{p(1-p)}{n\varepsilon^2}\right] = 1,$$

所以

$$\lim_{n \to \infty} P\left\{\left|\frac{n_A}{n} - p\right| < \varepsilon\right\} = 1,$$

因而有

$$\lim_{n \to \infty} P\left\{\left|\frac{n_A}{n} - p\right| \geqslant \varepsilon\right\} = 0.$$

由伯努利大数定律知,事件发生的频率依概率收敛于事件的概率. 这个定理以严格的数学形式证明了频率的稳定性,揭示了独立重复试验中频率"靠近"概率这一客观现象,它是概率论的理论基础. 在实际应用中,当试验次数很大时,可以用事件的频率来代替事件的概率.

定理 5-2 (切比雪夫大数定律) 设 $X_1, X_2, \cdots, X_n, \cdots$ 是相互独立的随机变量序列, $E(X_i), D(X_i)(i = 1, 2, \cdots)$ 都存在,且存在 $C > 0$,使得 $D(X_i) \leqslant C(i = 1, 2, \cdots)$,则对任意的 $\varepsilon > 0$, 有

$$\lim_{n \to \infty} P\left\{\left|\frac{1}{n}\sum_{i=1}^{n} X_i - \frac{1}{n}\sum_{i=1}^{n} E(X_i)\right| < \varepsilon\right\} = 1 \tag{5-5}$$

或

$$\lim_{n \to \infty} P\left\{\left|\frac{1}{n}\sum_{i=1}^{n} X_i - \frac{1}{n}\sum_{i=1}^{n} E(X_i)\right| \geqslant \varepsilon\right\} = 0. \tag{5-6}$$

证 由题意得

$$D\left(\frac{1}{n}\sum_{i=1}^{n} X_i\right) = \frac{1}{n^2}\sum_{i=1}^{n} D(X_i) \leqslant \frac{nC}{n^2} = \frac{C}{n},$$

故有

$$1 \geqslant P\left\{\left|\frac{1}{n}\sum_{i=1}^{n} X_i - \frac{1}{n}\sum_{i=1}^{n} E(X_i)\right| < \varepsilon\right\}$$

$$\geqslant 1 - \frac{D\left(\dfrac{1}{n}\sum_{i=1}^{n} X_i\right)}{\varepsilon^2} = 1 - \frac{C}{n\varepsilon^2}.$$

因为

$$\lim_{n \to \infty}\left(1 - \frac{C}{n\varepsilon^2}\right) = 1,$$

所以

$$\lim_{n \to \infty} P\left\{ \left| \frac{1}{n}\sum_{i=1}^{n}X_i - \frac{1}{n}\sum_{i=1}^{n}E(X_i) \right| < \varepsilon \right\} = 1 ,$$

因而有

$$\lim_{n \to \infty} P\left\{ \left| \frac{1}{n}\sum_{i=1}^{n}X_i - \frac{1}{n}\sum_{i=1}^{n}E(X_i) \right| \geqslant \varepsilon \right\} = 0 .$$

切比雪夫大数定律表明：当 n 充分大时，n 个相互独立的随机变量的平均值 $\frac{1}{n}\sum_{i=1}^{n}X_i$ 比较密集地聚集在其数学期望 $\frac{1}{n}\sum_{i=1}^{n}E(X_i)$ 附近. 这就从理论上证明了独立随机变量的平均值具有稳定性.

切比雪夫大数定律的特殊情况 设独立随机变量序列 $X_1, X_2, \cdots, X_n, \cdots$ 具有相同的数学期望与方差，且 $E(X_i) = \mu, D(X_i) = \sigma^2 (i = 1, 2, \cdots)$，则对任意的 $\varepsilon > 0$，有

$$\lim_{n \to \infty} P\left\{ \left| \frac{1}{n}\sum_{i=1}^{n}X_i - \mu \right| < \varepsilon \right\} = 1 . \tag{5-7}$$

伯努利大数定律和切比雪夫大数定律都要求随机变量的方差存在，下面介绍独立同分布的辛钦大数定律，从中可见，方差存在这一条件并不是必要的.

定理 5-3（辛钦大数定律） 设 $X_1, X_2, \cdots, X_n, \cdots$ 为独立同分布的随机变量序列，具有数学期望 $E(X_i) = \mu(i = 1, 2, \cdots)$，则对任意的 $\varepsilon > 0$，有

$$\lim_{n \to \infty} P\left\{ \left| \frac{1}{n}\sum_{i=1}^{n}X_i - \mu \right| < \varepsilon \right\} = 1 \tag{5-8}$$

或

文档：三个大数定律中的条件异同点

$$\lim_{n \to \infty} P\left\{ \left| \frac{1}{n}\sum_{i=1}^{n}X_i - \mu \right| \geqslant \varepsilon \right\} = 0 . \tag{5-9}$$

定理的证明超出本书的知识范围.

辛钦大数定律表明：只要独立同分布的随机变量序列的数学期望存在，当 n 充分大时，随机变量 X 在 n 次独立重复观测中的算术平均值 $\frac{1}{n}\sum_{i=1}^{n}X_i$ 比较密集地聚集于 $E(X)$ 附近，这使算术平均值法则有了理论依据. 例如，要测量某一物理量 μ，在不变的条件下重复测量 n 次，得观测值 $X_1, X_2, \cdots, X_n$，求得实测值的算术平均值 $\frac{1}{n}\sum_{i=1}^{n}X_i$，根据辛钦大数定律，当 n 足够大时，取 $\frac{1}{n}\sum_{i=1}^{n}X_i$ 作为 μ 的近似值，可以认为所发生的误差是很小的. 因此在实际应用中，往往用某一物体某一指标值的一系列实测值的算术平均值来作为该指标值的近似值.

第二节 中心极限定理

大数定律揭示了大量的独立随机变量的平均值已不具有显著的随机性，而是必然接近某个常数这一规律. 在客观实际中，有许多随机变量是受大量相互独立的偶然因素的综合影响所形成的，每一个因素在总的影响中所起的作用是很小的，但综合起来有着显著的影响，即大

量的相互独立的随机变量的和的分布服从（或近似地服从）正态分布. 中心极限定理正是从理论上证明了这个结论. 中心极限定理不仅揭示了正态分布的来源, 而且揭示了生活中遇到的随机变量大多服从正态分布的原因. 正因如此, 正态分布在概率统计中占有特别重要的地位.

定理 5-4 （独立同分布的中心极限定理） 设 $X_1, X_2, \cdots, X_n, \cdots$ 是独立同分布的随机变量序列, 且 $E(X_i) = \mu, D(X_i) = \sigma^2(\sigma > 0; i = 1, 2, \cdots)$, 则随机变量

$$Y_n = \frac{\sum_{i=1}^{n} X_i - E\left(\sum_{i=1}^{n} X_i\right)}{\sqrt{D\left(\sum_{i=1}^{n} X_i\right)}} = \frac{\sum_{i=1}^{n} X_i - n\mu}{\sqrt{n}\sigma}$$

的分布函数 $F_n(x)$ 对任意的 x , 满足:

$$\lim_{n \to \infty} F_n(x) = \lim_{n \to \infty} P\left\{\frac{\sum_{i=1}^{n} X_i - n\mu}{\sqrt{n}\sigma} \leqslant x\right\} = \frac{1}{\sqrt{2\pi}} \int_{-\infty}^{x} e^{\frac{-t^2}{2}} \mathrm{d}t = \Phi(x). \qquad (5\text{-}10)$$

定理 5-4 说明, 当 n 充分大时, 近似地有

$$\frac{\sum_{i=1}^{n} X_i - n\mu}{\sqrt{n}\sigma} \sim N(0,1).$$

或者说, 当 n 充分大时, 近似地有

$$\sum_{i=1}^{n} X_i \sim N(n\mu, n\sigma^2).$$

文档: 大数定律与中心极限定理有何区别

因此, 近似地有

$$\frac{\frac{1}{n}\sum_{i=1}^{n} X_i - \mu}{\sigma / \sqrt{n}} \sim N(0,1), \qquad \frac{1}{n}\sum_{i=1}^{n} X_i \sim N\left(\mu, \frac{\sigma^2}{n}\right).$$

例 5-1 用机器包装食盐, 每袋净重为随机变量. 规定每袋重量为 500 g, 标准差为 10 g, 一箱内装 100 袋, 求一箱机装食盐净重超过 50 200 g 的概率.

解 设一箱机装食盐净重为 X g, 箱中第 $i(i = 1, 2, \cdots, 100)$ 袋食盐净重为 X_i g, 显然 $X_1, X_2, \cdots, X_{100}$ 为相互独立的随机变量, 且 $E(X_i) = 500, \sqrt{D(X_i)} = 10, X = \sum_{i=1}^{100} X_i$, 所以 $E(X) = 50\,000, D(X) = 10\,000,$ 则

$$P\{X > 50\,200\} = 1 - P\{X \leqslant 50\,200\}$$

$$= 1 - P\left\{\frac{X - E(X)}{\sqrt{D(X)}} \leqslant \frac{50\,200 - E(X)}{\sqrt{D(X)}}\right\}$$

$$= 1 - P\left\{\frac{X - E(X)}{\sqrt{D(X)}} \leqslant \frac{50\,200 - 50\,000}{100}\right\}$$

$$= 1 - \Phi(2) = 0.022\,75,$$

故一箱机装食盐净重超过 50 200 g 的概率为 0.022 75.

例 5-2 计算机在进行加法计算时，把每个加数取整来计算（按四舍五入取为最接近它的整数）. 设所有取整误差是相互独立的随机变量，并且都服从 $[-0.5, 0.5]$ 上的均匀分布，求：

（1）1 200 个数相加时，误差总和的绝对值不超过 10 的概率；

（2）多少个数相加时，可使误差总和的绝对值不超过 10 的概率大于 0.9？

解 （1）设 $X_1, X_2, \cdots$ 依次表示第 $1, 2, \cdots$ 个数的取整误差，则

$$X_i \sim U[-0.5, 0.5], \qquad E(X_i) = 0, \qquad D(X_i) = \frac{1}{12},$$

故

$$P\left\{\left|\sum_{i=1}^{1200} X_i\right| \leqslant 10\right\} = P\left\{-\frac{10}{\sqrt{1200 \times \frac{1}{12}}} \leqslant \frac{\sum_{i=1}^{1200} X_i}{\sqrt{1200 \times \frac{1}{12}}} \leqslant \frac{10}{\sqrt{1200 \times \frac{1}{12}}}\right\}$$

$$= \Phi(1) - \Phi(-1) = 2\Phi(1) - 1 = 0.682\,6.$$

（2）设有 n 个数相加满足要求，则

$$P\left\{\left|\sum_{i=1}^{n} X_i\right| \leqslant 10\right\} = P\left\{-20\sqrt{\frac{3}{n}} \leqslant \frac{\sum_{i=1}^{n} X_i}{\sqrt{n \times \frac{1}{12}}} \leqslant 20\sqrt{\frac{3}{n}}\right\}$$

$$= 2\Phi\left(20\sqrt{\frac{3}{n}}\right) - 1 > 0.9,$$

视频：独立同分布的中心极限定理

所以 $\Phi\left(20\sqrt{\dfrac{3}{n}}\right) > 0.95$，查表得 $20\sqrt{\dfrac{3}{n}} > 1.65$，即 $n \leqslant 441$.

因此，1 200 个数相加时，误差总和的绝对值不超过 10 的概率为 0.682 6；不多于 441 个数相加时，可使误差总和的绝对值不超过 10 的概率大于 0.9.

定理 5-5 （棣莫弗-拉普拉斯中心极限定理） 设随机变量 X 服从参数为 $n, p(0 < p < 1)$ 的二项分布，则对任意实数 x，有

$$\lim_{n \to \infty} P\left\{\frac{X - np}{\sqrt{np(1-p)}} \leqslant x\right\} = \frac{1}{\sqrt{2\pi}} \int_{-\infty}^{x} e^{-\frac{t^2}{2}} dt = \Phi(x). \tag{5-11}$$

定理 5-5 表明，二项分布以正态分布为极限分布，即当 n 充分大时，$\dfrac{X - np}{\sqrt{np(1-p)}}$ 近似地服从标准正态分布 $N(0,1)$.

当 n 充分大时

$$P\{a < X \leqslant b\} = P\left\{\frac{a - np}{\sqrt{np(1-p)}} \leqslant \frac{X - np}{\sqrt{np(1-p)}} \leqslant \frac{b - np}{\sqrt{np(1-p)}}\right\}$$

$$\approx \Phi\left[\frac{b - np}{\sqrt{np(1-p)}}\right] - \Phi\left[\frac{a - np}{\sqrt{np(1-p)}}\right].$$

例 5-3　已知某厂生产的某产品中一等品的概率为 0.8，现从该厂生产的大量该产品中随机地抽取 10 000 件，求：

（1）一等品不超过 7 960 件的概率；

（2）一等品在 7 940～8 040 件的概率.

解　以 X 表示取出的 10 000 件该产品中一等品的件数，则由题意得 $X \sim b(10\,000, 0.8)$，$E(X) = 10\,000 \times 0.8 = 8\,000, D(X) = 10\,000 \times 0.8 \times 0.2 = 1\,600$.

（1）由棣莫弗-拉普拉斯中心极限定理，得

$$P\{0 \leqslant X \leqslant 7\,960\} = P\left\{\frac{0 - 8\,000}{\sqrt{1\,600}} \leqslant \frac{X - np}{\sqrt{npq}} \leqslant \frac{7\,960 - 8\,000}{\sqrt{1\,600}}\right\}$$
$$= P\left\{-200 \leqslant \frac{X - np}{\sqrt{npq}} \leqslant -1\right\}$$
$$= \varPhi(-1) - \varPhi(-200) = 1 - \varPhi(1) - \left[1 - \varPhi(200)\right]$$
$$= 0.158\,7.$$

视频：棣莫弗-拉普拉斯
中心极限定理

（2）同理，得

$$P\{7\,940 \leqslant X \leqslant 8\,040\} = P\left\{\frac{7\,940 - 8\,000}{\sqrt{1\,600}} \leqslant \frac{X - np}{\sqrt{npq}} \leqslant \frac{8\,040 - 8\,000}{\sqrt{1\,600}}\right\}$$
$$= \varPhi(1) - \varPhi(-1.5) = \varPhi(1) - 1 + \varPhi(1.5) = 0.774\,5.$$

因此，一等品不超过 7 960 件的概率为 0.158 7，在 7 940～8 040 件的概率为 0.774 5.

例 5-4　设某工厂有 100 台同类型的机器，出于工艺原因，每台机器的实际工作时间只占全部工作时间的 80%，各台机器工作是相互独立的，试用中心极限定理求任一时刻有 70～90 台机器正在工作的概率.

解　设 X 表示任一时刻 100 台机器中正在工作的机器数，则 $X \sim b(100, 0.8)$，得

$$E(X) = 100 \times 0.8 = 80, \qquad D(X) = 100 \times 0.8 \times 0.2 = 16.$$

由定理 5-5 得

$$P\{70 \leqslant X \leqslant 90\} = P\left\{\frac{70 - 80}{\sqrt{16}} \leqslant \frac{X - 80}{\sqrt{16}} \leqslant \frac{90 - 80}{\sqrt{16}}\right\}$$
$$= \varPhi(2.5) - \varPhi(-2.5) = 2\varPhi(2.5) - 1$$
$$= 0.987\,6.$$

例 5-5　人寿保险公司有 3 000 个同一年龄的人参加了某种人寿保险，在一年中，这些人的死亡率为 0.1%. 假设参加保险的人在一年中的第一天交付保险费 10 元，死亡时家属可以从保险公司领取 2 000 元. 求保险公司一年中在这 3 000 个人的保险中获利不小于 10 000 元的概率.

解　设一年中这批年龄的人中死亡人数为 X，则由题意得 $X \sim b(3\,000, 0.001)$，所以 $n = 3\,000, p = 0.001, q = 0.999$. 又因为保险公司的年初收入为 $3\,000 \times 10 = 30\,000$ 元，赔付 $2\,000X$ 元，所以

$$P\{获利不小于10\,000元\} = P\{30\,000 - 2\,000X \geqslant 10\,000\}$$
$$= P\{0 \leqslant X \leqslant 10\}$$
$$= P\left\{\frac{0-3}{\sqrt{2.997}} \leqslant \frac{X-np}{\sqrt{npq}} \leqslant \frac{10-3}{\sqrt{2.997}}\right\}$$
$$\approx \Phi\left(\frac{7}{\sqrt{2.997}}\right) - \Phi\left(-\frac{3}{\sqrt{2.997}}\right)$$
$$= \Phi(4.043) - \Phi(-1.773) = 0.96,$$

故保险公司一年中从这 3 000 个人的保险中获利不小于 10 000 元的概率为 0.96.

历年考研试题选讲五

下面再讲解若干个近十几年来概率论与数理统计的考研题目，以供读者体会概率论与数理统计考研题目的难度、深度和广度，从而对概率论与数理统计的学习起到一个很好的参考作用.

例 1 （2003 年，数学三） 设总体 X 服从参数为 2 的指数分布，$X_1, X_2, \cdots, X_n$ 为来自总体 X 的简单随机样本，则当 $n \to \infty$ 时，$Y_n = \frac{1}{n}\sum_{i=1}^{n} X_i^2$ 依概率收敛于____.

解 根据切比雪夫大数定律有，$Y_n = \frac{1}{n}\sum_{i=1}^{n} X_i^2$ 依概率收敛于

$$\frac{1}{n}\sum_{i=1}^{n} E(X_i^2) = \frac{1}{n}\sum_{i=1}^{n}[D(X_i) + E^2(X_i)] = \frac{1}{2}.$$

例 2 （2005 年，数学四） 设 $X_1, X_2, \cdots, X_n \cdots$ 为独立同分布的随机变量序列，且均服从参数为 $\lambda(\lambda>1)$ 的指数分布，记 $\Phi(x)$ 为标准正态分布函数，则_____.

（A）$\lim\limits_{n\to\infty} P\left\{\dfrac{\sum\limits_{i=1}^{n} X_i - n\lambda}{\lambda\sqrt{n}} \leqslant x\right\} = \Phi(x)$ 　　（B）$\lim\limits_{n\to\infty} P\left\{\dfrac{\sum\limits_{i=1}^{n} X_i - n\lambda}{\sqrt{n\lambda}} \leqslant x\right\} = \Phi(x)$

（C）$\lim\limits_{n\to\infty} P\left\{\dfrac{\lambda\sum\limits_{i=1}^{n} X_i - n}{\sqrt{n}} \leqslant x\right\} = \Phi(x)$ 　　（D）$\lim\limits_{n\to\infty} P\left\{\dfrac{\sum\limits_{i=1}^{n} X_i - \lambda}{\sqrt{n\lambda}} \leqslant x\right\} = \Phi(x)$

解 根据中心极限定理有

$$\lim_{n\to\infty} P\left\{\frac{\sum_{i=1}^{n} X_i - E\left(\sum_{i=1}^{n} X_i\right)}{\sqrt{D\left(\sum_{i=1}^{n} X_i\right)}} \leqslant x\right\} = \lim_{n\to\infty} P\left\{\frac{\sum_{i=1}^{n} X_i - \frac{n}{\lambda}}{\sqrt{\frac{n}{\lambda^2}}} \leqslant x\right\}$$
$$= \lim_{n\to\infty} P\left\{\frac{\lambda\sum_{i=1}^{n} X_i - n}{\sqrt{n}} \leqslant x\right\} = \Phi(x),$$

故答案选（C）.

例 3 （2020 年，数学一） 设 $X_1, X_2, \cdots, X_n$ 是来自总体 X 的简单随机样本，其中

$P\{X=0\}=P\{X=1\}=\dfrac{1}{2}$，$\varPhi(x)$ 是标准正态分布的分布函数，则利用中心极限定理可得

$P\left\{\sum\limits_{i=1}^{100}X_i\leqslant 55\right\}$ 的近似值为_____.

（A）$1-\varPhi(1)$　　　（B）$\varPhi(1)$　　　（C）$1-\varPhi(0.2)$　　　（D）$\varPhi(0.2)$

解　由题意知，$E(X)=\dfrac{1}{2}$，$D(X)=\dfrac{1}{4}$，由独立同分布的中心极限定理知

$$\sum_{i=1}^{100}X_i\sim N\left(100\times\frac{1}{2},100\times\frac{1}{4}\right),$$

于是

$$P\left\{\sum_{i=1}^{100}X_i\leqslant 55\right\}=P\left\{\frac{\sum\limits_{i=1}^{100}X_i-50}{\sqrt{25}}\leqslant\frac{55-50}{\sqrt{25}}\right\}=\varPhi(1),$$

故答案选（B）.

本 章 小 结

人们在长期实践中认识到频率具有稳定性，即当试验次数增加时，频率稳定在某一个数的附近. 这一事实显示了可以用一个数来表征事件发生的可能性的大小. 这使人们认识到概率是客观存在的，进而受到频率的性质的启发给出了概率的公理化定义，因而频率的稳定性是概率定义的客观基础. 伯努利大数定律则以严格的数学形式论证了频率的稳定性.

中心极限定理表明，在相当一般的条件下，当独立随机变量的个数增加时，其和的分布趋于正态分布，它阐明了正态分布的重要性. 中心极限定理也揭示了为什么实际应用中会经常遇到正态分布，揭示了产生正态分布变量的源泉. 另外，它提供了独立同分布随机变量之和 $\sum\limits_{k=1}^{n}X_k$（其中 X_k 的方差存在）的近似分布，只要和式中加项的个数充分大，就可以不必考虑和式中的随机变量服从什么分布，都可以用正态分布来近似，这在应用上是有效和重要的.

本章要求读者理解大数定律和中心极限定理的概率意义，并要求会用中心极限定理计算有关事件的概率.

重要术语及主题

依概率收敛　　　　　　　　　伯努利大数定律

切比雪夫大数定律　　　　　　辛钦大数定律

独立同分布的中心极限定理　　棣莫弗-拉普拉斯中心极限定理

总 习 题 五

1. 掷一颗骰子每次出现奇数的概率 $p=\dfrac{1}{2}$，试用切比雪夫不等式估计，若要以 99%以上的可靠性保证频率与概率之差的绝对值小于 0.01，那么至少需要多少次试验？

2. 独立地测量一个物理量，每次测量产生的误差都服从 $(-1,1)$ 上的均匀分布.

（1）若取 n 次测量的算术平均值作为测量结果，求它与其真值的差小于一个小的正数 ε 的概率；

（2）计算（1）中当 $n=36,\varepsilon=\dfrac{1}{6}$ 时的概率的近似值；

（3）取 $\varepsilon=\dfrac{1}{6}$，要使上述概率不小于 0.95，应进行多少次测量？

3. 一批产品中，废品率为 2%，现随机地抽取 1 000 件进行检查，求废品数在 10～40 件的概率.

4. 罐装奶粉规定每罐 1 000 g，标准差为 20 g，每箱装 50 罐，计算一箱奶粉净重不足 49 750 g 的概率.

5. 一个螺丝钉的重量是一个随机变量，期望值是 100 g，标准差是 10 g，求一盒（100 个）同型号螺丝钉的重量超过 10.2 kg 的概率.

6. 对敌人的防御地进行 100 次轰炸，每次轰炸命中目标的炸弹数目是一个随机变量，其期望值是 2，方差是 1.69，求在 100 次轰炸中有 180～220 颗炸弹命中目标的概率.

7. 某保险公司有 10 000 人参加一项保险，每人每年支付 12 元的保险费，在一年内每个人死亡的概率都为 0.006，死亡时其家属可以向保险公司领取 1000 元，求：

（1）保险公司亏本的概率；

（2）保险公司一年中从该项保险中获得的利润不小于 40 000 元、60 000 元、80 000 元的概率各是多少？

8. 一个复杂系统由 100 个相互独立的部件组成，在系统运行期间每个部件损坏的概率为 0.1，又知为使系统正常工作，至少需有 85 个部件正常工作，求系统的可靠性（即系统正常运行的概率）.

9. 设一个车间里共有 400 台同样类型的机器，每台机器运行时需要的电功率为 10 kW，由于工艺关系，每台机器不能连续运行，它们是否开动相互独立，运行时间占工作时间的 0.75. 问应供应多少千瓦功率的电能才能保证 99% 的时候有足够的电力供应而不至于影响生产？

10. 某单位内部有 260 台电话分机，每台分机有 4% 的时间需用外线通话，每台分机是否需用外线相互独立. 问该单位总机需安装多少条外线才能以 95% 的把握保证各分机需用外线时畅通？

11. 有一批建筑房屋用的木柱，其中 80% 的木柱的长度不小于 3 m，现从这批木柱中随机地抽取 100 根，问其中至少有 30 根短于 3 m 的概率是多少？

12. 对于一名学生而言，来参加家长会的家长人数是一个随机变量，设一名学生无家长、1 名家长、2 名家长来参加会议的概率分别为 0.05，0.8，0.15. 若学校共有 400 名学生，设各学生参加会议的家长数相互独立，且服从同一分布. 求：

（1）参加会议的家长数超过 450 的概率；

（2）有 1 名家长来参加会议的学生数不多于 340 的概率.

13. 设供电站供应某地区 1 000 户居民用电，各户用电情况相互独立. 已知每户日用电量（以 kW·h 计）服从 [0,20] 上的均匀分布，求：

（1）这 1 000 户居民的每日用电量超过 10100 kW·h 的概率；

（2）要保证居民用电以 99% 的概率得到满足，供电站每天至少需向该地区供应多少电？

14. 随机地选取两组学生，每组 80 人，分别在两个试验里测量某种化合物的 pH，每个人测量的结果是随机变量，它们相互独立，且服从同一分布，其数学期望为 5，方差为 0.3. 以 $\bar{X},\bar{Y}$ 分别表示第一组和第二组所得结果的算术平均，求：

（1）$P\{4.9<\bar{X}<5.1\}$；

（2）$P\{-0.1<\bar{X}-\bar{Y}<0.1\}$.

第六章　样本及抽样分布

前面五章讲述了概率论的一些基础知识，了解了随机事件的概率、随机变量的分布及其数字特征等内容，本章开始将讲述数理统计. 数理统计是以概率论为理论基础的一个数学分支，它从实际观测的数据出发研究随机现象的规律性. 在科学研究中，数理统计占据一个十分重要的位置，是多种试验数据处理的理论基础.

数理统计的内容包括：如何收集、整理数据资料；如何对所得的数据资料进行分析、研究，从而对研究对象的性质、特点做出推断. 后者就是统计推断问题. 本书作为数理统计初步，只介绍统计推断的基本内容，包括参数估计、假设检验、方差分析及回归分析的部分内容.

本章中首先讨论总体、随机样本及统计量等基本概念，然后着重介绍几个常用的统计量和抽样分布.

第一节　数理统计的基本概念

一、样本

（一）总体与个体

定义 6-1　研究对象的某项数量指标值的全体称为**总体**. 总体中的每个元素称为**个体**. 总体所含个体的数量称作总体容量. 容量有限的总体称为**有限总体**，否则称为**无限总体**.

总体和个体是数理统计中的两个基本概念. 在对某总体进行研究时，关心的不是个体的特殊属性，而是表征总体属性的每个个体的数量指标. 本书主要研究的是这些指标的分布情况. 因为这些指标表征了总体的属性，所以今后就把总体与这些数量指标等同起来，总体的分布便是这些数量指标的分布. 以后常用 X, Y,… 表示总体这一随机变量. 例如，要研究某厂所生产的一批电视机显像管的平均寿命，便以 X 表示这批电视机显像管的寿命，它是总体，其中每一台电视机显像管的寿命便是一个个体. 从这批电视机中任选一台，测得其显像管寿命为 1.8 万 h，则 1.8 万 h 便是个体的数量指标在一次抽样中观测的结果（即一个被观测个体的指标值）. 要将一个总体的性质了解得十分清楚，初看起来，最理想的办法是对每个个体逐个进行观察，但实际上这样做往往是不现实的. 例如，要研究显像管的寿命，因为测试显像管寿命具有破坏性，一旦获得试验的所有结果，这批显像管也就全烧毁了，所以只能从这批产品中抽取一部分进行寿命测试，并且根据这部分产品的寿命数据对整批产品的平均寿命做统计推断. 数理统计的任务便是根据观测所得到的数值，对总体的分布或数字特征或参数做出合理的推断.

从总体抽取一个个体，就是对总体 X 进行一次观察（即进行一次试验），并记录其结果. 在相同的条件下，对总体 X 进行 n 次独立重复观察，将 n 次观察结果按试验的次序记为 $X_1, X_2, \cdots, X_n$. 由于 $X_1, X_2, \cdots, X_n$ 是对随机变量 X 观察的结果，且各次观察是在相同的条件下独立进行的，于是引出以下样本的定义.

（二）样本与样品

定义 6-2　在一个总体 X 中，随机地抽取 n 个个体 $X_1, X_2, \cdots, X_n$，称 $X_1, X_2, \cdots, X_n$ 为总体 X 的容量为 n 的**样本**（或子样），构成样本的每个个体 X_i（$i = 1, 2, \cdots, n$）称为**样品**.

从总体 X 中随机地抽取 n 个样品构成一个样本的过程称为**抽样试验**，简称**抽样**. 在一次抽样中，样本 $X_1, X_2, \cdots, X_n$ 就表现为一组确定的数据，记作 $x_1, x_2, \cdots, x_n$，称它为样本值或观测值. 由于样本 $X_1, X_2, \cdots, X_n$ 是从总体随机抽取的 n 个个体构成的，每一样品 X_i（$i = 1, 2, \cdots, n$）都是随机变量，故样本 $X_1, X_2, \cdots, X_n$ 为一随机向量，$x_1, x_2, \cdots, x_n$ 就是随机向量 $X_1, X_2, \cdots, X_n$ 的一个观测值.

为方便起见，今后提到的样本均包含两层意义：一是泛指一次抽样试验的可能结果，这时样本是指一个 n 维随机向量 $X_1, X_2, \cdots, X_n$；二是指某一次具体的样本观测值（即样本的一次数据表现），这时样本就是指样本值 $x_1, x_2, \cdots, x_n$. 在不致引起混淆的前提下，将随机向量 $X_1, X_2, \cdots, X_n$ 与其观测值 $x_1, x_2, \cdots, x_n$ 看作一样，不加严格区别.

（三）简单随机样本

定义 6-3　设 $X_1, X_2, \cdots, X_n$ 是来自总体 X 的容量为 n 的样本，若 $X_1, X_2, \cdots, X_n$ 相互独立，且与总体 X 具有相同的分布，则称 $X_1, X_2, \cdots, X_n$ 为总体 X 的一个**简单随机样本**.

获取简单随机样本的方法，称为**简单随机抽样**. 具体地说，简单随机抽样是指在抽样试验中，每个个体被抽到的机会是均等的，并且每次抽取后，总体的成分保持不变. 对于有限总体，采用放回抽样就能得到简单随机样本. 当总体中个体的总数 N 比要得到的样本的容量 n 大得多时 $\left(\text{一般当} \dfrac{N}{n} \geq 10 \text{时}\right)$，在实际中可将不放回抽样近似地当作放回抽样来处理.

因为简单随机样本能够全面地反映总体的属性，所以今后若无特别说明，提到的样本均为简单随机样本.

（四）样本分布

定理 6-1　设 $X_1, X_2, \cdots, X_n$ 是来自总体 X 的简单随机样本，

文档：怎样获得简单随机样本

（1）若 X 的分布函数为 $F(x)$，则 $X_1, X_2, \cdots, X_n$ 的联合分布函数为

$$F(x_1, x_2, \cdots, x_n) = \prod_{i=1}^{n} F(x_i) ; \tag{6-1}$$

（2）若 X 为连续型随机变量，其概率密度函数为 $f(x)$，则样本 $X_1, X_2, \cdots, X_n$ 的概率密度函数为

$$f(x_1, x_2, \cdots, x_n) = \prod_{i=1}^{n} f(x_i) ; \tag{6-2}$$

（3）若 X 为离散型随机变量，其分布律为

$$P\{X = x_k\} = p_k \quad (k = 1, 2, \cdots),$$

则样本 $(X_1, X_2, \cdots, X_n)$ 的分布律为

$$P\{X_1 = x_1, X_2 = x_2, \cdots, X_n = x_n\}$$
$$= P\{X_1 = x_1\} P\{X_2 = x_2\} \cdots P\{X_n = x_n\} = p_1 p_2 \cdots p_n. \tag{6-3}$$

二、统计推断问题简述

现实世界中的随机现象均可用随机变量来描述，而这些随机变量的分布及数字特征常常是未知的. 在对这些随机现象的研究中，往往需要确定随机变量的分布或者确定其某一个或几个数字特征或其他参数. 解决这一问题的基本方法是，对所研究的随机现象进行某些观察或试验，合理地采集必要的数据，建立科学有效的数学方法，对所研究的对象做出合理的估计与推断.

受随机因素的影响，由一部分数据做出的估计与推断，必然会有某种程度的不确定性. 数理统计中以概率来描述这种不确定性，并称这种以概率表明估计的可信性程度的推断为**统计推断**. 数理统计实质上就是在一定概率的基础上，根据随机试验得到的数据推断随机现象隐含的客观规律的科学.

样本来自总体，自然带有总体的信息，从而可以从样本信息出发去研究总体的某些特征（分布或分布中的参数）. 另外，由样本研究总体可以省时省力（特别是对破坏性的抽样试验而言）. 称通过总体 X 的一个样本 $X_1, X_2, \cdots, X_n$ 对总体 X 的分布进行推断的问题为**统计推断问题**.

在实际应用中，总体的分布一般是未知的，或者虽然知道总体分布所属的类型，但其中含有未知参数. 统计推断就是利用样本值来对总体的分布类型、未知参数进行估计和推断.

三、分组数据统计表和频率直方图

通过观察或试验得到的样本值，一般是杂乱无章的，如果不经组织和整理，通常是没有什么价值的，只有进行整理才能从总体上呈现其统计规律性. 分组数据统计表或频率直方图是两种常见的整理方法.

（一）分组数据统计表

当样本值较多时，可将其分成若干组，分组的区间长度一般取成相等，称区间的长度为**组距**. 分组的组数应与样本容量相适应. 若分组太少，则难以反映出分布的特征；若分组太多，则会因为样本取值的随机性而使分布显得杂乱. 因此，分组时确定分组数（或组距）应以突出分布的特征，并冲淡样本的随机波动性为原则. 区间所含的样本值个数称为该区间的**组频数**，组频数与总的样本容量之比称为**组频率**.

（二）频率直方图

频率直方图是垂直条形图，条与条之间无间隔，用横轴上的点表示组限，纵轴上的单位数表示频数. 与一个组对应的频数，用以组距为底的矩形（长条）的高度表示. 频率直方图能直观地表示出组频数的分布，其步骤如下.

设 $x_1, x_2, \cdots, x_n$ 是样本的 n 个观察值，

（1）求出 $x_1, x_2, \cdots, x_n$ 的最小者 $x_{(1)}$ 和最大者 $x_{(n)}$.

（2）选取常数 a（略小于 $x_{(1)}$）和 b（略大于 $x_{(n)}$），并将区间 $[a,b]$ 等分成 m 个小区间（一般取 m 使 $\dfrac{m}{n}$ 在 $\dfrac{1}{10}$ 左右，且小区间不包含右端点），即

$$[t_i, t_i + \Delta t), \qquad \Delta t = \frac{b-a}{m} \quad (i = 1, 2, \cdots, m). \qquad (6\text{-}4)$$

（3）求出组频数 n_i ，组频率

$$f_i = \frac{n_i}{n} \text{ 及 } h_i = \frac{f_i}{\Delta t} \ (i=1,2,\cdots,m) . \tag{6-5}$$

（4）在 $[t_i, t_i + \Delta t)$ 上以 h_i 为高，以 Δt 为宽作小矩形，其面积恰为 f_i，所有小矩形合在一起就构成了频率直方图.

按上述方法对抽取数据加以整理，编制频数分布表，作频率直方图，于是就可以直观地看到数据分布的情况，即在什么范围，较大、较小的各有多少，在哪些地方分布得比较集中，以及分布图形是否对称等，所以样本的频率分布是总体概率分布的近似.

例 6-1　从某厂生产的某种零件中随机抽取 120 个，测得的质量（以 g 计）如表 6-1 所示，列出分组数据统计表，并作频率直方图.

表 6-1

200	202	203	208	216	206	222	213	209	219
216	203	197	208	206	209	206	208	202	203
206	213	218	207	208	202	194	203	213	211
193	213	208	208	204	206	204	206	208	209
213	203	206	207	196	201	208	207	213	208
210	208	211	211	214	220	211	203	216	221
211	209	218	214	219	211	208	221	211	218
218	190	219	211	208	199	214	207	207	214
206	217	214	201	212	213	211	212	216	206
210	216	204	221	208	209	214	214	199	204
211	201	216	211	209	208	209	202	211	207
220	205	206	216	213	206	206	207	200	198

第一步，确定最小值 $x_{(1)}$ 和最大值 $x_{(n)}$，根据表 6-1 有，$x_{(1)} = 190$，$x_{(n)} = 222$.

第二步，分组，即确定每一组的界限和组数. 在实际工作中，第一组下限一般取一个小于 $x_{(1)}$ 的数，如取 $a = 189.5$，最后一组上限取一个大于 $x_{(n)}$ 的数，如取 $b = 222.5$，然后将区间 $[189.5, 222.5]$ 等分成若干个小区间，如分成 11 个小区间，其组距 $\Delta t = 3$，每一个区间就对应于一个质量组.

第三步，求出组频数 n_i，组频率 $f_i = \frac{n_i}{n}$ 及 $h_i = \frac{f_i}{\Delta t}$（$i=1,2,\cdots,11$）.

第四步，作出分组数据统计表及频率直方图，分别如表 6-2 和图 6-1 所示.

表 6-2

区间	组频数 n_i	组频率 f_i	高 $h_i = \frac{f_i}{\Delta t}$
189.5～192.5	1	1/120	1/360
192.5～195.5	2	2/120	2/360
195.5～198.5	3	3/120	3/360

续表

区间	组频数 n_i	组频率 f_i	高 $h_i = \dfrac{f_i}{\Delta t}$
198.5～201.5	7	7/120	7/360
201.5～204.5	14	14/120	14/360
204.5～207.5	20	20/120	20/360
207.5～210.5	23	23/120	23/360
210.5～213.5	22	22/120	22/360
213.5～216.5	14	14/120	14/360
216.5～219.5	8	8/120	8/360
219.5～222.5	6	6/120	6/360
合计	120	1	

从图 6-1 中可以看出，频率直方图呈中间高、两头低的"倒钟形"，可以粗略地认为该种零件的质量服从正态分布，其数学期望在 209 g 附近. 学习了第七章后可以对其进行检验.

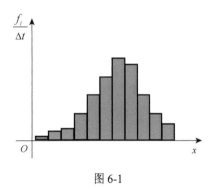

四、经验分布函数

样本的频率直方图可以形象地描述总体的概率分布的大致形态，而经验分布函数则可以用来描述总体分布函数的大致形状.

图 6-1

定义 6-4 设总体 X 的一个容量为 n 的样本的样本值 $x_1, x_2, \cdots, x_n$ 可按大小次序排列成 $x_{(1)} \leqslant x_{(2)} \leqslant \cdots \leqslant x_{(n)}$. 若 $x_{(k)} \leqslant x < x_{(k+1)}$，则不大于 x 的样本值的频率为 $\dfrac{k}{n}$. 因此，函数

$$F_n(x) = \begin{cases} 0, & x < x_{(1)}, \\ \dfrac{k}{n}, & x_{(k)} \leqslant x < x_{(k+1)}, \\ 1 & x \geqslant x_{(n)} \end{cases} \tag{6-6}$$

与事件 $\{X \leqslant x\}$ 在 n 次独立重复试验中的频率是相同的，称 $F_n(x)$ 为**经验分布函数**.

对于经验分布函数 $F_n(x)$，格里汶科在 1933 年证明了以下结果：对于任一实数 x，当 $n \to \infty$ 时，$F_n(x)$ 以概率 1 一致收敛于总体的分布函数 $F(x)$，即

$$P\{\lim_{n \to \infty} \sup_{-\infty < x < \infty} |F_n(x) - F(x)| = 0\} = 1.$$

因此，对于任一实数 x，当 n 充分大时，经验分布函数的任一个观察值 $F_n(x)$ 与总体分布函数 $F(x)$ 只有微小的差别. 从而，在实际应用中，经验分布函数可以当作总体分布函数来使用，这就是由样本推断总体可行性的最基本的理论依据.

例 6-2 随机观察总体 X，得到一个容量为 10 的样本值：

$$3.2, 2.5, -2, 2.5, 0, 3, 2, 2.5, 2, 4,$$

求 X 的经验分布函数.

解　把样本值按从小到大的顺序排列为

$$-2 < 0 < 2 = 2 < 2.5 = 2.5 = 2.5 < 3 < 3.2 < 4,$$

于是，经验分布函数为

$$F_{10}(x) = \begin{cases} 0, & x < -2, \\ 0.1, & -2 \leqslant x < 0, \\ 0.2, & 0 \leqslant x < 2, \\ 0.4, & 2 \leqslant x < 2.5, \\ 0.7, & 2.5 \leqslant x < 3, \\ 0.8, & 3 \leqslant x < 3.2, \\ 0.9, & 3.2 \leqslant x < 4, \\ 1, & x \geqslant 4. \end{cases}$$

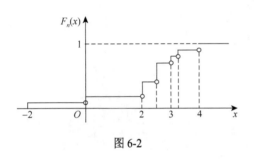

图 6-2

　　例如，求 $\{2 \leqslant x < 2.5\}$ 的经验分布函数值如下. 事件 $\{2 \leqslant x < 2.5\}$ 包含的样本值个数 $k = 4$，故事件 $\{2 \leqslant x < 2.5\}$ 的频率为 $\dfrac{4}{10}$. 从而，当 $\{2 \leqslant x < 2.5\}$ 时，$F_{10}(x) = \dfrac{4}{10}$. 在其他区间上，$F_{10}(x)$ 可类似得到.

　　经验分布函数 $F_n(x)$ 的图形如图 6-2 所示，它是一个阶梯形函数，当样本容量增大时，相邻两阶梯的跃度变低，阶梯宽度变窄.

习 题　6-1

1. 设 $X_1, X_2, \cdots, X_n$ 是来自总体 X 的一个样本，X 的分布律为
$$P\{X = k\} = p^k(1-p)^{1-k} \quad (k = 0, 1),$$
求样本 $X_1, X_2, \cdots, X_n$ 的分布律.

2. 设 n 件产品中有 m 件是次品，其他的都为正品，进行放回抽样，令
$$X_i = \begin{cases} 1, & \text{第} i \text{次取到的是正品,} \\ 0, & \text{第} i \text{次取到的是次品,} \end{cases}$$
求样本 $X_1, X_2, \cdots, X_n$ 的分布律.

3. 设电话交换台一天内的呼唤次数为 X，且 $X \sim \pi(\lambda)$ $(\lambda > 0)$，$X_1, X_2, \cdots, X_n$ 是来自 X 的一个样本，求 $X_1, X_2, \cdots, X_n$ 的分布律.

4. 设某种电子产品的寿命 X 服从参数为 λ 的指数分布，求来自这一总体的样本 $X_1, X_2, \cdots, X_n$ 的联合概率密度函数.

5. 设总体 $X \sim U(0, a)$，求来自这一总体的样本 $X_1, X_2, \cdots, X_n$ 的联合概率密度函数.

6. 某射手进行 20 次独立重复射击，击中靶子的环数如下表所示：

环数	4	5	6	7	8	9	10
频数	2	0	4	9	0	3	2

求经验分布函数 $F_{20}(x)$ 并作图.

第二节　统　计　量

一、统计量的概念

样本是总体的反映，但是样本所含的信息往往不能直接用于解决所要研究的问题，而需要把样本所含的信息进行数学上的加工使其浓缩起来，以便更准确地反映总体属性，从而解决问题. 这种处理就是针对不同的问题构造适当的样本函数，利用这些样本函数进行统计推断.

定义 6-5　设 $X_1, X_2, \cdots, X_n$ 是来自总体 X 的一个样本，$g(X_1, X_2, \cdots, X_n)$ 是 $X_1, X_2, \cdots, X_n$ 的函数，若 $g(X_1, X_2, \cdots, X_n)$ 中不含任何未知参数，则称 $g(X_1, X_2, \cdots, X_n)$ 为一个**统计量**. 设 $x_1, x_2, \cdots, x_n$ 是相应于样本 $X_1, X_2, \cdots, X_n$ 的样本值，则称 $g(x_1, x_2, \cdots, x_n)$ 是 $g(X_1, X_2, \cdots, X_n)$ 的观测值.

例如，设 $X \sim N(\mu, \sigma^2)$，其中 μ 为已知，σ^2 为未知，$X_1, X_2, \cdots, X_n$ 为总体 X 的样本，则

$$\frac{1}{n}\sum_{i=1}^{n}(X_i - \mu)^2 \ , \quad \frac{1}{n-1}\sum_{i=1}^{n}(X_i - \mu)^2 \ \text{均为统计量，而} \ \frac{1}{\sigma^2}\sum_{i=1}^{n}(X_i - \mu)^2 \ , \quad \frac{\dfrac{1}{n}\sum_{i=1}^{n}X_i - \mu}{\sigma} \ \text{均不是统计量.}$$

二、常用的统计量

下面定义一些常用的统计量. 设 $X_1, X_2, \cdots, X_n$ 是来自总体 X 的一个样本，$x_1, x_2, \cdots, x_n$ 是相应的样本观测值，进行如下定义.

文档：为什么要引入统计量

（一）样本均值

$$\overline{X} = \frac{1}{n}\sum_{i=1}^{n}X_i \ , \tag{6-7}$$

其观测值为 $\overline{x} = \dfrac{1}{n}\sum_{i=1}^{n}x_i$.

（二）样本（修正）方差

$$S^2 = \frac{1}{n-1}\sum_{i=1}^{n}(X_i - \overline{X})^2 \ , \tag{6-8}$$

其观测值为 $s^2 = \dfrac{1}{n-1}\sum_{i=1}^{n}(x_i - \overline{x})^2 = \dfrac{1}{n-1}\left(\sum_{i=1}^{n}x_i^2 - n\overline{x}^2\right)$.

视频：样本均值与样本方差
的期望与方差

（三）样本（未修正）方差

$$S_0^2 = \frac{1}{n}\sum_{i=1}^{n}\left(X_i - \overline{X}\right)^2 \ , \tag{6-9}$$

其观测值为 $s_0^2 = \dfrac{1}{n}\sum_{i=1}^{n}(x_i - \overline{x})^2 = \dfrac{1}{n}\left(\sum_{i=1}^{n}x_i^2 - n\overline{x}^2\right)$.

（四）样本标准差

$$S = \sqrt{S^2} = \sqrt{\frac{1}{n-1}\sum_{i=1}^{n}(X_i - \overline{X})^2}, \tag{6-10}$$

其观测值为 $s = \sqrt{\dfrac{1}{n-1}\sum\limits_{i=1}^{n}(x_i - \overline{x})^2}$.

（五）样本 k 阶原点矩

$$A_k = \frac{1}{n}\sum_{i=1}^{n}X_i^k \quad (k=1,2,\cdots), \tag{6-11}$$

其观测值为 $a_k = \dfrac{1}{n}\sum\limits_{i=1}^{n}x_i^k \ (k=1,2,\cdots)$.

（六）样本 k 阶中心矩

$$B_k = \frac{1}{n}\sum_{i=1}^{n}(X_i - \overline{X})^k \quad (k=1,2,\cdots), \tag{6-12}$$

其观测值为 $b_k = \dfrac{1}{n}\sum\limits_{i=1}^{n}(x_i - \overline{x})^k \ (k=1,2,\cdots)$.

显然，样本均值就是样本一阶原点矩，即 $\overline{X}=A_1$；样本（未修正）方差为二阶中心矩，即 $S_0^2 = B_2$；样本（修正）方差为二阶中心矩的常数倍，其关系为 $S^2 = \dfrac{n}{n-1}B_2$.

（七）顺序统计量

将样本中的各分量按从小到大的次序排列成
$$X_{(1)} \leqslant X_{(2)} \leqslant \cdots \leqslant X_{(n)},$$
则称 $X_{(1)}$, $X_{(2)},\cdots$, $X_{(n)}$ 为样本的一组顺序统计量，$X_{(i)}$ 称为第 i 个顺序统计量. 特别地，称 $X_{(1)}$ 与 $X_{(n)}$ 分别为**样本极小值**与**样本极大值**，并称 $X_{(n)} - X_{(1)}$ 为**样本的极差**.

习　题　6-2

1. 从某车间生产的某种零件中随机抽取 5 件，测得其直径（以 mm 计）分别为
$$13.7,\ 13.08,\ 13.11,\ 13.11,\ 13.13.$$
（1）写出总体、样本、样本值、样本容量；

（2）写出样本观测值的均值、方差.

2. 设 $X_1,X_2,\cdots,X_n$ 是来自总体 $X\sim b(n,p)$ 的简单随机样本，样本均值和样本方差分别为 $\overline{X},S^2$，求 $E(\overline{X}-S^2)$.

3. 设样本观测值 $x_1,x_2,\cdots,x_n$ 的均值和方差分别为 $\overline{x},s_x^2$，做数据变换
$$y_i = \frac{x_i - a}{c} \quad (i=1,2,\cdots,n),$$
设 $\overline{y},s_y^2$ 为 $y_1,y_2,\cdots,y_n$ 的样本均值和样本方差. 证明：

（1）$\overline{x} = a + c\overline{y}$；　（2）$s_x^2 = c^2 s_y^2$.

4. 设 $\overline{X}_n,S_n^2$ 分别为样本 $X_1,X_2,\cdots,X_n$ 的样本均值与样本方差，现又获得第 $n+1$ 个观察值，证明：

（1）$\overline{X}_{n+1} = \dfrac{n}{n+1}\overline{X}_n + \dfrac{X_{n+1}}{n+1}$;

（2）$S_{n+1}^2 = \dfrac{n-1}{n}S_n^2 + \dfrac{1}{n+1}(X_{n+1} - \overline{X}_{n+1})^2$.

第三节　抽样分布

统计量是样本的函数，它是一个随机变量. 统计量的分布称为抽样分布. 在使用统计量进行统计推断时，常需知道它的分布. 当总体的分布函数已知时，抽样分布是确定的，然而要求出统计量的精确分布，一般来说是困难的. 本节介绍来自正态总体的几个常用的统计量的分布.

一、χ^2 分布

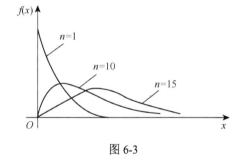

文档：什么是自由度？如何确定自由度

（一）χ^2 分布的定义

定义 6-6　如果随机变量 X 的概率密度函数为

$$f(x) = \begin{cases} \dfrac{1}{2^{\frac{n}{2}}\Gamma\left(\dfrac{n}{2}\right)} x^{\frac{n}{2}-1} \mathrm{e}^{-\frac{x}{2}}, & x>0, \\ 0, & x \leqslant 0, \end{cases} \tag{6-13}$$

文档：卡方分布的有关计算

其中，$\Gamma(r) = \displaystyle\int_0^{+\infty} x^{r-1}\mathrm{e}^{-x}\mathrm{d}x$，$n \geqslant 1$，则称 X 服从自由度为 n 的 χ^2 分布，记为 $X \sim \chi^2(n)$.

χ^2 分布的概率密度函数 $f(x)$ 的图形如图 6-3 所示.

（二）χ^2 分布的典型模式

定理 6-2　设 $X_1, X_2, \cdots, X_n$ 相互独立，且均服从标准正态分布，则随机变量 $\chi^2 = X_1^2 + X_2^2 + \cdots + X_n^2$ 服从自由度为 n 的 χ^2 分布，即 $\chi^2 \sim \chi^2(n)$.

证　略.

图 6-3

（三）χ^2 分布的上 α 分位点

定义 6-7　设随机变量 $X \sim \chi^2(n)$，对任意给定的实数 $\alpha(0 < \alpha < 1)$，称满足 $P\{X > \lambda\} = \alpha$ 的实数 λ 为 χ^2 分布的**上 α 分位点**，记为 $\chi_\alpha^2(n)$，即 $\lambda = \chi_\alpha^2(n)$.

由定义 6-7 可知，$\chi_\alpha^2(n)$ 不仅与 n 有关，还与 α 有关，如图 6-4 所示.

对于不同的 α 和 n，χ^2 分布的上 α 分位点的值已制成附表 5，可以查用. 例如，对于 $\alpha = 0.05$，$n = 16$，查附表 5 得 $\chi_{0.05}^2(16) = 26.296$. 值得注意的是，在 χ^2 分布的上 α 分位点表中，一般仅对 $n \leqslant 45$ 给出了分位点的值，当 $n > 45$ 时，不加证明地给出如下近似公式，即

$$\chi_\alpha^2(n) \approx \frac{1}{2}\left(u_\alpha + \sqrt{2n-1}\right)^2,$$

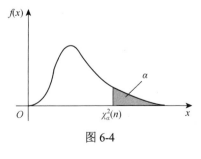

图 6-4

其中，u_α 是标准正态分布的上 α 分位点. 例如，$\chi_{0.05}^2(50) \approx \dfrac{1}{2}(\sqrt{99}+1.645)^2 = 67.221$.

（四）χ^2 分布的性质

（1）若 $\chi_1^2 \sim \chi^2(n_1)$，$\chi_2^2 \sim \chi^2(n_2)$，且它们相互独立，则有
$$\chi_1^2 + \chi_2^2 \sim \chi^2(n_1 + n_2).$$

这一性质称为 χ^2 分布的可加性（证明略）.

推广　若 $X_1, X_2, \cdots, X_k$ 相互独立，且 $X_i \sim \chi^2(n_i)$ $(i = 1, 2, \cdots, k)$，则
$$X_1 + X_2 + \cdots + X_k \sim \chi^2(n_1 + n_2 + \cdots + n_k).$$

（2）若 $\chi^2 \sim \chi^2(n)$，则有 $E(\chi^2) = n$，$D(\chi^2) = 2n$.

证　因为 $X_i \sim N(0,1)$，所以
$$E(X_i^2) = D(X_i) = 1,$$
$$D(X_i^2) = E(X_i^4) - E^2(X_i^2) = 3 - 1 = 2 \quad (i = 1, 2, \cdots, n),$$

于是
$$E(\chi^2) = E\left(\sum_{i=1}^n X_i^2\right) = \sum_{i=1}^n E(X_i^2) = n,$$
$$D(\chi^2) = D\left(\sum_{i=1}^n X_i^2\right) = \sum_{i=1}^n D(X_i^2) = 2n.$$

例 6-3　已知随机变量 $X \sim \chi^2(25)$，求满足下列各式的实数 λ 的值：

（1）$P\{X > \lambda\} = 0.01$；

（2）$P\{X < \lambda\} = 0.025$；

（3）$P\{|X| > \lambda\} = 0.05$.

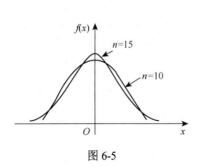

文档：卡方分布分位点

解　$X \sim \chi^2(25)$，

（1）因为 $P\{X > \lambda\} = 0.01$，所以 $\lambda = \chi_{0.01}^2(25)$，查 χ^2 分布的分位点表知，$\lambda = 44.314$.

（2）由 $P\{X < \lambda\} = 0.025$，得 $P\{X > \lambda\} = 0.975$，$\lambda = \chi_{0.975}^2(25)$，查 χ^2 分布的分位点表知 $\chi_{0.975}^2(25) = 13.120$，所以 $\lambda = 13.120$.

（3）由 $P\{|X| > \lambda\} = 0.05$，得 $P\{X > \lambda\} = 0.05$，查 χ^2 分布的分位点表知 $\chi_{0.05}^2(25) = 37.652$，所以 $\lambda = 37.652$.

二、t 分布

（一）t 分布的定义

定义 6-8　若随机变量 X 的概率密度函数为

$$f(x) = \frac{\Gamma\left(\dfrac{n+1}{2}\right)}{\sqrt{n\pi}\,\Gamma\left(\dfrac{n}{2}\right)}\left(1 + \frac{x^2}{n}\right)^{-\frac{n+1}{2}} \quad (x \in \mathbf{R}), \qquad (6\text{-}14)$$

则称 X 服从自由度为 n 的 **t 分布**，记为 $X \sim t(n)$.

t 分布的概率密度函数 $f(x)$ 的图形如图 6-5 所示. $f(x)$ 的图形关于 $x = 0$ 对称，当 n 充分大时，其图形类似于标准正态随机变量概率密度函数的图形. 但对于较小的 n，t 分布与

图 6-5

标准正态分布相差很大.

（二）t 分布的典型模式

定理 6-3　设随机变量 $X \sim N(0,1)$，$Y \sim \chi^2(n)$，且 X 与 Y 相互独立，则随机变量

$$T = \frac{X}{\sqrt{Y/n}}$$

服从自由度为 n 的 t 分布，即 $T \sim t(n)$.

证　略.

（三）t 分布的上 α 分位点

定义 6-9　对于给定的 $\alpha(0 < \alpha < 1)$，称满足条件

$$P\{t > t_\alpha(n)\} = \int_{t_\alpha(n)}^{\infty} h(t)\,\mathrm{d}t = \alpha$$

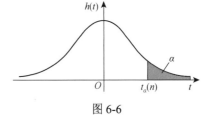

图 6-6

的点 $t_\alpha(n)$ 为 t 分布的上 α 分位点（图 6-6）.

t 分布的上 α 分位点可从附表 4 查得. 值得注意的是，在 t 分布的上 α 分位点表中，一般仅对 $n \le 45$ 给出了分位点的值，当 $n > 45$ 时，不加证明地给出如下近似公式，即

$$t_\alpha(n) \approx u_\alpha,$$

其中，u_α 是标准正态分布的上 α 分位点.

（四）t 分布的性质

（1）若 $X \sim t(n)$，则 $E(X) = 0$. 当 $n \le 2$ 时，$D(X)$ 不存在；当 $n > 2$ 时，$D(X) = \dfrac{n}{n-2}$.

证　略.

（2）t 分布的上 α 分位点有如下性质：对于任意的 $\alpha(0 < \alpha < 1)$，有 $t_{1-\alpha}(n) = -t_\alpha(n)$.

证　由 t 分布的上 α 分位点的定义及 t 分布的概率密度函数图形的对称性即可知.

例 6-4　已知随机变量 $X \sim t(12)$，求满足下列各式的实数 λ 的值：

（1）$P\{|X| > \lambda\} = 0.01$；

（2）$P\{X < \lambda\} = 0.975$；

（3）$P\{X > \lambda\} = 0.01$.

解　因为 $X \sim t(12)$，

（1）由 $P\{|X| > \lambda\} = 0.01$，得 $P\{X > \lambda\} = 0.005$，$\lambda = t_{0.005}(12)$，查 t 分布的分位点表知 $t_{0.005}(12) = 3.054\,5$，所以 $\lambda = 3.054\,5$.

（2）由 $P\{X < \lambda\} = 0.975$，得 $P\{X > \lambda\} = 0.025$，$\lambda = t_{0.025}(12)$，查 t 分布的分位点表知 $t_{0.025}(12) = 2.178\,8$，所以 $\lambda = 2.178\,8$.

（3）由 $P\{X > \lambda\} = 0.01$，得 $\lambda = t_{0.01}(12)$，查 t 分布的分位点表知 $t_{0.01}(12) = 2.681$，所以 $\lambda = 2.681$.

三、F 分布

（一）F 分布的定义

定义 6-10　若随机变量 X 的概率密度函数为

$$f(x)=\begin{cases}\dfrac{\Gamma\left(\dfrac{n_1+n_2}{2}\right)}{\Gamma\left(\dfrac{n_1}{2}\right)\Gamma\left(\dfrac{n_2}{2}\right)}\left(\dfrac{n_1}{n_2}\right)^{\frac{n_1}{2}}x^{\frac{n_1}{2}-1}\left(1+\dfrac{n_1}{n_2}x\right)^{-\frac{n_1+n_2}{2}},&x>0,\\[4mm]0,&x\leqslant0,\end{cases} \tag{6-15}$$

则称 X 服从自由度为 n_1 和 n_2 的 **F 分布**，其中 n_1 称为**第一自由度**，n_2 称为**第二自由度**，记作 $X\sim F(n_1,n_2)$（图 6-7）.

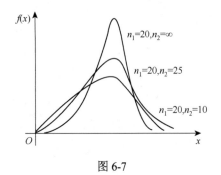

图 6-7

（二）F 分布的典型模式

定理 6-4　设随机变量 X 与 Y 相互独立，且 $X\sim\chi^2(n_1)$，$Y\sim\chi^2(n_2)$，则

$$F=\frac{X/n_1}{Y/n_2}\sim F(n_1,n_2).$$

证　略.

（三）F 分布的上 α 分位点

定义 6-11　若随机变量 $X\sim F(n_1,n_2)$，对于任意给定的数 $\alpha(0<\alpha<1)$，称满足 $P\{X>\lambda\}=\alpha$ 的实数 λ 为 F 分布的**上 α 分位点**，记为 $F_\alpha(n_1,n_2)$，即 $\lambda=F_\alpha(n_1,n_2)$，如图 6-8 所示.

F 分布的上 α 分位点有表格可查（附表 6）.

（四）F 分布的性质

（1）若 $F\sim F(n_1,n_2)$，则 $\dfrac{1}{F}\sim F(n_2,n_1)$.

证　设 $X\sim\chi^2(n_1)$，$Y\sim\chi^2(n_2)$，且 X 与 Y 相互独立，则由条件及定理 6-4 得 F 与 $\dfrac{X/n_1}{Y/n_2}$ 服从自由度为 n_1，n_2 的 F 分布，因此，$\dfrac{1}{F}$ 与 $\dfrac{Y/n_2}{X/n_1}$ 服从同样的分布. 又由于 $\dfrac{Y/n_2}{X/n_1}\sim F(n_2,n_1)$，故 $\dfrac{1}{F}\sim F(n_2,n_1)$.

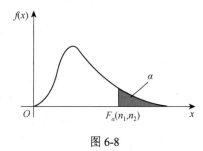

图 6-8

（2）若随机变量 $X\sim F(n_1,n_2)$，则

当 $n_2>2$ 时，$E(X)=\dfrac{n_2}{n_2-2}$；当 $n_2\leqslant2$ 时，$E(X)$ 不存在.

当 $n_2>4$ 时，$D(X)=\dfrac{2n_2^2(n_1+n_2-2)}{n_1(n_2-2)^2(n_2-4)}$；当 $n_2\leqslant4$ 时，$D(X)$ 不存在.

证　略.

（3）F 分布的上 α 分位点有如下性质：

$$F_{1-\alpha}(n_1,n_2)=\frac{1}{F_\alpha(n_2,n_1)}.$$

证　设随机变量 $X\sim F(n_1,n_2)$，则由 F 分布的上 α 分位点的定义可得

$$P\{X>F_{1-\alpha}(n_1,n_2)\}=1-\alpha,$$

所以 $P\{X \leqslant F_{1-\alpha}(n_1,n_2)\} = \alpha$. 因为 $0 < \alpha < 1$，所以

$$F_{1-\alpha}(n_1,n_2) > 0, \qquad P\left\{\frac{1}{X} \geqslant \frac{1}{F_{1-\alpha}(n_1,n_2)}\right\} = \alpha.$$

由 $X \sim F(n_1,n_2)$ 知

$$\frac{1}{X} \sim F(n_2,n_1), \qquad P\left\{\frac{1}{X} \geqslant F_\alpha(n_2,n_1)\right\} = \alpha,$$

从而有

$$\frac{1}{F_{1-\alpha}(n_1,n_2)} = F_\alpha(n_2,n_1),$$

即

$$F_{1-\alpha}(n_1,n_2) = \frac{1}{F_\alpha(n_2,n_1)}.$$

这个性质常用来求 F 分布表中没有包括的数值. 例如，由附表 6 查得 $F_{0.05}(9,12) = 2.80$，则可利用上述性质求得

$$F_{0.95}(12,9) = \frac{1}{F_{0.05}(9,12)} = \frac{1}{2.80} \approx 0.357.$$

例 6-5　已知随机变量 $X \sim F(10,15)$，求满足下列各式的实数 λ 的值：

（1）$P\{X > \lambda\} = 0.01$；

（2）$P\{X < \lambda\} = 0.975$.

解　因为 $X \sim F(10,15)$，

（1）由 $P\{X > \lambda\} = 0.01$，得 $\lambda = F_{0.01}(10,15)$，查 F 分布的分位点表知 $F_{0.01}(10,15) = 3.8$，所以 $\lambda = 3.8$.

（2）由 $P\{X < \lambda\} = 0.975$，得 $P\{X > \lambda\} = 0.025$，$\lambda = F_{0.025}(10,15)$，查 F 分布的分位点表知 $F_{0.025}(10,15) = 3.06$，所以 $\lambda = 3.06$.

四、正态总体的样本均值与样本方差的分布

设 $X_1, X_2, \cdots, X_n$ 是来自正态总体 $X \sim N(\mu,\sigma^2)$ 的一个简单随机样本，则对于样本均值 $\bar{X} = \dfrac{1}{n}\sum_{i=1}^{n} X_i$ 和样本方差 $S^2 = \dfrac{1}{n-1}\sum_{i=1}^{n}(X_i - \bar{X})^2$，总有

$$E(\bar{X}) = \mu, \qquad D(\bar{X}) = \frac{\sigma^2}{n}, \qquad E(S^2) = \sigma^2.$$

对于正态总体 $X \sim N(\mu,\sigma^2)$ 的样本均值 $\bar{X}$ 和样本方差 S^2，有以下定理.

定理 6-5　设 $X_1, X_2, \cdots, X_n$ 是来自正态总体 $N(\mu,\sigma^2)$ 的一个简单随机样本，样本均值为 $\bar{X} = \dfrac{1}{n}\sum_{i=1}^{n} X_i$，则 $\bar{X} \sim N\left(\mu,\dfrac{\sigma^2}{n}\right)$，即 $\dfrac{\bar{X}-\mu}{\sigma/\sqrt{n}} \sim N(0,1)$.

证　由于 $E(\bar{X}) = \mu$，$D(\bar{X}) = \dfrac{\sigma^2}{n}$，故由正态分布的性质可知 $\bar{X} \sim N\left(\mu,\dfrac{\sigma^2}{n}\right)$，即有

$$\frac{\bar{X}-\mu}{\sigma/\sqrt{n}} \sim N(0,1).$$

定理 6-6 设 $X_1, X_2, \cdots, X_n$ 是来自正态总体 $N(\mu, \sigma^2)$ 的一个简单随机样本，样本均值和样本方差分别为 $\bar{X} = \frac{1}{n} \sum_{i=1}^{n} X_i$ 和 $S^2 = \frac{1}{n-1} \sum_{i=1}^{n} (X_i - \bar{X})^2$，则

（1）$\frac{(n-1)S^2}{\sigma^2} = \frac{1}{\sigma^2} \sum_{i=1}^{n} (X_i - \bar{X})^2 \sim \chi^2(n-1)$；

（2）$\bar{X}$ 与 S^2 相互独立.

证 略.

定理 6-7 设 $X_1, X_2, \cdots, X_n$ 是来自正态总体 $N(\mu, \sigma^2)$ 的一个简单随机样本，样本均值和样本方差分别为 $\bar{X} = \frac{1}{n} \sum_{i=1}^{n} X_i$ 和 $S^2 = \frac{1}{n-1} \sum_{i=1}^{n} (X_i - \bar{X})^2$，则 $\frac{\bar{X} - \mu}{S / \sqrt{n}} \sim t(n-1)$.

证 因为

$$\frac{\bar{X} - \mu}{\sigma / \sqrt{n}} \sim N(0,1), \qquad \frac{(n-1)S^2}{\sigma^2} \sim \chi^2(n-1),$$

且两者独立，由 t 分布的定义知

$$\frac{\bar{X} - \mu}{\sigma / \sqrt{n}} \bigg/ \sqrt{\frac{(n-1)S^2}{\sigma^2 (n-1)}} \sim t(n-1),$$

化简上式左边，即得

$$\frac{\bar{X} - \mu}{S / \sqrt{n}} \sim t(n-1).$$

定理 6-8 设 $X_1, X_2, \cdots, X_{n_1}$ 与 $Y_1, Y_2, \cdots, Y_{n_2}$ 是来自正态总体 $N(\mu_1, \sigma_1^2)$ 和 $N(\mu_2, \sigma_2^2)$ 的简单随机样本，且两样本独立. 样本均值分别为 $\bar{X} = \frac{1}{n_1} \sum_{i=1}^{n} X_i$ 和 $\bar{Y} = \frac{1}{n_2} \sum_{i=1}^{n} Y_i$，样本方差分别为 $S_1^2 = \frac{1}{n_1 - 1} \sum_{i=1}^{n_1} (X_i - \bar{X})^2$ 和 $S_2^2 = \frac{1}{n_2 - 1} \sum_{i=1}^{n_2} (Y_i - \bar{Y})^2$，则

$$F = \frac{S_1^2}{\sigma_1^2} \bigg/ \frac{S_2^2}{\sigma_2^2} \sim F(n_1 - 1, n_2 - 1).$$

证 由条件及定理 6-6 得

$$\frac{(n_1 - 1)S_1^2}{\sigma_1^2} \sim \chi^2(n_1 - 1),$$

$$\frac{(n_2 - 1)S_2^2}{\sigma_2^2} \sim \chi^2(n_2 - 1),$$

由于两个样本相互独立，它们的连续函数 $\frac{(n_1 - 1)S_1^2}{\sigma_1^2}$ 与 $\frac{(n_2 - 1)S_2^2}{\sigma_2^2}$ 也相互独立，故

$$F = \frac{(n_1 - 1)S_1^2}{\sigma_1^2(n_1 - 1)} \bigg/ \frac{(n_2 - 1)S_2^2}{\sigma_2^2(n_2 - 1)} \sim F(n_1 - 1, n_2 - 1),$$

即

$$F = \frac{S_1^2}{\sigma_1^2} \bigg/ \frac{S_2^2}{\sigma_2^2} \sim F(n_1 - 1, n_2 - 1).$$

由定理 6-8 可知，当两个总体独立且方差相等时，两个样本方差的比服从 F 分布，即当 $\sigma_1^2 = \sigma_2^2$ 时，$\dfrac{S_1^2}{S_2^2} \sim F(n_1 - 1, n_2 - 1)$.

定理 6-9 设 $X_1, X_2, \cdots, X_{n_1}$ 与 $Y_1, Y_2, \cdots, Y_{n_2}$ 是来自正态总体 $N(\mu_1, \sigma^2)$ 和 $N(\mu_2, \sigma^2)$ 的简单随机样本，且两样本独立. 样本均值分别为 $\bar{X} = \dfrac{1}{n_1} \sum\limits_{i=1}^{n_1} X_i$ 和 $\bar{Y} = \dfrac{1}{n_2} \sum\limits_{i=1}^{n_2} Y_i$ ，样本方差分别为

$S_1^2 = \dfrac{1}{n_1 - 1} \sum\limits_{i=1}^{n_1} (X_i - \bar{X})^2$ 和 $S_2^2 = \dfrac{1}{n_2 - 1} \sum\limits_{i=1}^{n_2} (Y_i - \bar{Y})^2$ ，则有

$$T = \frac{(\bar{X} - \bar{Y}) - (\mu_1 - \mu_2)}{S_\omega \sqrt{\dfrac{1}{n_1} + \dfrac{1}{n_2}}} \sim t(n_1 + n_2 - 2),$$

其中，$S_\omega^2 = \dfrac{(n-1)S_1^2 + (n_2 - 1)S_2^2}{n_1 + n_2 - 2}$.

证 由条件得

$$\bar{X} - \bar{Y} \sim N\left(\mu_1 - \mu_2, \frac{\sigma^2}{n_1} + \frac{\sigma^2}{n_2} \right),$$

因此

$$\frac{(\bar{X} - \bar{Y}) - (\mu_1 - \mu_2)}{\sigma \sqrt{\dfrac{1}{n_1} + \dfrac{1}{n_2}}} \sim N(0,1).$$

又因为

$$\frac{(n_1 - 1)S_1^2}{\sigma^2} \sim \chi^2(n_1 - 1),$$

$$\frac{(n_2 - 1)S_2^2}{\sigma^2} \sim \chi^2(n_2 - 1),$$

且由条件可知它们相互独立，所以由 χ^2 分布的性质得

$$\frac{(n_1 - 1)S_1^2}{\sigma^2} + \frac{(n_2 - 1)S_2^2}{\sigma^2} \sim \chi^2(n_1 + n_2 - 2),$$

故

$$\frac{\dfrac{(\bar{X} - \bar{Y}) - (\mu_1 - \mu_2)}{\sigma \sqrt{\dfrac{1}{n_1} + \dfrac{1}{n_2}}}}{\sqrt{\dfrac{\dfrac{(n_1 - 1)S_1^2 + (n_2 - 1)S_2^2}{\sigma^2}}{n_1 + n_2 - 2}}} \sim t(n_1 + n_2 - 2),$$

即

$$\frac{(\bar{X} - \bar{Y}) - (\mu_1 - \mu_2)}{S_\omega \sqrt{\dfrac{1}{n_1} + \dfrac{1}{n_2}}} \sim t(n_1 + n_2 - 2).$$

例 6-6　设 $X_1, X_2, \cdots, X_n$ 是来自 $N(0,1)$ 的简单随机样本，试问统计量

$$Y = \frac{\left(\dfrac{n}{5} - 1\right) \sum\limits_{i=1}^{5} X_i^2}{\sum\limits_{i=6}^{n} X_i^2} \quad n > 5$$

服从什么分布？

解　因为 $X_i \sim N(0,1)$，$\sum\limits_{i=1}^{5} X_i^2 \sim \chi^2(5)$，$\sum\limits_{i=6}^{n} X_i^2 \sim \chi^2(n-5)$，且 $\sum\limits_{i=1}^{5} X_i^2$ 与 $\sum\limits_{i=6}^{n} X_i^2$ 相互独立，

所以

$$\frac{\sum\limits_{i=1}^{5} X_i^2 \Big/ 5}{\sum\limits_{i=6}^{n} X_i^2 \Big/ (n-5)} \sim F(5, n-5),$$

即有

$$Y = \frac{\left(\dfrac{n}{5} - 1\right) \sum\limits_{i=1}^{5} X_i^2}{\sum\limits_{i=6}^{n} X_i^2} \sim F(5, n-5).$$

习　题　6-3

1. 设 $X_1, X_2, \cdots, X_n$ 为来自参数为 λ 的泊松分布的总体 X 的样本，$\bar{X}$，S^2 分别为样本均值和样本（修正）方差，求 $D(\bar{X})$ 及 $E(S^2)$.

2. 设 $X_1, X_2, \cdots, X_n$ 是来自 $N(\mu, \sigma^2)$ 的简单随机样本，μ, σ^2 为已知常数，证明：统计量 $\chi^2 = \dfrac{1}{\sigma^2} \sum\limits_{i=1}^{n} (X_i - \mu)^2$ 服从自由度为 n 的 χ^2 分布.

3. 设两个总体 $N(\mu_1, \sigma_1^2)$ 与 $N(\mu_2, \sigma_2^2)$ 相互独立，$X_1, X_2, \cdots, X_{n_1}$ 与 $Y_1, Y_2, \cdots, Y_{n_2}$ 分别是来自这两个总体的相互独立的样本，证明：统计量

$$F = \frac{\sum\limits_{i=1}^{n_1} \dfrac{(X_i - \mu_1)^2}{n_1 \sigma_1^2}}{\sum\limits_{j=1}^{n_2} \dfrac{(Y_j - \mu_2)^2}{n_2 \sigma_2^2}}$$

服从自由度为 (n_1, n_2) 的 F 分布.

4. 设 $X_1, X_2, \cdots, X_5$ 独立同分布，且都服从 $N(0,4)$ 分布.

（1）试求常数 c，使得 $c(X_1^2 + X_2^2 + X_3^2)$ 服从 χ^2 分布，并指出它的自由度；

（2）试求常数 d，使得 $d \dfrac{X_4 + X_5}{\sqrt{X_1^2 + X_2^2 + X_3^2}}$ 服从 t 分布，并指出它的自由度.

5. 设 $X \sim t(10)$，试求常数 c，使得 $P\{X > c\} = 0.95$.

6. 设 $X_1, X_2, \cdots, X_{10}$ 与 $Y_1, Y_2, \cdots, Y_{15}$ 是来自总体 $N(20,3)$ 的两个相互独立的样本，样本均值分别为 $\bar{X}, \bar{Y}$，求 $P\{|\bar{X} - \bar{Y}| > 0.3\}$.

7. 设 $X_1, X_2, \cdots, X_{10}$ 独立同分布，且都服从分布 $N(0, 0.3^2)$，求 $P\left\{\sum\limits_{i=1}^{10} X_i^2 > 1.44\right\}$.

8. 设 $X_1, X_2, \cdots, X_{16}$ 是来自 $N(\mu, \sigma^2)$ 的简单随机样本，μ, σ^2 均为未知常数，S^2 为样本方差，求：

（1）$P\left\{\dfrac{S^2}{\sigma^2} \leqslant 2.014\right\}$；　（2）$D(S^2)$.

历年考研试题选讲六

下面再讲解若干个近十几年来概率论与数理统计的考研题目，以供读者体会概率论与数理统计考研题目的难度、深度和广度，从而对概率论与数理统计的学习起到一个很好的参考作用.

例 1（2005 年，数学一） 设 $X_1, X_2, \cdots, X_n(n \geqslant 2)$ 为来自总体 $N(0,1)$ 的简单随机样本，$\overline{X}$ 为样本均值，S^2 为样本方差，则_____.

（A）$n\overline{X} \sim N(0,1)$　　　（B）$nS^2 \sim \chi^2(n)$

（C）$\dfrac{(n-1)\overline{X}}{S} \sim t(n-1)$　（D）$\dfrac{(n-1)X_1^2}{\sum\limits_{i=2}^{n} X_i^2} \sim F(1, n-1)$

解 因为 $X_1^2 \sim \chi^2(1)$，$\sum\limits_{i=2}^{n} X_i^2 \sim \chi^2(n-1)$，且 X_1^2 与 $\sum\limits_{i=2}^{n} X_i^2$ 相互独立，所以

$$\frac{X_1^2}{\sum\limits_{i=2}^{n} X_i^2 \Big/ (n-1)} = \frac{(n-1)X_1^2}{\sum\limits_{i=2}^{n} X_i^2} \sim F(1, n-1),$$

故答案选（D）.

例 2（2006 年，数学三） 设总体 X 的概率密度函数为 $f(x) = \dfrac{1}{2}e^{-|x|}(-\infty < x < +\infty)$，$X_1, X_2, \cdots, X_n$ 为总体 X 的简单随机样本，其样本方差为 S^2，则 $E(S^2)$ _____.

解 $E(S^2) = D(X) = E(X^2) - E^2(X)$

$$= \int_{-\infty}^{+\infty} x^2 \frac{1}{2}e^{-|x|}dx + \left(\int_{-\infty}^{+\infty} x \frac{1}{2}e^{-|x|}dx\right)^2$$

$$= \int_{0}^{+\infty} x^2 e^{-x}dx + 0 = 2.$$

例 3（2010 年，数学三） 设 $X_1, X_2, \cdots, X_n$ 为来自总体 $N(\mu, \sigma^2)(\sigma > 0)$ 的简单随机样本，记统计量 $T = \dfrac{1}{n}\sum\limits_{i=1}^{n} X_i^2$，则 $E(T)$ _____.

解 $E(T) = E\left(\dfrac{1}{n}\sum\limits_{i=1}^{n} X_i^2\right) = \dfrac{1}{n}\sum\limits_{i=1}^{n} E(X_i^2) = \dfrac{1}{n}\sum\limits_{i=1}^{n}[D(X_i) + E^2(X_i)]$

$$= \frac{1}{n}\sum_{i=1}^{n}(\sigma^2 + \mu^2) = \sigma^2 + \mu^2.$$

例 4（2011 年，数学三） 设总体 X 服从参数为 $\lambda(\lambda > 0)$ 的泊松分布，$X_1, X_2, \cdots, X_n(n \geqslant 2)$ 为来自该总体的简单随机样本，则对于统计量 $T_1 = \dfrac{1}{n}\sum\limits_{i=1}^{n} X_i$，$T_2 = \dfrac{1}{n-1}\sum\limits_{i=1}^{n-1} X_i + \dfrac{1}{n}X_n$，有_____.

（A）$E(T_1) > E(T_2)$，$D(T_1) > D(T_2)$　　（B）$E(T_1) > E(T_2)$，$D(T_1) < D(T_2)$

（C）$E(T_1){<}E(T_2)$，$D(T_1){>}D(T_2)$　　　　（D）$E(T_1){<}E(T_2)$，$D(T_1){<}D(T_2)$

解　$E(T_1)=E(\bar X)=\lambda$，$D(T_1)=D(\bar X)=\dfrac{\lambda}{n}$，而

$$E(T_2)=\lambda+\frac{\lambda}{n}，\quad D(T_2)=\frac{\lambda}{n-1}=\frac{\lambda}{n^2}，$$

所以 $E(T_1){<}E(T_2)$，$D(T_1){<}D(T_2)$，故答案选（D）.

例 5 **（2012 年，数学三）**　设 X_1,X_2,X_3,X_4 为来自总体 $N(1,\sigma^2)(\sigma{>}0)$ 的简单随机样本，则统计量 $\dfrac{X_1-X_2}{|X_3+X_4-2|}$ 的分布为_____.

（A）$N(0,1)$　　　　　（B）$t(1)$

（C）$\chi^2(1)$　　　　　（D）$F(1,1)$

解　$X_1-X_2\sim N(0,2\sigma^2)$，故 $\dfrac{X_1-X_2}{\sqrt2\sigma}\sim N(0,1)$，$X_3+X_4-2\sim N(0,2\sigma^2)$，故

$$\frac{X_3+X_4-2}{\sqrt2\sigma}\sim N(0,1)，\quad \left(\frac{X_3+X_4-2}{\sqrt2\sigma}\right)^2\sim\chi^2(1)，$$

且 $\dfrac{X_1-X_2}{\sqrt2\sigma}$ 与 $\left(\dfrac{X_3+X_4-2}{\sqrt2\sigma}\right)^2$ 相互独立，所以

$$\frac{\dfrac{X_1-X_2}{\sqrt2\sigma}}{\sqrt{\left(\dfrac{X_3+X_4-2}{\sqrt2\sigma}\right)^2\Big/1}}=\frac{X_1-X_2}{|X_3+X_4-2|}\sim t(1)，$$

故答案选（B）.

例 6 **（2013 年，数学一）**　设随机变量 $X\sim t(n)$，$Y\sim F(1,n)$，给定 $\alpha(0{<}\alpha{<}0.5)$，常数 c 满足 $P\{X{>}c\}=\alpha$，则 $P\{Y{>}c^2\}=$_____.

（A）α　　　　　　（B）$1-\alpha$

（C）2α　　　　　　（D）0

解　因为 $X\sim t(n)$，可令 $U\sim N(0,1)$，$V\sim\chi^2(n)$，且 U 与 V 相互独立，有 $X=\dfrac{U}{\sqrt{\dfrac{V}{n}}}\sim t(n)$，

$U^2\sim\chi^2(1)$，则 $Y=\dfrac{U^2}{\dfrac{V}{n}}=X^2\sim F(1,n)$.

根据 t 分布的对称性，对于给定的 $\alpha(0{<}\alpha{<}0.5)$，常数 c 满足 $P\{X{>}c\}=\alpha$，必有 $c{>}0$，且
$$P\{X{>}c\}=P\{X{<}-c\}=\alpha，$$

于是

$$P\{Y{>}c^2\}=P\{X^2{>}c^2\}=P\{X{>}c\}+P\{X{<}-c\}=2\alpha，$$

故答案选（C）.

例 7 **（2014 年，数学三）**　设 X_1,X_2,X_3 为来自正态总体 $N(0,\sigma^2)$ 的简单随机样本，则统

计量 $S = \dfrac{X_1 - X_2}{\sqrt{2}|X_3|}$ 服从的分布为_____.

（A） $F(1,1)$ （B） $F(2,1)$
（C） $t(1)$ （D） $t(2)$

解 显然，$X_1 - X_2 \sim N(0,2\sigma^2)$，有 $\dfrac{X_1 - X_2}{\sqrt{2}\sigma} \sim N(0,1)$，又 $X_3 \sim N(0,\sigma^2)$，有 $\dfrac{X^3}{\sigma} \sim N(0,1)$，$\left(\dfrac{X_3}{\sigma}\right)^2 \sim \chi^2(1)$，且 $\dfrac{X_1 - X_2}{\sqrt{2}\sigma}$ 与 $\left(\dfrac{X_3}{\sigma}\right)^2$ 相互独立，所以

$$\frac{\dfrac{X_1 - X_2}{\sqrt{2}\sigma}}{\sqrt{\left(\dfrac{X_3}{\sigma}\right)^2 \Big/ 1}} = \frac{X_1 - X_2}{\sqrt{2}|X_3|} = S \sim t(1),$$

故答案选（C）.

例8 （2015年，数学三） 设总体 $X \sim b(m,\theta)$，$X_1, X_2, \cdots, X_n$ 为来自该总体的简单随机样本，$\bar{X}$ 为样本均值，则 $E\left[\sum\limits_{i=1}^{n}(X_i - \bar{X})^2\right]$_____.

（A） $(m-1)n\theta(1-\theta)$ （B） $m(n-1)\theta(1-\theta)$
（C） $(m-1)(n-1)\theta(1-\theta)$ （D） $mn\theta(1-\theta)$

解 样本方差 $S^2 = \dfrac{1}{n-1}\sum\limits_{i=1}^{n}(X_i - \bar{X})^2$，且 $E(S^2) = D(X) = m\theta(1-\theta)$，所以

$$E\left[\sum_{i=1}^{n}(X_i - \bar{X})^2\right] = E[(n-1)S^2] = (n-1)E(S^2) = m(n-1)\theta(1-\theta),$$

故答案选（B）.

例9 （2017年，数学一、数学三） 设 $X_1, X_2, \cdots, X_n (n \geq 2)$ 为来自总体 $N(\mu,1)$ 的简单随机样本，记 $\bar{X} = \dfrac{1}{n}\sum\limits_{i=1}^{n}X_i$，则下列结论中不正确的是_____.

（A） $\sum\limits_{i=1}^{n}(X_i - \mu)^2$ 服从 χ^2 分布 （B） $2(X_n - X_1)^2$ 服从 χ^2 分布

（C） $\sum\limits_{i=1}^{n}(X_i - \bar{X})^2$ 服从 χ^2 分布 （D） $n(\bar{X} - \mu)^2$ 服从 χ^2 分布

解 因为 $X_1, X_2, \cdots, X_n$ 是来自总体 $N(\mu,1)$ 的简单随机样本，所以 $X_n - X_1 \sim N(0,2)$，有 $\dfrac{X_n - X_1}{\sqrt{2}} \sim N(0,1)$，则 $\dfrac{(X_n - X_1)^2}{2} \sim \chi^2(1)$，显然 $2(X_n - X_1)^2$ 服从 χ^2 分布不正确，故答案选（B）.

例10 （2018年，数学三） 已知 $X_1, X_2, \cdots, X_n (n \geq 2)$ 为来自总体 $N(\mu,\sigma^2)(\sigma > 0)$ 的简单随机样本，令 $\bar{X} = \dfrac{1}{n}\sum\limits_{i=1}^{n}X_i$，$S = \sqrt{\dfrac{1}{n-1}\sum\limits_{i=1}^{n}(X_i - \bar{X})^2}$，$S^* = \sqrt{\dfrac{1}{n-1}\sum\limits_{i=1}^{n}(X_i - \mu)^2}$，则_____.

（A） $\dfrac{\sqrt{n}(\bar{X} - \mu)}{S} \sim t(n)$ （B） $\dfrac{\sqrt{n}(\bar{X} - \mu)}{S} \sim t(n-1)$

（C）$\dfrac{\sqrt{n}(\bar{X}-\mu)}{S^*}\sim t(n)$ （D）$\dfrac{\sqrt{n}(\bar{X}-\mu)}{S^*}\sim t(n-1)$

解 因为 $\dfrac{\bar{X}-\mu}{\dfrac{\sigma}{\sqrt{n}}}\sim N(0,1)$，$\dfrac{(n-1)S^2}{\sigma^2}\sim\chi^2(n-1)$，又 $\bar{X}$ 与 S^2 相互独立，所以

$\dfrac{\sqrt{n}(\bar{X}-\mu)}{S}\sim t(n-1)$. 又因为 $\dfrac{\bar{X}-\mu}{\dfrac{\sigma}{\sqrt{n}}}\sim N(0,1)$，$\dfrac{(n-1)S^{*2}}{\sigma^2}\sim\chi^2(n)$，且 $\bar{X}$ 与 S^{*2} 相互独立，所以

$\dfrac{n(\bar{X}-\mu)}{\sqrt{n-1}\cdot S^*}\sim t(n)$，故选（B）.

本 章 小 结

在数理统计中往往研究有关对象的某一项数量指标，对这一数量指标进行试验和观察，将试验的全部可能的观察值称为总体，每个观察值称为个体. 总体中的每一个个体是某一随机变量 X 的值，因此一个总体对应于一个随机变量 X，笼统地称为总体 X. 随机变量 X 服从什么分布就称总体服从什么分布.

若 $X_1,X_2,\cdots,X_n$ 是相同条件下对总体 X 进行 n 次独立重复观察所得到的 n 个结果，称随机变量 $X_1,X_2,\cdots,X_n$ 为来自总体 X 的简单随机样本，它具有如下两条性质：

（1）$X_1,X_2,\cdots,X_n$ 都与总体 X 具有相同的分布；

（2）$X_1,X_2,\cdots,X_n$ 相互独立.

本书就是利用来自样本的信息推断总体，得到有关总体分布的种种结论.

完全由样本 $X_1,X_2,\cdots,X_n$ 所确定的函数 $Y=g(X_1,X_2,\cdots,X_n)$ 称为统计量，统计量是一个随机变量，它是统计推断的一个重要工具. 统计量在数理统计中的地位相当重要，相当于随机变量在概率论中的地位.

样本均值

$$\bar{X}=\frac{1}{n}\sum_{i=1}^{n}X_i$$

和样本方差

$$S^2=\frac{1}{n-1}\sum_{i=1}^{n}(X_i-\bar{X})^2$$

是两个最重要的统计量，统计量的分布称为抽样分布，读者需要掌握统计学中三大抽样分布：χ^2 分布，t 分布，F 分布.

读者学习后续内容还需要掌握以下重要结果.

（1）设总体 X 的一个样本为 $X_1,X_2,\cdots,X_n$，且 X 的均值和方差存在，记 $\mu=E(X)$，$\sigma^2=D(X)$，则

$$E(\bar{X})=\mu,\qquad D(\bar{X})=\frac{\sigma^2}{n},\qquad E(S^2)=\sigma^2.$$

（2）设总体 $X\sim N(\mu,\sigma^2)$，$X_1,X_2,\cdots,X_n$ 是 X 的一个样本，则

$$\bar{X} \sim N\left(\mu, \frac{\sigma^2}{n}\right);$$

$$\frac{(n-1)S^2}{\sigma^2} \sim \chi^2(n-1);$$

$\bar{X}$ 与 S^2 相互独立;

$$\frac{\bar{X}-\mu}{S/\sqrt{n}} \sim t(n-1).$$

（3）定理 6-8、定理 6-9 的结果.

重要术语及主题

总体　　　样本　　　统计量

χ^2 分布、t 分布、F 分布的定义及它们的概率密度函数图形的上 α 分位点

总 习 题 六

1. 设 $X_1, X_2, \cdots, X_n$ 为来自总体 $X \sim N(\mu, \sigma^2)$ 的简单随机样本，μ 已知，σ^2 未知，则下列样本函数不是统计量的是_____.

（A）$\dfrac{1}{n}\sum_{i=1}^{n} X_i$　　　　　　　　　（B）$\max\{X_1, X_2, \cdots, X_n\}$

（C）$\sum_{i=1}^{n}\left(\dfrac{X_i-\mu}{\sigma}\right)^2$　　　　　　　（D）$\dfrac{1}{n}\sum_{i=1}^{n}(X_i-\mu)^2$

2. 设随机变量 $T \sim t(n)$，则 $\dfrac{1}{T^2}$ 服从的分布为_____.

（A）$\chi^2(n)$　　　（B）$F(n,1)$　　　（C）$F(1,n)$　　　（D）$F(n-1,1)$

3. 设总体 $X \sim N(\mu, \sigma^2)$，$X_1, X_2, \cdots, X_n$ 为从 X 中抽取的简单随机样本，$\bar{X}$ 为样本均值，S^2 为样本方差，则 $\bar{X} \sim$ _____，$\dfrac{X_i-\mu}{S/\sqrt{n}} \sim$ _____.

4. $X \sim b(n,p)$，$X_1, X_2, \cdots, X_n$ 为来自总体 X 的一个样本，则 $E(\bar{X}) =$ _____，$D(\bar{X}) =$ _____，$E(S^2) =$ _____.

5. 设总体 X 服从正态分布 $N(0,1)$，若 $X_1, X_2, \cdots, X_6$ 为来自 X 的样本，$Y = (X_1+X_2+X_3)^2 + (X_4+X_5+X_6)^2$，则 $c =$ _____时，cY 服从 χ^2 分布.

6. 假设总体 $X \sim N(0, 3^2)$，$X_1, X_2, \cdots, X_8$ 是来自总体 X 的简单随机样本，则统计量 $Y = \dfrac{X_1+X_2+X_3+X_4}{\sqrt{X_5^2+X_6^2+X_7^2+X_8^2}}$ 服从自由度为_____的_____分布.

7. 设总体 X 服从正态分布 $N(1,1)$，$X_1, X_2, \cdots, X_{10}$ 为从 X 中抽取的简单随机样本，$\bar{X}$ 为样本均值，则 $\sqrt{10}(\bar{X}-1) \sim$ _____.

8. 设总体 $X \sim N(80, 20^2)$，从总体 X 中随机抽取一容量为 100 的样本，求样本均值与总体均值差的绝对值大于 3 的概率.

9. 设总体 $X \sim N(\mu, 0.3^2)$，$X_1, X_2, \cdots, X_n$ 是 X 的一个样本，$\bar{X}$ 为样本均值，试求满足 $P\{|\bar{X}-\mu| < 0.1\} \geqslant 0.95$ 的最小的样本容量 n.

10. 设总体 $X \sim N(\mu, \sigma^2)$，$X_1, X_2, \cdots, X_{16}$ 是来自总体 X 的样本，求：

（1）$P\left\{\dfrac{\sigma^2}{2}\leqslant\dfrac{1}{n}\sum\limits_{i=1}^{n}(X_i-\mu)^2\leqslant 2\sigma^2\right\}$；

（2）$P\left\{\dfrac{\sigma^2}{2}\leqslant\dfrac{1}{n}\sum\limits_{i=1}^{n}(X_i-\bar{X})^2\leqslant 2\sigma^2\right\}$.

11. 设灯泡的寿命服从正态分布，其中 A 型灯泡的平均寿命为 1 400 h，标准差为 200 h；B 型灯泡的平均寿命为 1 200 h，标准差为 100 h. 从两种型号的灯泡中各取 250 个进行测试，问 A 型灯泡的平均寿命与 B 型灯泡的平均寿命之差在 180 h 到 230 h 之间的概率是多少？

12. 设 $X_1,X_2,\cdots,X_9$ 是来自正态总体 X 的简单随机样本，且

$$Y_1=\dfrac{1}{6}(X_1+X_2+\cdots+X_6),\qquad Y_2=\dfrac{1}{3}(X_7+X_8+X_9),$$

$$S^2=\dfrac{1}{2}\sum_{i=7}^{9}(X_i-Y_2)^2,\qquad Z=\dfrac{\sqrt{2}(Y_1-Y_2)}{S}.$$

证明：统计量 Z 服从自由度为 2 的 t 分布.

13. 设总体 $X\sim N(0,1)$，$X_1,X_2,\cdots,X_n$ 是 X 的一个样本. 试问：下列各统计量服从什么分布？

（1）$\dfrac{X_1-X_2}{\sqrt{X_3^2+X_4^2}}$；　　（2）$\dfrac{\sqrt{n-1}X_1}{\sqrt{X_2^2+X_3^2+\cdots+X_n^2}}$；　　（3）$\dfrac{\left(\dfrac{n}{3}-1\right)\sum\limits_{i=1}^{3}X_i^2}{\sum\limits_{i=4}^{n}X_i^2}$.

14. 设总体 $X\sim N(0,2^2)$，$X_1,X_2,\cdots,X_n$ 是 X 的一个样本，且

$$Y=a(X_1-2X_2)^2+b(3X_3-4X_4)^2,$$

当 a,b 分别为何值时，统计量 Y 服从 χ^2 分布，其自由度是多少？

第七章 参数估计

在实际问题中，一般所研究的总体的分布函数类型往往是已知的，但其中含有未知的参数. 为求总体分布函数中的参数，常利用样本提供的信息对总体的参数做出合理的推断. 例如，某地区的用电量，根据以往的实际经验可知其服从正态分布 $N(\mu, \sigma^2)$，但参数 μ 和 σ^2 的具体值并不知道，需要通过样本所提供的信息来做出合理的推断. 对参数的这种推断称为**参数估计**或**统计估计**. 参数估计包括点估计和区间估计两种，本章将介绍这两种估计的有关概念及方法.

第一节 点 估 计

点估计是指把总体的未知参数估计为某个确定的值或在某个确定的点上，故点估计又称为定值估计.

一、点估计的概念

定义 7-1 设总体 X 的分布函数为 $F(x; \theta)$，其中 θ 是未知参数，$(X_1, X_2, \cdots, X_n)$ 是来自总体 X 的一个样本，也可记作 $X_1, X_2, \cdots, X_n$. 样本观测值为 $(x_1, x_2, \cdots, x_n)$，也可记作 $x_1, x_2, \cdots, x_n$. 构造一个适当的统计量 $\hat{\theta} = \hat{\theta}(X_1, X_2, \cdots, X_n)$ 作为 θ 的估计量，然后将其观测值 $\hat{\theta}(x_1, x_2, \cdots, x_n)$ 作为 θ 的估计值. 称 $\hat{\theta}(X_1, X_2, \cdots, X_n)$ 为 θ 的点估计量，称 $\hat{\theta}(x_1, x_2, \cdots, x_n)$ 为 θ 的点估计值. 在不引起混淆的情况下，点估计量与点估计值统称为点估计，简称为估计，并记为 $\hat{\theta}$.

二、点估计的常用方法

下面介绍两种常用的点估计方法：矩法估计和最大似然估计.

（一）矩法估计

矩法估计也称矩估计，是一种古老的估计方法. 它是由英国统计学家皮尔逊于 1894 年首创的. 它虽然古老，但目前仍常用，是一种常用的参数估计方法.

矩法估计的基本思想 把样本矩作为相应的总体矩的估计量，即将样本的 k 阶原点矩作为总体的 k 阶原点矩的估计量.

矩法估计的原理 由辛钦大数定律可知，当随机变量 $X_1, X_2, \cdots, X_n, \cdots$ 独立同分布，且 X_i 的期望 $E(X_i) = \mu(i = 1, 2, \cdots)$ 时，有 $\lim\limits_{n \to \infty}\left\{\left|\dfrac{1}{n}\sum\limits_{i=1}^{n} X_i - \mu\right| < \varepsilon\right\} = 1$. 因此，若 $(X_1, X_2, \cdots, X_n)$ 是总体 X 的一个简单随机样本，且 $E(X^k)$（k 为正整数）存在，有 $\lim\limits_{n \to \infty}\left\{\left|\dfrac{1}{n}\sum\limits_{i=1}^{n} X_i^k - E(X^k)\right| < \varepsilon\right\} = 1$，即当 n 足够大时，$\dfrac{1}{n}\sum\limits_{i=1}^{n} X_i^k$ 以较大的概率聚集在 $E(X^k)$ 的附近，因此，将样本的 k 阶原点矩作为总体的 k 阶原点矩的估计量是合理的.

定义 7-2 用相应的样本矩去估计总体矩的方法称为**矩估计法**. 用矩估计法确定的估计量

称为**矩估计量**，相应的估计值称为**矩估计值**. 矩估计量与矩估计值统称为**矩估计**.

　　矩法估计的一般步骤　设总体 $X \sim F(x; \theta_1, \theta_2, \cdots, \theta_k)$，其中 $\theta_1, \theta_2, \cdots, \theta_k$ 为待估的未知参数，且 X 的 i 阶矩 $\mu_i = E(X^i)(i = 1, 2, \cdots, k)$ 均存在.

　　第一步，计算 $\mu_i = E(X^i)(i = 1, 2, \cdots, k)$ 并联立为方程组：

$$\begin{cases} \mu_1 = E(X) = \mu_1(\theta_1, \theta_2, \cdots, \theta_k), \\ \mu_2 = E(X^2) = \mu_2(\theta_1, \theta_2, \cdots, \theta_k), \\ \qquad \cdots\cdots \\ \mu_k = E(X^k) = \mu_k(\theta_1, \theta_2, \cdots, \theta_k). \end{cases}$$

　　第二步，解上述方程组，得

$$\begin{cases} \theta_1 = \theta_1(\mu_1, \mu_2, \cdots, \mu_k), \\ \theta_2 = \theta_2(\mu_1, \mu_2, \cdots, \mu_k), \\ \qquad \cdots\cdots \\ \theta_k = \theta_k(\mu_1, \mu_2, \cdots, \mu_k). \end{cases}$$

　　第三步，用样本 i 阶原点矩 A_i 代替总体 i 阶原点矩 $\mu_i(i = 1, 2, \cdots, k)$，得

$$\begin{cases} \hat{\theta}_1 = \hat{\theta}_1(A_1, A_2, \cdots, A_k), \\ \hat{\theta}_2 = \hat{\theta}_2(A_1, A_2, \cdots, A_k), \\ \qquad \cdots\cdots \\ \hat{\theta}_k = \hat{\theta}_k(A_1, A_2, \cdots, A_k). \end{cases} \tag{7-1}$$

它们分别为 $\theta_1, \theta_2, \cdots, \theta_k$ 的矩估计量，代入样本值即得相应的矩估计值.

　　例 7-1　设总体 X 的均值 μ 与方差 σ^2 均存在，求它们的矩估计.

　　解　设 $X_1, X_2, \cdots, X_n$ 是来自总体 X 的样本，则总体一阶原点矩与二阶原点矩分别为

$$\begin{cases} \mu_1 = E(X) = \mu, \\ \mu_2 = E(X^2) = \mu^2 + \sigma^2, \end{cases}$$

视频：矩估计

则

$$\begin{cases} \mu = \mu_1, \\ \sigma^2 = \mu_2 - \mu_1^2, \end{cases}$$

用样本一阶原点矩 $A_1 = \bar{X} = \dfrac{1}{n}\sum\limits_{i=1}^{n} X_i$ 与二阶原点矩 $A_2 = \dfrac{1}{n}\sum\limits_{i=1}^{n} X_i^2$ 分别代替 μ_1, μ_2，得所求矩估计量为

$$\begin{cases} \hat{\mu} = \bar{X} = \dfrac{1}{n}\sum\limits_{i=1}^{n} X_i, \\ \hat{\sigma}^2 = \dfrac{1}{n}\sum\limits_{i=1}^{n} (X_i - \bar{X})^2 = S_0^2, \end{cases}$$

代入样本值即得相应的矩估计值.

　　例 7-2　设总体 X 的概率密度函数为

$$f(x; \alpha) = \begin{cases} (\alpha + 1)x^\alpha, & 0 < x < 1, \\ 0, & \text{其他}, \end{cases}$$

其中，α 为未知参数，且 $\alpha > -1$，又 $(X_1, X_2, \cdots, X_n)$ 为来自总体 X 的样本，求参数 α 的矩估计量.

解　要找出 α 与总体矩的关系，为此先计算总体的一阶原点矩，即

$$\mu_1 = E(X) = \int_{-\infty}^{+\infty} x f(x;\alpha) \mathrm{d}x$$

$$= \int_0^1 (\alpha+1) x^{\alpha+1} \mathrm{d}x = \frac{\alpha+1}{\alpha+2},$$

解得 $\alpha = \dfrac{1-2\mu_1}{\mu_1 - 1}$，用样本一阶原点矩 $A_1 = \overline{X} = \dfrac{1}{n} \sum_{i=1}^n X_i$ 代替 μ_1 得所求矩估计量为

$$\hat{\alpha} = \frac{1 - 2\overline{X}}{\overline{X} - 1}.$$

（二）最大似然估计

最大似然估计是除了矩法估计以外一种常见的点估计方法，只能在已知总体分布的前提下进行.

最大似然估计的基本思想　为了对最大似然估计的基本思想有所了解，先看一个例子：一位猎人带着初学打猎的徒弟一起去打猎，一只野兔从前面窜过，只听一声枪响，野兔应声倒下，试猜测是谁打中的？

由于只发一枪便打中，而猎人的命中概率一般大于这位徒弟的命中概率，故一般会猜测野兔是猎人射中的.

例 7-3　假定一个盒子里装有许多大小相同的黑球和白球，并且假定它们的数目之比为 3：1，但不知是白球多还是黑球多，现在有放回地从盒中抽了 3 只球，试根据所抽 3 只球中黑球的数目确定是白球多还是黑球多.

解　设所抽 3 只球中黑球数为 X，摸到黑球的概率为 p，则 X 服从二项分布，分布律为

$$P\{X = k\} = \mathrm{C}_3^k p^k (1-p)^{3-k} \quad (k = 0, 1, 2, 3),$$

问题是 $p = \dfrac{1}{4}$，还是 $p = \dfrac{3}{4}$？现根据样本中黑球数，对未知参数 p 进行估计. 抽样后，共有四种可能结果，其概率如表 7-1 所示.

表 7-1

X	0	1	2	3
$p = \dfrac{1}{4}$ 时，$P\{X=k\}$	$\dfrac{27}{64}$	$\dfrac{27}{64}$	$\dfrac{9}{64}$	$\dfrac{1}{64}$
$p = \dfrac{3}{4}$ 时，$P\{X=k\}$	$\dfrac{1}{64}$	$\dfrac{9}{64}$	$\dfrac{27}{64}$	$\dfrac{27}{64}$

假如某次抽样中，只出现一只黑球，即 $X = 1$，$p = \dfrac{1}{4}$ 时，$P\{X=1\} = \dfrac{27}{64}$；$p = \dfrac{3}{4}$ 时，$P\{X=1\} = \dfrac{9}{64}$，这时就会选择 $p = \dfrac{1}{4}$，即黑球数比白球数为 1：3. 因为在一次试验中，事件"抽到 1 只黑球"发生了，所以认为它应有较大的概率 $\dfrac{27}{64}\left(\dfrac{27}{64} > \dfrac{9}{64}\right)$，而 $\dfrac{27}{64}$ 对应着参数 $p = \dfrac{1}{4}$. 同样，可以考虑 $X = 0, 2, 3$ 的情形，最后可得

$$p = \begin{cases} \dfrac{1}{4}, & X = 0\text{或}1, \\[2mm] \dfrac{3}{4}, & X = 2\text{或}3. \end{cases}$$

由概率的意义可知，概率大的事件比概率小的事件在一次试验中容易发生，因此，如果一次试验中某一随机事件发生了，则很自然地认为该事件发生的概率最大. 一般地，在已经得到试验结果的情况下，应该寻找使这个结果出现的可能性最大的那个 θ 值并将其作为 θ 的估计 $\hat{\theta}$. 下面分别就离散型总体和连续型总体两种情形进行具体讨论.

（1）离散型总体的情形. 设总体 X 的分布律为
$$P\{X = x\} = p(x;\theta),$$
其中，θ 是未知参数. 如果 $(X_1, X_2, \cdots, X_n)$ 是来自总体 X 的简单随机样本，其观测值为 $(x_1, x_2, \cdots, x_n)$，即在一次试验中事件 $A = \{X_1 = x_1, X_2 = x_2, \cdots, X_n = x_n\}$ 发生了，故有理由认为 A 发生的概率最大. 事件 A 发生的概率是关于 θ 的函数，称为**似然函数**，记为 $L(\theta)$，即
$$\begin{aligned} L(\theta) = P(A) &= P\{X_1 = x_1, X_2 = x_2, \cdots, X_n = x_n\} \\ &= P\{X_1 = x_1\}P\{X_2 = x_2\}\cdots P\{X_n = x_n\} \\ &= p(x_1;\theta)p(x_2;\theta)\cdots p(x_n;\theta) \\ &= \prod_{i=1}^{n} p(x_i;\theta). \end{aligned} \tag{7-2}$$

在参数 θ 的可能取值范围内，挑选使概率 $L(\theta)$ 达到最大的参数值 $\hat{\theta}$ 并将其作为参数 θ 的估计值.

（2）连续型总体情形. 设总体 X 的概率密度函数为 $f(x;\theta)$，其中 θ 为未知参数. 如果 $(X_1, X_2, \cdots, X_n)$ 是来自总体 X 的简单随机样本，其观测值为 $(x_1, x_2, \cdots, x_n)$，即事件 $A = \{X_1 = x_1, X_2 = x_2, \cdots, X_n = x_n\}$ 发生了，则理应认为 A 发生的概率最大.

当 X 是连续型随机变量时，由连续型随机变量的概率密度函数的意义可知，事件 A 发生的概率是关于 θ 的函数，即当 $\Delta x_i (i = 1, 2, \cdots, n)$ 充分小时，有
$$\begin{aligned} P(A) = P\Big\{ &x_1 - \tfrac{1}{2}\Delta x_1 < X_1 < x_1 + \tfrac{1}{2}\Delta x_1, x_2 - \tfrac{1}{2}\Delta x_2 < X_2 < x_2 + \tfrac{1}{2}\Delta x_2, \cdots, \\ &x_n - \tfrac{1}{2}\Delta x_n < X_n < x_n + \tfrac{1}{2}\Delta x_n \Big\} \\ \approx &\prod_{i=1}^{n} f(x_i;\theta)\Delta x_i. \end{aligned}$$

由此可知，$P(A)$ 最大就意味着 $\prod_{i=1}^{n} f(x_i;\theta)$ 取最大值，则此时似然函数为
$$L(\theta) = \prod_{i=1}^{n} f(x_i;\theta). \tag{7-3}$$

因此，无论是对连续型总体还是对离散型总体 X，样本 $(X_1, X_2, \cdots, X_n)$ 取值为 $(x_1, x_2, \cdots, x_n)$ 的概率最大就意味着似然函数 $L(\theta)$ 取最大值. 由于 $L(\theta)$ 是总体参数 θ 的函数，故将使 $L(\theta)$ 达到最大值的参数 $\hat{\theta}$ 作为参数 θ 的估计值是科学的，这便是最大似然估计的基本思想.

当然，总体参数也可以是多个，记为 $\theta_1, \theta_2, \cdots, \theta_m$，此时似然函数是关于 $\theta_1, \theta_2, \cdots, \theta_m$ 的函

数，记为 $L(\theta_1, \theta_2, \cdots, \theta_m)$，故将使似然函数 $L(\theta_1, \theta_2, \cdots, \theta_m)$ 达到最大值的参数 $\hat{\theta}_1, \hat{\theta}_2, \cdots, \hat{\theta}_m$ 作为这些参数的估计值.

定义 7-3　若似然函数 $L(\theta_1, \theta_2, \cdots, \theta_m)$ 作为 $\theta_1, \theta_2, \cdots, \theta_m$ 的函数在 $\hat{\theta}_1, \hat{\theta}_2, \cdots, \hat{\theta}_m$ 处取得最大值，则称此值为 $\theta_1, \theta_2, \cdots, \theta_m$ 的**最大似然估计值**，即

$$L(\hat{\theta}_1, \hat{\theta}_2, \cdots, \hat{\theta}_m) = \max_{\{\theta_i\}} L(\theta_1, \theta_2, \cdots, \theta_m). \tag{7-4}$$

因此，求参数 $\theta_1, \theta_2, \cdots, \theta_m$ 的最大似然估计的问题，就转化为求似然函数 $L(\theta_1, \theta_2, \cdots, \theta_m)$ 的极大值点的问题.

由多元函数求极值的方法可知，若 L 关于 $\theta_1, \theta_2, \cdots, \theta_m$ 可微，则 $\hat{\theta}_1, \hat{\theta}_2, \cdots, \hat{\theta}_m$ 必须满足方程组

$$\begin{cases} \dfrac{\partial L}{\partial \theta_1} = 0, \\ \dfrac{\partial L}{\partial \theta_2} = 0, \\ \quad \cdots\cdots \\ \dfrac{\partial L}{\partial \theta_m} = 0. \end{cases} \tag{7-5}$$

又因为 $\ln L$ 与 L 在同样的 $\hat{\theta}_1, \hat{\theta}_2, \cdots, \hat{\theta}_m$ 处取得最大值，所以 $\hat{\theta}_1, \hat{\theta}_2, \cdots, \hat{\theta}_m$ 也必须满足方程组

$$\begin{cases} \dfrac{\partial \ln L}{\partial \theta_1} = 0, \\ \dfrac{\partial \ln L}{\partial \theta_2} = 0, \\ \quad \cdots\cdots \\ \dfrac{\partial \ln L}{\partial \theta_m} = 0. \end{cases} \tag{7-6}$$

分别称方程组（7-5）和方程组（7-6）为**似然方程组**与**对数似然方程组**，为方便起见，今后对上述两个方程组不加区别地称为似然方程组.

由最大似然估计值的定义可知，总体 X 的参数 θ_i 的最大似然估计值 $\hat{\theta}_i$ 是 $x_1, x_2, \cdots, x_n$ 的函数，故可写为 $\hat{\theta}_i = \hat{\theta}_i(x_1, x_2, \cdots, x_n)$. 当总体 X 的样本 $(X_1, X_2, \cdots, X_n)$ 的观测值未知时，此时 θ_i 的估计便为 $\hat{\theta}_i = \hat{\theta}_i(X_1, X_2, \cdots, X_n)$，称为参数 θ_i 的最大似然估计（量），显然，它是一个随机变量.

最大似然估计的一般步骤　第一步，写出似然函数：

$$L(\theta) = \prod_{i=1}^{n} p(x_i; \theta) \quad (\text{离散型总体}),$$

$$L(\theta) = \prod_{i=1}^{n} f(x_i; \theta) \quad (\text{连续型总体}).$$

第二步，写出似然方程 $\dfrac{\mathrm{d}L(\theta)}{\mathrm{d}\theta} = 0$ 或 $\dfrac{\mathrm{d}\ln L(\theta)}{\mathrm{d}\theta} = 0$，求出驻点.

第三步，判断并求出最大值点，在最大值点的表达式中，用样本值代入即得参数的最大似然估计值.

注意：当 $\boldsymbol{\theta} = (\theta_1, \theta_2, \cdots, \theta_m)$ 时，上述第二步的似然方程变为似然方程组（7-5）或（7-6）.

最大似然估计的性质　设函数 $h = h(\theta)$ 具有单值反函数，$\hat{\theta}$ 是 θ 的最大似然估计，则函数 h 的最大似然函数为 $\hat{h} = h(\hat{\theta})$.

例 7-4　若总体 X 服从参数为 λ 的泊松分布，即

$$P\{X = x\} = \frac{\lambda^x}{x!} \mathrm{e}^{-\lambda} \quad (x = 0,1,2,\cdots; \lambda > 0),$$

求参数 λ 的最大似然估计.

解　设 $(X_1, X_2, \cdots, X_n)$ 是总体 X 的样本，$(x_1, x_2, \cdots, x_n)$ 是其观测值，则

$$P\{X = x_i\} = \frac{\lambda^{x_i}}{x_i!} \mathrm{e}^{-\lambda} \quad (x_i = 0,1,2,\cdots; \lambda > 0).$$

样本似然函数为

$$L = \prod_{i=1}^{n} \frac{\lambda^{x_i}}{x_i!} \mathrm{e}^{-\lambda} = \lambda^{\sum_{i=1}^{n} x_i} (x_1! x_2! \cdots x_n!)^{-1} \mathrm{e}^{-n\lambda},$$

于是

$$\ln L = \sum_{i=1}^{n} x_i \ln \lambda - \sum_{i=1}^{n} \ln(x_i!) - n\lambda,$$

似然方程为

$$\frac{\mathrm{d}\ln L}{\mathrm{d}\lambda} = \frac{1}{\lambda} \sum_{i=1}^{n} x_i - n = 0,$$

故 λ 的最大似然估计为

$$\hat{\lambda} = \frac{1}{n} \sum_{i=1}^{n} X_i = \bar{X}.$$

例 7-5　设总体 X 服从参数为 μ, σ^2 的正态分布，即 X 的概率密度函数为

$$f(x; \mu, \sigma^2) = \frac{1}{\sqrt{2\pi}\sigma} \mathrm{e}^{\frac{(x-\mu)^2}{2\sigma^2}},$$

$(X_1, X_2, \cdots, X_n)$ 为 X 的样本，求参数 μ, σ^2 的最大似然估计.

解　样本的似然函数为

$$L = \prod_{i=1}^{n} \frac{1}{\sqrt{2\pi}\sigma} \mathrm{e}^{\frac{(x_i-\mu)^2}{2\sigma^2}} = \left(\frac{1}{\sqrt{2\pi}\sigma}\right)^n \mathrm{e}^{-\frac{1}{2\sigma^2}\sum_{i=1}^{n}(x_i-\mu)^2},$$

于是

$$\ln L = -n\left[\frac{1}{2}(\ln 2 + \ln \pi) + \ln \sigma\right] - \frac{1}{2\sigma^2} \sum_{i=1}^{n} (x_i - \mu)^2,$$

则对数似然方程组为

$$\begin{cases} \dfrac{\partial \ln L}{\partial \mu} = \dfrac{1}{\sigma^2} \sum_{i=1}^{n} (x_i - \mu) = 0, \\ \dfrac{\partial \ln L}{\partial \sigma^2} = -\dfrac{n}{2} \dfrac{1}{\sigma^2} + \dfrac{1}{2\sigma^4} \sum_{i=1}^{n} (x_i - \mu)^2 = 0, \end{cases}$$

解方程组，得

$$\begin{cases} \hat{\mu} = \dfrac{1}{n}\sum_{i=1}^{n}x_i, \\[2mm] \hat{\sigma}^2 = \dfrac{1}{n}\sum_{i=1}^{n}(x_i-\hat{\mu})^2, \end{cases}$$

故总体参数 μ,σ^2 的最大似然估计量为

$$\begin{cases} \hat{\mu} = \bar{X}, \\[2mm] \hat{\sigma}^2 = \dfrac{1}{n}\sum_{i=1}^{n}(X_i-\bar{X})^2. \end{cases}$$

例 7-6　设总体 X 服从区间 $[0,\lambda]$ 上的均匀分布，$\lambda>0$ 为参数，即 X 的概率密度函数为

$$f(x;\lambda) = \begin{cases} \dfrac{1}{\lambda}, & 0 \leqslant x \leqslant \lambda, \\[2mm] 0, & \text{其他}, \end{cases}$$

视频：极大似然估计

求参数 λ 的最大似然估计量.

解　设 $(X_1,X_2,\cdots,X_n)$ 是总体 X 的样本，则 X_i 的概率密度函数为

$$f(x_i;\lambda) = \begin{cases} \dfrac{1}{\lambda}, & 0 \leqslant x_i \leqslant \lambda, \\[2mm] 0, & \text{其他}, \end{cases}$$

于是样本似然函数为

$$L = L(x_1,x_2,\cdots,x_n;\lambda) = \begin{cases} \dfrac{1}{\lambda^n}, & 0 \leqslant x_1,x_2,\cdots,x_n \leqslant \lambda, \\[2mm] 0, & \text{其他}, \end{cases}$$

由于 0 不是 L 的最大值，故只需要考虑 $L=\dfrac{1}{\lambda^n},0 \leqslant x_i \leqslant \lambda$. 因为

$$\frac{\mathrm{d}L}{\mathrm{d}\lambda} = -\frac{n}{\lambda^{n+1}} < 0,$$

所以当 λ 取最小值时，L 最大. 又因为 $0 \leqslant x_1,x_2,\cdots,x_n \leqslant \lambda$，所以 $\hat{\lambda}=\max\{X_1,X_2,\cdots,X_n\}$ 是参数 λ 的最大似然估计量.

例 7-7　设总体 X 概率密度函数为

$$f(x;\lambda) = \begin{cases} (\alpha+1)x^{\alpha}, & 0<x<1, \\ 0, & \text{其他}, \end{cases}$$

视频：矩估计和极大似然估计

其中 $\alpha>-1$，α 未知，又 $(X_1,X_2,\cdots,X_n)$ 是来自总体 X 的样本，求参数 α 的最大似然估计量.

解　样本似然函数为

$$L = L(x_1,x_2,\cdots,x_n;\alpha) = \begin{cases} (\alpha+1)^n(x_1x_2\cdots x_n)^{\alpha}, & 0<x_i<1, \\ 0, & \text{其他}. \end{cases}$$

因为 0 不是 L 的最大值，所以只需考虑

$$L = (\alpha+1)^n(x_1x_2\cdots x_n)^{\alpha} \quad (0<x_i<1),$$
$$\ln L = n\ln(\alpha+1) + \alpha\ln(x_1x_2\cdots x_n),$$

可得对数似然方程为

$$\frac{\mathrm{d}\ln L}{\mathrm{d}\alpha} = \frac{n}{\alpha+1} + \sum_{i=1}^{n}\ln x_i = 0.$$

因此，参数 α 的最大似然估计量为

$$\hat{\alpha} = -\frac{n}{\sum\limits_{i=1}^{n}\ln X_i} - 1.$$

习 题 7-1

1. 设总体 X 的分布律为

X	1	2	3
p_k	θ^2	$2\theta(1-\theta)$	$(1-\theta)^2$

其中，$\theta(0<\theta<1)$ 为未知参数. 现抽得一个样本 $x_1=1$，$x_2=2$，$x_3=1$，求 θ 的矩估计值.

2. 设总体 X 服从(0-1)分布，即 $X = \begin{cases} 1, & A\text{发生}, \\ 0, & A\text{不发生}, \end{cases}$ 设 $P(A)=p$，其中 $p(0<p<1)$ 是未知参数，求 p 的矩估计量和最大似然估计量.

3. 设总体 X 的概率密度函数为

$$f(x;\theta) = \begin{cases} -\theta^x \ln\theta, & x \geqslant 0, \\ 0, & x < 0, \end{cases} \quad (0<\theta<1),$$

$X_1, X_2, \cdots, X_n$ 为 X 的一个样本，试求 θ 的矩估计量.

4. 设随机变量 X 的概率密度函数为 $f(x) = \begin{cases} \dfrac{1}{\sigma}\mathrm{e}^{-\frac{x-2}{\sigma}}, & x > 2, \\ 0, & x \leqslant 2 \end{cases}$（$\sigma$ 为未知参数），求：

（1）σ 的矩估计；（2）σ 的最大似然估计.

5. 设 $X_1, X_2, \cdots, X_n$ 为总体 X 的一个样本，X 的概率密度函数为

$$f(x) = \begin{cases} (\beta+1)x^\beta, & 0<x<1, \\ 0, & \text{其他} \end{cases} \quad (\beta>0),$$

（1）求参数 β 的矩估计量；（2）求 β 的最大似然估计量.

6. 设 $(X_1, X_2, \cdots, X_n)$ 是来自总体 $X \sim \pi(\lambda)$ 的一个样本，求 $P\{X=0\}$ 的最大似然估计.

第二节　估计量的评选标准

在参数估计问题中，对于同一未知参数，用不同的估计方法，得到的估计量不一定相同. 例如，从例 7-2 和例 7-7 可以看出，同一个参数分别用矩法估计和最大似然估计得到的估计量就不一样. 对于同一参数的多个不同的估计量，到底孰优孰劣呢？应该有一个衡量估计量优劣的标准. 由于估计量是随机变量，其优劣性不能仅凭一次观测结果而定，而应根据估计量的统计规律来评价. 一个好的估计量其观测值应在待估参数的真值附近摆动，且摆动的幅度越小越好，即应使估计量与待估参数在某种统计意义上非常"接近". 为此，引入三个常用的评价标准：无偏性、有效性、相合性.

一、无偏性

估计量是随机变量，对于不同的样本值会得到不同的估计值. 一般希望估计值在未知参数真实值左右徘徊，而它的数学期望等于未知参数的真实值，这就引出了无偏性这个标准.

设 $X_1,X_2,\cdots,X_n$ 是总体 X 的一个样本，$\theta\in\Theta$ 是包含在总体 X 的分布中的待估参数，这里 Θ 是 θ 的取值范围.

定义 7-4 设 $\hat{\theta}=\hat{\theta}(X_1,X_2,\cdots,X_n)$ 的数学期望 $E(\hat{\theta})$ 存在，且对于任意的 $\theta\in\Theta$，有

$$E(\hat{\theta})=\theta ,\tag{7-7}$$

则称 $\hat{\theta}$ 为参数 θ 的无偏估计量.

无偏估计的直观意义是，多次对样本进行观测，得到参数的多个估计值，这些估计值的算术平均值与参数的真实值基本上相等. 在科学技术中，称 $E(\hat{\theta})-\theta$ 为估计量 $\hat{\theta}$ 的系统误差. 有系统误差的估计称为有偏估计. 因此，无偏估计的实际意义就是无系统误差. 显然，样本的 k 阶原点矩 $A_k=\frac{1}{n}\sum_{i=1}^{n}X_i^k$ 是总体的 k 阶原点矩 μ_k 的无偏估计量.

例 7-8 已知 $(X_1,X_2,\cdots,X_n)$ 是总体 X 的样本，证明：样本（未修正）方差

$$S_0^2=\frac{1}{n}\sum_{i=1}^{n}(X_i-\overline{X})^2$$

不是总体方差 σ^2 的无偏估计量.

证 因为 $(X_1,X_2,\cdots,X_n)$ 是总体 X 的样本，所以

$$E(X_i)=E(X)=E(\overline{X}),\quad D(X)=\frac{\sigma^2}{n},$$

于是

$$\begin{aligned}E(S_0^2)&=E\left[\frac{1}{n}\sum_{i=1}^{n}(X_i-\overline{X})^2\right]\\&=\frac{1}{n}E\left(\sum_{i=1}^{n}\{X_i-E(X_i)-[\overline{X}-E(\overline{X})]\}^2\right)\\&=\frac{1}{n}E\left\{\sum_{i=1}^{n}[X_i-E(X_i)]^2-2[\overline{X}-E(\overline{X})]\cdot\sum_{i=1}^{n}[X_i-E(X_i)]+n[\overline{X}-E(\overline{X})]^2\right\}\\&=\frac{1}{n}\left(n\sigma^2-n\cdot\frac{\sigma^2}{n}\right)=\frac{n-1}{n}\sigma^2\neq\sigma^2,\end{aligned}$$

故 $S_0^2=\frac{1}{n}\sum_{i=1}^{n}(X_i-\overline{X})^2$ 不是 σ^2 的无偏估计量.

由例 7-8 不难看出，如果将 $S^2=\frac{1}{n-1}\sum_{i=1}^{n}(X_i-\overline{X})^2=\frac{n-1}{n}S_0^2$ 作为总体方差 σ^2 的估计量，则 S^2 是 σ^2 的无偏估计量.

例 7-9 设 $(X_1,X_2,\cdots,X_n)$ 是来自总体 X 的样本，$T_1=\overline{X}=\frac{1}{n}\sum_{i=1}^{n}X_i$，$T_2=X_1$，$T_3=\sum_{i=1}^{n}a_iX_i$，

其中 $a_i > 0 (i = 1, 2, \cdots, n)$，且 $\sum_{i=1}^{n} a_i = 1$. 证明：T_1, T_2, T_3 都是总体均值的无偏估计.

证　因为 $(X_1, X_2, \cdots, X_n)$ 是总体 X 的样本，所以

$$E(X_i) = E(X) = \mu \quad (i = 1, 2, \cdots, n).$$

文档：如何求无偏估计量

由数学期望的性质知

$$E(T_1) = E(\bar{X}) = E\left(\frac{1}{n}\sum_{i=1}^{n} X_i\right) = \frac{1}{n}\sum_{i=1}^{n} E(X_i) = \mu,$$

$$E(T_2) = E(X_1) = E(X) = \mu,$$

$$E(T_3) = E\left(\sum_{i=1}^{n} a_i X_i\right) = \sum_{i=1}^{n} a_i E(X_i) = \sum_{i=1}^{n} a_i \mu = \mu,$$

故 T_1, T_2, T_3 都是总体均值的无偏估计.

二、有效性

由例 7-9 可知同一个未知参数可以有多个不同的无偏估计. 那么到底哪个无偏估计更好呢？估计量 $\hat{\theta}$ 都是作为参数 θ 的无偏估计量，自然希望 $E(\hat{\theta} - \theta)^2$ 越小越好，即一个好的估计量应该有尽可能小的方差，这就是有效性.

定义 7-5　设 $\hat{\theta}_1, \hat{\theta}_2$ 都是参数 θ 的无偏估计量，若对于任意的 $\theta \in \Theta$，有

$$D(\hat{\theta}_1) \leqslant D(\hat{\theta}_2), \tag{7-8}$$

且至少对某个 $\theta \in \Theta$ 式（7-8）中的不等号成立，则称 $\hat{\theta}_1$ 比 $\hat{\theta}_2$ 有效. 如果在 θ 的一切无偏估计量中，$\hat{\theta}_1$ 的方差最小，则称 $\hat{\theta}_1$ 为 θ 的有效估计或最小方差无偏估计.

由定义 7-5 可知，若 $\hat{\theta}_1, \hat{\theta}_2$ 的均值都是 θ，且 $\hat{\theta}_1$ 比 $\hat{\theta}_2$ 更有效，那么 $\hat{\theta}_1$ 的取值比 $\hat{\theta}_2$ 的取值更集中于 θ 的附近，因此 $\hat{\theta}_1$ 作为 θ 的估计值比 $\hat{\theta}_2$ 作为 θ 的估计值误差更小，这就是有效性的直观意义.

例 7-10　（例 7-9）设总体 X 的方差 σ^2 存在，试问 T_1, T_2, T_3 哪个更有效？

解　因为

$$D(T_1) = D(\bar{X}) = D\left(\frac{1}{n}\sum_{i=1}^{n} X_i\right) = \frac{1}{n^2}\sum_{i=1}^{n} D(X_i) = \frac{\sigma^2}{n},$$

$$D(T_2) = D(X_1) = D(X) = \sigma^2,$$

$$D(T_3) = D\left(\sum_{i=1}^{n} a_i X_i\right) = \sum_{i=1}^{n} a_i^2 D(X_i) = \sigma^2 \sum_{i=1}^{n} a_i^2,$$

注意 $\sum_{i=1}^{n} a_i^2 \geqslant \frac{1}{n}$，所以 $T_1 = \bar{X}$ 是这三个无偏估计中最有效的估计量.

三、相合性

无偏性、有效性都是在样本容量 n 一定的条件下进行讨论的，然而，估计量 $\hat{\theta} = \hat{\theta}(X_1, X_2, \cdots, X_n)$ 不仅与样本值有关，还与样本容量 n 有关，不妨将其记为 $\hat{\theta}_n$. 人们自然希望样本容量 n 越大，$\hat{\theta}_n$ 对 θ 的估计越精确，由此提出相合性（一致性）的评价标准.

定义 7-6 设 $\hat{\theta}_n = \hat{\theta}(X_1, X_2, \cdots, X_n)$ 为总体的未知参数 θ 的估计量，若对于任意的 $\theta \in \Theta$，当 $n \to \infty$ 时，$\hat{\theta}_n$ 依概率收敛于 θ，即对任意的 $\varepsilon > 0$，均有

$$\lim_{n \to \infty} P\{|\hat{\theta}_n - \theta| < \varepsilon\} = 1, \tag{7-9}$$

则称 $\hat{\theta}_n$ 为**参数 θ 的相合估计量**或**一致估计量**.

由辛钦大数定律可以证明，样本 k 阶原点矩 A_k 是总体 k 阶原点矩 μ_k 的相合估计量，进而若待估参数 $\theta = g(\mu_1, \mu_2, \cdots, \mu_k)$，其中 g 为连续函数，则 θ 的矩估计量

$$\hat{\theta} = g(\hat{\mu}_1, \hat{\mu}_2, \cdots, \hat{\mu}_k) = g(A_1, A_2, \cdots, A_k)$$

是 θ 的相合估计量.

相合性是将极限作为衡量估计量的标准，因而只有在样本容量很大时才起作用，其直观含义是，当样本容量充分大时，估计值接近未知参数的真实值的概率接近 1. 换句话说，"估计值与真实值偏离较大"这一事件是小概率事件.

例 7-11 已知总体 $X \sim U(0, \theta)$，其中 θ 为参数，$(X_1, X_2, \cdots, X_n)$ 是来自总体 X 的样本，$\hat{\theta}_1 = 2\bar{X}, \hat{\theta}_2 = \dfrac{n+1}{n} \max_{1 \leqslant i \leqslant n}\{X_i\}$，试证明：

（1）$\hat{\theta}_1, \hat{\theta}_2$ 均是 θ 的无偏估计量；

（2）$\hat{\theta}_1, \hat{\theta}_2$ 均是 θ 的相合估计量.

证 （1）因为

$$E(\hat{\theta}_1) = E(2\bar{X}) = 2E\left(\frac{1}{n}\sum_{i=1}^{n} X_i\right) = \frac{2}{n}\sum_{i=1}^{n} E(X_i) = \frac{2}{n} \cdot \frac{n\theta}{2} = \theta,$$

所以 $\hat{\theta}_1 = 2\bar{X}$ 是 θ 的无偏估计量.

令

$$Y = \max_{1 \leqslant i \leqslant n}\{X_i\},$$

则由题设知

$$X_i \sim U(0, \theta) \quad (i = 1, 2, \cdots, n),$$

$$F_{X_i}(x) = \begin{cases} 0, & x < 0, \\ \dfrac{x}{\theta}, & 0 \leqslant x \leqslant \theta, \\ 1, & x \geqslant \theta, \end{cases}$$

故有

$$F_Y(y) = \begin{cases} 0, & y < 0, \\ \left(\dfrac{y}{\theta}\right)^n, & 0 \leqslant y \leqslant \theta, \\ 1, & y \geqslant \theta, \end{cases}$$

$$f_Y(y) = F_Y'(y) = \begin{cases} \dfrac{n}{\theta}\left(\dfrac{y}{\theta}\right)^{n-1}, & 0 < y < \theta, \\ 0, & \text{其他}, \end{cases}$$

$$E(\hat{\theta}_2) = E\left(\frac{n+1}{n}Y\right) = \frac{n+1}{n}E(Y) = \frac{n+1}{n}\int_0^\theta y \cdot \frac{n}{\theta}\left(\frac{y}{\theta}\right)^{n-1} \mathrm{d}y,$$

令 $t = \dfrac{y}{\theta}$，则

$$E(\hat{\theta}_2) = \frac{n+1}{n}\theta \cdot n\int_0^1 t^n \mathrm{d}t = \theta,$$

因此 $\hat{\theta}_2$ 也是 θ 的无偏估计量.

（2）因为

$$D(\hat{\theta}_1) = D(2\bar{X}) = 4 \cdot \frac{1}{n^2}\sum_{i=1}^n D(X_i) = 4n \cdot \frac{1}{n^2} \cdot \frac{\theta^2}{12} = \frac{\theta^2}{3n},$$

$$D(\hat{\theta}_2) = D\left(\frac{n+1}{n}Y\right) = \frac{(n+1)^2}{n^2}D(Y) = \frac{\theta}{n(n+2)},$$

所以

$$1 \geq \lim_{n\to\infty} P\left\{\left|\hat{\theta}_1 - \theta\right| < \varepsilon\right\} \geq \lim_{n\to\infty}\left[1 - \frac{D(\hat{\theta}_1)}{\varepsilon^2}\right] = \lim_{n\to\infty}\left(1 - \frac{\theta^2}{3n\varepsilon^2}\right) = 1,$$

则

$$\lim_{n\to\infty} P\left\{\left|\hat{\theta}_1 - \theta\right| < \varepsilon\right\} = 1,$$

又因为

$$1 \geq \lim_{n\to\infty} P\left\{\left|\hat{\theta}_2 - \theta\right| < \varepsilon\right\} \geq \lim_{n\to\infty}\left[1 - \frac{D(\hat{\theta}_2)}{\varepsilon^2}\right] = \lim_{n\to\infty}\left[1 - \frac{\theta^2}{n(n+2)\varepsilon^2}\right] = 1,$$

可得

$$\lim_{n\to\infty} P\left\{\left|\hat{\theta}_2 - \theta\right| < \varepsilon\right\} = 1,$$

所以 $\hat{\theta}_1, \hat{\theta}_2$ 均为 θ 的相合估计量.

习　题　7-2

1. 设总体 X 服从指数分布 $E(\lambda)$，其中 $\lambda > 0$，抽取样本 $X_1, X_2, \cdots, X_n$. 证明：

（1）虽然样本均值 $\bar{X}$ 是 λ^{-1} 的无偏估计量，但 $\bar{X}^2$ 却不是 λ^{-2} 的无偏估计量；

（2）统计量 $\dfrac{n}{n+1}\bar{X}^2$ 是 λ^{-2} 的无偏估计量.

2. 设总体 $X \sim N(\mu, \sigma_0^2)$，其中 μ 未知，(X_1, X_2, X_3) 为 X 的一个样本，试证明统计量：

$$\hat{\mu}_1 = \frac{1}{4}X_1 + \frac{1}{2}X_2 + \frac{1}{4}X_3,$$

$$\hat{\mu}_2 = \frac{1}{3}X_1 + \frac{1}{3}X_2 + \frac{1}{3}X_3,$$

$$\hat{\mu}_3 = \frac{1}{5}X_1 + \frac{3}{5}X_2 + \frac{1}{5}X_3$$

均为总体参数 μ 的无偏估计量，并说明哪一个最有效.

3. 设 $\hat{\theta}_1$ 及 $\hat{\theta}_2$ 是 θ 的两个独立的无偏估计，且假定 $D(\hat{\theta}_1) = 2D(\hat{\theta}_2)$，求常数 α 及 β，使 $\hat{\theta} = \alpha\hat{\theta}_1 + \beta\hat{\theta}_2$ 为 θ 的无偏估计，并使得 $D(\hat{\theta})$ 达到最小.

4. 设 $\hat{\theta}$ 是参数 θ 的无偏估计，且有 $D(\hat{\theta}) > 0$，试证 $\hat{\theta}^2 = (\hat{\theta})^2$ 不是 θ^2 的无偏估计.

5. 设 $X_1,X_2,\cdots,X_n$ 是取自总体 X 的样本，且 $E(X^k)$ 存在，k 为正整数，证明 $\frac{1}{n}\sum_{i=1}^{n}X_i^k$ 为 $E(X^k)$ 的相合估计量.

第三节 区 间 估 计

一、区间估计的基本概念

第一节介绍了参数的点估计方法，它是将一个统计量 $\hat{\theta}$ 作为参数 θ 的估计，一旦得到样本的观测值，就能计算出参数的估计值，这种方法方便直观. 但它有一个明显的缺陷，就是没有提供估计精确度的任何信息. 事实上，$\hat{\theta}$ 作为 θ 的估计值，与 θ 的真实值并不一定相等. 很自然地，希望估计出 θ 的一个取值范围，并且给出该范围包含 θ 真实值的可信程度. 这样的范围通常以区间的形式给出，称为区间估计，这样的区间称为置信区间. 下面引入置信区间的定义.

定义 7-7 设总体 X 的分布含有一个未知参数 θ（$\theta\in\Theta$），对于任意给定的值 $\alpha(0<\alpha<1)$，若由来自 X 的样本 $X_1,X_2,\cdots,X_n$ 所确定的两个统计量

$$\underline{\theta}=\underline{\theta}(X_1,X_2,\cdots,X_n),\qquad \overline{\theta}=\overline{\theta}(X_1,X_2,\cdots,X_n)$$

对于任意的 $\theta\in\Theta$，满足

$$P\{\underline{\theta}<\theta<\overline{\theta}\}\geq 1-\alpha,\qquad (7\text{-}10)$$

则分别称 $\underline{\theta}$，$\overline{\theta}$ 为参数 θ 的置信下限和置信上限，$1-\alpha$ 称为置信度或置信水平度，区间 $(\underline{\theta},\overline{\theta})$ 称为 θ 的置信度为 $1-\alpha$ 的置信区间.

定义 7-7 表明，若 $(\underline{\theta},\overline{\theta})$ 为参数 θ 的置信度为 $1-\alpha$ 的置信区间，则区间 $(\underline{\theta},\overline{\theta})$ 以概率 $1-\alpha$ 包含参数 θ 的真实值. 其含义为，区间 $(\underline{\theta},\overline{\theta})$ 为随机区间，若反复抽样多次（每次抽样的样本容量相同），每次抽样得到一组样本值，每组样本值确定一个区间 $(\underline{\theta},\overline{\theta})$，这个区间要么包含 θ 的真实值，要么不包含 θ 的真实值，而 $1-\alpha$ 给出了随机区间 $(\underline{\theta},\overline{\theta})$ 包含 θ 的真实值的可信程度. 例如，取 $\alpha=0.05$，在进行 1000 次抽样（样本容量保持相同）得到的 θ 的 1000 个区间估计中，大约有 950 个包含 θ 的真实值，不包含 θ 的真实值的区间大约有 50 个.

在对参数 θ 做区间估计时，常常提出以下两个要求.

（1）可信程度高，即要求随机区间 $(\underline{\theta},\overline{\theta})$ 要以很大的概率包含真值 θ.

（2）估计精度高，即要求区间的长度 $\overline{\theta}-\underline{\theta}$ 尽可能小，或者某种能体现这一要求的其他准则.

这两个要求往往相互矛盾，区间估计的理论和方法的基本问题就是在已有的样本信息下，找出较好的估计方法，以尽量提高可信度和估计精度. 现今流行的一种区间估计理论是美国统计学家奈曼在 20 世纪 30 年代建立起来的，其原则是先保证可信程度，在这个前提下找出精度最高的置信区间.

二、估计方法

例 7-12 设总体 $X\sim N(\mu,\sigma^2)$，其中 σ^2 为已知，μ 为未知，$(X_1,X_2,\cdots,X_n)$ 为来自总体 X 的样本，求总体均值 μ 的置信度为 $1-\alpha$ 的置信区间.

解 样本均值 $\overline{X}$ 是总体均值 μ 的无偏估计，$\overline{X}$ 的取值比较集中于 μ 附近，显然包含 μ 的区间以很大概率也应包含 $\overline{X}$，基于这种想法，从 $\overline{X}$ 出发，来构造 μ 的置信区间.

因为

$$\overline{X} = \frac{1}{n}\sum_{i=1}^{n} X_i \sim N\left(\mu, \frac{\sigma^2}{n}\right),$$

所以

$$U = \frac{\overline{X} - \mu}{\sigma/\sqrt{n}} \sim N(0,1).$$

对给定的置信度 α，由于 $P\left\{\left|\dfrac{\overline{X} - \mu}{\sigma/\sqrt{n}}\right| < u_{\frac{\alpha}{2}}\right\} = 1 - \alpha$，即

$$p\left\{\overline{X} - \frac{\sigma}{\sqrt{n}}u_{\frac{\alpha}{2}} < \mu < \overline{X} + \frac{\sigma}{\sqrt{n}}u_{\frac{\alpha}{2}}\right\} = 1 - \alpha,$$

这样就得到了 μ 的置信度为 $1-\alpha$ 的置信区间

$$\left(\overline{X} - \frac{\sigma}{\sqrt{n}}u_{\frac{\alpha}{2}}, \overline{X} + \frac{\sigma}{\sqrt{n}}u_{\frac{\alpha}{2}}\right).$$

例如，取 $1-\alpha = 0.95$，即 $\alpha = 0.05$，查表得 $u_{\alpha/2} = 1.96$，若取 $\sigma = 1$，样本容量 $n = 16$，样本均值的观测值为 $\bar{x} = 5.2$，则得到一个区间 $(5.2 + 0.49, 5.2 - 0.49)$，即 $(4.71, 5.69)$，它就是 μ 的置信度为 0.95 的置信区间.

由例 7-12 可以寻求找置信区间的一般方法，步骤总结如下.

第一步，设法找出样本 $(X_1, X_2, \cdots, X_n)$ 和 θ 的某一函数 $H(X_1, X_2, \cdots, X_n; \theta)$，要求 $H(X_1, X_2, \cdots, X_n; \theta)$ 的分布已知且不依赖于 θ 及其他未知参数，称具有这种性质的函数 H 为"枢轴量" $\left($例 7-12 中枢轴量 $H(X_1, X_2, \cdots, X_n; \mu) = \dfrac{\overline{X} - \mu}{\sigma/\sqrt{n}}$，其分布为 $N(0,1)\right)$.

第二步，对于给定的置信度 $1-\alpha$，找出两个常数 a, b，使得

$$P\{a < H(X_1, X_2, \cdots, X_n; \theta) < b\} = 1 - \alpha, \tag{7-11}$$

从不等式 $a < H(X_1, X_2, \cdots, X_n; \theta) < b$ 中得到与之等价的 θ 的不等式 $\underline{\theta} < \theta < \overline{\theta}$，从而随机区间 $(\underline{\theta}, \overline{\theta})$ 即为参数 θ 的一个置信度为 $1-\alpha$ 的置信区间.

枢轴量 $H(X_1, X_2, \cdots, X_n; \theta)$ 的构造，通常可以从 θ 的点估计着手考虑. 常用的正态总体参数的置信区间可以用上述步骤求得.

习 题 7-3

1. 对参数的一种区间估计及一组样本观测值 $(x_1, x_2, \cdots, x_n)$ 来说，下列结论中正确的是_____.

（A）置信度越大，对参数取值范围的估计越准确

（B）置信度越大，置信区间长度越长

（C）置信度越大，置信区间长度越短

（D）置信度大小与置信区间的长度无关

2. 设 (θ_1, θ_2) 是参数 θ 的置信度为 $1-\alpha$ 的区间估计，则以下结论正确的是_____.

（A）参数 θ 落在区间 (θ_1,θ_2) 之内的概率为 α

（B）参数 θ 落在区间 (θ_1,θ_2) 之外的概率为 α

（C）区间 (θ_1,θ_2) 包含参数 θ 的概率为 $1-\alpha$

（D）对不同的样本观测值，区间 (θ_1,θ_2) 的长度相同

3. 设总体 $X\sim N(\mu,\sigma^2)$，其中 σ^2 为已知. 若样本容量 n 和置信度 $1-\alpha$ 均不变，则对于不同的样本观测值，总体均值 μ 的置信区间长度_____.

（A）变长　（B）变短　（C）不变　（D）无法确定

第四节　正态总体均值与方差的区间估计

服从正态分布的总体广泛存在，而且很多统计量的极限分布是正态分布，因此，现在来重点讨论正态总体 $N(\mu,\sigma^2)$ 中的参数 μ 和 σ^2 的区间估计.

一、单个正态总体的情形

设置信度为 $1-\alpha$，并设 $(X_1,X_2,\cdots,X_n)$ 是来自正态总体 $N(\mu,\sigma^2)$ 的样本，$\bar{X}$ 与 S^2 分别为样本均值和样本方差.

（一）均值 μ 的置信区间

1. σ^2 已知，μ 的置信区间

采用例 7-12 中的枢轴量 $U=\dfrac{\bar{X}-\mu}{\sigma/\sqrt{n}}$，已经得到 μ 的置信度为 $1-\alpha$ 的置信区间为

$$\left(\bar{X}-u_{\frac{\alpha}{2}}\frac{\sigma}{\sqrt{n}},\bar{X}+u_{\frac{\alpha}{2}}\frac{\sigma}{\sqrt{n}}\right),$$

简记为

$$\left(\bar{X}\pm\frac{\sigma}{\sqrt{n}}u_{\frac{\alpha}{2}}\right). \tag{7-12}$$

例 7-13　已知一批灯泡的使用寿命 X 服从正态分布 $N(\mu,30^2)$，从中任抽 9 只检验，测得它们的平均寿命 $\bar{x}=1\,435\,\text{h}$，试求该批灯泡的使用寿命的置信度为 0.9 的置信区间.

解　由题意知，$\sigma=30,\bar{x}=1\,435,n=9,1-\alpha=0.9$，选取枢轴量

$$U=\frac{\bar{X}-\mu}{\sigma/\sqrt{n}}\sim N(0,1).$$

查表得 $u_{0.05}=1.645$，故 μ 的置信度为 0.9 的置信区间为 $\left(\bar{X}-u_{0.05}\dfrac{\sigma}{\sqrt{n}},\bar{X}+u_{0.05}\dfrac{\sigma}{\sqrt{n}}\right)$，

即（1418.55，1451.45）.

2. σ^2 未知，μ 的置信区间

当 σ^2 未知时，区间估计 1 就不能再用了，因为其中含有未知参数 σ. 考虑到 S^2 为 σ^2 的无偏估计，故将枢轴量改为

$$T=\frac{\bar{X}-\mu}{S/\sqrt{n}},$$

则 $T\sim t(n-1)$. 由于 t 分布的概率密度函数曲线是关于纵轴对称的，当置信度为 $1-\alpha$ 时有

$$P\left\{\left|\frac{\bar{X}-\mu}{S/\sqrt{n}}\right|<t_{\frac{\alpha}{2}}(n-1)\right\}=1-\alpha,$$

将上式等价变形为

$$P\left\{\bar{X}-\frac{S}{\sqrt{n}}t_{\frac{\alpha}{2}}(n-1)<\mu<\bar{X}+\frac{S}{\sqrt{n}}t_{\frac{\alpha}{2}}(n-1)\right\}=1-\alpha,$$

故总体参数 μ 的置信度为 $1-\alpha$ 的置信区间为

$$\left(\bar{X}-\frac{S}{\sqrt{n}}t_{\frac{\alpha}{2}}(n-1),\bar{X}+\frac{S}{\sqrt{n}}t_{\frac{\alpha}{2}}(n-1)\right). \tag{7-13}$$

例 7-14 某车间生产滚珠，已知其直径 $X\sim N(\mu,\sigma^2)$，现从某一天生产的产品中随机地抽出 6 个，测得直径（以 mm 计）如下：

$$14.6,\ 15.1,\ 14.9,\ 14.8,\ 15.2,\ 15.1,$$

试求 μ 的置信度为 0.9 的置信区间.

解 由题意知，$n=6,\alpha=0.1,\bar{x}=14.95,s=0.2062$，选取统计量

$$T=\frac{\bar{X}-\mu}{S/\sqrt{n}},$$

则 $T\sim t(n-1)$. 查分位数表得 $t_{\frac{\alpha}{2}}(n-1)=t_{0.05}(5)=2.015$，因此总体参数 μ 的置信度为 0.9 的置信

区间为 $\left(\bar{X}-\frac{S}{\sqrt{n}}t_{\frac{\alpha}{2}}(n-1),\bar{X}+\frac{S}{\sqrt{n}}t_{\frac{\alpha}{2}}(n-1)\right)$，即 $(14.78,15.12)$.

（二）方差 σ^2 的置信区间

1. μ 已知，σ^2 的置信区间

选取统计量 $\chi^2=\sum_{i=1}^{n}\left(\frac{X_i-\mu}{\sigma}\right)^2$，则 $\chi^2\sim\chi^2(n)$. 由

$$P\left\{a<\chi^2<b\right\}=1-\alpha,$$

$$P\left\{\chi^2<a\right\}=P\left\{\chi^2>b\right\}=\frac{\alpha}{2},$$

得

$$a=\chi^2_{1-\frac{\alpha}{2}}(n),\qquad b=\chi^2_{\frac{\alpha}{2}}(n).$$

因此，

$$P\left\{\frac{1}{\chi^2_{\frac{\alpha}{2}}(n)}\sum_{i=1}^{n}(X_i-\mu)^2<\sigma^2<\frac{1}{\chi^2_{1-\frac{\alpha}{2}}(n)}\sum_{i=1}^{n}(X_i-\mu)^2\right\}=1-\alpha,$$

故所求置信区间为

$$\left(\frac{\sum_{i=1}^{n}(X_i-\mu)^2}{\chi^2_{\frac{\alpha}{2}}(n)},\frac{\sum_{i=1}^{n}(X_i-\mu)^2}{\chi^2_{1-\frac{\alpha}{2}}(n)}\right). \tag{7-14}$$

例 7-15 某手表厂生产的手表，它的走时误差 X（以 s/d 计）服从正态分布 $N(0.3, \sigma^2)$，检验员从装配线上随机地抽取 9 只装配好的手表进行测量，结果如下：$-4.0, 3.1, 2.5,$ $-2.9, 0.9, 1.1, 2.0, -3.0, 2.8$，取置信度为 0.99，求这种手表走时误差的方差 σ^2 的置信区间.

解 由题意可得，$\mu = 0.3, n = 9, 1-\alpha = 0.99$，选取统计量

$$\chi^2 = \sum_{i=1}^{n}\left(\frac{X_i - \mu}{\sigma}\right)^2.$$

视频：区间估计

查分位点表得

$$\chi^2_{\frac{\alpha}{2}}(n) = \chi^2_{0.005}(9) = 23.589,$$

$$\chi^2_{1-\frac{\alpha}{2}}(n) = \chi^2_{0.995}(9) = 1.735,$$

由样本观测值计算得

$$\sum_{i=1}^{n}(X_i - \mu)^2 = 62.44,$$

故手表走时误差 σ^2 的置信度为 0.99 的置信区间为（2.647, 35.988）.

2. μ 未知，σ^2 的置信区间

选取统计量 $\chi^2 = \dfrac{(n-1)S^2}{\sigma^2}$，则 $\chi^2 \sim \chi^2(n-1)$. 由

$$P\{a < \chi^2 < b\} = 1-\alpha,$$

$$P\{\chi^2 < a\} = P\{\chi^2 > b\} = \frac{\alpha}{2},$$

得

$$a = \chi^2_{1-\frac{\alpha}{2}}(n-1), \qquad b = \chi^2_{\frac{\alpha}{2}}(n-1).$$

因此

$$P\left\{\frac{(n-1)S^2}{\chi^2_{\frac{\alpha}{2}}(n-1)} < \sigma^2 < \frac{(n-1)S^2}{\chi^2_{1-\frac{\alpha}{2}}(n-1)}\right\} = 1-\alpha,$$

故 σ^2 的置信度为 $1-\alpha$ 的置信区间为

$$\left(\frac{(n-1)S^2}{\chi^2_{\frac{\alpha}{2}}(n-1)}, \frac{(n-1)S^2}{\chi^2_{1-\frac{\alpha}{2}}(n-1)}\right),$$

且 σ 的置信度为 $1-\alpha$ 的置信区间为

$$\left(\frac{\sqrt{n-1}S}{\sqrt{\chi^2_{\frac{\alpha}{2}}(n-1)}}, \frac{\sqrt{n-1}S}{\sqrt{\chi^2_{1-\frac{\alpha}{2}}(n-1)}}\right). \tag{7-15}$$

例 7-16 某种钢丝的折断力服从正态分布，今从一批钢丝中任取 10 根，试验其折断力，

得数据如下:

$$572, 570, 578, 568, 596, 576, 584, 572, 580, 566.$$

试求方差 σ^2 的置信度为 0.95 的置信区间.

解 因为 $\bar{x} = \dfrac{1}{n}\sum_{i=1}^{n} x_i = \dfrac{1}{10}(572+570+\cdots+566) = 576.2$, 所以

$$s^2 = \frac{1}{n-1}\left(\sum_{i=1}^{n} x_i^2 - n\bar{x}^2\right) = 79.511,$$

由 $\alpha = 0.05$, 查附表得

$$\chi^2_{\frac{\alpha}{2}}(n-1) = \chi^2_{0.025}(9) = 19.023,$$

$$\chi^2_{1-\frac{\alpha}{2}}(n-1) = \chi^2_{0.975}(9) = 2.7,$$

$$\frac{(n-1)s^2}{\chi^2_{\frac{\alpha}{2}}(n-1)} = \frac{715.6}{19.023} = 37.618,$$

$$\frac{(n-1)s^2}{\chi^2_{1-\frac{\alpha}{2}}(n-1)} = \frac{715.6}{2.7} = 265.037,$$

所以 σ^2 的置信度为 0.95 的置信区间为（37.618，265.037）.

现将单个正态总体均值与方差的置信区间列于表 7-2 中.

表 7-2

待估参数	其他参数	枢轴量及其分布	置信区间
μ	σ^2 已知	$U = \dfrac{\bar{X}-\mu}{\sigma/\sqrt{n}} \sim N(0,1)$	$\left(\bar{X} - u_{\frac{\alpha}{2}}\dfrac{\sigma}{\sqrt{n}},\ \bar{X} + u_{\frac{\alpha}{2}}\dfrac{\sigma}{\sqrt{n}}\right)$
	σ^2 未知	$T = \dfrac{\bar{X}-\mu}{S/\sqrt{n}} \sim t(n-1)$	$\left(\bar{X} - \dfrac{S}{\sqrt{n}}t_{\frac{\alpha}{2}}(n-1),\ \bar{X} + \dfrac{S}{\sqrt{n}}t_{\frac{\alpha}{2}}(n-1)\right)$
σ^2	μ 已知	$\chi^2 = \sum_{i=1}^{n}\left(\dfrac{X_i-\mu}{\sigma}\right)^2 \sim \chi^2(n)$	$\left(\dfrac{\sum_{i=1}^{n}(X_i-\mu)^2}{\chi^2_{\frac{\alpha}{2}}(n)},\ \dfrac{\sum_{i=1}^{n}(X_i-\mu)^2}{\chi^2_{1-\frac{\alpha}{2}}(n)}\right)$
	μ 未知	$\chi^2 = \dfrac{(n-1)S^2}{\sigma^2} \sim \chi^2(n-1)$	$\left(\dfrac{(n-1)S^2}{\chi^2_{\frac{\alpha}{2}}(n-1)},\ \dfrac{(n-1)S^2}{\chi^2_{1-\frac{\alpha}{2}}(n-1)}\right)$

二、两个正态总体的情形

在实际中常遇到下面的问题: 已知某一电子产品的寿命服从正态分布, 但由于设备条件、操作人员不同或工艺过程的改变等, 总体均值、总体方差有所改变. 若需要知道这些变化有多大, 就需要考虑两个正态总体均值差及方差比的估计问题.

设两个正态总体 X, Y 相互独立, 且 $X \sim N(\mu_1, \sigma_1^2)$, $Y \sim N(\mu_2, \sigma_2^2)$, $(X_1, X_2, \cdots, X_{n_1})$ 和 $(Y_1, Y_2, \cdots, Y_{n_2})$ 分别为来自 X 与 Y 的样本, $\bar{X}, \bar{Y}$ 分别为 X, Y 的样本均值, S_1^2, S_2^2 分别为 X, Y 的样本（修正）方差.

（一）两个正态总体的均值差 $\mu_1 - \mu_2$ 的置信区间

1. σ_1^2, σ_2^2 均已知，$\mu_1 - \mu_2$ 的置信区间

选取枢轴量

$$U = \frac{(\bar{X} - \bar{Y}) - (\mu_1 - \mu_2)}{\sqrt{\dfrac{\sigma_1^2}{n_1} + \dfrac{\sigma_2^2}{n_2}}} \sim N(0,1),$$

由

$$P\{a < U < b\} = 1 - \alpha,$$

$$P\{U < a\} = P\{U > b\} = \frac{\alpha}{2},$$

得 $a = -u_{\frac{\alpha}{2}}, b = u_{\frac{\alpha}{2}}$. 因此，

$$P\left\{ \bar{X} - \bar{Y} - u_{\frac{\alpha}{2}} \sqrt{\frac{\sigma_1^2}{n_1} + \frac{\sigma_2^2}{n_2}} < \mu_1 - \mu_2 < \bar{X} - \bar{Y} + u_{\frac{\alpha}{2}} \sqrt{\frac{\sigma_1^2}{n_1} + \frac{\sigma_2^2}{n_2}} \right\} = 1 - \alpha,$$

故有 $\mu_1 - \mu_2$ 的置信度为 $1 - \alpha$ 的置信区间为

$$\left(\bar{X} - \bar{Y} - u_{\frac{\alpha}{2}} \sqrt{\frac{\sigma_1^2}{n_1} + \frac{\sigma_2^2}{n_2}}, \ \bar{X} - \bar{Y} + u_{\frac{\alpha}{2}} \sqrt{\frac{\sigma_1^2}{n_1} + \frac{\sigma_2^2}{n_2}} \right). \tag{7-16}$$

2. $\sigma_1^2 = \sigma_2^2 = \sigma^2$，但 σ^2 未知，$\mu_1 - \mu_2$ 的置信区间

选取枢轴量为

$$T = \frac{(\bar{X} - \bar{Y}) - (\mu_1 - \mu_2)}{S_\omega \sqrt{\dfrac{1}{n_1} + \dfrac{1}{n_2}}} \sim t(n_1 + n_2 - 2),$$

其中

$$S_\omega^2 = \frac{(n_1 - 1)S_1^2 + (n_2 - 1)S_2^2}{n_1 + n_2 - 2},$$

可得 $\mu_1 - \mu_2$ 的置信区间为

$$\left(\bar{X} - \bar{Y} - t_{\frac{\alpha}{2}}(n_1 + n_2 - 2) S_\omega \sqrt{\frac{1}{n_1} + \frac{1}{n_2}}, \ \bar{X} - \bar{Y} + t_{\frac{\alpha}{2}}(n_1 + n_2 - 2) S_\omega \sqrt{\frac{1}{n_1} + \frac{1}{n_2}} \right). \tag{7-16$'$}$$

例 7-17 某食盐加工厂有甲、乙两条食盐装袋生产线，设所装袋的食盐重量分别服从正态分布 $N(\mu_1, \sigma_1^2)$，$N(\mu_2, \sigma_2^2)$. 从甲装袋生产线抽取 12 袋食盐，测得样本平均重量 $\bar{x} = 502\,\text{g}$，样本方差为 $s_1^2 = 4$；从乙装袋生产线抽取 18 袋食盐，测得样本平均重量 $\bar{y} = 499\,\text{g}$，样本方差为 $s_2^2 = 5$.

（1）若 $\sigma_1^2 = 3^2, \sigma_2^2 = 2^2$，求甲、乙两条装袋生产线均值差的置信度为 0.95 的置信区间.

（2）若 $\sigma_1^2 = \sigma_2^2 = \sigma^2$，但 σ^2 未知，求甲、乙两条装袋生产线均值差的置信度为 0.95 的置信区间.

解 $1 - \alpha = 0.95, n_1 = 12, \bar{x} = 502, \sigma_1^2 = 3^2, n_2 = 18, \bar{y} = 499, \sigma_2^2 = 2^2$，选取枢轴量

$$U = \frac{(\bar{X} - \bar{Y}) - (\mu_1 - \mu_2)}{\sqrt{\dfrac{\sigma_1^2}{n_1} + \dfrac{\sigma_2^2}{n_2}}} \sim N(0,1) ,$$

可知 $\mu_1 - \mu_2$ 的置信区间为

$$\left(\bar{X} - \bar{Y} - u_{\frac{\alpha}{2}} \sqrt{\frac{\sigma_1^2}{n_1} + \frac{\sigma_2^2}{n_2}}, \ \bar{X} - \bar{Y} + u_{\frac{\alpha}{2}} \sqrt{\frac{\sigma_1^2}{n_1} + \frac{\sigma_2^2}{n_2}} \right) ,$$

查表得 $u_{0.025} = 1.96$，代入得所求置信区间为（1.067，4.933）.

（2）$\sigma_1^2 = \sigma_2^2 = \sigma^2$，但 σ^2 未知，选取枢轴量为

$$T = \frac{(\bar{X} - \bar{Y}) - (\mu_1 - \mu_2)}{S_\omega \sqrt{\dfrac{1}{n_1} + \dfrac{1}{n_2}}} \sim t(n_1 + n_2 - 2) ,$$

由式（7-16'）可得 $\mu_1 - \mu_2$ 的置信区间为

$$\left(\bar{X} - \bar{Y} - t_{\frac{\alpha}{2}}(n_1 + n_2 - 2)S_\omega \sqrt{\frac{1}{n_1} + \frac{1}{n_2}}, \ \bar{X} - \bar{Y} + t_{\frac{\alpha}{2}}(n_1 + n_2 - 2)S_\omega \sqrt{\frac{1}{n_1} + \frac{1}{n_2}} \right) .$$

又查表得 $t_{0.025}(28) = 2.0484$，代入得所求置信区间为（2.362,4.638）.

（二）两个正态总体方差比 $\dfrac{\sigma_1^2}{\sigma_2^2}$ 的置信区间

下面仅讨论总体均值 μ_1, μ_2 均为未知的情况.

选取枢轴量

$$F = \frac{S_1^2 / \sigma_1^2}{S_2^2 / \sigma_2^2} \sim F(n_1 - 1, n_2 - 1) ,$$

由此得

$$P \left\{ F_{1 - \frac{\alpha}{2}}(n_1 - 1, n_2 - 1) < \frac{S_1^2 / S_2^2}{\sigma_1^2 / \sigma_2^2} < F_{\frac{\alpha}{2}}(n_1 - 1, n_2 - 1) \right\} = 1 - \alpha ,$$

即

$$P \left\{ \frac{1}{F_{\frac{\alpha}{2}}(n_1 - 1, n_2 - 1)} \cdot \frac{S_1^2}{S_2^2} < \frac{\sigma_1^2}{\sigma_2^2} < F_{1 - \frac{\alpha}{2}}(n_2 - 1, n_1 - 1) \cdot \frac{S_1^2}{S_2^2} \right\} = 1 - \alpha ,$$

故 $\dfrac{\sigma_1^2}{\sigma_2^2}$ 的置信度为 $1 - \alpha$ 的置信区间为

$$\left(\frac{S_1^2}{S_2^2} \cdot \frac{1}{F_{\frac{\alpha}{2}}(n_1 - 1, n_2 - 1)}, \ \frac{S_1^2}{S_2^2} \cdot \frac{1}{F_{1 - \frac{\alpha}{2}}(n_1 - 1, n_2 - 1)} \right) . \tag{7-17}$$

例 7-18　某钢铁公司的管理人员为比较新旧两个电炉的温度状况，他们抽取了新电炉的 16 个温度数据及旧电炉的 25 个温度数据，并计算样本方差分别为 $s_1^2 = 25$ 及 $s_2^2 = 30$. 设新电炉的温度 $X \sim N(\mu_1, \sigma_1^2)$，旧电炉的温度 $Y \sim N(\mu_2, \sigma_2^2)$，试求 $\dfrac{\sigma_1^2}{\sigma_2^2}$ 的置信度为 0.95 的置信区间.

解 $\alpha = 0.05$，$n_1 = 16$，$n_2 = 25$，$F_{0.025}(15, 24) = 2.44$，$F_{0.975}(15, 24) = \dfrac{1}{F_{0.025}(24, 15)} = \dfrac{1}{2.7}$，

代入得 $\dfrac{1}{2.44} \times \dfrac{25}{30} \approx 0.3415$，$2.7 \times \dfrac{25}{30} = 2.25$，所求置信区间为 $(0.3415, 2.25)$．

现将两个正态总体均值差和方差比的置信区间列于表 7-3 中．

表 7-3

待估参数	其他参数	枢轴量及其分布	置信区间
$\mu_1 - \mu_2$	σ_1^2, σ_2^2 已知	$U = \dfrac{(\overline{X} - \overline{Y}) - (\mu_1 - \mu_2)}{\sqrt{\dfrac{\sigma_1^2}{n_1} + \dfrac{\sigma_2^2}{n_2}}} \sim N(0, 1)$	$\left(\overline{X} - \overline{Y} - u_{\frac{\alpha}{2}} \sqrt{\dfrac{\sigma_1^2}{n_1} + \dfrac{\sigma_2^2}{n_2}}, \right.$ $\left. \overline{X} - \overline{Y} + u_{\frac{\alpha}{2}} \sqrt{\dfrac{\sigma_1^2}{n_1} + \dfrac{\sigma_2^2}{n_2}} \right)$
	σ_1^2, σ_2^2 未知，$\sigma_1^2 = \sigma_2^2 = \sigma^2$	$T = \dfrac{(\overline{X} - \overline{Y}) - (\mu_1 - \mu_2)}{S_\omega \sqrt{\dfrac{1}{n_1} + \dfrac{1}{n_2}}} \sim t(n_1 + n_2 - 2)$	$\left(\overline{X} - \overline{Y} - t_{\frac{\alpha}{2}}(n_1 + n_2 - 2) S_\omega \sqrt{\dfrac{1}{n_1} + \dfrac{1}{n_2}}, \right.$ $\left. \overline{X} - \overline{Y} + t_{\frac{\alpha}{2}}(n_1 + n_2 - 2) S_\omega \sqrt{\dfrac{1}{n_1} + \dfrac{1}{n_2}} \right)$
$\dfrac{\sigma_1^2}{\sigma_2^2}$	μ_1, μ_2 未知	$F = \dfrac{S_1^2 / \sigma_1^2}{S_2^2 / \sigma_2^2} \sim F(n_1 - 1, n_2 - 1)$	$\left(\dfrac{1}{F_{\frac{\alpha}{2}}(n_1 - 1, n_2 - 1)} \cdot \dfrac{S_1^2}{S_2^2}, \right.$ $\left. \dfrac{1}{F_{1 - \frac{\alpha}{2}}(n_1 - 1, n_2 - 1)} \cdot \dfrac{S_1^2}{S_2^2} \right)$

习 题 7-4

1. 某旅行社为调查当地旅游者的平均消费额，随机访问了 100 名旅游者，得知平均消费额 $\bar{x} = 200$ 元．根据经验，已知旅游者消费额服从正态分布，且标准差 $\sigma = 5$ 元，求该地旅游者平均消费额 μ 的置信度为 0.95 的置信区间．

2. 移动公司随机访问了 25 名手机用户，得知每月平均电话费 $\bar{x} = 80$ 元，标准差 $s = 12$ 元，已知每月手机电话费服从正态分布，求用户平均电话费 μ 的置信度为 0.95 的置信区间．

3. 设 $X_1, X_2, \cdots, X_n$ 是来自总体 X 的一个样本，且 X 的概率密度函数为

$$f(x; \mu, \sigma) = \begin{cases} \dfrac{1}{\sigma} \exp\left(-\dfrac{x - \mu}{\sigma} \right), & x \geq \mu, \\ 0, & \text{其他}, \end{cases} \quad (\sigma > 0, -\infty < \mu < +\infty).$$

（1）当 μ 已知时，求 σ 的最大似然估计量；

（2）当 σ 已知时，求 μ 的最大似然估计量．

4. 某种钢丝的折断力服从正态分布，今从一批钢丝中任取 10 根，试验其折断力，得数据如下：

$$572, 570, 577, 568, 596, 577, 584, 572, 580, 566.$$

试求方差 σ^2 的置信度为 0.95 的置信区间．

5. 假设某厂生产的钢珠直径 X（以 mm 计）服从正态分布 $N(\mu, \sigma^2)$，现从该厂刚生产出的一大堆钢珠中随机地抽取 9 粒，测量它们的直径，并求得其样本均值 $\bar{x} = 31.06$ mm，样本方差为 $s^2 = 0.25^2$．试求总体方差的置信度为 0.95 的置信区间．

6. 2003 年在某地区分行业调查职工平均工资情况：已知体育、卫生、社会福利事业职工工资为 X（以元

计），且 $X \sim N(\mu_1, 218^2)$；文教、艺术、广播事业职工工资为 Y（以元计），且 $Y \sim N(\mu_2, 227^2)$. 从总体 X 中调查 25 人，平均工资为 1 286 元，从总体 Y 中调查 30 人，平均工资为 1 272 元，求这两大类行业职工平均工资之差的置信度为 0.99 的置信区间.

7. 为了调查甲、乙两城市地区在 2018 年的家庭消费情况，从甲市随机抽出 41 户进行调查，得平均每户的年消费支出为 20 000 元，标准差为 400 元；从乙市随机抽出 31 户，调查得平均每户年消费支出为 18 000 元，标准差为 300 元. 假设甲、乙两城市的每户年消费支出 X 和 Y 都服从正态分布且相互独立，试求甲、乙两城市家庭每户年消费支出方差比 $\dfrac{\sigma_1^2}{\sigma_2^2}$ 的置信度为 0.90 的置信区间.

第五节　单侧置信区间

第四节中，对于未知参数 θ，给出两个统计量 $\underline{\theta}, \overline{\theta}$，得到 θ 的置信区间 $(\underline{\theta}, \overline{\theta})$，称这样的置信区间为双侧置信区间. 但在某些实际问题中，只需讨论单侧置信下限或上限就可以了. 例如，对于电子元件的寿命来说，人们关心的往往是平均寿命 θ 的"下限"；在考虑产品的次品率 p 时，人们关心的往往是参数 p 的"上限". 为此，引进单侧置信区间的概念.

一、单侧置信区间的概念

当只关心待估参数 θ 的"上限"或"下限"时，只需要研究如何构造统计量并将其作为参数的置信下限或上限. 像这种只需要构造置信下限或上限，进而得到参数的区间估计的方法称为单侧置信区间估计法，由此得到的参数的置信区间称为单侧置信区间.

定义 7-8　设 θ 为总体的一个未知参数，若对于任意给定的数 $\alpha(0 < \alpha < 1)$，由样本 $X_1, X_2, \cdots, X_n$ 所确定的统计量 $\underline{\theta}(X_1, X_2, \cdots, X_n)$，对于任意的 $\theta \in \Theta$ 满足

$$P\{\theta > \underline{\theta}\} \geqslant 1 - \alpha, \tag{7-18}$$

则称区间 $(\underline{\theta}, +\infty)$ 为参数 θ 的置信度为 $1 - \alpha$ 的**右（单）侧置信区间**，$\underline{\theta}$ 称为参数 θ 的**单侧置信下限**，$1 - \alpha$ 称为**置信度**.

若统计量 $\overline{\theta}(X_1, X_2, \cdots, X_n)$ 对于任意的 $\theta \in \Theta$ 满足

$$P\{\theta < \overline{\theta}\} \geqslant 1 - \alpha, \tag{7-19}$$

则称区间 $(-\infty, \overline{\theta})$ 为参数 θ 的置信度为 $1 - \alpha$ 的**左（单）侧置信区间**，$\overline{\theta}$ 称为参数 θ 的**单侧置信上限**，$1 - \alpha$ 称为**置信度**.

左、右（单）侧置信区间统称为**单侧置信区间**.

二、单侧置信区间的求法

由单侧置信区间的定义可知，单侧置信区间与双侧置信区间的求法步骤完全一样. 下面仅就单个正态总体的均值与方差的单侧置信区间做一个简单的介绍.

设总体 $X \sim N(\mu, \sigma^2)$，$(X_1, X_2, \cdots, X_n)$ 是 X 的样本，$\overline{X}, S^2$ 分别为样本均值与样本（修正）方差.

（一）均值 μ 的单侧置信区间

1. σ^2 已知，均值 μ 的单侧置信区间

1）左侧置信区间

选取枢轴量

$$U = \frac{\bar{X} - \mu}{\sigma/\sqrt{n}} \sim N(0,1),$$

因为 $P\left\{\frac{\bar{X} - \mu}{\sigma/\sqrt{n}} > -u_\alpha\right\} = 1-\alpha$，即

$$P\left\{\mu < \bar{X} + \frac{\sigma}{\sqrt{n}}u_\alpha\right\} = 1-\alpha,$$

所以，μ 的置信度为 $1-\alpha$ 的左侧置信区间为 $\left(-\infty, \bar{X} + \frac{\sigma}{\sqrt{n}}u_\alpha\right)$. （7-20）

2）右侧置信区间

选取与上面相同的枢轴量. 因为 $P\left\{\frac{\bar{X} - \mu}{\sigma/\sqrt{n}} < u_\alpha\right\} = 1-\alpha$，即

$$P\left\{\mu > \bar{X} - \frac{\sigma}{\sqrt{n}}u_\alpha\right\} = 1-\alpha,$$

所以 μ 的置信度为 $1-\alpha$ 的右侧置信区间为 $\left(\bar{X} - \frac{\sigma}{\sqrt{n}}u_\alpha, +\infty\right)$. （7-21）

2. σ^2 未知，均值 μ 的单侧置信区间

1）左侧置信区间

选取枢轴量

$$T = \frac{\bar{X} - \mu}{S/\sqrt{n}} \sim t(n-1),$$

由

$$P\left\{\frac{\bar{X} - \mu}{S/\sqrt{n}} < t_\alpha(n-1)\right\} = 1-\alpha,$$

得

$$P\left\{\mu < \bar{X} + t_\alpha(n-1)\frac{S}{\sqrt{n}}\right\} = 1-\alpha,$$

于是 μ 的置信度 $1-\alpha$ 的左侧置信区间为 $\left(-\infty, \bar{X} + t_\alpha(n-1)\frac{S}{\sqrt{n}}\right)$. （7-22）

2）右侧置信区间

同理，μ 的置信度为 $1-\alpha$ 的右侧置信区间为 $\left(\bar{X} - t_\alpha(n-1)\frac{S}{\sqrt{n}}, +\infty\right)$. （7-23）

（二）方差 σ^2 的单侧置信区间

1. 均值 μ 已知，σ^2 的单侧置信区间

1）左侧置信区间

选取枢轴量

$$\chi^2 = \frac{1}{\sigma^2}\sum_{i=1}^{n}(X_i - \mu)^2 \sim \chi^2(n),$$

由

$$P\left\{\frac{1}{\sigma^2}\sum_{i=1}^{n}(X_i-\mu)^2>\chi_{1-\alpha}^2(n)\right\}=1-\alpha,$$

得 σ^2 的置信度为 $1-\alpha$ 的左侧置信区间为

$$\left(0,\frac{\sum_{i=1}^{n}(X_i-\mu)^2}{\chi_{1-\alpha}^2(n)}\right).\qquad(7\text{-}24)$$

2）右侧置信区间

与上述推导类似，可得 σ^2 的置信度为 $1-\alpha$ 的右侧置信区间为

$$\left(\frac{\sum_{i=1}^{n}(X_i-\mu)^2}{\chi_{\alpha}^2(n)},+\infty\right).\qquad(7\text{-}25)$$

2. μ 未知，σ^2 的单侧置信区间

1）左侧置信区间

选取枢轴量

$$\chi^2=\frac{(n-1)S^2}{\sigma^2}\sim\chi^2(n-1),$$

$$P\left\{\frac{(n-1)S^2}{\sigma^2}>\chi_{1-\alpha}^2(n-1)\right\}=1-\alpha,$$

故

$$P\left\{\sigma^2<\frac{(n-1)S^2}{\chi_{1-\alpha}^2(n-1)}\right\}=1-\alpha,$$

于是 σ^2 的置信度为 $1-\alpha$ 的左侧置信区间为 $\left(0,\dfrac{(n-1)S^2}{\chi_{1-\alpha}^2(n-1)}\right).\qquad(7\text{-}26)$

2）右侧置信区间

与上面的分析类似，可得 σ^2 的置信度为 $1-\alpha$ 的右侧置信区间为

$$\left(\frac{(n-1)S^2}{\chi_{\alpha}^2(n-1)},+\infty\right).\qquad(7\text{-}27)$$

例 7-19　从一批电视机显像管中随机抽取 6 个测试其使用寿命（以 kh 计），得到的样本观测值为

$$15.6,14.9,16.0,14.8,15.3,15.5.$$

设显像管使用寿命 X 服从正态分布 $N(\mu,\sigma^2)$，其中 μ 及 σ^2 都是未知参数，试求：

（1）μ 的置信度为 0.95 的右侧置信区间；

（2）σ^2 的置信度为 0.95 的左侧置信区间.

解　由题意知，$1-\alpha=0.95,n=6,\overline{x}=15.35,s^2=0.203$.

（1）选取枢轴量为

$$T = \frac{\bar{X} - \mu}{S/\sqrt{n}} \sim t(n-1),$$

得 μ 的置信度为 $1-\alpha$ 的右侧置信区间为

$$\left(\bar{X} - t_\alpha(n-1)\frac{S}{\sqrt{n}}, +\infty \right),$$

查表得 $t_\alpha(n-1) = t_{0.05}(5) = 2.015$，代入计算得 μ 的置信度为 0.95 的右侧置信区间为 $(14.979\,4, +\infty)$.

（2）选取枢轴量

$$\chi^2 = \frac{(n-1)S^2}{\sigma^2} \sim \chi^2(n-1),$$

可得 σ^2 的置信度为 $1-\alpha$ 的左侧置信区间为 $\left(0, \frac{(n-1)S^2}{\chi^2_{1-\alpha}(n-1)} \right)$.

查表得 $\chi^2_{1-\alpha}(n-1) = \chi^2_{0.95}(5) = 1.145$，代入计算得 σ^2 的置信度为 0.95 的左侧置信区间为（0, $0.886\,5$）.

单个正态总体均值与方差的单侧置信区间列于表 7-4 中.

表 7-4

待估参数	其他参数	枢轴量及其分布	单侧置信区间
μ	σ^2 已知	$U = \frac{\bar{X}-\mu}{\sigma/\sqrt{n}} \sim N(0,1)$	$\left(-\infty, \bar{X}+\frac{\sigma}{\sqrt{n}}u_\alpha\right)$ $\left(\bar{X}-\frac{\sigma}{\sqrt{n}}u_\alpha, +\infty\right)$
	σ^2 未知	$T = \frac{\bar{X}-\mu}{S/\sqrt{n}} \sim t(n-1)$	$\left(-\infty, \bar{X}+t_\alpha(n-1)\frac{S}{\sqrt{n}}\right)$ $\left(\bar{X}-t_\alpha(n-1)\frac{S}{\sqrt{n}}, +\infty\right)$
σ^2	μ 已知	$\chi^2 = \frac{1}{\sigma^2}\sum_{i=1}^n (X_i-\mu)^2 \sim \chi^2(n)$	$\left(0, \frac{\sum_{i=1}^n (X_i-\mu)^2}{\chi^2_{1-\alpha}(n)}\right)$ $\left(\frac{\sum_{i=1}^n (X_i-\mu)^2}{\chi^2_\alpha(n)}, +\infty\right)$
	μ 未知	$\chi^2 = \frac{(n-1)S^2}{\sigma^2} \sim \chi^2(n-1)$	$\left(0, \frac{(n-1)S^2}{\chi^2_{1-\alpha}(n-1)}\right)$ $\left(\frac{(n-1)S^2}{\chi^2_\alpha(n-1)}, +\infty\right)$

同理，可以得到两个正态总体的均值差和方差比的单侧置信区间，请读者自己完成. 单侧置信区间的结论如表 7-5 所示.

表 7-5

待估参数	条件	抽样分布	单侧置信区间
$\mu_1 - \mu_2$	σ_1^2, σ_2^2 已知	$U = \dfrac{(\overline{X} - \overline{Y}) - (\mu_1 - \mu_2)}{\sqrt{\dfrac{\sigma_1^2}{n_1} + \dfrac{\sigma_2^2}{n_2}}}$ $\sim N(0,1)$	$\left(-\infty, \overline{X} - \overline{Y} + u_\alpha \sqrt{\dfrac{\sigma_1^2}{n_1} + \dfrac{\sigma_2^2}{n_2}}\right)$ $\left(\overline{X} - \overline{Y} - u_\alpha \sqrt{\dfrac{\sigma_1^2}{n_1} + \dfrac{\sigma_2^2}{n_2}}, +\infty\right)$
	$\sigma_1^2 = \sigma_2^2 = \sigma^2$, 但 σ^2 未知	$T = \dfrac{(\overline{X} - \overline{Y}) - (\mu_1 - \mu_2)}{S_\omega \sqrt{\dfrac{1}{n_1} + \dfrac{1}{n_2}}}$ $\sim t(n_1 + n_2 - 2)$	$\left(-\infty, \overline{X} - \overline{Y} + t_{\frac{\alpha}{2}}(n_1 + n_2 - 2) S_\omega \sqrt{\dfrac{1}{n_1} + \dfrac{1}{n_2}}\right)$ $\left(\overline{X} - \overline{Y} - t_{\frac{\alpha}{2}}(n_1 + n_2 - 2) S_\omega \sqrt{\dfrac{1}{n_1} + \dfrac{1}{n_2}}, +\infty\right)$
$\dfrac{\sigma_1^2}{\sigma_2^2}$	μ_1, μ_2 未知	$F = \dfrac{S_1^2}{S_2^2} \cdot \dfrac{\sigma_2^2}{\sigma_1^2}$ $\sim F(n_1 - 1, n_2 - 1)$	$\left(0, \dfrac{S_1^2}{S_2^2} \dfrac{1}{F_{1-\alpha}(n_1 - 1, n_2 - 1)}\right)$ $\left(\dfrac{S_1^2}{S_2^2} \dfrac{1}{F_\alpha(n_1 - 1, n_2 - 1)}, +\infty\right)$

习 题 7-5

1. 一种液体存储器的耐裂指标为其平均爆破压力,现从该批存储器中任意抽取 9 个,测得爆破压力数据如下:543, 560, 530, 545, 550, 545, 540, 555, 537. 据经验,该存储器的爆破压力 X 服从正态分布 $N(\mu, 16)$,试求该批存储器的平均爆破压力 μ 的置信度为 0.95 的左侧置信区间.

2. 从一批铜丝中随机地抽取 9 根,测得其抗拉强度为 578, 582, 584, 569, 574, 580, 586, 591, 576. 设该批铜丝的抗拉强度 X 服从正态分布 $N(580, \sigma^2)$,试求 σ^2 的置信度为 0.95 的右侧置信区间.

3. 从一批灯泡中随机地抽取 5 只进行寿命试验,测得其寿命(以 h 计)为 1 050, 1 100, 1 120, 1 250, 1 280. 设灯泡寿命 X 服从正态分布 $N(\mu, \sigma^2)$,试求该批灯泡寿命 μ 的置信度为 0.9 的右侧置信区间.

历年考研试题选讲七

现在再讲解若干个近十几年来的概率论与数理统计考研题目,以供读者体会概率论与数理统计考研题目的难度、深度和广度,从而对概率论与数理统计的学习起到一个很好的参考作用.

例 1 (2005 年,数学三) 设一批零件的长度服从正态分布 $N(\mu, \sigma^2)$,其中 μ, σ^2 均未知,现从中随机抽取 16 个零件,测得样本均值 $\overline{x} = 20 \text{ cm}$,样本标准差 $s = 1 \text{ cm}$,则 μ 的置信度为 0.90 的置信区间是_____.

(A) $\left(20 - \dfrac{1}{4} t_{0.05}(16), 20 + \dfrac{1}{4} t_{0.05}(16)\right)$　　　(B) $\left(20 - \dfrac{1}{4} t_{0.1}(16), 20 + \dfrac{1}{4} t_{0.1}(16)\right)$

(C) $\left(20 - \dfrac{1}{4} t_{0.05}(15), 20 + \dfrac{1}{4} t_{0.05}(15)\right)$　　　(D) $\left(20 - \dfrac{1}{4} t_{0.1}(15), 20 + \dfrac{1}{4} t_{0.1}(15)\right)$

解 正态总体方差未知时,关于均值 μ 的置信区间为

$$\left(\overline{X} - \frac{S}{\sqrt{n}} t_{\frac{\alpha}{2}}(n-1), \overline{X} + \frac{S}{\sqrt{n}} t_{\frac{\alpha}{2}}(n-1)\right),$$

本题中 $n=16$，$\bar{x}=20$，$s=1$，$\alpha=1-0.9=0.1$，$t_{\frac{\alpha}{2}}(n-1)=t_{0.05}(15)$，故答案选（C）．

例 2 （**2006 年，数学一、数学三**） 设总体 X 的概率密度函数为

$$f(x;\theta)=\begin{cases}\theta, & 0<x<1,\\ 1-\theta, & 1\le x<2,\\ 0, & \text{其他},\end{cases}$$

其中 $\theta(0<\theta<1)$ 是未知参数，$X_1,X_2,\cdots,X_n$ 为来自总体的简单随机样本，记 N 为样本值 $x_1,x_2,\cdots,x_n$ 中小于 1 的个数，求：

（1）θ 的矩估计；

（2）θ 的最大似然估计．

解 （1） $E(X)=\int_0^1 x\theta\mathrm{d}x+\int_1^2 x(1-\theta)\mathrm{d}x$

$$=\frac{\theta}{2}+\frac{3}{2}(1-\theta)=\frac{3}{2}-\theta,$$

令 $\frac{3}{2}-\theta=\bar{X}$，解得 θ 的矩估计为

$$\hat{\theta}=\frac{3}{2}-\bar{X}.$$

（2）似然函数为

$$L(\theta)=\prod_{i=1}^n f(x_i;\theta)=\theta^N(1-\theta)^{n-N},$$

取对数有

$$\ln L(\theta)=N\ln\theta+(n-N)\ln(1-\theta),$$

令

$$\frac{\mathrm{d}\ln L(\theta)}{\mathrm{d}\theta}=\frac{N}{\theta}-\frac{(n-N)}{1-\theta}=0,$$

得 θ 的最大似然估计为 $\hat{\theta}=\dfrac{N}{n}$．

例 3 （**2007 年，数学一、数学三**） 设总体 X 的概率密度函数为

$$f(x;\theta)=\begin{cases}\dfrac{1}{2\theta}, & 0<x<\theta,\\ \dfrac{1}{2(1-\theta)}, & \theta\le x<2,\\ 0, & \text{其他},\end{cases}$$

其中 $\theta(0<\theta<1)$ 是未知参数，$X_1,X_2,\cdots,X_n$ 为来自总体的简单随机样本，$\bar{X}$ 是样本均值，

（1）求参数 θ 的矩估计量 $\hat{\theta}$；

（2）判断 $4\bar{X}^2$ 是否为 θ^2 的无偏估计量，并说明理由．

解 （1） $E(X)=\int_0^\theta \dfrac{x}{2\theta}\mathrm{d}x+\int_\theta^1 \dfrac{x}{2(1-\theta)}\mathrm{d}x=\dfrac{1}{4}+\dfrac{\theta}{2}$，令 $\dfrac{1}{4}+\dfrac{\theta}{2}=\bar{X}$，解得 θ 的矩估计量

$$\hat{\theta}=2\bar{X}-\frac{1}{2}.$$

（2） $E(X^2) = \int_0^\theta \frac{x^2}{2\theta}\mathrm{d}x + \int_\theta^1 \frac{x^2}{2(1-\theta)}\mathrm{d}x = \frac{1}{6}(1+\theta+\theta^2),$

$$D(X) = E(X^2) - E^2(X) = \frac{1}{6}(1+\theta+\theta^2) - \left(\frac{1}{4}+\frac{\theta}{2}\right)^2 = \frac{5}{48} - \frac{\theta}{12} + \frac{\theta^2}{12},$$

所以

$$E(4\bar{X}^2) = 4[D(\bar{X}) + E^2(\bar{X})] = 4\left[\frac{D(X)}{n} + E^2(X)\right]$$

$$= 4\left[\frac{1}{n}\left(\frac{5}{48} - \frac{\theta}{12} + \frac{\theta^2}{12}\right) + \left(\frac{1}{4} + \frac{\theta}{2}\right)^2\right]$$

$$= \frac{3n+5}{12n} + \frac{3n-1}{3n}\theta + \frac{3n+1}{3n}\theta^2 \neq \theta^2,$$

故 $4\bar{X}^2$ 不是 θ^2 的无偏估计量.

例 4 （2008 年，数学三） 设 $X_1, X_2, \cdots, X_n$ 是总体 $N(\mu,\sigma^2)$ 的简单随机样本，记 $\bar{X} = \frac{1}{n}\sum_{i=1}^n X_i$，$S^2 = \frac{1}{n-1}\sum_{i=1}^n (X_i - \bar{X})^2$，$T = \bar{X}^2 - \frac{1}{n}S^2$.

（1）证明 T 是 μ^2 的无偏估计量；

（2）当 $\mu = 0, \sigma = 1$ 时，求 $D(T)$.

解 （1） $E(T) = E\left(\bar{X}^2 - \frac{1}{n}S^2\right) = E(\bar{X}^2) - \frac{1}{n}E(S^2)$

$$= D(\bar{X}) + E^2(\bar{X}) - \frac{1}{n}E(S^2)$$

$$= \frac{\sigma^2}{n} + \mu^2 - \frac{\sigma^2}{n} = \mu^2,$$

所以 T 是 μ^2 的无偏估计量.

（2）当 $\mu = 0, \sigma = 1$ 时，$\bar{X} \sim N\left(0, \frac{1}{n}\right)$，则 $n\bar{X}^2 \sim \chi^2(1)$，且 $(n-1)S^2 \sim \chi^2(n-1)$，注意到 $\bar{X}$ 与 S^2 相互独立，所以

$$D(T) = D\left(\bar{X}^2 - \frac{1}{n}S^2\right) = D(\bar{X}^2) + \frac{1}{n^2}D(S^2)$$

$$= \frac{1}{n^2}D(n\bar{X}^2) + \frac{1}{n^2}\cdot\frac{1}{(n+1)^2}D[(n-1)S^2]$$

$$= \frac{1}{n^2}\times 2 + \frac{1}{n^2}\cdot\frac{1}{(n+1)^2}\times 2(n-1) = \frac{2}{n(n-1)}.$$

例 5 （2009 年，数学三） 设 $X_1, X_2, \cdots, X_n$ 为来自二项分布 $b(n,p)$ 的简单随机样本，$\bar{X}$ 和 S^2 分别为样本均值和样本方差，记统计量 $T = \bar{X} - S^2$，则 $E(T)$ _____.

解 $E(T) = E(\bar{X} - S^2) = E(\bar{X}) - E(S^2)$

$$= E(X) - D(X) = np - np(1-p) = np^2.$$

例 6 （2009 年，数学一） 设总体 X 的概率密度函数为

$$f(x;\lambda)=\begin{cases}\lambda^2 x e^{-\lambda x}, & x>0,\\ 0, & 其他,\end{cases}$$

其中参数 $\lambda(\lambda>0)$ 未知，$X_1, X_2, \cdots, X_n$ 是来自总体 X 的简单随机样本. 求:

（1）参数 λ 的矩估计量；

（2）参数 λ 的最大似然估计量.

解　（1）$E(X)=\int_0^{+\infty} x\cdot\lambda^2 x e^{-\lambda x}\mathrm{d}x=\int_0^{+\infty}\lambda^2 x^2 e^{-\lambda x}\mathrm{d}x=\dfrac{2}{\lambda}$，令 $\dfrac{2}{\lambda}=\overline{X}$，解得 λ 的矩估计量为

$$\hat{\lambda}=\frac{2}{\overline{X}}.$$

（2）似然函数为

$$L(\lambda)=\prod_{i=1}^{n}f(x_i;\lambda)=\lambda^{2n}\prod_{i=1}^{n}x_i\, e^{-\lambda\sum\limits_{i=1}^{n}x_i},$$

取对数有

$$\ln L(\lambda)=2n\ln\lambda+\sum_{i=1}^{n}\ln x_i-\lambda\sum_{i=1}^{n}x_i,$$

令

$$\frac{\mathrm{d}\ln L(\lambda)}{\mathrm{d}\lambda}=\frac{2n}{\lambda}-\sum_{i=1}^{n}x_i=0,$$

得 λ 的最大似然估计量为 $\lambda=\dfrac{2}{\overline{X}}$.

例 7　（**2011 年，数学一**）　设 $X_1, X_2, \cdots, X_n$ 为来自正态总体 $N(\mu_0, \sigma^2)$ 的简单随机样本，其中 μ_0 已知，$\sigma^2>0$ 未知，$\overline{X}$ 和 S^2 分别表示样本均值和样本方差.

（1）求参数 σ^2 的最大似然估计量 $\hat{\sigma}^2$；

（2）计算 $E(\hat{\sigma}^2)$ 和 $D(\hat{\sigma}^2)$.

解　（1）X 的概率密度函数为

$$f(x)=\frac{1}{\sqrt{2\pi}\sigma}e^{\frac{(x_i-\mu_0)^2}{2\sigma^2}}\quad(-\infty<x<+\infty),$$

似然函数为

$$L(\sigma^2)=\prod_{i=1}^{n}\left[\frac{1}{\sqrt{2\pi}\sigma}e^{\frac{(x_i-\mu_0)^2}{2\sigma^2}}\right]=(2\pi\sigma^2)^{-\frac{n}{2}}\cdot e^{-\frac{1}{2\sigma^2}\sum\limits_{i=1}^{n}(x_i-\mu_0)^2},$$

取对数有

$$\ln L(\sigma^2)=-\frac{n}{2}\ln(2\pi\sigma^2)-\sum_{i=1}^{n}\frac{(x_i-\mu_0)^2}{2\sigma^2},$$

令

$$\frac{\mathrm{d}\ln L(\sigma^2)}{\mathrm{d}(\sigma^2)}=-\frac{n}{2\sigma^2}+\sum_{i=1}^{n}\frac{(x_i-\mu_0)^2}{2(\sigma^2)^2}=\frac{1}{2(\sigma^2)^2}\sum_{i=1}^{n}[(x_i-\mu_0)^2-\sigma^2]=0,$$

得 σ^2 的最大似然估计量为 $\hat{\sigma}^2=\dfrac{1}{n}\sum\limits_{i=1}^{n}(X_i-\mu_0)^2$.

（2）由题意知 $\bar{X}\sim N(\mu_0,\sigma^2)$，则 $\dfrac{X_i-\mu_0}{\sigma}\sim N(0,1)$，得 $Y=\sum\limits_{i=1}^{n}\left(\dfrac{X_i-\mu_0}{\sigma}\right)^2\sim\chi^2(n)$，即

$\sigma^2 Y=\sum\limits_{i=1}^{n}(X_i-\mu_0)^2$．且

$$E(\hat{\sigma}^2)=\frac{1}{n}E\left[\sum_{i=1}^{n}(X_i-\mu_0)^2\right]=\frac{1}{n}E(\sigma^2 Y)=\frac{1}{n}\sigma^2 E(Y)=\frac{1}{n}\sigma^2\cdot n=\sigma^2,$$

$$D(\hat{\sigma}^2)=\frac{1}{n^2}D\left[\sum_{i=1}^{n}(X_i-\mu_0)^2\right]=\frac{1}{n^2}D(\sigma^2 Y)=\frac{1}{n^2}\sigma^4 D(Y)=\frac{1}{n^2}\sigma^4\cdot 2n=\frac{2}{n}\sigma^4.$$

例 8（2012 年，数学一）　设随机变量 X 与 Y 相互独立且分别服从正态分布 $N(\mu,\sigma^2)$ 与 $N(\mu,2\sigma^2)$，其中 σ 是未知参数且 $\sigma>0$，设 $Z=X-Y$，

（1）求 Z 的概率密度函数 $f(z;\sigma^2)$；

（2）设 $Z_1,Z_2,\cdots,Z_n$ 为来自总体 Z 的简单随机样本，求 σ^2 的最大似然估计量 $\hat{\sigma}^2$；

（3）证明 $\hat{\sigma}^2$ 为 σ^2 的无偏估计量.

解　（1）根据相互独立的正态分布的性质有

$$Z=X-Y\sim N(0,3\sigma^2),$$

所以

$$f(z;\sigma^2)=\frac{1}{\sqrt{2\pi}\sqrt{3}\sigma}e^{-\frac{z^2}{2\cdot3\sigma^2}}=\frac{1}{\sqrt{6\pi}\sigma}e^{-\frac{z^2}{6\sigma^2}}\quad(-\infty<x<+\infty).$$

（2）似然函数为

$$L(\sigma^2)=\prod_{i=1}^{n}f(z;\sigma^2)=\left(\frac{1}{\sqrt{6\pi}\sigma}\right)^n e^{\frac{\sum\limits_{i=1}^{n}z_i^2}{6\sigma^2}},$$

取对数有

$$\ln L(\sigma^2)=-\frac{n}{2}(\ln 6\pi+\ln\sigma^2)-\frac{\sum\limits_{i=1}^{n}z_i^2}{6\sigma^2},$$

令

$$\frac{d\ln L(\sigma^2)}{d\sigma^2}=-\frac{n}{2\sigma^2}-\frac{\sum\limits_{i=1}^{n}z_i^2}{6\sigma^4}=0,$$

得 σ^2 的最大似然估计量 $\hat{\sigma}^2=\dfrac{1}{3n}\sum\limits_{i=1}^{n}Z_i^2$．

证　（3）因为

$$E(\hat{\sigma}^2)=E\left(\frac{1}{3n}\sum_{i=1}^{n}Z_i^2\right)=\frac{1}{3n}\sum_{i=1}^{n}E(Z_i^2)$$

$$=\frac{1}{3n}\sum_{i=1}^{n}[D(Z_i)+E^2(Z_i)]=\frac{1}{3n}\sum_{i=1}^{n}3\sigma^2=\sigma^2,$$

所以 $\hat{\sigma}^2$ 为 σ^2 的无偏估计量.

例 9（2013 年，数学一、数学三）　设总体 X 的概率密度函数为

$$f(z;\theta)=\begin{cases}\dfrac{\theta^2}{x^3}e^{-\frac{\theta}{x}}, & x>0,\\ 0, & 其他,\end{cases}$$

其中 θ 为未知参数且大于零，$X_1,X_2,\cdots,X_n$ 是来自总体 X 的简单随机样本. 求：

（1）θ 的矩估计量；

（2）θ 的最大似然估计量.

解 （1）$E(X)=\displaystyle\int_0^{+\infty}x\cdot\dfrac{\theta^2}{x^3}e^{-\frac{\theta}{x}}dx=\int_0^{+\infty}\dfrac{\theta^2}{x^2}e^{-\frac{\theta}{x}}dx=\theta,$

令 $\theta=\bar{X}$，解得 θ 的矩估计量 $\hat{\theta}=\bar{X}$.

（2）似然函数为

$$L(\theta)=\prod_{i=1}^n f(x_i;\theta)=\dfrac{\theta^{2n}}{\left(\prod_{i=1}^n x_i\right)^3}e^{-\theta\sum_{i=1}^n\frac{1}{x_i}},$$

取对数有

$$\ln L(\theta)=2n\ln\theta-3\sum_{i=1}^n\ln x_i-\theta\sum_{i=1}^n\dfrac{1}{x_i},$$

令

$$\dfrac{d\ln L(\theta)}{d\theta}=\dfrac{2n}{\theta}-\sum_{i=1}^n\dfrac{1}{x_i}=0,$$

得 θ 的最大似然估计量为 $\hat{\theta}=\dfrac{2n}{\sum_{i=1}^n\dfrac{1}{X_i}}$.

例 10 （2014 年，数学一） 设总体 X 的分布函数为

$$F(x;\theta)=\begin{cases}1-e^{-\frac{x^2}{\theta}}, & x>0,\\ 0, & x\leq 0,\end{cases}$$

其中 θ 为未知参数且大于零，$X_1,X_2,\cdots,X_n$ 为来自总体 X 的简单随机样本。

（1）求 $E(X)$ 与 $E(X^2)$；

（2）求 θ 的最大似然估计量 $\hat{\theta}_n$；

（3）是否存在常数 a，使得对任意的 $\varepsilon>0$，都有 $\lim\limits_{n\to\infty}P\{|\hat{\theta}_n-a|\geq\varepsilon\}=0$？

解 （1）总体 X 的概率密度函数为

$$f(x;\theta)=F'(x;\theta)=\begin{cases}\dfrac{2x}{\theta}e^{-\frac{x^2}{\theta}}, & x>0,\\ 0, & x\leq 0,\end{cases}$$

所以

$$E(X)=\int_0^{+\infty}x\cdot\dfrac{2x}{\theta}e^{-\frac{x^2}{\theta}}dx=\sqrt{\dfrac{\pi}{\theta}}\int_{-\infty}^{+\infty}x^2\cdot\dfrac{1}{\sqrt{\pi\theta}}e^{-\frac{x^2}{\theta}}dx=\sqrt{\dfrac{\pi}{\theta}}\dfrac{\theta}{2}=\dfrac{\sqrt{\pi\theta}}{2},$$

$$E(X^2)=\int_0^{+\infty}x^2\cdot\dfrac{2x}{\theta}e^{-\frac{x^2}{\theta}}dx=\theta\int_0^{+\infty}t\cdot e^{-t}dt=\theta.$$

（2）似然函数为

$$L(\theta) = \prod_{i=1}^{n} f(x_i;\theta) = \frac{2^n \cdot \prod\limits_{i=1}^{n} x_i}{\theta^n} e^{-\frac{\sum\limits_{i=1}^{n} x_i^2}{\theta}},$$

取对数有

$$\ln L(\theta) = n\ln 2 + \sum_{i=1}^{n} \ln x_i - n\ln\theta - \frac{1}{\theta}\sum_{i=1}^{n} x_i^2,$$

令

$$\frac{\mathrm{d}\ln L(\theta)}{\mathrm{d}\theta} = -\frac{n}{\theta} + \frac{1}{\theta^2}\sum_{i=1}^{n} x_i^2 = 0,$$

得 θ 的最大似然估计量为 $\hat{\theta}_n = \frac{1}{n}\sum_{i=1}^{n} X_i^2$.

（3）因为 $E(X_i^2) = \theta$，所以取 $a = \theta$，根据辛钦大数定律，对任意的 $\varepsilon > 0$，都有 $\lim\limits_{n\to\infty} P\{|\hat{\theta}_n - \theta| < \varepsilon\} = 1$，即 $\lim\limits_{n\to\infty} P\{|\hat{\theta}_n - a| \geqslant \varepsilon\} = 0$.

例 11 （2015 年，数学一、数学三）　设总体 X 的概率密度函数为

$$f(x;\theta) = \begin{cases} \dfrac{1}{1-\theta}, & \theta \leqslant x \leqslant 1, \\ 0, & \text{其他}, \end{cases}$$

其中 θ 为未知参数，$X_1, X_2, \cdots, X_n$ 为来自该总体的简单随机样本. 求：

（1）θ 的矩估计量；

（2）θ 的最大似然估计量.

解　（1）$E(X) = \int_{-\infty}^{+\infty} x f(x;\theta)\mathrm{d}x = \int_{\theta}^{1} x \cdot \dfrac{1}{1-\theta}\mathrm{d}x = \dfrac{1-\theta}{2}$，令 $E(X) = \bar{X}$，解得 θ 的矩估计量为

$$\hat{\theta} = 2\bar{X} - 1.$$

（2）似然函数为

$$L(\theta) = \prod_{i=1}^{n} f(x_i;\theta) = \begin{cases} \left(\dfrac{1}{1-\theta}\right)^n, & \theta \leqslant x_i \leqslant 1, \\ 0, & \text{其他}. \end{cases}$$

当 $\theta \leqslant x_i \leqslant 1$ 时，$L(\theta) = \prod_{i=1}^{n} \dfrac{1}{1-\theta} = \left(\dfrac{1}{1-\theta}\right)^n$，则 $\ln L(\theta) = -n\ln(1-\theta)$，从而 $\dfrac{\mathrm{d}\ln L(\theta)}{\mathrm{d}\theta} = \dfrac{n}{1-\theta}$，关于 θ 单调增加，所以 $\hat{\theta} = \min\{X_1, X_2, \cdots, X_n\}$ 为 θ 的最大似然估计量.

例 12 （2016 年，数学三）　设总体 X 的概率密度函数为

$$f(x;\theta) = \begin{cases} \dfrac{3x^2}{\theta^3}, & 0 < x < \theta, \\ 0, & \text{其他}, \end{cases}$$

其中 $\theta \in (0, +\infty)$ 为未知参数，X_1, X_2, X_3 为来自总体 X 的简单随机样本，令 $T = \max\{X_1, X_2, X_3\}$.

（1）求 T 的概率密度函数；

（2）确定 a，使得 $E(aT) = \theta$.

解　（1）X 的分布函数为

$$F(x) = \int_{-\infty}^{x} f(x;\theta)\mathrm{d}x = \begin{cases} 0, & x < 0, \\ \dfrac{x^3}{\theta^3}, & 0 \leqslant x < \theta, \\ 1, & x \geqslant \theta, \end{cases}$$

T 的分布函数为

$$\begin{aligned} F_T(t) &= P\{T \leqslant t\} = P\{\max\{X_1, X_2, X_3\} \leqslant t\} \\ &= P\{X_1 \leqslant t, X_2 \leqslant t, X_3 \leqslant t\} = P\{X_1 \leqslant t\}P\{X_2 \leqslant t\}P\{X_3 \leqslant t\} \\ &= F^3(t) = \begin{cases} 0, & t < 0, \\ \dfrac{t^9}{\theta^9}, & 0 \leqslant t < \theta, \\ 1, & t \geqslant \theta, \end{cases} \end{aligned}$$

所以

$$f_T(t) = F_T'(t) = \begin{cases} \dfrac{9t^8}{\theta^9}, & 0 < t < \theta, \\ 0, & \text{其他.} \end{cases}$$

（2）要使 $E(aT) = aE(T) = a\int_0^\theta t \cdot \dfrac{9t^8}{\theta^9}\mathrm{d}t = \dfrac{9}{10}a\theta = \theta$，必有 $a = \dfrac{10}{9}$.

例 13　（**2017 年，数学一、数学三**）　某工程师为了解一台天平的精度，用该天平对一物体的质量做 n 次测量，该物体的质量 μ 是已知的，设 n 次测量结果 $X_1, X_2, \cdots, X_n$ 相互独立且均服从正态分布 $N(\mu, \sigma^2)$. 该工程师记录的是 n 次测量的绝对误差 $Z_i = |X_i - \mu|(i = 1, 2, \cdots, n)$，利用 $Z_1, Z_2, \cdots, Z_n$ 估计 σ .

（1）求 Z_i 的概率密度函数；

（2）利用一阶矩求 σ 的矩估计量；

（3）求 σ 的最大似然估计量.

解　（1）Z_i 的分布函数为

$$F_{Z_i}(z) = P\{Z_i \leqslant z\} = P\{|X_i - \mu| \leqslant z\} .$$

当 $z < 0$ 时，$F_{Z_i}(z) = 0$；

当 $z \geqslant 0$ 时

$$F_{Z_i}(z) = P\{-z \leqslant X_i - \mu \leqslant z\} = P\{\mu - z \leqslant X_i \leqslant \mu + z\} = F_X(\mu + z) - F_X(\mu - z),$$

$$f_{Z_i}(z) = [F_{Z_i}(z)]' = f_X(\mu + z) + f_X(\mu - z) = \frac{1}{\sqrt{2\pi}\sigma}\mathrm{e}^{-\frac{z^2}{2\sigma^2}} + \frac{1}{\sqrt{2\pi}\sigma}\mathrm{e}^{-\frac{z^2}{2\sigma^2}} = \frac{2}{\sqrt{2\pi}\sigma}\mathrm{e}^{-\frac{z^2}{2\sigma^2}} .$$

综上

$$f_{Z_i}(z) = [F_{Z_i}(z)]' = \begin{cases} \dfrac{2}{\sqrt{2\pi}\sigma}\mathrm{e}^{-\frac{z^2}{2\sigma^2}}, & z > 0, \\ 0, & z \leqslant 0. \end{cases}$$

（2）$E(Z) = \int_0^{+\infty} z \dfrac{2}{\sqrt{2\pi}\sigma} \mathrm{e}^{-\frac{z^2}{2\sigma^2}} \mathrm{d}z = \sqrt{\dfrac{2}{\pi}}\sigma$，令

$$E(Z) = \overline{Z}, \qquad \overline{Z} = \frac{1}{n}\sum_{i=1}^{n} Z_i = \frac{1}{n}\sum_{i=1}^{n} |X_i - \mu|,$$

可得 σ 的矩估计量为 $\hat{\sigma} = \sqrt{\dfrac{\pi}{2}}\overline{Z}$．

（3）似然函数为

$$L(\sigma) = \prod_{i=1}^{n} \frac{2}{\sqrt{2\pi}\sigma} \mathrm{e}^{-\frac{z_i^2}{2\sigma^2}} = \left(\frac{2}{\sqrt{2\pi}\sigma}\right)^n \mathrm{e}^{-\frac{\sum\limits_{i=1}^{n} z_i^2}{2\sigma^2}},$$

取对数有

$$\ln L(\sigma) = n\ln\frac{2}{\sqrt{2\pi}\sigma} - \frac{1}{2\sigma^2}\sum_{i=1}^{n} z_i^2,$$

令

$$\frac{\mathrm{d}\ln L(\sigma)}{\mathrm{d}\sigma} = -\frac{n}{\sigma} + \frac{1}{\sigma^3}\sum_{i=1}^{n} z_i^2 = 0,$$

得 σ 的最大似然估计量为 $\hat{\sigma} = \sqrt{\dfrac{1}{n}\sum_{i=1}^{n} Z_i^2} = \sqrt{\dfrac{1}{n}\sum_{i=1}^{n} (X_i - \mu)^2}$．

例 14 （2018 年，数学一、数学三） 设总体 X 的概率密度函数为

$$f(x;\sigma) = \frac{1}{2\sigma} \mathrm{e}^{-\frac{|x|}{\sigma}} \quad (-\infty < x < +\infty),$$

其中 $\sigma \in (0, +\infty)$ 为未知参数，$X_1, X_2, \cdots, X_n$ 是来自总体 X 的简单随机样本. 记 σ 的最大似然估计量为 $\hat{\sigma}$，求：

（1）$\hat{\sigma}$；

（2）$E(\hat{\sigma})$ 和 $D(\hat{\sigma})$．

解 （1）似然函数为

$$L = \frac{1}{2^n \sigma^n} \mathrm{e}^{-\frac{\sum\limits_{i=1}^{n} |x_i|}{\sigma}},$$

取对数有

$$\ln L = -n\ln 2 - n\ln\sigma - \frac{\sum\limits_{i=1}^{n} |x_i|}{\sigma},$$

令

$$\frac{\mathrm{d}\ln L}{\mathrm{d}\sigma} = -\frac{n}{\sigma} + \frac{\sum\limits_{i=1}^{n} |x_i|}{\sigma^2} = 0,$$

得 σ 的最大似然估计量为 $\hat{\sigma} = \dfrac{\sum\limits_{i=1}^{n} |X_i|}{n}$．

（2）$E(\hat{\sigma}) = \dfrac{\sum\limits_{i=1}^{n} E(|X_i|)}{n} = E(|X|) = \int_{-\infty}^{+\infty} |x| \dfrac{1}{2\sigma} \mathrm{e}^{-\frac{|x|}{\sigma}} \mathrm{d}x = \int_{0}^{+\infty} \dfrac{x}{\sigma} \mathrm{e}^{-\frac{x}{\sigma}} \mathrm{d}x = \sigma,$

$$D(\hat{\sigma}) = \dfrac{\sum\limits_{i=1}^{n} D(|X_i|)}{n^2} = \dfrac{1}{n} D|X| = \dfrac{1}{n}\left[E(X^2) - E^2(|X|)\right] = \dfrac{1}{n}\left(\int_{-\infty}^{+\infty} \dfrac{x^2}{2\sigma} \mathrm{e}^{-\frac{|x|}{\sigma}} \mathrm{d}x - \sigma^2\right)$$

$$= \dfrac{1}{n}\left(\int_{0}^{+\infty} \dfrac{x^2}{\sigma} \mathrm{e}^{-\frac{x}{\sigma}} \mathrm{d}x - \sigma^2\right) = \dfrac{1}{n}(2\sigma^2 - \sigma^2) = \dfrac{\sigma^2}{n}.$$

例 15 （**2019 年，数学一、数学三**） 设总体 X 的概率密度函数为

$$f(x;\sigma^2) = \begin{cases} \dfrac{A}{\sigma} \mathrm{e}^{-\frac{(x-\mu)^2}{2\sigma^2}}, & x \geqslant \mu, \\ 0, & x < \mu, \end{cases}$$

其中 μ 是已知参数，$\sigma > 0$ 是未知参数，A 是常数，$X_1, X_2, \cdots, X_n$ 是来自总体 X 的简单随机样本. 求：

（1）A；

（2）σ^2 的最大似然估计量.

解 （1）由概率密度函数的性质 $\int_{\mu}^{+\infty} \dfrac{A}{\sigma} \mathrm{e}^{-\frac{(x-\mu)^2}{2\sigma^2}} \mathrm{d}x = \dfrac{A\sqrt{2\pi}}{2} = 1$ 可得 $A = \sqrt{\dfrac{2}{\pi}}$.

（2）似然函数为

$$L = \dfrac{1}{\sigma^n}\left(\sqrt{\dfrac{2}{\pi}}\right)^n \mathrm{e}^{-\frac{\sum\limits_{i=1}^{n}(x_i-\mu)^2}{2\sigma^2}},$$

取对数有

$$\ln L = -\dfrac{n}{2}\ln(\sigma^2) - \dfrac{n}{2}(\ln 2 - \ln \pi) - \dfrac{\sum\limits_{i=1}^{n}(x_i-\mu)^2}{2\sigma^2},$$

令

$$\dfrac{\mathrm{d}\ln L}{\mathrm{d}\sigma^2} = -\dfrac{n}{2\sigma^2} + \dfrac{\sum\limits_{i=1}^{n}(x_i-\mu)^2}{2(\sigma^2)^2} = 0,$$

得 σ^2 的最大似然估计量为 $\hat{\sigma}^2 = \dfrac{\sum\limits_{i=1}^{n}(X_i-\mu)^2}{n}$.

例 16 （**2020 年，数学一、数学三**） 设某种电子元件的使用寿命 T 的分布函数为

$$F(t) = \begin{cases} 1 - \mathrm{e}^{-\left(\frac{t}{\theta}\right)^m}, & t \geqslant 0, \\ 0, & 其他, \end{cases}$$

其中 θ, m 为参数且大于零.

（1）求概率 $P\{T>t\}$ 与 $P\{T>S+t|T>S\}$，其中 $S>0, t>0$；

（2）任取 n 个这种元件做寿命试验，测得它们的寿命分别为 $t_1, t_2, \cdots, t_n$，若 m 已知，求 θ 的最大似然估计值 $\hat{\theta}$.

解　（1）$P\{T>t\} = 1 - F(t) = 1 - \left[1 - \mathrm{e}^{-\left(\frac{t}{\theta}\right)^m}\right] = \mathrm{e}^{-\left(\frac{t}{\theta}\right)^m}$，

$$P\{T>S+t|T>S\} = \frac{P\{T>S+t\}}{P\{T>S\}} = \frac{1-F(S+t)}{1-F(S)}$$

$$= \frac{\mathrm{e}^{-\left(\frac{S+t}{\theta}\right)^m}}{\mathrm{e}^{-\left(\frac{S}{\theta}\right)^m}} = \mathrm{e}^{-\frac{S^m-(S+t)^m}{\theta^m}}.$$

（2）由题知，T 的概率密度函数为

$$f(t) = F'(t) = \begin{cases} \dfrac{mt^{m-1}}{\theta^m}\mathrm{e}^{-\left(\frac{t}{\theta}\right)^m}, & t>0, \\ 0, & \text{其他}. \end{cases}$$

样本的似然函数为

$$L(\theta) = \prod_{i=1}^{n} \frac{mt_i^{m-1}}{\theta^m}\mathrm{e}^{-\left(\frac{t_i}{\theta}\right)^m} = m^n\theta^{-mn}\left(\prod_{i=1}^{n} t_i^{m-1}\right)\mathrm{e}^{-\frac{1}{\theta^m}\sum_{i=1}^{n} t_i^m},$$

$$\ln L(\theta) = n\ln m - mn\ln\theta + (m-1)\sum_{i=1}^{n}\ln t_i - \frac{1}{\theta^m}\sum_{i=1}^{n} t_i^m,$$

令

$$\frac{\mathrm{d}\ln L(\theta)}{\mathrm{d}\theta} = \frac{1}{\theta^{m+1}}\sum_{i=1}^{n} t_i^m - \frac{mn}{\theta} = 0,$$

解得 θ 的最大似然估计值为 $\hat{\theta} = \left(\sqrt{\dfrac{1}{n}\sum_{i=1}^{n} t_i^m}\right)^{\frac{1}{m}}$.

本 章 小 结

参数估计问题分为点估计和区间估计.

设 θ 是总体 X 的待估计参数，用统计量 $\hat{\theta} = \hat{\theta}(X_1, X_2, \cdots, X_n)$ 来估计 θ，则称 $\hat{\theta}$ 是 θ 的估计量，点估计只给出未知参数 θ 的单一估计.

本章介绍了两种点估计方法：矩法估计和最大似然估计.

矩法估计的做法如下.

设 $\theta_1, \theta_2, \cdots, \theta_k$ 为待估的未知参数，

第一步，求总体 X 的 $i(1 \leqslant i \leqslant k)$ 阶矩 $\mu_i = g_i(\theta_1, \theta_2, \cdots, \theta_k)\ (i=1,2,\cdots,k)$；

第二步，列方程组

$$\begin{cases} g_1(\theta_1, \theta_2, \cdots, \theta_k) = E(X) = A_1, \\ \qquad\qquad \cdots\cdots \\ g_k(\theta_1, \theta_2, \cdots, \theta_k) = E(X^k) = A_k; \end{cases}$$

第三步，解上述方程组，得一组解 $\hat{\theta}_j = h_i(A_1, A_2, \cdots, A_k)$，即 θ_j 的矩估计量，$j = 1, 2, \cdots, k$．

最大似然估计的思想：若已观察到样本值为 $x_1, x_2, \cdots, x_n$，而取到这一样本值的概率为 $p = P\{X_1 = x_1, X_2 = x_2, \cdots, X_n = x_n\}$，在参数 $\boldsymbol{\theta} = (\theta_1, \theta_2, \cdots, \theta_k)$ 的可能取值的范围内，挑选使概率 p 达到最大的参数值 $\hat{\boldsymbol{\theta}}$，并将其作为参数 $\boldsymbol{\theta}$ 的估计值．

最大似然估计的一般步骤如下．

第一步，写出似然函数 $L(\boldsymbol{\theta}) = L(x_1, x_2, \cdots, x_k; \boldsymbol{\theta})$．

当总体 X 是离散型随机变量时

$$L = L(\theta_1, \theta_2, \cdots, \theta_k) = \prod_{i=1}^{n} p(x_i; \theta_1, \theta_2, \cdots, \theta_k);$$

当总体 X 是连续型随机变量时

$$L = L(\theta_1, \theta_2, \cdots, \theta_k) = \prod_{i=1}^{n} f(x_i; \theta_1, \theta_2, \cdots, \theta_k).$$

对 L 取对数，得

$$\ln L = \prod_{i=1}^{n} \ln p(x_i; \theta_1, \theta_2, \cdots, \theta_k);$$

$$\ln L = \prod_{i=1}^{n} \ln f(x_i; \theta_1, \theta_2, \cdots, \theta_k).$$

第二步，写出似然方程组并求极大值点：

$$\frac{\partial \ln L}{\partial \theta_i} = 0 \quad (i = 1, 2, \cdots, k)$$

似然方程组的一组解 $\hat{\theta}_i = \hat{\theta}(x_1, x_2, \cdots, x_n)$ 即未知参数 $\boldsymbol{\theta} = (\theta_1, \theta_2, \cdots, \theta_k)$ 的最大似然估计值，$\hat{\theta}_i = \hat{\theta}(X_1, X_2, \cdots, X_n)$ 为 $\boldsymbol{\theta} = (\theta_1, \theta_2, \cdots, \theta_k)$ 的最大似然估计量 $(1 \leqslant i \leqslant k)$．

在统计问题中往往先使用最大似然估计，在此法使用不方便时，再用矩法估计进行未知参数的点估计．

对于一个未知参数可以提出不同的估计量，那么就需要给出评定估计量好坏的标准．本章介绍了三个标准：无偏性、有效性、相合性，重点是无偏性．

点估计不能反映估计的精度，区间估计给出 θ 的一个取值范围，并且给出该范围包含 θ 真实值的可信程度．

设 θ 是总体 X 的未知参数，$\underline{\theta}$，$\overline{\theta}$ 均是样本 $(X_1, X_2, \cdots, X_n)$ 的统计量，若对给定值 $\alpha(0 < \alpha < 1)$ 满足 $P\{\underline{\theta} < \theta < \overline{\theta}\} \geqslant 1 - \alpha$，$1 - \alpha$ 称为置信度或置信水平度，区间 $(\underline{\theta}, \overline{\theta})$ 称为 θ 的置信度为 $1 - \alpha$ 的置信区间．

参数的区间估计中一个典型、重要的问题是正态总体 $N(\mu, \sigma^2)$ 中 μ 或 σ^2 的区间估计，其置信区间如表 7-6 所示．

表 7-6　正态总体的均值、方差的置信度为 $1-\alpha$ 的置信区间

待估参数	其他参数	枢轴量及其分布	置信区间
μ	σ^2 已知	$U=\dfrac{\bar{X}-\mu}{\sigma/\sqrt{n}}\sim N(0,1)$	$\left(\bar{X}-u_{\frac{\alpha}{2}}\dfrac{\sigma}{\sqrt{n}},\ \bar{X}+u_{\frac{\alpha}{2}}\dfrac{\sigma}{\sqrt{n}}\right)$
	σ^2 未知	$T=\dfrac{\bar{X}-\mu}{S/\sqrt{n}}\sim t(n-1)$	$\left(\bar{X}-\dfrac{S}{\sqrt{n}}t_{\frac{\alpha}{2}}(n-1),\ \bar{X}+\dfrac{S}{\sqrt{n}}t_{\frac{\alpha}{2}}(n-1)\right)$
σ^2	μ 未知	$\chi^2=\dfrac{(n-1)S^2}{\sigma^2}\sim\chi^2(n-1)$	$\left(\dfrac{(n-1)S^2}{\chi^2_{\frac{\alpha}{2}}(n-1)},\ \dfrac{(n-1)S^2}{\chi^2_{1-\frac{\alpha}{2}}(n-1)}\right)$

区间估计给出了估计的精度与可靠度 $(1-\alpha)$，其精度与可靠度是相互制约的，即精度越高（置信区间长度越小），可靠度越低；反之亦然. 在实际中，应先固定可靠度，再估计精度.

重要术语及主题

矩估计量　　　　　最大似然估计量

估计量的评选标准：无偏性、有效性、相合性

参数 θ 的置信度为 $1-\alpha$ 的置信区间

单个正态总体均值、方差的置信区间

总 习 题 七

1. 设总体 X 服从 $[0,2\theta]$ 上的均匀分布 $(\theta>0)$，$X_1,X_2,\cdots,X_n$ 为来自该总体的样本，$\bar{X}$ 为样本均值，则 θ 的矩估计 $\hat{\theta}=$ _____.

（A）$2\bar{X}$　　　　（B）$\bar{X}$　　　　（C）$\dfrac{\bar{X}}{2}$　　　　（D）$\dfrac{1}{2\bar{X}}$

2. $X_1,X_2,\cdots,X_n$ 为来自总体 X 的样本，$E(X)=\mu$，$D(X)=\sigma^2$，则 _____.

（A）$X_1+X_2+X_3+X_4$ 是 μ 的无偏估计　　　　（B）$\dfrac{X_1+X_2+X_3+X_4}{4}$ 是 μ 的无偏估计

（C）X_1^2 是 σ^2 的无偏估计　　　　（D）$\left(\dfrac{X_1+X_2+X_3+X_4}{4}\right)^2$ 是 μ 的无偏估计

3. 设总体 $X\sim N(\mu,\sigma^2)$，$X_1,X_2,\cdots,X_n$ 为来自总体 X 一个样本，则 $\dfrac{1}{n}\sum\limits_{i=1}^{n}(X_i-X)^2$ 是 _____.

（A）μ 的无偏估计　　　　　　　　（B）μ 的矩估计

（C）σ^2 的无偏估计　　　　　　　（D）σ^2 的矩估计

4. 设总体 X 的分布律如下表所示，其中 θ 是未知参数 $(0<\theta<1)$，从总体 X 中抽取容量为 7 的一组样本，其样本值为 $0,1,1,1,1,0,1$，求 θ 的矩估计值和最大似然估计值.

X	0	1
p_k	θ	$1-\theta$

5. 设总体 X 的概率密度函数为 $f(x;\theta)=\begin{cases}\theta\cdot x^{\theta-1}, & 0\leqslant x\leqslant 1,\\ 0, & \text{其他},\end{cases}$ 其中 $\theta>0$ 为未知参数，$X_1,X_2,\cdots,X_n$ 为样本，试求 θ 的矩估计量和最大似然估计量.

6. 设总体 X 服从 $[\theta,\theta+1]$ 上的均匀分布，$(X_1,X_2,\cdots,X_n)$ 是来自 X 的样本，求 θ 的矩估计量，并判定它

是否为 θ 的无偏估计量.

7. 已知某种电子元件的使用寿命 T（以 h 计）是一个随机变量，它的概率密度函数为

$$f(t;t_0,\beta)=\begin{cases}\beta e^{-\beta(t-t_0)}, & t>t_0,\beta>0,\\ 0, & \text{其他}.\end{cases}$$

现检查了 n 个该电子元件，测得其使用寿命为 $t_1,t_2,\cdots,t_n$，求：

（1）若 t_0 为已知，β 为未知，试求 β 的最大似然估计；

（2）若 t_0 为未知，β 为已知，试求 t_0 的最大似然估计.

8. 设总体 X 的概率密度函数为

$$f(x)=\begin{cases}\dfrac{\beta^\alpha}{\Gamma(\alpha)}x^{\alpha-1}e^{-\beta x}, & x>0,\\ 0, & x\leqslant 0,\end{cases}$$

其中 α，β 为未知参数，求 α，β 的矩估计.

9. 设 $(X_1,X_2,\cdots,X_n)$ 是来自总体 X 的一个样本，样本均值为 $\bar{X}$，样本方差为 S^2，且 $E(X)=\mu,D(X)=\sigma^2$.

（1）确定常数 a，使 $T=a\sum_{i=1}^{n-1}(X_{i+1}-X_i)^2$ 是 σ^2 的无偏估计量；

（2）确定常数 b，使 $(\bar{X})^2-cS^2$ 是 μ^2 的无偏估计量.

10. 设 $(X_1,X_2,\cdots,X_n)$ 是总体 $X\sim N(\mu,\sigma^2)$ 的一个简单随机样本，以下三个统计量：

$$S_1^2=\frac{1}{n-1}\sum_{i=1}^n(X_i-\bar{X})^2,$$
$$S_2^2=\frac{1}{n}\sum_{i=1}^n(X_i-\bar{X})^2,$$
$$S_3^2=\frac{1}{n+1}\sum_{i=1}^n(X_i-\bar{X})^2,$$

哪一个是 σ^2 的无偏估计量？

11. 设总体 X 服从正态分布 $N(\mu,\sigma^2)$，从总体中抽取容量 $n=25$ 的一个样本，样本均值 $\bar{x}=38.5$，方差 $s^2=2.3^2$，求总体均值的区间估计 $(\alpha=0.05)$.

12. 设总体 X 服从正态分布 $N(\mu,\sigma^2)$，从总体中抽取容量为 36 的一个样本，样本均值 $\bar{x}=3.5$，方差 $s^2=4$.

（1）已知 $\sigma^2=1$，求 μ 的置信度为 0.95 的置信区间；

（2）σ^2 未知，求 μ 的置信度为 0.95 的置信区间；

（3）若 μ 未知，求 σ^2 的置信度为 0.95 的置信区间.

13. 设由机器 A 和机器 B 生产的钢管的内径分别服从正态分布 $N(\mu_1,\sigma_1^2)$，$N(\mu_2,\sigma_2^2)$，$\mu_i,\sigma_i^2(i=1,2)$ 均未知. 随机抽取机器 A 生产的钢管 16 只，测得样本方差为 $s_1^2=0.34$，随机抽取机器 B 生产的钢管 13 只，测得样本方差为 $s_2^2=0.29$. 试求方差之比 σ_1^2/σ_2^2 的置信度为 0.9 的置信区间.

14. 为了比较甲、乙两类试验田药材的亩（1 亩≈666.67 m²）产量（以 kg 计），现随机地抽取甲类试验田 8 亩，乙类试验田 10 亩，测得亩产量如下：

甲类	12.6	10.2	11.7	12.3	11.1	10.5	10.6	12.2	
乙类	8.6	7.9	9.3	10.7	11.2	11.4	9.8	9.5	10.1	8.5

假设这两类试验田的产量 X 与 Y 相互独立且都服从正态分布，且方差相同，求它们的均值之差 $\mu_1-\mu_2$ 的置信度为 0.95 的置信区间.

第八章 假设检验

第七章讨论了统计推断中的参数估计问题，本章将讨论另一类统计推断问题——假设检验. 在参数估计中按照参数的点估计方法建立了参数 θ 的估计公式，并利用样本值确定了一个估计值 $\hat{\theta}$，认为参数真值为 $\theta = \hat{\theta}$. 由于参数 θ 是未知的，只是一个假设（假说，假想），它可能是真，也可能是假，是真是假有待于用样本进行检验（验证）.

第一节 假设检验问题

一、问题的提出

例 8-1 某大米加工厂用自动包装机将大米装袋，每袋的标准重量规定为 10 kg. 每天开工时，需要先检验一下包装机工作是否正常. 根据以往的经验知道，自动包装机装袋重量 X 服从正态分布 $N(\mu, \sigma^2)$. 某日开工后，抽取 8 袋，如何根据这 8 袋的重量判断"自动包装机工作是正常的"这个命题是否成立（已知 X 所服从分布的方差 σ^2 不会变化）？

记 $H_0: \mu = 10$，$H_1: \mu \neq 10$，则问题等价于判断是 H_0 成立还是 H_1 成立.

例 8-2 一台天平标定的误差方差为 10^{-4}（g^2），重量为 μ 的物体用它称得的重量 X 服从正态分布. 某人怀疑天平的精度，拿一物体称 n 次，得 n 个数据，由这些数据（样本）如何判断"这架天平的精度是 10^{-4}（g^2）"这个命题是否成立？

记 $H_0: \sigma^2 = 10^{-4}$，$H_1: \sigma^2 \neq 10^{-4}$，则问题等价于判断是 H_0 成立还是 H_1 成立.

例 8-3 在公路上 50 min 内记录每 15 s 通过的汽车数量，得如下数据：

辆数	0	1	2	3	4	5
频数	92	68	28	11	1	0

问能否认为每 15 s 通过的车辆数 X 服从泊松分布？

记 $H_0: X$ 服从泊松分布，$H_1: X$ 不服从泊松分布，则问题等价于判断是 H_0 成立还是 H_1 成立.

例 8-4 某种电子元件的使用寿命 X 服从参数为 λ 的指数分布，现从一批元件中任取 n 个测得其寿命值（样本），如何判定"元件的平均寿命不小于 5000 h"这个命题是否成立？

记 $H_0: \lambda \geq \dfrac{1}{5\,000}$，$H_1: \lambda < \dfrac{1}{5\,000}$，则问题等价于判断是 H_0 成立还是 H_1 成立.

根据上述例题，总结如下：

（1）例 8-1 与例 8-2 的问题可描述为，已知总体的分布形式（正态分布），要推断总体均值或总体方差的假设命题是否成立. 此类问题可归结为，已知总体的分布形式，只对总体的某些未知参数取值做出假设，通过抽样来判断假设是否成立，这种检验称为参数检验.

（2）例 8-3 的问题可描述为，不知道总体分布的具体类型，只对未知分布函数的类型或者它的某些特性提出假设，然后对这种假设进行检验，这种检验称为非参数检验，参数检验和非参数检验统称为假设检验.

（3）在假设检验问题中，常把一个被检验的假设称为原假设或零假设，而其对立面就称为对立假设或备择假设. 上述各问题中，H_0 为原假设，H_1 为对立假设.

（4）称假设检验问题 $H_0: \theta = \theta_0$，$H_1: \theta \neq \theta_0$ 为双边检验问题；称假设检验问题 $H_0: \theta \geq \theta_0$，$H_1: \theta < \theta_0$ 为左边检验问题；称假设检验问题 $H_0: \theta \leq \theta_0$，$H_1: \theta > \theta_0$ 为右边检验问题. 左边检验和右边检验统称为单边检验.

二、假设检验的思想与步骤

假设检验需要用到两个重要的原理，即小概率原理和实际推断原理。小概率原理是指"小概率事件在一次试验中几乎不发生". 实际推断原理是指"如果小概率事件发生，那么有理由推翻之前的假设". 根据实际推断原理，在进行假设检验时，首先假设原假设为真，在该假设下构造一个小概率事件，然后根据样本值判断该小概率事件是否发生. 若小概率事件发生，则拒绝原假设. 反之，若小概率事件没发生，则接受原假设.

下面举例说明假设检验的基本原理.

例 8-5　某工厂在正常情况下生产的灯泡的使用寿命 X（以 h 计）服从正态分布 $N(1\,800, 100^2)$，今从该厂生产的一批灯泡中随机取 25 个进行检测，测得其平均寿命为 $\bar{x} = 1\,730$. 如果标准差不变，能否认为该厂生产的这批灯泡的寿命均值为 1800 h？

从直观上看，如果灯泡的寿命均值 $\mu = 1800$（h）成立，由于样本均值 $\bar{x} = 1730$，它与均值的偏差为 $1\,730 - 1\,800 = -70$（h），已知 $\bar{X}$ 是 μ 的一个"好"的估计，一般情况下，$\bar{X}$ 应与 μ 偏离不大. 此例观测到的偏差 -70 算不算大呢？

为回答这一问题，考察一下 $\bar{X} - \mu$ 的分布情况. 由 $\dfrac{\bar{X} - \mu}{\sigma / \sqrt{n}} \sim N(0,1)$ 可知 $\bar{X} - \mu$ 落入 $(-3\sigma/\sqrt{n},$ $3\sigma/\sqrt{n}) = (-60, 60)$ 内的概率约为 99.73%，落入此区间之外的概率仅为 0.27%，现在的情况是 $\bar{x} - \mu = -70$ 落在区间之外，一个概率很小的事件发生了. 这违背了"小概率事件在一次试验中几乎不发生"这一原理. 偏差 -70 落在区间之外是由最初的假设 $\mu = 1800$ 造成的，因此这一假设的正确性值得怀疑，应予以否定，即认为总体寿命均值不是 1800 h.

上述思路包含了假设检验的基本思想：假设原假设成立，若推出"小概率事件"发生，则否定原假设.

下面结合前面的分析，以例 8-5 为例，给出假设检验的步骤.

（1）建立假设
$$H_0: \mu = \mu_0, \qquad H_1: \mu \neq \mu_0 \quad (\mu_0 = 1\,800).$$

（2）选取检验的统计量，并在 H_0 成立的条件下确定该统计量的分布.

选取
$$U = \frac{\bar{X} - \mu_0}{\sigma / \sqrt{n}} = \frac{\bar{X} - \mu_0}{100 / \sqrt{25}} = \frac{\bar{X} - \mu_0}{20},$$

当 H_0 成立时
$$U = \frac{\bar{X} - 1\,800}{20} \sim N(0,1).$$

（3）选取检验的显著性水平 α 与临界值.

显著性水平 α 就是"小概率"的具体数值，它一般事先给定. 通常取 $\alpha = 0.05$ 或 0.01. 临界值表示使"小概率事件"发生的统计量的数值界限，也就是统计量分布的相应分位点.

对例 8-5，假定 $\alpha = 0.05$。查标准正态分布表，得临界值 $u_{0.025} = 1.96$。它满足

$$P\{|U| > u_{0.025}\} = 0.05.$$

（4）做判断。

计算统计量的观测值，并与临界值比较，即考察"小概率事件"是否发生。若发生，则否定 H_0，接受 H_1；反之，则接受 H_0。

对例 8-5 统计量 U 的观测值为 $u = \dfrac{1730 - 1800}{20} = -3.5$，故小概率事件 $\{|U| > u_{0.025}\}$ 发生了，从而否定 H_0，即认为寿命均值不是 1800 h。

三、假设检验的两类错误

已知"小概率事件"并不是绝对不可能发生，只是它发生的可能性很小。由此可知，假设检验有时要犯错误，即所得结论与事实可能不符。有两种情况：一是原假设 H_0 确定成立，而检验的结果是拒绝了 H_0，称这种错误为第一类错误或"弃真"错误；二是原假设 H_0 确定不成立，而检验的结果是接受了 H_0，称这种错误为第二类错误或"取伪"错误。

习 题 8-1

1. 如何理解假设检验所做出的"拒绝原假设 H_0"和"接受原假设 H_0"的判断？
2. 在假设检验中，如何理解指定的显著性水平 α？
3. 在假设检验中，如何确定原假设 H_0 和备择假设 H_1？
4. 假设检验的基本步骤有哪些？
5. 假设检验与区间估计有何异同？

第二节　单个正态总体参数的假设检验

正态总体 $N(\mu, \sigma^2)$ 是最常见的分布，其参数 μ 和 σ^2 的有关检验在实际中经常遇到，下面分别讨论它们的假设检验。

一、总体均值 μ 的假设检验

（一）Z 或 U 检验法（方差已知）

设总体 $X \sim N(\mu, \sigma^2)$，其中总体方差 σ^2 已知，$X_1, X_2, \cdots, X_n$ 是取自总体 X 的一个样本，$\bar{X}$ 为样本均值，其观测值为 $\bar{x}$。

1. 双边检验

检验假设 $H_0: \mu = \mu_0$，$H_1: \mu \neq \mu_0$。

因 $U = \dfrac{\bar{X} - \mu}{\sigma / \sqrt{n}} \sim N(0,1)$，当 H_0 为真时，有

$$U = \frac{\bar{X} - \mu_0}{\sigma / \sqrt{n}} \sim N(0,1), \tag{8-1}$$

故选取 U 作为检验统计量，记其观测值为 $u = \dfrac{\bar{x} - \mu_0}{\sigma / \sqrt{n}}$，相应的检验法称为 **U 检验法**。

因 $\bar{X}$ 是 μ 的无偏估计量，当 H_0 成立时，$|u|$ 不应太大，当 H_1 成立时，$|u|$ 有偏大的趋势，故拒绝域形式为

$$|u| = \left| \frac{\bar{x} - \mu_0}{\sigma/\sqrt{n}} \right| \geqslant k \quad （k 待定）. \tag{8-2}$$

对于给定的显著性水平 α，查标准正态分布表得 $k = u_{\frac{\alpha}{2}}$，使 $P\{|u| \geqslant u_{\frac{\alpha}{2}}\} = \alpha$，由此即得拒绝域为

$$|u| = \left| \frac{\bar{x} - \mu_0}{\sigma/\sqrt{n}} \right| \geqslant u_{\frac{\alpha}{2}}, \tag{8-3}$$

即

$$W = (-\infty, -u_{\frac{\alpha}{2}}) \bigcup [u_{\frac{\alpha}{2}}, +\infty). \tag{8-4}$$

根据一次抽样后得到的样本观测值 $x_1, x_2, \cdots, x_n$，计算 U 的观测值 u，若 $|u| \geqslant u_{\frac{\alpha}{2}}$，则拒绝原假设 H_0，即认为总体均值 μ 与 μ_0 有显著差异；若 $|u| < u_{\frac{\alpha}{2}}$，则接受原假设 H_0，即认为总体均值 μ 与 μ_0 无显著差异.

例 8-6　某车间生产钢丝，用 X 表示钢丝的折断力，由经验判断 $X \sim N(\mu, \sigma^2)$，其中 $\mu = 570$，$\sigma^2 = 8^2$. 今换了一批材料，从性能上看，估计折断力的方差 σ^2 不会有什么变化，但不知折断力的均值和原先有无差别. 现抽得样本,测得其折断力为 578, 572, 570, 568, 572, 570, 570, 572, 596, 584. 取 $\alpha = 0.05$，试检验折断力均值有无变化？

解　（1）建立假设 $H_0: \mu = \mu_0 = 570$，$H_1: \mu \neq 570$.

（2）选择检验统计量 $U = \dfrac{\bar{X} - \mu_0}{\sigma/\sqrt{n}}$.

（3）对于给定的显著性水平 α，确定 k，使 $P\{|u| \geqslant k\} = \alpha$，查正态分布表得 $k = u_{\frac{\alpha}{2}} = u_{0.025} = 1.96$，从而拒绝域为 $|u| \geqslant 1.96$.

视频：拒绝域

（4）因为 $\bar{x} = \dfrac{1}{10} \sum_{i=1}^{10} x_i = 575.20$，$\sigma^2 = 64$ 即 $\sigma = 8$，所以

$$|u| = \left| \frac{\bar{x} - \mu_0}{\sigma/\sqrt{n}} \right| = \left| \frac{575.20 - 570}{8/\sqrt{10}} \right| \approx 2.06 > 1.96,$$

故应拒绝 H_0，即认为折断力的均值发生了变化.

2. 右边检验

检验假设 $H_0: \mu \leqslant \mu_0$，$H_1: \mu > \mu_0$，其中 μ_0 为已知常数，可得拒绝域为

$$u = \frac{\bar{x} - \mu_0}{\sigma/\sqrt{n}} \geqslant u_\alpha. \tag{8-5}$$

例 8-7　某公司生产的一种灯泡，其寿命服从正态分布 $N(\mu, 300^2)$. 很长时间以来，灯泡的平均寿命 μ 一直没有超过 2 000 h. 现在采用新工艺后，从所生产的灯泡中抽取 16 只，测得平均寿命为 2 168 h. 问采用新工艺后，灯泡的寿命是否有显著提高（$\alpha = 0.05$）？

解　上述问题可归纳为下述假设检验问题：

$$H_0: \mu \leqslant 2\,000, \qquad H_1: \mu > 2\,000,$$

利用右边检验法来检验，题意知，$\mu_0 = 2\,000$，$\sigma = 300$，$n = 16$，显著性水平 $\alpha = 0.05$，查表得 $u_\alpha = 1.645$，已测出 $\bar{x} = 2\,168$，从而

$$u = \frac{\bar{x} - \mu_0}{\sigma / \sqrt{n}} = \frac{2\,168 - 2\,000}{300 / \sqrt{16}} = 2.24 > 1.645,$$

因而拒绝 H_0，即可认为新灯泡的寿命有显著提高.

3. 左边检验

检验假设 $H_0 : \mu \geqslant \mu_0$，$H_1 : \mu < \mu_0$，其中 μ_0 为已知常数，可得拒绝域为

$$u = \frac{\bar{x} - \mu_0}{\sigma / \sqrt{n}} \leqslant -u_\alpha. \tag{8-6}$$

例 8-8　一种燃料的辛烷等级服从正态分布 $N(\mu, \sigma^2)$，其平均等级 $\mu = 98.0$，标准差 $\sigma = 0.8$. 现抽取 25 桶新油，测试其等级，算得平均等级为 97.7. 假定标准差与原来一样，问新油的辛烷平均等级是否比原燃料的辛烷平均等级偏低 ($\alpha = 0.05$)？

解　按题意需检验假设：

$$H_0 : \mu \geqslant \mu_0 = 98.0, \qquad H_1 : \mu < \mu_0,$$

利用左边检验法来检验，由题意知，$\mu_0 = 98.0$，$\sigma = 0.8$，$n = 25$，显著性水平 $\alpha = 0.05$，查表得 $u_\alpha = 1.645$，已测出 $\bar{x} = 97.7$，从而

$$u = \frac{\bar{x} - \mu_0}{\sigma / \sqrt{n}} = \frac{97.7 - 98.0}{0.8 / \sqrt{25}} = -1.875 < -1.645,$$

因而拒绝 H_0，即认为新油的辛烷平均等级比原燃料辛烷的平均等级确实偏低.

（二）t 检验法（方差未知）

设总体 $X \sim N(\mu, \sigma^2)$，其中总体方差 σ^2 未知，$X_1, X_2, \cdots, X_n$ 是取自总体 X 的一个样本，$\bar{X}$ 与 S^2 分别为样本均值和样本方差，$\bar{x}$ 与 s^2 分别为 $\bar{X}$ 和 S^2 的观测值.

视频：假设检验

1. 双边检验

检验假设 $H_0 : \mu = \mu_0$，$H_1 : \mu \neq \mu_0$.

因 $T = \dfrac{\bar{X} - \mu}{S / \sqrt{n}} \sim t(n-1)$，当 H_0 为真时，有

$$T = \frac{\bar{X} - \mu_0}{S / \sqrt{n}} \sim t(n-1), \tag{8-7}$$

故选取 T 作为检验统计量，记其观测值为 $t = \dfrac{\bar{x} - \mu_0}{s / \sqrt{n}}$，相应的检验法称为 **$t$ 检验法**.

因 $\bar{X}$ 是 μ 的无偏估计量，S^2 是 σ^2 的无偏估计量，当 H_0 成立时，$|t|$ 不应太大，当 H_1 成立时，$|t|$ 有偏大的趋势，故拒绝域形式为

$$|t| = \left| \frac{\bar{x} - \mu_0}{s / \sqrt{n}} \right| \geqslant k \qquad （k \text{ 待定}）. \tag{8-8}$$

对于给定的显著性水平 α，查表得 $k = t_{\frac{\alpha}{2}}(n-1)$，使 $P\{|T| \geqslant t_{\frac{\alpha}{2}}(n-1)\} = \alpha$，由此即得拒绝域为

$$|t| = \left| \frac{\bar{x} - \mu_0}{s / \sqrt{n}} \right| \geqslant t_{\frac{\alpha}{2}}(n-1), \tag{8-9}$$

即

$$W = (-\infty, -t_{\frac{\alpha}{2}}(n-1)] \bigcup [t_{\frac{\alpha}{2}}(n-1), +\infty). \qquad (8\text{-}10)$$

根据一次抽样后得到的样本观测值 $x_1, x_2, \cdots, x_n$，计算 T 的观测值 t，若 $|t| \geqslant t_{\frac{\alpha}{2}}(n-1)$，则拒绝原假设 H_0，即认为总体均值 μ 与 μ_0 有显著差异；若 $|t| < t_{\frac{\alpha}{2}}(n-1)$，则接受原假设 H_0，即认为总体均值 μ 与 μ_0 无显著差异.

2. 右边检验

检验假设 $H_0: \mu \leqslant \mu_0$，$H_1: \mu > \mu_0$，其中 μ_0 为已知常数，可得拒绝域为

$$t = \frac{\bar{x} - \mu_0}{s / \sqrt{n}} \geqslant t_\alpha(n-1). \qquad (8\text{-}11)$$

3. 左边检验

检验假设 $H_0: \mu \geqslant \mu_0$，$H_1: \mu < \mu_0$，其中 μ_0 为已知常数，可得拒绝域为

$$t = \frac{\bar{x} - \mu_0}{s / \sqrt{n}} \leqslant -t_\alpha(n-1). \qquad (8\text{-}12)$$

二、总体方差的 χ^2 假设检验

设总体 $X \sim N(\mu, \sigma^2)$，$X_1, X_2, \cdots, X_n$ 是取自总体 X 的一个样本，$\bar{X}$ 与 S^2 分别为样本均值和样本方差，$\bar{x}$ 与 s^2 分别为 $\bar{X}$ 和 S^2 的观测值.

1. 双边检验

检验假设 $H_0: \sigma^2 = \sigma_0^2$，$H_1: \sigma^2 \neq \sigma_0^2$.

因 $\chi^2 = \dfrac{(n-1)S^2}{\sigma^2} \sim \chi^2(n-1)$，当 H_0 为真时，有

$$\chi^2 = \frac{(n-1)S^2}{\sigma_0^2} \sim \chi^2(n-1), \qquad (8\text{-}13)$$

故选取 χ^2 作为检验统计量，记其观测值为 $\chi^2 = \dfrac{(n-1)s^2}{\sigma_0^2}$，相应的检验法称为 **$\chi^2$ 检验法**.

因 S^2 是 σ^2 的无偏估计量，当 H_0 成立时，S^2 应在 σ_0^2 附近，当 H_1 成立时，χ^2 有偏小或偏大的趋势，故拒绝域形式为

$$\chi^2 = \frac{(n-1)s^2}{\sigma_0^2} \leqslant k_1 \quad \text{或} \quad \chi^2 = \frac{(n-1)s^2}{\sigma_0^2} \geqslant k_2 \quad (k_1, \ k_2 \text{ 待定}). \qquad (8\text{-}14)$$

对于给定的显著性水平 α，查分布表得 $k_1 = \chi^2_{1-\frac{\alpha}{2}}(n-1)$，$k_2 = \chi^2_{\frac{\alpha}{2}}(n-1)$，使 $P\{\chi^2 < \chi^2_{1-\frac{\alpha}{2}}(n-1)\} = \dfrac{\alpha}{2}$，$P\{\chi^2 > \chi^2_{\frac{\alpha}{2}}(n-1)\} = \dfrac{\alpha}{2}$，由此即得拒绝域为

$$\chi^2 = \frac{(n-1)s^2}{\sigma_0^2} \leqslant \chi^2_{1-\frac{\alpha}{2}}(n-1) \quad \text{或} \quad \chi^2 = \frac{(n-1)s^2}{\sigma_0^2} \geqslant \chi^2_{\frac{\alpha}{2}}(n-1), \qquad (8\text{-}15)$$

即

$$W = (-\infty, \chi^2_{1-\frac{\alpha}{2}}(n-1)] \bigcup [\chi^2_{\frac{\alpha}{2}}(n-1), +\infty). \qquad (8\text{-}16)$$

根据一次抽样得到的样本观测值 $x_1, x_2, \cdots, x_n$，计算 χ^2 的观测值，若 $\chi^2 \leqslant \chi^2_{1-\frac{\alpha}{2}}(n-1)$ 或

$\chi^2 \geqslant \chi^2_{\frac{\alpha}{2}}(n-1)$，则拒绝原假设 H_0；若 $\chi^2_{1-\frac{\alpha}{2}}(n-1) < \chi^2 < \chi^2_{\frac{\alpha}{2}}(n-1)$，则接受原假设 H_0.

例 8-9 设维尼纶纤度在正常情况下服从正态分布 $N(\mu,\sigma^2)$，按规定加工的精度为 $\sigma^2 = 0.048^2$. 今抽出 5 根纤维进行测试，测得其纤度为

$$1.44, \ 1.36, \ 1.40, \ 1.55, \ 1.32.$$

试问该产品的精度有无显著变化 $(\alpha = 0.05)$？

解 按题意需检验假设：

$$H_0 : \sigma^2 = \sigma_0^2, \qquad H_1 : \sigma^2 \neq \sigma_0^2.$$

由题意知，$\sigma_0^2 = 0.048^2$，$n = 5$，$\alpha = 0.05$，查表得 $\chi^2_{1-\frac{\alpha}{2}}(n-1) = \chi^2_{0.975}(4) = 0.485$，$\chi^2_{\frac{\alpha}{2}}(n-1) = \chi^2_{0.025}(4) = 11.143$，由题中数据可算出样本方差为 $s^2 = 0.00778$，从而

$$\chi^2 = \frac{(n-1)s^2}{\sigma_0^2} = \frac{4 \times 0.00778}{0.048^2} \approx 13.507 > \chi^2_{0.025}(4),$$

故拒绝 H_0，即认为生产精度已有了显著性变化.

2. 右边检验

检验假设 $H_0 : \sigma^2 \leqslant \sigma_0^2$，$H_1 : \sigma^2 > \sigma_0^2$，其中 σ_0^2 为已知常数，可得拒绝域为

$$\chi^2 = \frac{(n-1)s^2}{\sigma_0^2} \geqslant \chi^2_\alpha(n-1). \tag{8-17}$$

3. 左边检验

检验假设 $H_0 : \sigma^2 \geqslant \sigma_0^2$，$H_1 : \sigma^2 < \sigma_0^2$，其中 σ_0^2 为已知常数，可得拒绝域为

$$\chi^2 = \frac{(n-1)s^2}{\sigma_0^2} \leqslant \chi^2_{1-\alpha}(n-1). \tag{8-18}$$

习　题　8-2

1. 对正态总体的数学期望 μ 进行假设检验，如果在显著性水平 0.05 下接受原假设 $H_0 : \mu = \mu_0$，那么在显著性水平 0.01 下，下列结论成立的是_____.

（A）必须接受 H_0 　　　　　　（B）可能接受也可能拒绝 H_0

（C）必须拒绝 H_0 　　　　　　（D）不接受也不拒绝 H_0

2. 在假设检验中，记 H_1 为备择假设，则犯第一类错误是指_____.

（A）H_1 为真时接受 H_1 　　　　　（B）H_1 不真时接受 H_1

（C）H_1 为真时拒绝 H_1 　　　　　（D）H_1 不真时拒绝 H_1

3. 自动装袋机装出的物品每袋重量服从正态分布 $N(\mu,\sigma^2)$，规定每袋重量的方差不超过 a. 为了检验自动装袋机的生产是否正常，对产品进行抽样检查，取原假设 $H_0 : \sigma^2 \leqslant a$，显著性水平 $\alpha = 0.05$，则下列说法正确的是_____.

（A）如果生产正常，则检验结果也认为生产正常的概率等于 95%

（B）如果生产不正常，则检验结果也认为生产不正常的概率等于 95%

（C）如果检验结果认为生产正常，则生产确实正常的概率等于 95%

（D）如果检验结果认为生产不正常，则生产确实不正常的概率等于 95%

4. 已知在正常生产条件下，某种汽车零件的重量服从正态分布 $N(50,0.8^2)$. 某日从生产的零件中任取 11

件, 测得样本 (重量) 均值 $\bar{x} = 50.54$, 如果方差不变, 问该日生产的零件的平均重量有无显著差异 ($\alpha = 0.05$)?

5. 设某次英语四级考试, 考生的成绩服从正态分布. 从中随机抽取 40 名考生的成绩, 算得平均成绩为 68 分, 标准差为 17 分. 在显著性水平 $\alpha = 0.05$ 下, 是否可以认为这次英语考试全体考生的平均成绩为 72 分?

6. 根据过去几年农产品产量的调查资料, 某县小麦亩产量服从方差为 56.25 的正态分布. 今年随机抽取了 10 块地, 测得小麦亩产量 (以 500 g 计) 分别为

$$969, 695, 743, 836, 748, 558, 675, 631, 654, 685.$$

根据上述数据, 能否认为该县小麦亩产量的方差没有发生变化 ($\alpha = 0.05$)?

7. 某城市的物价部门对当前市场的鸡蛋价格情况进行调查. 共调查了 30 个集市上鸡蛋的售价, 测得它们的平均价格为 2.21 元/500 g. 已知以往鸡蛋平均售价稳定在 2 元/500 g. 如果该城市鸡蛋售价服从正态分布 $N(\mu, 0.18)$. 假定方差不变, 能否根据上述数据认为该城市当前的鸡蛋售价明显不低于往年 ($\alpha = 0.05$)?

第三节 两个正态总体参数的假设检验

在生产实践中常会遇到这样的问题: 两个厂生产同一种产品, 需要对这两个厂的产品质量进行比较, 这属于两个总体参数的假设检验问题. 本节主要讨论两个总体的均值差与方差比的假设检验.

设两个总体 $X \sim N(\mu_1, \sigma_1^2)$, $Y \sim N(\mu_2, \sigma_2^2)$, 从这两个总体中分别抽取容量分别为 n_1 和 n_2 的两个独立样本 $X_1, X_2, \cdots, X_{n_1}$ 与 $Y_1, Y_2, \cdots, Y_{n_2}$, 样本均值分别为 $\bar{X}$ 和 $\bar{Y}$, 样本方差分别为 S_1^2 和 S_2^2.

一、两个正态总体均值差 $\mu_1 - \mu_2$ 的假设检验

检验假设 $H_0: \mu_1 - \mu_2 = 0$, $H_1: \mu_1 - \mu_2 \neq 0$.

(一) σ_1^2, σ_2^2 均已知

当 H_0 成立时, 统计量

$$U = \frac{\bar{X} - \bar{Y}}{\sqrt{\sigma_1^2 / n_1 + \sigma_2^2 / n_2}} \sim N(0,1), \tag{8-19}$$

从而可知, 此时拒绝域为

$$W = \left\{ |u| \geq u_{\frac{\alpha}{2}} \right\}, \tag{8-20}$$

其中, $u = \dfrac{\bar{x} - \bar{y}}{\sqrt{\sigma_1^2 / n_1 + \sigma_2^2 / n_2}}$, 是 U 的观测值.

(二) $\sigma_1^2 = \sigma_2^2 = \sigma^2$ 但未知

当 H_0 成立时, 统计量

$$T = \frac{\bar{X} - \bar{Y}}{S_\omega \sqrt{1/n_1 + 1/n_2}} \sim t(n_1 + n_2 - 2), \tag{8-21}$$

从而可知, 此时拒绝域为

$$W = \left\{ |t| \geq t_{\frac{\alpha}{2}}(n_1 + n_2 - 2) \right\}, \tag{8-22}$$

其中, $t = \dfrac{\bar{x} - \bar{y}}{s_\omega \sqrt{1/n_1 + 1/n_2}}$, 是 T 的观测值.

这里需要用到两个总体方差相等的条件. 这个条件常常是从已有的经验中得到的, 或者是

事先进行了两个方差相等的检验,并得到了肯定的结论. 因此,在实际应用中遇到这类问题时,一般要先进行方差相等的检验,只有在两个总体的方差被认为相等后,才能用上述结论进行两个正态总体均值相等的假设检验.

二、两个正态总体方差比 σ_1^2/σ_2^2 的假设检验

检验假设 $H_0 : \sigma_1^2/\sigma_2^2 = 1$, $H_1 : \sigma_1^2/\sigma_2^2 \neq 1$.

μ_1, μ_2 均未知,当 H_0 成立时,统计量

$$F = \frac{S_1^2}{S_2^2} \sim F(n_1 - 1, n_2 - 1), \tag{8-23}$$

且统计量 F 的观测值 $\dfrac{s_1^2}{s_2^2}$ 应充分接近于 1,对于给定的显著性水平 α,由 F 分布的上 α 分位点的定义,可得概率等式

$$P\{F \geqslant F_{\frac{\alpha}{2}}(n_1 - 1, n_2 - 1)\} = \frac{\alpha}{2}, \qquad P\{F \leqslant F_{1-\frac{\alpha}{2}}(n_1 - 1, n_2 - 1)\} = \frac{\alpha}{2},$$

于是,当 μ_1, μ_2 均未知时,拒绝域为

$$W = (-\infty, F_{1-\frac{\alpha}{2}}(n_1 - 1, n_2 - 1)] \bigcup [F_{\frac{\alpha}{2}}(n_1 - 1, n_2 - 1), +\infty). \tag{8-24}$$

例 8-10 设甲、乙两厂生产同样的灯泡,其寿命 X 和 Y 分别服从正态分布 $N(\mu_1, \sigma_1^2)$ 和 $N(\mu_2, \sigma_2^2)$. 已知它们寿命的标准差分别为 84 h 和 96 h,现从两厂生产的灯泡中各取 60 只,测得平均寿命甲厂为 1 295 h,乙厂为 1 230 h,能否认为两厂生产的灯泡寿命无显著差异 ($\alpha = 0.05$)?

解 (1)建立假设 $H_0 : \mu_1 = \mu_2$, $H_1 : \mu_1 \neq \mu_2$.

(2)选择检验统计量 $U = \dfrac{\bar{X} - \bar{Y}}{\sqrt{\sigma_1^2/n_1 + \sigma_2^2/n_2}}$.

(3)对于给定的显著性水平 α,确定 k,使 $P\{|u| \geqslant k\} = \alpha$,查正态分布表得 $k = u_{\frac{\alpha}{2}} = u_{0.025} = 1.96$,从而拒绝域为 $|u| \geqslant 1.96$.

(4)因为 $\bar{x} = 1295$, $\bar{y} = 1230$, $\sigma_1 = 84$, $\sigma_2 = 96$, $n_1 = n_2 = 60$,所以

$$|u| = \left| \frac{\bar{x} - \bar{y}}{\sqrt{\sigma_1^2/n_1 + \sigma_2^2/n_2}} \right| = \left| \frac{1\,295 - 1\,230}{\sqrt{84^2/60 + 96^2/60}} \right| \approx 3.95 > 1.96,$$

故应拒绝 H_0,即认为两厂生产的灯泡寿命有显著差异.

例 8-11 某地某年高考后随机抽得 15 名男生,12 名女生的物理考试成绩如下.

男生:49, 48, 47, 53, 51, 43, 39, 57, 56, 46, 42, 44, 55, 44, 40.

女生:46, 40, 47, 51, 43, 36, 43, 38, 48, 54, 48, 34.

这 27 名学生的成绩能说明这个地区男女生的物理考试成绩不相上下吗 ($\alpha = 0.05$)?

解 把该地区男生和女生的物理考试成绩分别近似地看作服从正态分布的随机变量,则本题可归结为双边检验问题:

$$H_0 : \mu_1 = \mu_2, \qquad H_1 : \mu_1 \neq \mu_2.$$

这里, $n_1 = 15, n_2 = 12$,故 $n_1 + n_2 = 27$. 根据题中数据可计算出

$$\overline{x} = 47.6, \qquad \overline{y} = 44,$$

$$(n_1-1)s_1^2 = \sum_{i=1}^{n_1}(x_i-\overline{x})^2 = 469.6, \qquad (n_2-1)s_2^2 = \sum_{j=1}^{n_2}(y_j-\overline{y})^2 = 412,$$

$$s_\omega = \sqrt{\frac{(n_1-1)s_1^2+(n_2-1)s_2^2}{n_1+n_2-2}} = \sqrt{\frac{469.6+412}{25}} \approx 5.94,$$

由此便可计算出

$$t = \frac{\overline{x}-\overline{y}}{s_\omega\sqrt{1/n_1+1/n_2}} = \frac{47.6-44}{5.94\sqrt{1/15+1/12}} \approx 1.565,$$

查表得 $t_{\frac{\alpha}{2}}(n_1+n_2-2) = t_{0.025}(25) = 2.0595$. 因为 $|t| = 1.565 < 2.0595 = t_{0.025}(25)$，所以没有充分的理由否认原假设，即认为这一地区男女生的物理考试成绩不相上下.

例 8-12 设甲、乙两车间生产的电灯泡的寿命都服从正态分布，从甲、乙车间分别抽取部分样品，测得其寿命数据如下.

甲车间：$n_1 = 41$，$\overline{x} = 1282$，$s_1 = 80$.

乙车间：$n_2 = 61$，$\overline{y} = 1208$，$s_2 = 94$.

试判断两个车间生产的灯泡寿命的方差是否相同 $(\alpha = 0.05)$？

解 （1）建立假设 $H_0 : \sigma_1^2 = \sigma_2^2$，$H_1 : \sigma_1^2 \neq \sigma_2^2$.

（2）当 H_0 成立时，选择统计量 $F = \dfrac{S_1^2}{S_2^2} \sim F(n_1-1, n_2-1)$，拒绝域为

$$F \leqslant F_{1-\frac{\alpha}{2}}(n_1-1, n_2-1) \quad 或 \quad F \geqslant F_{\frac{\alpha}{2}}(n_1-1, n_2-1).$$

（3）对于给定的显著性水平 $\alpha = 0.05$，查表得

$$F_{\frac{\alpha}{2}}(n_1-1, n_2-1) = F_{0.025}(40,60) = 1.74,$$

$$F_{1-\frac{\alpha}{2}}(n_1-1, n_2-1) = F_{0.975}(40,60) = \frac{1}{F_{0.025}(60,40)} = \frac{1}{1.80} = 0.56.$$

（4）因为 $s_1 = 80$，$s_2 = 94$，所以 $F = \dfrac{s_1^2}{s_2^2} = \dfrac{80^2}{94^2} = 0.72$，又因为 $0.56 < 0.72 < 1.74$，所以接受 H_0，即认为两个车间生产的灯泡寿命的方差相同.

对于正态总体 $N(\mu, \sigma^2)$，关于 μ, σ^2 的各种形式的假设检验的拒绝域列于表 8-1 中.

表 8-1 正态总体均值、方差的检验法（显著性水平为 α）

原假设 H_0	检验统计量	备择假设 H_1	拒绝域
$\mu \leqslant \mu_0$ $\mu \geqslant \mu_0$ $\mu = \mu_0$ $(\sigma^2$已知$)$	$U = \dfrac{\overline{X}-\mu_0}{\sigma/\sqrt{n}}$	$\mu > \mu_0$ $\mu < \mu_0$ $\mu \neq \mu_0$	$\mu \geqslant \mu_\alpha$ $\mu \leqslant -\mu_\alpha$ $\|\mu\| \geqslant \mu_{\frac{\alpha}{2}}$
$\mu \leqslant \mu_0$ $\mu \geqslant \mu_0$ $\mu = \mu_0$ $(\sigma^2$未知$)$	$T = \dfrac{\overline{X}-\mu_0}{S/\sqrt{n}}$	$\mu > \mu_0$ $\mu < \mu_0$ $\mu \neq \mu_0$	$t \geqslant t_\alpha(n-1)$ $t \leqslant -t_\alpha(n-1)$ $\|t\| \geqslant t_{\frac{\alpha}{2}}(n-1)$

原假设 H_0	检验统计量	备择假设 H_1	拒绝域
$\mu_1-\mu_2\leqslant\delta$ $\mu_1-\mu_2\geqslant\delta$ $\mu_1-\mu_2=\delta$ (σ_1^2,σ_2^2已知)	$U=\dfrac{\bar{X}-\bar{Y}-\delta}{\sqrt{\dfrac{\sigma_1^2}{n_1}+\dfrac{\sigma_2^2}{n_2}}}$	$\mu_1-\mu_2>\delta$ $\mu^1-\mu_2<\delta$ $\mu_1-\mu_2\neq\delta$	$\mu\geqslant\mu_\alpha$ $\mu\leqslant-\mu_\alpha$ $\mid\mu\mid\geqslant\mu_{\frac{\alpha}{2}}$
$\mu_1-\mu_2\leqslant\delta$ $\mu_1-\mu_2\geqslant\delta$ $\mu_1-\mu_2=\delta$ ($\sigma_1^2=\sigma_2^2=\sigma^2$未知)	$T=\dfrac{\bar{X}-\bar{Y}-\delta}{S_\omega\sqrt{\dfrac{1}{n_1}+\dfrac{1}{n_2}}},$ $S_\omega^2=\dfrac{(n_1-1)S_1^2+(n_2-1)S_2^2}{n_1+n_2-2}$	$\mu_1-\mu_2>\delta$ $\mu^1-\mu_2<\delta$ $\mu_1-\mu_2\neq\delta$	$t\geqslant t_\alpha(n_1+n_2-2)$ $t\leqslant-t_\alpha(n_1+n_2-2)$ $\mid t\mid\geqslant t_{\frac{\alpha}{2}}(n_1+n_2-2)$
$\sigma^2\leqslant\sigma_0^2$ $\sigma^2\geqslant\sigma_0^2$ $\sigma^2=\sigma_0^2$ (μ未知)	$\chi^2=\dfrac{(n-1)S^2}{\sigma_0^2}$	$\sigma^2>\sigma_0^2$ $\sigma^2<\sigma_0^2$ $\sigma^2\neq\sigma_0^2$	$\chi^2\geqslant\chi_\alpha^2(n-1)$ $\chi^2\leqslant\chi_{1-\alpha}^2(n-1)$ $\chi^2\geqslant\chi_{\frac{\alpha}{2}}^2(n-1)$或 $\chi^2\leqslant\chi_{1-\frac{\alpha}{2}}^2(n-1)$
$\sigma_1^2\leqslant\sigma_2^2$ $\sigma_1^2\geqslant\sigma_2^2$ $\sigma_1^2=\sigma_2^2$ (μ_1,μ_2未知)	$F=\dfrac{S_1^2}{S_2^2}$	$\sigma_1^2>\sigma_2^2$ $\sigma_1^2<\sigma_2^2$ $\sigma_1^2\neq\sigma_2^2$	$F\geqslant F_\alpha(n_1-1,n_2-1)$ $F\leqslant F_{1-\alpha}(n_1-1,n_2-1)$ $F\geqslant F_{\frac{\alpha}{2}}(n_1-1,n_2-1)$或 $F\leqslant F_{1-\frac{\alpha}{2}}(n_1-1,n_2-1)$

第四节　假设检验与区间估计的关系

参数假设检验的关键是要找一个确定性的区域（拒绝域）$W\subset\mathbf{R}$，使得当 H_0 成立时，事件 $\{(X_1,X_2,\cdots,X_n)\in W\}$ 是一个小概率事件，一旦抽样结果使小概率事件发生，就否定原假设 H_0.

参数的区间估计则是找一个随机区间 I，使 I 包含待估参数 θ 是一个大概率事件.

这两类问题，都是利用样本对参数做判断：一个是由小概率事件否定参数 θ 属于某个范围；另一个则是依大概率事件确信某区域包含参数 θ 的真值. 两者本质上殊途同归，先考察双侧置信区间与双边检验之间的对应关系.

设 $X_1,X_2,\cdots,X_n$ 是一个来自总体的样本，$x_1,x_2,\cdots,x_n$ 是相应的样本观测值，Θ 是参数 θ 的可能取值范围. 设 $\left(\hat{\theta}_1(X_1,X_2,\cdots,X_n),\hat{\theta}_2(X_1,X_2,\cdots,X_n)\right)$ 是参数 θ 的一个置信度为 $1-\alpha$ 的双侧置信区间，则对于任意的 $\theta\in\Theta$，有

$$P\left\{\hat{\theta}_1(X_1,X_2,\cdots,X_n)<\theta<\hat{\theta}_2(X_1,X_2,\cdots,X_n)\right\}\geqslant1-\alpha. \tag{8-25}$$

考虑显著性水平为 α 的双边检验

$$H_0:\theta=\theta_0,\qquad H_1:\theta\neq\theta_0. \tag{8-26}$$

由式（8-25）知，若 H_0 成立，则

$$P\left\{\hat{\theta}_1(X_1,X_2,\cdots,X_n)<\theta_0<\hat{\theta}_2(X_1,X_2,\cdots,X_n)\right\}\geqslant1-\alpha,$$

即有

$$P\left\{\left(\theta_0 \leqslant \hat{\theta}_1(X_1, X_2, \cdots, X_n)\right) \cup \left(\theta_0 \geqslant \hat{\theta}_2(X_1, X_2, \cdots, X_n)\right)\right\} \leqslant \alpha.$$

按显著性水平为 α 的假设检验的拒绝域的定义，检验（8-26）的拒绝域为

$$\theta_0 \leqslant \hat{\theta}_1(X_1, X_2, \cdots, X_n) \quad \text{或} \quad \theta_0 \geqslant \hat{\theta}_2(X_1, X_2, \cdots, X_n), \tag{8-27}$$

接受域为

$$\hat{\theta}_1(X_1, X_2, \cdots, X_n) < \theta_0 < \hat{\theta}_2(X_1, X_2, \cdots, X_n). \tag{8-28}$$

对比式（8-25）与式（8-28）发现，参数 θ 的置信度为 $1-\alpha$ 的置信区间即显著性水平为 α 的双边检验 $H_0: \theta = \theta_0$，$H_1: \theta \neq \theta_0$ 的接受域.

例 8-13 设总体 $X \sim N(\mu, \sigma^2)$，σ^2 已知，$X_1, X_2, \cdots, X_n$ 是取自总体 X 的一个样本，样本均值为 $\bar{x}$，则参数 μ 的置信度为 $1-\alpha$ 的双侧置信区间为 $\left(\bar{x} \pm u_{\frac{\alpha}{2}} \dfrac{\sigma}{\sqrt{n}}\right)$.

假设检验问题 $H_0: \mu = \mu_0$，$H_1: \mu \neq \mu_0$ 的拒绝域为 $\left|\dfrac{\bar{x} - \mu_0}{\sigma/\sqrt{n}}\right| \geqslant u_{\frac{\alpha}{2}}$，即 $|\bar{x} - \mu_0| \geqslant u_{\frac{\alpha}{2}} \dfrac{\sigma}{\sqrt{n}}$，接受域为 $|\bar{x} - \mu_0| < u_{\frac{\alpha}{2}} \dfrac{\sigma}{\sqrt{n}}$，也就是说当 $\mu_0 \in \left(\bar{x} \pm u_{\frac{\alpha}{2}} \dfrac{\sigma}{\sqrt{n}}\right)$ 时，接受 $H_0: \mu = \mu_0$. 此区间正是 μ 的置信度为 $1-\alpha$ 的置信区间.

例 8-14 设总体 $X \sim N(\mu, 1)$，μ 未知，$\alpha = 0.05$，$n = 16$，且由一个样本算得 $\bar{x} = 5.20$，于是得到参数 μ 的一个置信度为 0.95 的置信区间为

$$\left(\bar{x} - u_{\frac{\alpha}{2}} \frac{\sigma}{\sqrt{n}}, \bar{x} + u_{\frac{\alpha}{2}} \frac{\sigma}{\sqrt{n}}\right) = \left(5.20 - 1.96 \times \frac{1}{\sqrt{16}}, 5.20 + 1.96 \times \frac{1}{\sqrt{16}}\right) = (4.71, 5.69).$$

现在考虑检验问题 $H_0: \mu = 5.5$，$H_1: \mu \neq 5.5$，由于 $5.5 \in (4.71, 5.69)$，故接受 H_0.

历年考研试题选讲八

下面再讲解若干个近十几年来概率论与数理统计的考研题目，以供读者体会概率论与数理统计考研题目的难度、深度和广度，从而对概率论与数理统计的学习起到一个很好的参考作用.

例 1（2018 年，数学一） 设总体 X 服从正态分布 $N(\mu, \sigma^2)$，$x_1, x_2, \cdots, x_n$ 是来自总体 X 的简单随机样本，据此样本检验假设 $H_0: \mu = \mu_0$，$H_1: \mu \neq \mu_0$，则_____.

（A）如果在检验水平 $\alpha = 0.05$ 下拒绝 H_0，那么在检验水平 $\alpha = 0.01$ 下必拒绝 H_0

（B）如果在检验水平 $\alpha = 0.05$ 下拒绝 H_0，那么在检验水平 $\alpha = 0.01$ 下必接受 H_0

（C）如果在检验水平 $\alpha = 0.05$ 下接受 H_0，那么在检验水平 $\alpha = 0.01$ 下必拒绝 H_0

（D）如果在检验水平 $\alpha = 0.05$ 下接受 H_0，那么在检验水平 $\alpha = 0.01$ 下必接受 H_0

解 检验水平 α 为检验犯第一类错误的概率，即在 H_0 为真的条件下，做出拒绝 H_0 的判断而犯错误的概率，显然如果 α 变小，拒绝 H_0 的范围应变小，接受 H_0 的范围应变大，所以在检验水平 $\alpha = 0.05$ 下接受 H_0，则在检验水平 $\alpha = 0.01$ 下必接受 H_0，故答案选（D）.

本 章 小 结

有关总体分布的未知参数或未知分布形式的种种推断叫作统计假设. 一般统计假设分为原假设 H_0（在实际问题中至关重要的假设）及与原假设 H_0 对立的假设（即备择假设 H_1）. 假设检

验就是人们根据样本提供的信息做出"接受 H_0，拒绝 H_1"或"拒绝 H_0，接受 H_1"的判断.

假设检验的思想是小概率原理，即小概率事件在一次试验中几乎不会发生. 这种原理是人们处理实际问题中公认的原则.

由于样本的随机性，当 H_0 为真时，可能会做出拒绝 H_0，接受 H_1 的错误判断（弃真错误），或者当 H_0 不真时，可能会做出接受 H_0，拒绝 H_1 的错误判断（取伪错误），见表 8-2.

表 8-2

真实情况（未知）	所做决策	
	接受 H_0	拒绝 H_0
H_0 为真	正确	犯第一类错误
H_0 不真	犯第二类错误	正确

当样本容量 n 固定时，无法同时减小犯两类错误的概率，即减小犯第一类错误的概率，就会增大犯第二类错误的概率，反之亦然. 在假设检验中，主要控制（减小）犯第一类错误的概率，使 $P\{$拒绝 $H_0|H_0$ 为真$\} \leqslant \alpha$，其中 α 很小（$0 < \alpha < 1$），α 称为检验的显著性水平. 这种只对犯第一类错误的概率加以控制而不考虑犯第二类错误的概率的检验称为显著性假设检验.

单个、两个正态总体的均值、方差的假设检验是本章的重点问题，读者需掌握 U 检验法、t 检验法、χ^2 检验法等.

重要术语及主题

原假设　　　　　　备择假设　　　　　　检验统计量　　　　　单边检验　　　　　双边检验

显著性水平　　　　拒绝域　　　　　　　显著性检验　　　　　一个正态总体的参数的检验

两个正态总体均值差、方差比的检验

总 习 题 八

1. 设某次考试的考生成绩服从正态分布，从中随机地抽取 36 位考生的成绩，算得平均成绩为 66.5 分，样本标准差为 15 分，问在显著性水平 0.05 下，是否可以认为这次考试全体考生的平均成绩为 70 分？

2. 一种燃料的辛烷等级服从正态分布 $N(\mu, \sigma^2)$，其平均等级 $\mu = 98.0$，标准差 $\sigma = 0.8$. 现抽取 25 桶新油，测试其等级，算得平均等级为 97.7. 假定标准差与原来一样，问新油的辛烷平均等级是否与原燃料的辛烷平均等级具有显著差异？

3. 设有来自正态总体 $N(\mu, \sigma^2)$ 的容量为 100 的样本，样本均值 $\bar{x} = 2.7$，μ, σ^2 均未知，而 $\sum_{i=1}^{n}(x_i - \bar{x})^2 = 225$. 在 $\alpha = 0.05$ 水平下，试检验下列假设：

（1）$H_0: \mu = 3,\ H_1: \mu \neq 3$；　　　　　　　　（2）$H_0: \sigma^2 = 2.5,\ H_1: \sigma^2 \neq 2.5$.

4. 某地早稻收割，根据长势估计平均亩产量为 $310\,\mathrm{kg}$，收割时，随机抽取了 10 块，测出每块的实际亩产量 $x_1, x_2, \cdots, x_{10}$，计算得 $\bar{x} = \frac{1}{10}\sum_{i=1}^{10} x_i = 320$. 如果已知早稻亩产量服从正态分布 $N(\mu, 144)$，显著性水平 $\alpha = 0.05$，试问所估产量是否正确？

5. 下面列出的是某工厂随机选取的 20 只部件的装配时间（以 min 计）：

9.8, 10.4, 10.6, 9.6, 9.7, 9.9, 10.9, 11.1, 9.6, 10.2,

10.3, 9.6, 9.9, 11.2, 10.6, 9.8, 10.5, 10.1, 10.5, 9.7.

设装配时间的总体服从正态分布 $N(\mu, \sigma^2)$，μ, σ^2 均未知，是否可以认为装配时间的均值显著地不小于 10（$\alpha = 0.05$）？

6. 电工器材工厂生产一批保险丝，抽取 10 根试验其熔断时间，结果为

$$42, 65, 75, 78, 71, 59, 57, 68, 54, 55.$$

假设熔断时间服从正态分布，能否认为整批保险丝的熔断时间的方差不大于 80（$\alpha = 0.05$）？

7. 设总体 $X \sim N(\mu, 1)$，$X_1, X_2, \cdots, X_n$ 是取自 X 的样本. 对于假设检验 $H_0: \mu = 0, H_1: \mu \neq 0$，取显著水平 α，拒绝域为 $W = \{|u| > u_{\frac{\alpha}{2}}\}$，其中 $u = \sqrt{n}\bar{X}$，求：

（1）当 H_0 成立时，犯第一类错误的概率 α_0；

（2）当 H_0 不成立（$\mu \neq 0$）时，犯第二类错误的概率 β.

8. 为研究矽肺患者肺功能的变化情况，某医院对 I，II 期矽肺患者各 33 名测量肺活量，得 I 期患者肺活量的平均数为 2710 mm，标准差为 147 mm，II 期患者肺活量的平均数为 2 830 mm，标准差为 118 mm，假定第 I，II 期患者的肺活量分别服从正态分布 $N(\mu_1, \sigma_1^2)$ 和 $N(\mu_2, \sigma_2^2)$，试问第 I，II 期患者的肺活量有无显著差异（$\alpha = 0.05$）？

9. 冶炼某种金属有两种方法，为了检验这两种方法生产的产品中所含杂质的波动是否有明显差异，各取一个样本，得数据如下.

甲：29.6, 22.8, 25.7, 23.0, 22.3, 24.2, 26.1, 26.4, 27.2, 30.2, 24.5, 29.5, 25.1.

乙：22.6, 22.5, 20.6, 23.5, 24.3, 21.9, 20.6, 23.2, 23.4.

从经验知道，产品的杂质含量服从正态分布. 问在显著性水平下，甲、乙两种方法生产的产品的杂质含量波动是否有明显差异？

第九章　方差分析与回归分析

方差分析和回归分析是数理统计中的常用方法，是处理多个变量之间相关关系的一种数学方法.

第一节　单因素试验的方差分析

在试验中，将要考察的指标称为试验指标，影响试验指标的条件称为因素. 因素可以分为两类：一类是人们可以控制的；一类是人们不能控制的. 例如，原料成分、反应温度、溶液浓度等是可以控制的，而测量误差、气象条件等一般是难以控制的. 以下所说的因素都是可控因素，因素所处的状态称为该因素的水平. 如果在一项试验中只有一个因素在改变，这样的试验称为单因素试验，如果多于一个因素在改变，就称为多因素试验.

本节通过实例来讨论单因素试验.

一、数学模型

例 9-1　某实验室对钢锭模进行选材试验.其方法是将试件加热到 700℃后，投入 20℃的水中急冷，这样反复进行到试件断裂为止，试验次数越多，试件质量越好.试验结果如表 9-1 所示.

表 9-1

试验号	材质分类			
	A1	A2	A3	A4
1	160	158	146	151
2	161	164	155	152
3	165	164	160	153
4	168	170	162	157
5	170	175	164	160
6	172	166		168
7	180		174	
8			182	

试验的目的是确定四种生铁试件的抗热疲劳性能是否有显著差异.

这里，试验的指标是钢锭模的热疲劳值，钢锭模的材质是因素，四种材质表示钢锭模的四个水平，这项试验叫作四水平单因素试验.

例 9-2　考察一种人造纤维在不同温度的水中浸泡后的缩水率. 在 40℃，50℃，…，90℃的水中分别进行 4 次试验，得到该种人造纤维在每次试验中的缩水率，如表 9-2 所示. 试问浸泡水的温度对缩水率有无显著影响？

表 9-2　　　　　　　　　　　　　　　　　（单位：%）

试验号	温度					
	40℃	50℃	60℃	70℃	80℃	90℃
1	4.3	6.1	10.0	6.5	9.3	9.5
2	7.8	7.3	4.8	8.3	8.7	8.8
3	3.2	4.2	5.4	8.6	7.2	11.4
4	6.5	4.1	9.6	8.2	10.1	7.8

这里试验指标是人造纤维的缩水率，温度是因素，这项试验为六水平单因素试验.

单因素试验的一般数学模型为，因素 A 有 s 个水平 $A_1, A_2, \cdots, A_s$，在水平 A_j ($j = 1, 2, \cdots, s$) 下进行 n_j ($n_j \geq 2$) 次独立试验，得到如表 9-3 所示的结果.

表 9-3

水平	A_1	A_2	$\cdots$	A_s
观测值	x_{11}	x_{12}	$\cdots$	x_{1s}
	x_{21}	x_{22}	$\cdots$	x_{2s}
	$\vdots$	$\vdots$		$\vdots$
	$x_{n_1 1}$	$x_{n_2 2}$	$\cdots$	$x_{n_s s}$
样本总和	$T_{\cdot 1}$	$T_{\cdot 2}$	$\cdots$	$T_{\cdot s}$
样本均值	$\bar{x}_{\cdot 1}$	$\bar{x}_{\cdot 2}$	$\cdots$	$\bar{x}_{\cdot s}$
总体均值	μ_1	μ_2	$\cdots$	μ_s

假定各水平 $A_j(j = 1, 2, \cdots, s)$ 下的样本 $x_{ij} \sim N(\mu_j, \sigma^2)$ ($i = 1, 2, \cdots, n_j; j = 1, 2, \cdots, s$)，且相互独立，故 $x_{ij}-\mu_j$ 可以看成随机误差，它们是由试验中无法控制的各种因素引起的，记 $x_{ij}-\mu_j = \varepsilon_{ij}$，则

$$\begin{cases} x_{ij} = \mu + \varepsilon_{ij}, \\ \varepsilon_{ij} \sim N(0, \sigma^2), \quad i = 1, 2, \cdots, n_j; j = 1, 2, \cdots, s_n, \\ \text{各} \varepsilon_{ij} \text{相互独立,} \end{cases} \tag{9-1}$$

其中，μ_j 与 σ^2 均为未知参数. 式（9-1）称为单因素试验方差分析的数学模型.

方差分析的任务是对于模型（9-1），检验 s 个总体 $N(\mu_1, \sigma^2), N(\mu_2, \sigma^2), \cdots, N(\mu_s, \sigma^2)$ 的均值是否相等，即检验假设

$$H_0: \mu_1 = \mu_2 = \cdots \mu_s, \quad H_1: \mu_1, \mu_2, \cdots, \mu_s \text{不全相等}. \tag{9-2}$$

为将问题（9-2）写成便于讨论的形式，采用记号

$$\mu = \frac{1}{n} \sum_{j=1}^{s} n_j \mu_j,$$

其中，$n = \sum_{j=1}^{s} n_j$，μ 表示 $\mu_1, \mu_2, \cdots, \mu_s$ 的加权平均，μ 称为总平均.

$$\delta_j = \mu_j - \mu \quad (j = 1, 2, \cdots, s),$$

δ_j 表示水平 A_j 下的总体平均值与总平均的差异. 习惯上将 δ_j 称为水平 A_j 的效应. 利用这些记号，得

$$x_{ij} = \mu + \delta_j + \varepsilon_{ij},$$

即 x_{ij} 可分解成总平均、水平 A_j 的效应及随机误差三部分之和，故模型（9-1）可改写成

$$\begin{cases} \sum_{j=1}^{s} n_j \delta_j = 0, \\ \varepsilon_{ij} \sim N(0, \sigma^2), \quad (i = 1, 2, \cdots, n_j; j = 1, 2, \cdots, s). \\ \text{各} \varepsilon_{ij} \text{相互独立} \end{cases} \tag{9-1}'$$

假设（9-2）等价于假设

$$H_0: \delta_1 = \delta_2 = \cdots \delta_s = 0, \qquad H_1: \delta_1, \delta_2, \cdots, \delta_s \text{不全为零.} \tag{9-2}'$$

二、平方和分解

寻找适当的统计量，对参数进行假设检验.下面从平方和的分解着手，导出假设检验（9-2）′的检验统计量.记

$$S_T = \sum_{j=1}^{s} \sum_{i=1}^{n_j} (x_{ij} - \overline{x})^2, \tag{9-3}$$

这里 $\overline{x} = \dfrac{1}{n} \sum_{j=1}^{s} \sum_{i=1}^{n_j} x_{ij}$，$S_T$ 能反映全部试验数据之间的差异，又称为总变差.

A_j 下的样本均值为

$$\overline{x}_{\cdot j} = \frac{1}{n_j} \sum_{i=1}^{n_j} x_{ij} . \tag{9-4}$$

注意到

$$(x_{ij} - \overline{x})^2 = (x_{ij} - \overline{x}_{\cdot j} + \overline{x}_{\cdot j} - \overline{x})^2 = (x_{ij} - \overline{x}_{\cdot j})^2 + (\overline{x}_{\cdot j} - \overline{x})^2 + 2(x_{ij} - \overline{x}_{\cdot j})(\overline{x}_{\cdot j} - \overline{x}),$$

而

$$\sum_{j=1}^{s} \sum_{i=1}^{n_j} (x_{ij} - \overline{x}_{\cdot j})(\overline{x}_{\cdot j} - \overline{x}) = \sum_{j=1}^{s} (\overline{x}_{\cdot j} - \overline{x}) \left[\sum_{i=1}^{n_j} (x_{ij} - \overline{x}_{\cdot j}) \right]$$

$$= \sum_{j=1}^{s} (\overline{x}_{\cdot j} - \overline{x}) \left(\sum_{i=1}^{n_j} x_{ij} - n_j \overline{x}_{\cdot j} \right) = 0,$$

记

$$S_E = \sum_{j=1}^{s} \sum_{i=1}^{nj} (x_{ij} - \overline{x}_{\cdot j})^2, \tag{9-5}$$

称为误差平方和；记

$$S_A = \sum_{j=1}^{s} \sum_{i=1}^{n_j} (\overline{x}_{\cdot j} - \overline{x})^2 = \sum_{j=1}^{s} n_j (\overline{x}_{\cdot j} - \overline{x})^2, \tag{9-6}$$

称为因素 A 的效应平方和，于是

$$S_T = S_E + S_A. \tag{9-7}$$

利用 ε_{ij} 可以更清楚地看到 S_E，S_A 的含义，记

$$\overline{\varepsilon} = \frac{1}{n} \sum_{j=1}^{s} \sum_{i=1}^{n_j} \varepsilon_{ij}$$

为随机误差的总平均，则

$$\overline{\varepsilon}_{.j} = \frac{1}{n_j}\sum_{i=1}^{n_j}\varepsilon_{ij} \quad (j=1,2,\cdots,s),$$

于是

$$S_E = \sum_{j=1}^{s}\sum_{i=1}^{n_j}(x_{ij}-\overline{x}_{.j})^2 = \sum_{j=1}^{s}\sum_{i=1}^{n_j}(\varepsilon_{ij}-\overline{\varepsilon}_{.j})^2, \qquad (9\text{-}8)$$

$$S_A = \sum_{j=1}^{s}n_j(\overline{x}_{.j}-\overline{x})^2 = \sum_{j=1}^{s}n_j(\delta_j+\overline{\varepsilon}_{.j}-\overline{\varepsilon})^2. \qquad (9\text{-}9)$$

平方和的分解公式(9-7)说明,总平方和分解成误差平方和与因素 A 的效应平方和.式(9-8)说明 S_E 完全是由随机波动引起的. 而式 (9-9) 说明 S_A 除含有随机误差外还含有各水平的效应 δ_j, 当 δ_j 不全为零时, S_A 主要反映了这些效应的差异.若 H_0 成立,各水平的效应为零, S_A 中也只含随机误差,因而 S_A 与 S_E 相比,相对于某一显著性水平来说不应太大.方差分析的目的是研究 S_A 相对于 S_E 有多大, 若 S_A 比 S_E 显著地大, 则表明各水平对指标的影响有显著差异. 因此, 需研究与 S_A/S_E 有关的统计量.

三. 假设检验问题

当 H_0 成立时, 设 $x_{ij}\sim N(\mu, \sigma^2)(i=1, 2, \cdots, n_j; j=1, 2, \cdots, s)$ 且相互独立, 利用抽样分布的有关定理, 有

$$\frac{S_A}{\sigma^2}\sim\chi^2(s-1), \qquad (9\text{-}10)$$

$$\frac{S_E}{\sigma^2}\sim\chi^2(n-s), \qquad (9\text{-}11)$$

$$F = \frac{(n-s)S_A}{(s-1)S_E}\sim F(s-1, n-s), \qquad (9\text{-}12)$$

于是, 对于给定的显著性水平 $\alpha(0<\alpha<1)$,

$$P\{F\geqslant F_\alpha(s-1, n-s)\} = \alpha, \qquad (9\text{-}13)$$

由此得检验问题 (9-2)$'$ 的拒绝域为

$$F\geqslant F_\alpha(s-1, n-s). \qquad (9\text{-}14)$$

由样本值计算 F 的值, 若 $F\geqslant F_\alpha$, 则拒绝 H_0, 即认为水平的改变对指标有显著性影响; 若 $F<F_\alpha$, 则接受原假设 H_0, 即认为水平的改变对指标无显著影响.

上面的分析结果可排成表 9-4 的形式, 称为方差分析表.

表 9-4

方差来源	平方和	自由度	均方和	F
因素 A	S_A	$s-1$	$\overline{S}_A = \dfrac{S_A}{s-1}$	$F = \overline{S}_A/\overline{S}_E$
误差	S_E	$n-s$	$\overline{S}_E = \dfrac{S_E}{n-s}$	
总和	S_T	$n-1$		

当 $F\geqslant F_{0.05}(s-1, n-s)$ 时,　称为显著;

当 $F \geqslant F_{0.01}(s-1, n-s)$ 时，称为高度显著.

在实际中，可以按以下较简便的公式来计算 S_T，S_A 和 S_E. 记

$$T_{\cdot j} = \sum_{i=1}^{n_j} x_{ij} \quad (j=1,2,\cdots,s),$$

$$T_{\cdot\cdot} = \sum_{j=1}^{s} \sum_{i=1}^{n_j} x_{ij},$$

即有

$$\begin{cases} S_T = \sum_{j=1}^{s} \sum_{i=1}^{n_j} x_{ij}^2 - n\bar{x}^2 = \sum_{j=1}^{s} \sum_{i=1}^{n_j} x_{ij}^2 - \dfrac{T_{\cdot\cdot}^2}{n}, \\ S_A = \sum_{j=1}^{s} n_j \bar{x}_{\cdot j}^2 - n\bar{x}^2 = \sum_{j=1}^{s} \dfrac{T_{\cdot j}^2}{n_j} - \dfrac{T_{\cdot\cdot}^2}{n}, \\ S_E = S_T - S_A. \end{cases} \tag{9-15}$$

例 9-3 如上所述，在例 9-1 中需检验假设

$$H_0: \mu_1 = \mu_2 = \mu_3 = \mu_4, \qquad H_1: \mu_1, \mu_2, \mu_3, \mu_4 \text{ 不全相等.}$$

给定 $\alpha = 0.05$，完成这一假设检验.

解 $s=4$，$n_1=7$，$n_2=5$，$n_3=8$，$n_4=6$，$n=26$，且

$$S_T = \sum_{j=1}^{s} \sum_{i=1}^{n_j} x_{ij}^2 - \frac{T_{\cdot\cdot}^2}{n} = 698\,959 - \frac{(4\,257)^2}{26} = 1957.12,$$

$$S_A \sum_{j=1}^{s} \frac{T_{\cdot j}^2}{n_j} - \frac{T_{\cdot\cdot}^2}{n} = 697\,445.49 - \frac{(4\,257)^2}{26} = 443.61,$$

$$S_E = S_T - S_A = 1513.51,$$

得方差分析表（表 9-5）.

表 9-5

方差来源	平方和	自由度	均方和	F
因素 A	443.61	3	147.87	2.15
误差	1513.51	22	68.80	
总和	1957.12	25		

因为

$$F = 2.15 < F_{0.05}(3, 22) = 3.05,$$

所以接受 H_0，即认为 4 种生铁试样的热疲劳性无显著差异.

例 9-4 如上所述，在例 9-2 中需检验假设

$$H_0: \mu_1 = \mu_2 = \cdots = \mu_6, \qquad H_1: \mu_1, \mu_2, \cdots, \mu_6 \text{ 不全相等.}$$

试取 $\alpha = 0.05$，$\alpha = 0.01$，完成这一假设检验.

解 $s=6$，$n_1 = n_2 = \cdots = n_6 = 4$，$n=24$，且

$$S_T = \sum_{j=1}^{s} \sum_{i=1}^{n_j} x_{ij}^2 - \frac{T_{..}^2}{n} = 112.27,$$

$$S_A = \sum_{j=1}^{s} \frac{T_{.j}^2}{n_j} - \frac{T_{..}^2}{n} = 56,$$

$$S_E = S_T - S_A = 56.27,$$

得方差分析表（表9-6）.

表 9-6

方差来源	平方和	自由度	均方和	F
因素 A 误差	56 56.27	5 18	11.2 3.126	3.583
总和	112.27	23		

已知

$$F_{0.05}(5, 18) = 2.77, \qquad F_{0.01}(5, 18) = 4.25,$$

由于

$$4.25 = F_{0.01}(5, 18) > F = 3.583 > F_{0.05}(5, 18) = 2.77,$$

故浸泡水的温度对缩水率有显著影响，但不能说有高度显著影响.

本节的方差分析是在下面两项假设下，检验各个正态总体均值是否相等.一是正态性假设，假定数据服从正态分布；二是等方差性假设，假定各正态总体方差相等.由大数定律及中心极限定理，以及多年来的方差分析应用知，正态性和等方差性这两项假设是合理的.

第二节　线　性　回　归

一、回归分析概述

在客观世界中变量之间的关系有两类，一类是确定性关系，如欧姆定律中电压 U 与电阻 R、电流 I 之间的关系为 $U = IR$，如果已知这三个变量中的任意两个，那么另一个就可精确地求出.另一类是非确定性关系，即相关关系.例如，正常人的血压与年龄有一定的关系，一般来讲年龄大的人血压相对地高一些，但是年龄大小与血压高低之间的关系不能用一个确定的函数关系表达出来.又如，施肥量与农作物产量之间的关系，树的高度与径粗之间的关系也是这样.另外，即便是具有确定关系的变量，受试验误差的影响，其表现形式也具有某种程度的不确定性.

具有相关关系的变量之间虽然具有某种不确定性，但通过对它们的不断观察，可以探索出它们之间的统计规律，回归分析就是研究这种统计规律的一种数学方法.它主要解决以下几方面问题：

（1）从一组观察数据出发，确定这些变量之间的回归方程；

（2）对回归方程进行假设检验；

（3）利用回归方程进行预测和控制.

　　　　回归方程最简单的也是最完善的一种情况，就是线性回归方程.许多实际问题，当自变量局限于一定范围时，可以满意地取这种模型为真实模型的近似，其误差从实用的观点来看无关紧要.因此，本章重点讨论有关线性回归的问题.现在有许多数学软件如 MATLAB，SAS 等都有非常有效的线性回归方面的计算程序，使用者只要把数据按程序要求输入计算机，就可以很快地得到所要的各种计算结果和相应的图形，用起来十分方便.

　　　　先考虑两个变量的情形.设随机变量 y 与 x 之间存在着某种相关关系，这里 x 是可以控制或可精确观察的变量，如在施肥量与产量的关系中，施肥量是能控制的，可以随意指定几个值 $(x_1, x_2, \cdots, x_n)$，故可将它看成普通变量，称为自变量，而产量 y 是随机变量，无法预先做出产量是多少的准确判断，称为因变量.本章只讨论这种情况.

　　　　x 可以在一定程度上决定 y，但由 x 的值不能准确地确定 y 的值.为了研究它们的这种关系，对 (x, y) 进行一系列观测，得到一个容量为 n 的样本（x 取一组不完全相同的值）：$(x_1, y_1), (x_2, y_2), \cdots, (x_n, y_n)$，其中 y_i 是 $x = x_i$ 处对随机变量 y 观察的结果.每对 (x_i, y_i) 在直角坐标系中对应一个点，把它们都标在平面直角坐标系中，称所得到的图为散点图，如图 9-1 所示.

　　　　由图 9-1（a）可以看出，散点大致围绕一条直线散布，而图 9-1（b）中的散点大致围绕一条抛物线散布，这就是变量间统计规律性的一种表现.

　　　　若图中的点像图 9-1（a）中那样呈直线状，则表明 y 与 x 之间有线性相关关系，可以建立数学模型

$$y = a + bx + \varepsilon \tag{9-16}$$

来描述它们之间的关系.因为 x 不能严格地确定 y，故带有一误差项 ε，假设 $\varepsilon \sim N(0, \sigma^2)$，相当于对 y 做正态假设：对于 x 的每一个值有 $y \sim N(a + bx, \sigma^2)$，其中未知数 a, b, σ^2 不依赖于 x，式（9-16）称为一元线性回归模型.

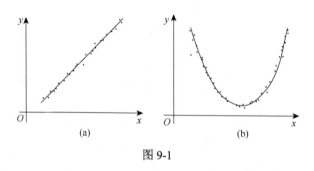

图 9-1

　　　　在式（9-16）中，a, b, σ^2 是待估计参数.估计它们的最基本的方法是最小二乘法，这将在下一部分讨论.记 $\hat{a}$ 和 $\hat{b}$ 是用最小二乘法获得的估计，则对于给定的 x，方程

$$\hat{y} = \hat{a} + \hat{b}x \tag{9-17}$$

称为 y 关于 x 的线性回归方程或回归方程，其图形称为回归直线. 式（9-17）是否真正描述了变量 y 与 x 间客观存在的关系，还需进一步检验.

　　　　在实际问题中，随机变量 y 有时与多个普通变量 $x_1, x_2, \cdots, x_p (p > 1)$ 有关，可类似地建立数学模型

$$y = b_0 + b_1 x_1 + \cdots + b_p x_p + \varepsilon, \qquad \varepsilon \sim N(0, \sigma^2), \tag{9-18}$$

其中 $b_0, b_1, \cdots, b_p, \sigma^2$ 都是与 $x_1, x_2, \cdots, x_p$ 无关的未知参数. 式（9-18）称为多元线性回归模型, 与前面一个自变量的情形一样, 进行 n 次独立观测, 得样本

$$(x_{11}, x_{12}, \cdots, x_{1p}, y_1), (x_{21}, x_{22}, \cdots, x_{2p}, y_2), \cdots, (x_{n1}, x_{n2}, \cdots, x_{np}, y_n),$$

有了这些数据之后, 就可以用最小二乘法获得未知参数的最小二乘估计, 记为 $\hat{b}_0, \hat{b}_1, \cdots, \hat{b}_p$, 从而得多元线性回归方程

$$\hat{y} = \hat{b}_0 + \hat{b}_1 x_1 + \cdots + \hat{b}_p x_p. \tag{9-19}$$

同理, 式（9-19）是否真正描述了变量 y 与 $x_1, x_2, \cdots, x_p$ 间客观存在的关系, 还需进一步检验.

二、一元线性回归

最小二乘法是估计未知参数的一种重要方法, 现用它来求一元线性回归模型式（9-16）中 a 和 b 的估计.

最小二乘法的基本思想是, 对一组观察值 $(x_1, y_1), (x_2, y_2), \cdots, (x_n, y_n)$, 将误差 $\varepsilon_i = y_i - (a + b x_i)$ 的平方和

$$Q(a,b) = \sum_{i=1}^{n} \varepsilon_i^2 = \sum_{i=1}^{n} \left[y_i - (a + b x_i) \right]^2 \tag{9-20}$$

达到最小的 $\hat{a}$ 和 $\hat{b}$ 作为 a 与 b 的估计, 称其为最小二乘估计. 直观地说, 平面上的直线很多, 选取哪一条作为最佳呢? 很自然的一个想法是, 当点 $(x_i, y_i)(i = 1, 2, \cdots, n)$ 与某条直线的误差平方和比它们与任何其他直线的误差平方和都要小时, 这条直线便能最佳地反映这些点的分布状况, 并且可以证明, 在某些假设下, 和是所有线性无偏估计中最好的.

根据微分学的极值原理, 可将 $Q(a, b)$ 分别对 a, b 求偏导数, 并令它们等于零, 得到方程组:

$$\begin{cases} \dfrac{\partial Q}{\partial a} = -2 \sum_{i=1}^{n} \left(y_i - a - b x_i \right) = 0, \\ \dfrac{\partial Q}{\partial b} = -2 \sum_{i=1}^{n} \left(y_i - a - b x_i \right) x_i = 0, \end{cases} \tag{9-21}$$

即

$$\begin{cases} na + \left(\sum_{i=1}^{n} x_i \right) b = \sum_{i=1}^{n} y_i, \\ \left(\sum_{i=1}^{n} x_i \right) a + \left(\sum_{i=1}^{n} x_i^2 \right) b = \sum_{i=1}^{n} x_i y_i, \end{cases} \tag{9-22}$$

式（9-22）称为正规方程组.

由于 x_i 不全相同, 正规方程组的参数行列式

$$\begin{vmatrix} n & \sum_{i=1}^{n} x_i \\ \sum_{i=1}^{n} x_i & \sum_{i=1}^{n} x_i^2 \end{vmatrix} = n\sum_{i=1}^{n} x_i^2 - \left(\sum_{i=1}^{n} x_i\right)^2 = n\sum_{i=1}^{n} (x_i - \overline{x})^2 \neq 0,$$

故式（9-22）有唯一解

$$\begin{cases} \hat{b} = \dfrac{\sum_{i=1}^{n} (x_i - \overline{x})(y_i - \overline{y})}{\sum_{i=1}^{n} (x_i - \overline{x})^2}, \\ \hat{a} = \overline{y} - \hat{b}\overline{x}. \end{cases} \tag{9-23}$$

于是，所求的线性回归方程为

$$\hat{y} = \hat{a} + \hat{b}x. \tag{9-24}$$

若将 $\hat{a} = \overline{y} - \hat{b}\overline{x}$ 代入式（9-24），则线性回归方程也可以表示为

$$\hat{y} = \overline{y} + \hat{b}(x - \overline{x}). \tag{9-25}$$

式（9-25）表明，对于样本观察值 $(x_1, y_1), (x_2, y_2), \cdots, (x_n, y_n)$，回归直线通过散点图的几何中心 $(\overline{x}, \overline{y})$. 回归直线是一条过点 $(\overline{x}, \overline{y})$，斜率为 $\hat{b}$ 的直线.

上述确定回归直线所依据的原则是使所有观测数据的误差平方和达到最小值.按照这个原理确定回归直线的方法称为最小二乘法."二乘"是指 Q 是二乘方（平方）的和.如果 y 是正态变量，也可以用以极大似然估计法得出相同的结果.

为了计算上的方便，引入下述记号：

$$\begin{cases} S_{xx} = \sum_{i=1}^{n} (x_i - \overline{x})^2 = \sum_{i=1}^{n} x_i^2 - \dfrac{1}{n}\left(\sum_{i=1}^{n} x_i\right)^2, \\ S_{yy} = \sum_{i=1}^{n} (y_i - \overline{y})^2 = \sum_{i=1}^{n} y_i^2 - \dfrac{1}{n}\left(\sum_{i=1}^{n} y_i\right)^2, \\ S_{xy} = \sum_{i=1}^{n} (x_i - \overline{x})(y_i - \overline{y}) = \sum_{i=1}^{n} x_i y_i - \dfrac{1}{n}\left(\sum_{i=1}^{n} x_i\right)\left(\sum_{i=1}^{n} y_i\right), \end{cases} \tag{9-26}$$

这样，a，b 的估计可以写成

$$\begin{cases} \hat{b} = \dfrac{S_{xy}}{S_{xx}}, \\ \hat{a} = \dfrac{1}{n}\sum_{i=1}^{n} y_i - \left(\dfrac{1}{n}\sum_{i=1}^{n} x_i\right)\hat{b}. \end{cases} \tag{9-27}$$

例 9-5 某企业生产一种毛毯，1～10 月的产量 x 与生产费用支出 y 的统计资料如表 9-7 所示，求 y 关于 x 的线性回归方程.

表 9-7

项目	月份									
	1	2	3	4	5	6	7	8	9	10
$x/(10^3$千条$)$	12.0	8.0	11.5	13.0	15.0	14.0	8.5	10.5	11.5	13.3
$y/(10^4$元$)$	11.6	8.5	11.4	12.2	13.0	13.2	8.9	10.5	11.3	12.0

解 为求线性回归方程，将有关计算结果列表，如表 9-8 所示.

表 9-8

月份	产量 x	费用支出 y	x^2	xy	y^2
1	12.0	11.6	114	139.2	134.56
2	8.0	8.5	64	68	72.25
3	11.5	11.4	132.25	131.1	129.96
4	13.0	12.2	169	158.6	148.84
5	15.0	13.0	225	195	169
6	14.0	13.2	196	184.8	174.24
7	8.5	8.9	72.25	75.65	79.21
8	10.5	10.5	110.25	110.25	110.25
9	11.5	11.3	132.25	129.95	127.69
10	13.3	12.0	176.89	159.6	144
合计	117.3	112.6	1421.89	1352.15	1290

$$S_{xx} = 1\,421.89 - \frac{1}{10}(117.3)^2 = 45.961,$$

$$S_{xy} = 1\,352.15 - \frac{1}{10} \times 117.3 \times 112.6 = 31.352,$$

$$\hat{b} = \frac{S_{xy}}{S_{xx}} = 0.682\,1, \qquad \hat{a} = \frac{112.6}{10} - 0.682\,1 \times \frac{117.3}{10} = 3.259\,0,$$

故回归方程为 $\hat{y} = 3.259\,0 + 0.682\,1x$.

三、多元线性回归

多元线性回归分析原理与一元线性回归分析相同，但在计算上要复杂些.

若 $(x_{11}, x_{12}, \cdots, x_{1p}, y_1)$, $(x_{21}, x_{22}, \cdots, x_{2p}, y_2)$, $\cdots$, $(x_{n1}, x_{n2}, \cdots, x_{np}, y_n)$ 为一样本，根据最小二乘法原理，多元线性回归中未知参数 $b_0, b_1, \cdots, b_p$ 应使

$$Q = \sum_{i=1}^{n}(y_i - b_0 - b_1 x_{i1} - \cdots - b_p x_{ip})^2$$

达到最小.

对 Q 分别关于 $b_0, b_1, \cdots, b_p$ 求偏导数，并令它们等于零，得

$$
\begin{cases}
\dfrac{\partial Q}{\partial b_0} = -2\sum_{i=1}^{n}(y_i - b_0 - b_1 x_{i1} - \cdots - b_p x_{ip}) = 0, \\[2mm]
\dfrac{\partial Q}{\partial b_j} = -2\sum_{i=1}^{n}(y_i - b_0 - b_1 x_{i1} - \cdots - b_p x_{ip})x_{ij} = 0, \quad j = 1, 2, \cdots, p,
\end{cases}
$$

即

$$
\begin{cases}
b_0 n + b_1 \sum_{i=1}^{n} x_{i1} + b_2 \sum_{i=1}^{n} x_{i2} + \cdots + b_p \sum_{i=1}^{n} x_{ip} = \sum_{i=1}^{n} y_i, \\[2mm]
b_0 \sum_{i=1}^{n} x_{i1} + b_1 \sum_{i=1}^{n} x_{i1}^2 + b_2 \sum_{i=1}^{n} x_{i1}x_{i2} + \cdots + b_p \sum_{i=1}^{n} x_{i1}x_{ip} = \sum_{i=1}^{n} x_{i1}y_i, \\[2mm]
\cdots \cdots \\[2mm]
b_0 \sum_{i=1}^{n} x_{ip} + b_1 \sum_{i=1}^{n} x_{i1}x_{ip} + b_2 \sum_{i=1}^{n} x_{i2}x_{ip} + \cdots + b_p \sum_{i=1}^{n} x_{ip}^2 = \sum_{i=1}^{n} x_{ip}y_i,
\end{cases} \tag{9-28}
$$

式（9-28）称为正规方程组. 引入矩阵

$$
\boldsymbol{X} = \begin{pmatrix} 1 & x_{11} & x_{12} & \cdots & x_{1p} \\ 1 & x_{21} & x_{22} & \cdots & x_{2p} \\ \vdots & \vdots & \vdots & & \vdots \\ 1 & x_{n1} & x_{n2} & \cdots & x_{np} \end{pmatrix}, \qquad \boldsymbol{Y} = \begin{pmatrix} y_1 \\ y_2 \\ \vdots \\ y_n \end{pmatrix}, \qquad \boldsymbol{B} = \begin{pmatrix} b_0 \\ b_1 \\ \vdots \\ b_p \end{pmatrix},
$$

于是式（9-28）可写成

$$
\boldsymbol{X'XB} = \boldsymbol{X'Y}, \tag{9-28$'$}
$$

式（9-28）$'$为正规方程组的矩阵形式. 若$(\boldsymbol{X'X})^{-1}$存在，则

$$
\hat{\boldsymbol{B}} = \begin{pmatrix} \hat{b}_0 \\ \hat{b}_1 \\ \vdots \\ \hat{b}_p \end{pmatrix} = (\boldsymbol{X'X})^{-1} \boldsymbol{X'Y}, \tag{9-29}
$$

方程$\hat{y} = \hat{b}_0 + \hat{b}_1 x_1 + \cdots + \hat{b}_p x_p$为$p$元线性回归方程.

例 9-6　如表 9-9 所示，某一种特定的合金铸品，x 和 z 表示合金中所含的 A 及 B 两种元素的百分数，现 x 及 z 各选 4 种，共有 $4 \times 4 = 16$ 种组合，y 表示各种成分的铸品数，根据表中资料求二元线性回归方程.

解　由式（9-28），根据表 9-9 中数据，得正规方程组

$$
\begin{cases}
16b_0 + 200b_1 + 40b_2 = 560, \\
200b_0 + 3000b_1 + 500b_2 = 6110, \\
40b_0 + 500b_1 + 120b_2 = 1580,
\end{cases}
$$

解得 $b_0 = 34.75$，$b_1 = -1.78$，$b_2 = 9$，于是所求回归方程为 $y = 34.75 - 1.78x + 9z$.

表 9-9

所含 Ax	5	5	5	5	10	10	10	10	15	15	15	15	20	20	20	20
所含 Bz	1	2	3	4	1	2	3	4	1	2	3	4	1	2	3	4
铸品数 y	28	30	48	74	29	50	57	42	20	24	31	47	9	18	22	31

历届考研试题选讲九（略）

本章小结（略）

总 习 题 九

1. 灯泡厂用 4 种材料制灯丝，检验灯丝材料这一因素对灯泡寿命的影响.若灯泡寿命服从正态分布，不同材料的灯丝制成的灯泡寿命的方差相同，试根据表 9-10 中试验结果，在显著性水平 0.05 下检验灯泡寿命是否因灯丝材料不同而有显著差异？

表 9-10

灯丝材料水平	试验批号							
	1	2	3	4	5	6	7	8
A_1	1 600	1 610	1 650	1 680	1 700	1 720	1 800	
A_2	1 580	1 640	1 640	1 700	1 750			
A_3	1 460	1 550	1 600	1 620	1 640	1 660	1 740	1 820
A_4	1 510	1 520	1 530	1 570	1 600	1 680		

2. 一个年级有三个小班，他们进行了一次数学考试，现从各个班级随机地抽取一些学生，记录其成绩，如表 9-11 所示.

表 9-11

I		II		III	
73	66	88	77	68	41
89	60	78	31	79	59
82	45	48	78	56	68
43	93	91	62	91	53
80	36	51	76	71	79
73	77	85	96	71	15
		74	80	87	
		56			

试在显著性水平 0.05 下检验各班级的平均分数有无显著差异.设各个总体服从正态分布，且方差相等.

3. 表 9-12 记录了 3 位操作工分别在不同机器上操作 3 天的日产量.

表 9-12

机器	操作工								
	甲			乙			丙		
A_1	15	15	17	19	19	16	16	18	21
A_2	17	17	17	15	15	15	19	22	22
A_3	15	17	16	18	17	16	18	18	18
A_4	18	20	22	15	16	17	17	17	17

取显著性水平 $\alpha = 0.05$，试分析操作工之间，机器之间，以及两者交互作用有无显著差异？

4. 在硝酸钠（$NaNO_3$）的溶解度试验中，测得在不同温度 x（以℃计）下溶解于 100 份水中的硝酸钠份

数 y 的数据，如表 9-13 所示，试求 y 关于 x 的线性回归方程.

表 9-13

0	4	10	15	21	29	36	51	68
66.7	71.0	76.3	80.6	85.7	92.9	99.4	113.6	125.1

5. 测量了 9 对父子的身高，所得数据如表 9-14 所示.

表 9-14　　　　　　　　　　（单位：in，1 in = 2.54 cm）

父亲身高 x	60	62	64	66	67	68	70	72	74
儿子身高 y	63.6	65.2	66	66.9	67.1	67.4	68.3	70.1	70

求：（1）儿子身高 y 关于父亲身高 x 的回归方程；

（2）取 $\alpha = 0.05$，检验儿子身高 y 与父亲身高 x 之间的线性相关关系是否显著；

（3）若父亲身高为 70 in，求其儿子身高的置信度为 95%的预测区间.

6. 随机抽取 10 个家庭，调查了他们的家庭月收入 x（以 100 元计）和月支出 y（以 100 元计），记录于表 9-15 中.

表 9-15

x	20	15	20	25	16	20	18	19	22	16
y	18	14	17	20	14	19	17	18	20	13

求：（1）在直角坐标系下作 x 与 y 的散点图，判断 y 与 x 是否存在线性相关关系；

（2）求 y 与 x 的一元线性回归方程.

（3）对所得的回归方程进行显著性检验（$\alpha = 0.025$）.

7. 设 y 为树干的体积，x_1 为离地面一定高度的树干直径，x_2 为树干高度，一共测量了 31 棵树，数据列于表 9-16 中，作出 y 对 x_1，x_2 的二元线性回归方程，以便能用简单分法由 x_1 和 x_2 估计一棵树的体积，进而估计一片森林的木材储量.

表 9-16

x_1（直径）	x_2（高度）	y（体积）	x_1（直径）	x_2（高度）	y（体积）
8.3	70	10.3	12.9	85	33.8
8.6	65	10.3	13.3	86	27.4
8.8	63	10.2	13.7	71	25.7
10.5	72	10.4	13.8	64	24.9
10.7	81	16.8	14.0	78	34.5
10.8	83	18.8	14.2	80	31.7
11.0	66	19.7	15.5	74	36.3
11.0	75	15.6	16.0	72	38.3
11.1	80	18.2	16.3	77	42.6
11.2	75	22.6	17.3	81	55.4

续表

x_1（直径）	x_2（高度）	y（体积）	x_1（直径）	x_2（高度）	y（体积）
11.3	79	19.9	17.5	82	55.7
11.4	76	24.2	17.9	80	58.3
11.4	76	21.0	18.0	80	51.5
11.7	69	21.4	18.0	80	51.0
12.0	75	21.3	20.6	87	77.0
12.9	74	19.1			

8. 一家从事市场研究的公司，希望能预测每日出版的报纸在各种居民区内的周末发行量，两个独立变量（总零售额和人口密度）被选作自变量.由 $n = 25$ 个居民区组成的随机样本的结果列于表 9-17 中，求日报周末发行量 y 关于总零售额 x_1 和人口密度 x_2 的线性回归方程.

表 9-17

居民区	日报周末发行量 y/(10^4 份)	总零售额 x_1/(10^5 元)	人口密度 x_2/(0.001m^2)
1	3.0	21.7	47.8
2	3.3	24.1	51.3
3	4.7	37.4	76.8
4	3.9	29.4	66.2
5	3.2	22.6	51.9
6	4.1	32.0	65.3
7	3.6	26.4	57.4
8	4.3	31.6	66.8
9	4.7	35.5	76.4
10	3.5	25.1	53.0
11	4.0	30.8	66.9
12	3.5	25.8	55.9
13	4.0	30.3	66.5
14	3.0	22.2	45.3
15	4.5	35.7	73.6
16	4.1	30.9	65.1
17	4.8	35.5	75.2
18	3.4	24.2	54.6
19	4.3	33.4	68.7
20	4.0	30.0	64.8
21	4.6	35.1	74.7
22	3.9	29.4	62.7
23	4.3	32.5	67.6
24	3.1	24.0	51.3
25	4.4	33.9	70.8

概率论与数理统计综合测试题一

一、填空题（每小题 3 分，共 15 分）

1. 已知 10 件产品中有 3 件次品，在其中取产品两次，每次任取 1 件，做不放回抽样，则 2 件都是次品的概率为_____.

2. 已知 $P(\bar{A} \cup B) = 0.8, P(A) = 0.4$，则 $P(AB) = $_____.

3. 设 X, Y 相互独立，且 $X \sim \chi^2(2), Y \sim \chi^2(5)$，则 $X + Y \sim$ _____（写出分布及其参数）.

4. 设某种调味包的包装袋的净重服从 $N(\mu, \sigma^2)$，现测得 9 袋的平均重量（以 g 计）为 $\bar{x} = 6 \, \mathrm{g}$，已知 $\sigma = 0.6$，则 μ 的置信度为 95% 的置信区间为_____$(u_{0.025} = 1.96)$.

5. 设 X_1, X_2, X_3, X_4 是来自总体 $X \sim N(\mu, \sigma^2)$ 的一个样本，当 $\frac{1}{2}X_1 + \frac{1}{2}X_2$，$\frac{1}{3}X_1 + \frac{1}{3}X_2 + \frac{1}{3}X_3$，$\frac{1}{4}X_1 + \frac{1}{3}X_2 + \frac{1}{6}X_3 + \frac{1}{4}X_4$ 作为 μ 的无偏估计时，最有效的是_____.

二、选择题（每小题 3 分，共 15 分）

6. 设随机变量 $X \sim U(0,1)$，记事件 $A = \left\{ 0 \leq X \leq \frac{1}{2} \right\}, B = \left\{ \frac{1}{4} \leq X \leq \frac{3}{4} \right\}$，则_____.

（A）A 与 B 互不相容   （B）B 包含 A

（C）A 与 B 互为对立事件   （D）A 与 B 相互独立

7. 设 $X \sim N(3, \sigma^2)$，$P\{3 < X < 6\} = 0.2$，则 $P\{X < 0\} = $_____.

（A）0.8   （B）0.3   （C）0.2   （D）0.5

8. 设连续型随机变量 X 的概率密度函数为 $f(x) = \begin{cases} kx + 1, & 0 \leq x \leq 2, \\ 0, & \text{其他,} \end{cases}$ 则 $k = $_____.

(A) $-\dfrac{3}{2}$ （B）$-\dfrac{5}{8}$ （C）$-\dfrac{1}{2}$ （D）$-\dfrac{3}{4}$

9. 设随机变量 X 与 Y 相互独立，方差分别为 1 和 3，则随机变量 $X - 2Y$ 的方差是____.
（A）-5 （B）7   （C）13   （D）8

10. 设 $X \sim \pi(10)$，则由切比雪夫不等式可知 $P\{|X - 10| \geq 20\} \leq$_____.

（A）$\dfrac{1}{4}$ （B）$\dfrac{1}{40}$ （C）$\dfrac{39}{40}$ （D）$\dfrac{1}{16}$

三、判断题（正确打"√"，错误打"×"，每小题 2 分，共 10 分）

11. 若 $P(A) = 1$，则事件 A 不一定是必然事件.   （　）

12. 若随机变量 X 与 Y 不相关，则 X 与 Y 相互独立.   （　）

13. 若随机变量 $X \sim N(0,1)$，则 X^2 服从 χ^2 分布.   （　）

14. 样本均值总是总体均值的无偏估计.   （　）

15. 假设检验中，第一类错误是指当 H_0 真时接受了 H_0.   （　）

四、计算题（第 16～21 题每题 8 分，第 22 题 6 分，共 54 分）

16. 患肺结核的人通过胸部透视被诊断出的概率为 0.92，而未患肺结核的人通过胸部透视被误诊为有病的概率是 0.003. 若已知某城市成年居民患肺结核的概率是 0.001，从该城市居民中任选一人，试求：

(1) 此人经胸部透视诊断为患有肺结核的概率；

(2) 若此人经胸部透视诊断为患有肺结核，求他确实患该疾病的概率.

17. 设离散型随机变量 X 的分布律为

X	-1	1	2
p_k	$\dfrac{1}{2}k$	$\dfrac{3}{4}k$	$\dfrac{3}{4}k$

试求：(1) k 的值；(2) X 的分布函数；(3) $P\left\{-\dfrac{1}{2}\leqslant X<2\right\}$.

18. 设 (X,Y) 的概率密度函数为 $f(x,y)=\begin{cases}6x, & 0\leqslant x\leqslant y\leqslant 1, \\ 0, & \text{其他}.\end{cases}$

(1) 判断 X 与 Y 是否独立；

(2) 求条件概率密度 $f_{X|Y}(x|y)$；

(3) 求 $P\{X+Y\leqslant 1\}$.

19. 设某次考试的考生成绩服从正态分布 $N(\mu,\sigma^2)$，从中随机抽取 36 位考生的成绩，算得平均成绩为 $\bar{x}=66.5$ 分，标准差 $s=15$. 问在显著性水平 $\alpha=0.05$ 下，是否可以认为这次考试全体考生的平均成绩为 70 分？给出检验过程 $\left(t_{0.025}(36)=2.0281, t_{0.025}(35)=2.0301\right)$.

20. 设总体 X 的概率密度函数为

$$f(x)=\begin{cases}(\alpha+1)x^{\alpha}, & 0<x<1, \\ 0, & \text{其他},\end{cases}$$

$\alpha(\alpha>-1)$ 为未知参数，$X_1,X_2,\cdots,X_n$ 是来自总体 X 的样本，求 α 的最大似然估计量.

21. 已知二维离散型随机变量 (X,Y) 的分布律为

Y \ X	-2	1
0	0.1	0.8
1	0	0.1

求 X 与 Y 的相关系数 ρ_{XY}.

22. 某工厂有 100 台同类型的机器，出于工艺原因，每台机器的实际工作时间只占全部工作时间的 80%，各台机器工作是相互独立的，试用中心极限定理求任一时刻有 72～90 台机器正在工作的概率（$\varPhi(2.5)=0.9938, \varPhi(2)=0.9772$）.

五、证明题（共 6 分）

23. 设总体 $X\sim N(0,1)$，X_1,X_2,X_3,X_4 为来自总体 X 的样本，证明：$\dfrac{(X_1-X_2)^2}{X_3^2+X_4^2}\sim F(1,2)$.

概率论与数理统计综合测试题二

一、判断题（每小题 2 分，共 10 分）

1. 若事件 $\bar{A}$ 与 $\bar{B}$ 独立，则事件 A 与 B 也独立. （　　）
2. 条件概率 $P(A|B)$ 一定小于等于无条件概率 $P(A)$. （　　）
3. 若随机变量 X 与 Y 不相关，则 $E(XY)=E(X)E(Y)$. （　　）
4. 若随机变量 X 服从 t 分布，则 X^2 服从 F 分布. （　　）
5. 由矩估计法求得的估计量一定是相合估计. （　　）

二、填空题（每小题 3 分，共 15 分）

6. $P(A)=P(B)=\dfrac{1}{3}$，$P(A|B)=\dfrac{1}{6}$，则 $P(\bar{A}|\bar{B})=$ _____.

7. 若 $X\sim\pi(10)$，$Y\sim\pi(10)$，且 X 与 Y 独立，则 $X+Y\sim\pi(\underline{\quad\quad})$.

8. 总体服从参数为 2 的指数分布，则样本均值的期望 $E(\bar{X})=$ _____.

9. X 与 Y 独立同分布，$E(X)=5$，$D(X)=5$，则 $E[(X-Y)^2]=$ _____.

10. 设 $\bar{X}$ 和 S^2 分别是总体 $N(\mu,\sigma^2)$ 的样本均值与样本方差，σ^2 已知，则均值 μ 的置信度为 $1-\alpha$ 的双侧置信区间为 _____.

三、选择题（每小题 3 分，共 15 分）

11. 设 $K\sim N(\mu,\sigma^2)$，方程 $x^2+4x+K=0$ 无实根的概率为 0.5，则 μ 的值为 _____.

（A）1　　　（B）2　　　（C）3　　　（D）4

12. 设 X 的概率密度函数为 $f(x)=cx^2+x\ (0<x<0.5)$，则 c 的值为 _____.

（A）0　　　（B）6　　　（C）21　　　（D）24

13. 期望、方差均存在，由切比雪夫不等式知 $P\{|X-E(X)|\geqslant 4D(X)\}\leqslant$ _____.

（A）$\dfrac{1}{4}$　　　（B）$\dfrac{3}{4}$　　　（C）$\dfrac{1}{16}$　　　（D）$\dfrac{15}{16}$

14. 总体 X 的期望为 μ，方差为 σ^2，以下说法不正确的是 _____.

（A）$\bar{X}$ 是 μ 的无偏估计　　　（B）$\bar{X}^2$ 是 μ^2 的无偏估计

（C）$\bar{X}$ 是 μ 的相合估计　　　（D）S^2 是 σ^2 的无偏估计

15. 在假设检验问题中检验水平 α 的意义是 _____.

（A）原假设 H_0 成立，经检验被拒绝的概率

（B）原假设 H_0 成立，经检验不能拒绝的概率

（C）原假设 H_0 不成立，经检验被拒绝的概率

（D）原假设 H_0 不成立，经检验不能拒绝的概率

四、计算题（共 20 分，其中 16、17 题各 6 分，18 题 8 分）

16. 校园卡掉了，掉在宿舍里，掉在教室里，掉在路上的概率分别是 50%、30% 和 20%，而掉在上述三处地方被找到的概率分别是 0.8、0.3 和 0.1. 试求：（1）找到校园卡的概率；

（2）如果找到了，它在宿舍被找到的概率.

17. 设随机变量 X 的分布函数为

$$F(x) = \begin{cases} 0, & x<0, \\ \dfrac{1}{4}, & 0 \leqslant x<1, \\ \dfrac{1}{3}, & 1 \leqslant x<3, \\ \dfrac{1}{2}, & 3 \leqslant x<6, \\ 1, & x \geqslant 6. \end{cases}$$

试求：（1） X 的分布律；（2） $P\{X<3\}$.

18. 二维随机变量 (X,Y) 的概率密度函数为

$$f(x,y) = \begin{cases} 3x, & 0<x<1, 0<y<x, \\ 0, & \text{其他.} \end{cases}$$

（1）试判断 X 与 Y 是否独立；
（2）若不独立，求 (X,Y) 的关于 X 的条件概率密度函数.

五、计算与证明（每题 8 分，共 24 分）

19. 设随机变量 X 服从（0，1）上的均匀分布，求 $Y = -2\ln X$ 的概率密度函数.

20. 设 $X_1, X_2, \cdots, X_{10}$ 是来自总体 $N(0, \sigma^2)$ 的一个简单随机样本，试证明：

$$Y = \frac{3(X_1^2 + X_2^2 + X_3^2 + X_4^2)}{2(X_5^2 + X_6^2 + \cdots + X_{10}^2)} \sim F(4,6).$$

21. 二维随机变量 (X,Y) 的分布律为

Y \ X	0	1
0	0.1	0.1
1	0.8	0

试求 X 与 Y 的相关系数.

六、统计推断（每题 8 分，共 16 分）

22. 设总体的概率密度函数包含未知参数 θ ， $X_1, X_2, \cdots, X_n$ 是来自总体的一个样本，试求参数 θ 的最大似然估计.

$$f(x; \theta) = \begin{cases} (\theta+1)x^{\theta}, & 0<x<1, \\ 0, & \text{其他.} \end{cases}$$

23. 打包机装糖入包，每包标准重为 $100\,\text{kg}$ ，每天开工后，要检验所装糖包的总体期望值是否符合标准（$100\,\text{kg}$）. 某日开工后，测量 9 包糖重，算得样本均值 $\bar{x}=99$ ，样本标准差 $s=1.5$. 打包机装糖的包重服从正态分布，问该天打包机工作是否正常（$\alpha = 0.05$, $t_{0.05}(9) = 1.8331$, $t_{0.05}(8) = 1.8595$, $t_{0.025}(9) = 2.2622$, $t_{0.025}(8) = 2.3060$）？

习题参考答案

习 题 1-1

1. （1） $\Omega = \{3,4,5,6,\cdots,18\}$ ；　（2） $\Omega = \{(x,y) \mid x^2 + y^2 < 1\}$ ；

（3） $\Omega = \{5,6,\cdots\}$ ；　　　　（4） $\Omega = \{HH, HT, TH, TT\}$.

2. （1） $A\bar{B}\bar{C}$ ；　（2） $\bar{A}\cup\bar{B}\cup\bar{C}$ ；　（3） ABC ；　（4） $\overline{ABC}$ ；

（5） $\bar{A}\bar{B}\cup\bar{A}\bar{C}\cup\bar{B}\bar{C}$ ；　（6） $A\cup B\cup C$ ；　（7） $\overline{ABC}$.

3. $\bar{A}$ 表示"甲产品滞销或乙产品畅销".

习 题 1-2

1. （1） $P(\bar{A}) = 0.6$ ， $P(\bar{B}) = 0.4$ ；（2） $P(AB) = P(A) = 0.4$;

（3） $P(A\cup B) = 0.6$ ；（4） $P(\bar{A}B) = 0.2$ ；

（5） $P(A\bar{B}) = 0.4$ ， $P(\bar{B}A) = 0$.

2. 当 $B\supset A$ 时， $P(AB) = P(A) = 0.6$ 取得最大值；当 $A\cup B = \Omega$ 时， $P(AB) = P(A) + P(B) - P(A\cup B) = 0.3$ 取得最小值.

3. $\dfrac{5}{8}$.

4. （1） $\dfrac{25}{63}$ ；　　（2） $\dfrac{113}{126}$ ；　　（3） $\dfrac{2}{9}$.

5. （1） $\dfrac{5}{14}$ ；　　（2） $\dfrac{13}{28}$.

6. $\dfrac{2}{9}$.

7. $\dfrac{1}{2} + \dfrac{1}{\pi}$.

习 题 1-3

1. $\dfrac{1}{3}$.

2. $\dfrac{1}{4}$.

3. 0.6 .

4. $P(AB) = 0.4$ ； $P(\bar{A}B) = 0.3$.

5. 0.5 .

6. （1） $\dfrac{19}{58}$ ；　（2） $\dfrac{19}{28}$.

7. $\dfrac{rt(r+a)(t+a)}{(r+t)(r+t+a)(r+t+2a)(r+t+3a)}$.

8. $\dfrac{53}{99}$.

9. $\dfrac{3}{5}$.

10. $\dfrac{20}{21}$.

11. $\dfrac{196}{197}$.

12（1）$\dfrac{1}{2}$；　　　　（2）$\dfrac{2}{9}$.

13. 略.

习 题 1-4

1. 相互独立.

2.（1）$P(A)=0.3$；　　　（2）$P(A)=\dfrac{3}{7}$.

3.（1）0.7；　　　　（2）0.7；

　（3）0.8；　　　　（4）0.7.

4. $\dfrac{3}{5}$.

5. 略.

6.（1）$1-0.99^n$；（2）$n\geqslant 685$.

7. $p_1 p_2 p_3 + p_1 p_4 - p_1 p_2 p_3 p_4$.

8. $P(A_1|B)=\dfrac{P(A_1 B)}{P(B)}=\dfrac{P(A_1)P(B|A_1)}{P(A_1)P(B|A_1)+P(A_2)P(B|A_2)+P(A_3)P(B|A_3)}=0.8731$,

$P(A_2|B)=0.1268$，　$P(A_3|B)=0.0001$.

9. 当 $p>\dfrac{1}{2}$ 时，对甲来说采用五局三胜制有利；当 $p=\dfrac{1}{2}$ 时两种赛制甲、乙最终获胜的概率是相同的，都是 50%.

10. 甲得 7.5 万元，乙得 2.5 万元.

总 习 题 一

1. 0.

2. $\dfrac{2}{3}$，$\dfrac{2}{3}$.

3.（A）.

4.（D）.

5. $P(A)=\dfrac{2!}{5!}=\dfrac{1}{60}$.

6. $\dfrac{13}{21}$.

7. $\dfrac{3}{8}$，$\dfrac{9}{16}$，$\dfrac{1}{16}$.

8. $P(A) = \dfrac{C_5^1 C_{45}^2}{C_{50}^3} = \dfrac{5 \times 990}{19\,600} = \dfrac{99}{392}$.

9. （1） $\dfrac{1}{12}$；　　　　　　　（2） $\dfrac{1}{20}$.

10. $\dfrac{3}{5}$.

11. （1） $P(A) = \dfrac{2\displaystyle\int_0^1 \dfrac{p^2}{4}\mathrm{d}p + 2}{4} = \dfrac{13}{24}$；　　（2） $P(B) = \dfrac{\displaystyle\int_{-1}^0 \dfrac{p^2}{4}\mathrm{d}p}{4} = \dfrac{1}{48}$.

12. $\dfrac{3}{10}$，$\dfrac{1}{5}$.

13. （1） $\dfrac{28}{45}$；　　　　　（2） $\dfrac{1}{45}$；　　　　　（3） $\dfrac{16}{45}$；　　　　　（4） $\dfrac{1}{3}$.

14. $\dfrac{28}{55}$.

15. （1） $\dfrac{3}{40}$；　　　　　（2） $\dfrac{1}{3}$.

16. 0.458.

17. （1） $\dfrac{1}{6}$；　　　　　（2） 0.25.

18. $\dfrac{m}{m + 2^r n}$.

19. （1） $\displaystyle\sum_{i=0}^3 \dfrac{C_9^i C_3^{3-i}}{C_{12}^3} \cdot \dfrac{C_{9-i}^3}{C_{12}^3} \approx 0.146$；　　　　　（2）2 个新球.

20. 略.

习　题　2-1

1. $\dfrac{1}{6}$，$\dfrac{5}{6}$.

2. $X(\omega) = \begin{cases} 0, & \omega为 "合格品"，\\ 1, & \omega为 "不合格品". \end{cases}$

习　题　2-2

1. （1）是；（2）否；（3）是.

2. 15，$\dfrac{2}{5}$.

3.
X	0	1
p_k	0.75	0.25

4. 2.

5. （1）0.072 9；（2）0.008 155；（3）0.999 945.

6. $\dfrac{10}{243}$.

7. （1） $0.045\mathrm{e}^{-0.3}$；（2） $1 - \mathrm{e}^{-0.3}$.

8. 若 λ 不是整数，$k = [\lambda]$ 时最大；若 λ 是整数，$k = \lambda$ 或 $\lambda + 1$ 时最大.

9. $k = [np]$ 或 $[np] + 1$.

10. 0.908.

11. 0.616.

12. 9.

13. $1 - 1.1 \times e^{-0.1}$.

习 题 2-3

1. （1）是；（2）否；（3）否；（4）否.

2. 1，$e^{-1} - e^{-3}$.

3. $F(x) = \begin{cases} 0, & x < 0, \\ 0.8, & 0 \leqslant x < 1, \\ 1, & x \geqslant 1. \end{cases}$

4. $F(x) = \begin{cases} 0, & x < -1, \\ \dfrac{1}{4}, & -1 \leqslant x < 2, \\ \dfrac{1}{2}, & 2 \leqslant x < 3, \\ 1, & x \geqslant 3. \end{cases}$ $\quad P\left\{ X \leqslant \dfrac{1}{2} \right\} = \dfrac{1}{4}, P\{2 < X \leqslant 3\} = \dfrac{1}{2}$

5. $F(x) = \begin{cases} 0, & x < 0, \\ 0.5x, & 0 \leqslant x < 2, \\ 1, & x \geqslant 2. \end{cases}$

习 题 2-4

1. （1）$F(x) = \begin{cases} 0, & x < 1, \\ 2x + 2x^{-1} - 4, & 1 \leqslant x < 2, \\ 1, & x \geqslant 2; \end{cases}$

（2）$F(x) = \begin{cases} 0, & x < 0, \\ \dfrac{1}{2}x^2, & 0 \leqslant x < 1, \\ 1 - \dfrac{1}{2}(2-x)^2, & 1 \leqslant x < 2, \\ 1, & x \geqslant 2. \end{cases}$

2. （1）$\ln 2$ ，1，$\ln \dfrac{5}{4}$ ；（2）$f(x) = \begin{cases} \dfrac{1}{x}, & 1 < x < e, \\ 0, & 其他. \end{cases}$

3. （1）2；　　　　　（2）$F(x) = \begin{cases} 1 - e^{-2x}, & x > 0 \\ 0, & 其他; \end{cases}$　　　　（3）e^{-1} .

4. （1）$\dfrac{1}{2}$ ；　　　　（2）$\dfrac{1}{2}$.

5. $\dfrac{3}{5}$.

6. $\left(\dfrac{50}{79}\right)^3$.

7. $P\{Y=k\}=\mathrm{C}_5^k\mathrm{e}^{-2k}(1-\mathrm{e}^{-2})^{5-k}\ (k=0,1,2,3,4,5)$, $P\{Y\geqslant 1\}=0.516\,7$.

8. （1）$c=3$; （2）$0.532\,8$, $0.999\,6$, 0.5, $0.697\,7$; （3）$d\leqslant 0.436$.

9. $0.954\,4$.

习　题　2-5

1. （1）

Y	-3	-1	1	3	5
p_k	0.1	0.3	0.3	0.2	0.1

（2）

Z	0	1	4
p_k	0.3	0.5	0.2

2. （1）$f_Y(y)=\begin{cases}\dfrac{1}{y}, & 1<y<\mathrm{e},\\[2mm] 0, & \text{其他};\end{cases}$　　　（2）$f_Y(y)=\begin{cases}\dfrac{1}{2}\mathrm{e}^{-\frac{y}{2}}, & y>0,\\[2mm] 0, & \text{其他}.\end{cases}$

3. $f_Y(y)=\begin{cases}\dfrac{1}{2\sqrt{y}}\mathrm{e}^{-\sqrt{y}}, & y>0,\\[2mm] 0, & \text{其他}.\end{cases}$

4. 略.

5. $f_Y(y)=\begin{cases}\sqrt{\dfrac{2}{\pi}}\mathrm{e}^{-\frac{y^2}{2}}, & y>0,\\[2mm] 0, & \text{其他}.\end{cases}$

6. $f_\Theta(\theta)=0.3\times\dfrac{1}{\sqrt{2\pi}}\mathrm{e}^{-\frac{(0.3\theta-6)^2}{2}}\ (-\infty<\theta<+\infty)$.

总　习　题　二

1.

X	1	2	3
p_k	0.6	0.3	0.1

2.

X	1	2	3	4	5	6
p_k	$\dfrac{11}{36}$	$\dfrac{1}{4}$	$\dfrac{7}{36}$	$\dfrac{5}{36}$	$\dfrac{1}{12}$	$\dfrac{1}{36}$

3. （1）

X	1	2	3	$\cdots$	k	$\cdots$
p_k	p	$(1-p)p$	$(1-p)^2p$	$\cdots$	$(1-p)^{k-1}p$	$\cdots$

（2）

Y	r	$r+1$	$r+2$	$\cdots$	$r+k$	$\cdots$
p_k	p^r	$\mathrm{C}_r^1(1-p)p^r$	$\mathrm{C}_{r+1}^2(1-p)^2p^r$	$\cdots$	$\mathrm{C}_{r+k-1}^k(1-p)^kp^r$	$\cdots$

（3）

Z	1	2	3	$\cdots$	k	$\cdots$
p_k	0.45	0.55×0.45	$0.55^2\times 0.45$	$\cdots$	$0.55^{k-1}\times 0.45$	$\cdots$

$P\{Z=2m\}=\dfrac{0.55\times 0.45}{1-0.55^2}$.

4.（1）

X	0	1	2	3
p_k	0.05	0.45	0.45	0.05

（2）$\dfrac{1}{4}$.

5.（1）$C_5^3(0.3)^3(0.7)^2 + C_5^4(0.3)^4(0.7)^1 + C_5^5(0.3)^5(0.7)^0$；

（2）$C_7^3(0.3)^3(0.7)^4 + C_7^4(0.3)^4(0.7)^3 + C_7^5(0.3)^5(0.7)^2 + C_7^6(0.3)^6(0.7)^1 + C_7^7(0.3)^7(0.7)^0$.

6.（1）$\dfrac{4^3}{3!}e^{-4}$；（2）$1 - \dfrac{71}{3}e^{-4}$.

7.$(e^{-2})^4$.

8.（1）$1-e^{-1.2}$；（2）$e^{-1.6}$；（3）$e^{-1.2}-e^{-1.6}$；（4）$1-e^{-1.2}+e^{-1.6}$；（5）0.

9.$1-e^{-1}$.

10.（1）$a=\dfrac{1}{2}$；（2）$F(x)=\begin{cases}0, & x<-1,\\ \dfrac{1}{2}, & -1\leqslant x<0,\\ \dfrac{3}{4}, & 0\leqslant x<1,\\ 1, & x\geqslant 1.\end{cases}$

11.（1）$A=\dfrac{1}{2}$，$B=\dfrac{1}{\pi}$；（2）$\dfrac{1}{4}$；（3）$f(x)=\dfrac{1}{\pi}\dfrac{1}{1+x^2}(-\infty<x<+\infty)$.

12.$\dfrac{4}{5}$.

13.（1）$1-\varPhi\left(\dfrac{5}{12}\right)$，$2\varPhi\left(\dfrac{5}{6}\right)-1$；（2）$x\geqslant 129.74$.

14.77.82.

15.（1）不是，原因略；（2）略.

16.$A=\dfrac{1}{12}$，$\dfrac{1}{6}$.

17.$c=\dfrac{1}{e^{\frac{1}{4}}\sqrt{\pi}}$.

18.0.2，0.2.

19.略.

20.（1）$f_Y(y)=\begin{cases}\dfrac{1}{y}\dfrac{1}{\sqrt{2\pi}}e^{-\frac{(\ln y)^2}{2}}, & 1<y<e,\\ 0, & 其他；\end{cases}$

（2）$f_Y(y)=\begin{cases}\dfrac{1}{2\sqrt{\pi(y-1)}}e^{-\frac{y-1}{4}}, & y>1,\\ 0 & 其他.\end{cases}$

21.$f_Y(y)=\begin{cases}\dfrac{2}{\pi\sqrt{1-y^2}}, & 0<y<1,\\ 0, & 其他.\end{cases}$

习　题　3-1

1. （1）

$\diagdown X$ Y	0	1
0	$\dfrac{15}{22}$	$\dfrac{5}{33}$
1	$\dfrac{5}{33}$	$\dfrac{1}{66}$

（2）

$\diagdown X$ Y	0	1
0	$\dfrac{25}{36}$	$\dfrac{5}{36}$
1	$\dfrac{5}{36}$	$\dfrac{1}{36}$

2.

$\diagdown X$ Y	0	1	2	3
1	0	$\dfrac{3}{8}$	$\dfrac{3}{8}$	0
3	$\dfrac{1}{8}$	0	0	$\dfrac{1}{8}$

3. （1）$c = 4$；　（2）$\dfrac{1}{2}$；　（3）$F(x,y) = \begin{cases} x^2 y^2, & 0 < x < 1, 0 < y < 1, \\ x^2, & 0 < x < 1, y > 1, \\ y^2, & x > 1, 0 < y < 1, \\ 1, & x > 1, y > 1, \\ 0, & 其他. \end{cases}$

4. （1）$A = \dfrac{1}{\pi^2}$，　$B = \dfrac{\pi}{2}$，　$C = \dfrac{\pi}{2}$；

　（2）$f(x,y) = \dfrac{6}{\pi^2(4+x^2)(9+y^2)}$.

5. $\dfrac{\sqrt{2}}{4}(\sqrt{3}-1)$；　$f(x,y) = \begin{cases} \cos x \cos y, & 0 \leqslant x \leqslant \dfrac{\pi}{2}, 0 \leqslant y \leqslant \dfrac{\pi}{2}, \\ 0, & 其他. \end{cases}$

习　题　3-2

1. $F_X(x) = \begin{cases} 1 - e^{-x}, & x > 0 \\ 0, & 其他; \end{cases}$ $F_Y(y) = \begin{cases} 1 - e^{-y}, & y > 0 \\ 0, & 其他. \end{cases}$

2.

X \ Y	y_1	y_2	y_3	$y_{i.}$
x_1	0.1	0.1	0.2	0.4
x_2	0.2	0.2	0.2	0.6
$p_{.j}$	0.3	0.3	0.4	1

3.

Y \ X	0	1	2
0	$\frac{1}{8}$	0	0
1	$\frac{1}{8}$	$\frac{1}{4}$	0
2	0	$\frac{1}{4}$	$\frac{1}{8}$
3	0	0	$\frac{1}{8}$

X	0	1	2
$p_{i.}$	$\frac{1}{4}$	$\frac{1}{2}$	$\frac{1}{4}$

Y	0	1	2	3
$p_{.j}$	$\frac{1}{8}$	$\frac{3}{8}$	$\frac{3}{8}$	$\frac{1}{8}$

4. $f_X(x) = \begin{cases} e^{-x}, & x>0, \\ 0, & 其他; \end{cases}$ $f_Y(y) = \begin{cases} ye^{-y}, & y>0, \\ 0, & 其他. \end{cases}$

5. （1） $c = \dfrac{21}{4}$;

（2） $f_X(x) = \begin{cases} \dfrac{21}{8} x^2 \left(1-x^4\right), & -1<x<1, \\ 0, & 其他; \end{cases}$ $f_Y(y) = \begin{cases} \dfrac{7}{2} y^{\frac{5}{2}}, & 0<y<1, \\ 0, & 其他. \end{cases}$

6. $f(x,y) = \begin{cases} \dfrac{1}{\pi}, & x^2+y^2<1, \\ 0, & 其他; \end{cases}$

$f_X(x) = \begin{cases} \dfrac{2}{\pi}\sqrt{1-x^2}, & -1<x<1, \\ 0, & 其他; \end{cases}$ $f_Y(y) = \begin{cases} \dfrac{2}{\pi}\sqrt{1-y^2}, & -1<y<1, \\ 0, & 其他. \end{cases}$

7. （1） $A = \dfrac{1}{2}$;

（2） $f_X(x) = \begin{cases} \dfrac{1}{2}(\sin x + \cos x), & 0<x<\dfrac{\pi}{2}, \\ 0, & 其他; \end{cases}$ $f_Y(y) = \begin{cases} \dfrac{1}{2}(\sin y + \cos y), & 0<y<\dfrac{\pi}{2}, \\ 0, & 其他. \end{cases}$

8.（1）$A = \dfrac{3}{2}$；

（2）$f_X(x) = \begin{cases} \dfrac{x}{2}, & 0<x<2, \\ 0, & \text{其他}; \end{cases}$　$f_Y(y) = \begin{cases} 3y^2, & 0<y<1, \\ 0, & \text{其他}; \end{cases}$

（3）0.6.

习　题　3-3

1.（1）

$Y=k$	0	1	2
$P\{Y=k\mid X=0\}$	0.8	0.2	0

（2）

$X=k$	−1	0	2
$P\{X=k\mid Y=2\}$	0.6	0	0.4

2. $f_{X\mid Y}(x\mid y) = \begin{cases} \dfrac{1}{1-y}, & y<x<1, \\ \dfrac{1}{1+y}, & -y<x<1, \\ 0, & \text{其他}, \end{cases}$　$f_{Y\mid X}(y\mid x) = \begin{cases} \dfrac{1}{2x}, & |y|<x<1, \\ 0, & \text{其他}. \end{cases}$

3.（1）$A=3$.

（2）$f_X(x) = \begin{cases} 3x^2, & 0<x<1, \\ 0, & \text{其他}; \end{cases}$　$f_Y(y) = \begin{cases} \dfrac{3}{2} - \dfrac{3}{2}y^2, & 0<y<1, \\ 0, & \text{其他}. \end{cases}$

（3）当 $0<y<1$ 时，$f_{X\mid Y}(x\mid y) = \begin{cases} \dfrac{2x}{1-y^2}, & y<x<1, \\ 0, & \text{其他}; \end{cases}$

当 $0<x<1$ 时，$f_{Y\mid X}(y\mid x) = \begin{cases} \dfrac{1}{x}, & 0<y<x, \\ 0, & \text{其他}. \end{cases}$

4.（1）由 $\displaystyle\int_{-\infty}^{+\infty}\int_{-\infty}^{+\infty} f(x,y)\mathrm{d}x\mathrm{d}y=1$ 有 $\displaystyle\int_0^1\int_0^x Ay(1-x)\mathrm{d}y\mathrm{d}x=1$，解得 $A=24$，即 (X,Y) 的密度函数为

$$f(x,y) = \begin{cases} 24y(1-x), & 0\leq x\leq 1, 0\leq y\leq x, \\ 0, & \text{其他}. \end{cases}$$

（2）关于 X 的边缘概率密度为

$$f_X(x) = \int_{-\infty}^{+\infty} f(x,y)\mathrm{d}y = \begin{cases} \int_0^x 24y(1-x)\mathrm{d}y, & 0\leq x\leq 1, \\ 0, & \text{其他} \end{cases} = \begin{cases} 12x^2(1-x), & 0\leq x\leq 1, \\ 0, & \text{其他}. \end{cases}$$

关于 Y 的边缘概率密度为

$$f_Y(y) = \int_{-\infty}^{+\infty} f(x,y)\mathrm{d}x = \begin{cases} \int_y^1 24y(1-x)\mathrm{d}x, & 0\leq y\leq 1, \\ 0, & \text{其他} \end{cases} = \begin{cases} 12y(1-y)^2, & 0\leq y\leq 1, \\ 0, & \text{其他}. \end{cases}$$

当 $0<x<1$ 时，在 $X=x$ 的条件下 Y 的条件概率密度为

$$f_{Y\mid X}(y\mid x) = \frac{f(x,y)}{f_X(x)} = \begin{cases} \dfrac{24y(1-x)}{12x^2(1-x)}, & 0\leq y\leq x, \\ 0, & \text{其他} \end{cases} = \begin{cases} \dfrac{2y}{x^2}, & 0\leq y\leq x, \\ 0, & \text{其他}. \end{cases}$$

当 $0<y<1$ 时，在 $Y=y$ 的条件下 X 的条件概率密度为

$$f_{X|Y}(x|y) = \frac{f(x,y)}{f_Y(y)} = \begin{cases} \dfrac{24y(1-x)}{12y(1-y)^2}, & y \le x \le 1, \\ 0, & \text{其他} \end{cases} = \begin{cases} \dfrac{2(1-x)}{(1-y)^2}, & y \le x \le 1, \\ 0, & \text{其他}. \end{cases}$$

习 题 3-4

1.

X \ Y	y_1	y_2	y_3	$p_{i\cdot}$
x_1	$\dfrac{1}{24}$	$\dfrac{1}{8}$	$\dfrac{1}{12}$	$\dfrac{1}{4}$
x_2	$\dfrac{1}{8}$	$\dfrac{3}{8}$	$\dfrac{1}{4}$	$\dfrac{3}{4}$
$p_{\cdot j}$	$\dfrac{1}{6}$	$\dfrac{1}{2}$	$\dfrac{1}{3}$	1

2. $\alpha = \dfrac{1}{6}$, $\beta = \dfrac{1}{18}$.

3. 略.

4. (1) 是; (2) 否.

5. (1) $f(x,y) = \begin{cases} \dfrac{1}{2}\mathrm{e}^{-\frac{y^2}{2}}, & 0<x<1, y>0, \\ 0, & \text{其他}; \end{cases}$

   (2) 0.1445.

6. (1) 当 $y>0$ 时，$f_{X|Y}(x|y) = \begin{cases} \lambda\mathrm{e}^{-\lambda x}, & x>0, \\ 0, & \text{其他}; \end{cases}$

   (2)
Z	0	1
p_k	$\dfrac{\mu}{\lambda+\mu}$	$\dfrac{\lambda}{\lambda+\mu}$
   , $F(\alpha) = \begin{cases} 0, & \alpha < 0, \\ \dfrac{\mu}{\lambda+\mu}, & 0 \le \alpha < 1, \\ 1, & \alpha \ge 1. \end{cases}$

习 题 3-5

1. (1)
Z	0	1	2	3
p_k	0.1	0.4	0.35	0.15

   (2)
Z	0	1	2
p_k	0.65	0.2	0.15

   (3)
Z	0	1
p_k	0.65	0.35

2. $f_Z(z) = \begin{cases} z^2, & 0<z<1, \\ 1+(z-1)^2, & 1<z<2, \\ 0, & \text{其他}. \end{cases}$

3. (1) 不相互独立;

（2）$f_Z(z) = \begin{cases} \dfrac{1}{2} z^2 \mathrm{e}^{-z}, & z>0, \\ 0, & \text{其他.} \end{cases}$

4. $f_Z(z) = \begin{cases} \dfrac{1}{(z+1)^2}, & z>0, \\ 0, & \text{其他.} \end{cases}$

5. $f_A(a) = \begin{cases} -\ln a, & 0<a<1, \\ 0, & \text{其他.} \end{cases}$

6. 略.

7. （1） $b = \dfrac{1}{1-\mathrm{e}^{-1}}$;

（2） $f_X(x) = \begin{cases} \dfrac{\mathrm{e}^{-x}}{1-\mathrm{e}^{-1}}, & 0<x<1, \\ 0, & \text{其他,} \end{cases}$ $\quad f_Y(y) = \begin{cases} \mathrm{e}^{-y}, & y>0, \\ 0, & \text{其他;} \end{cases}$

（3） $F_U(u) = \begin{cases} 0, & u<0, \\ \dfrac{\left(1-\mathrm{e}^{-u}\right)^2}{1-\mathrm{e}^{-1}}, & 0 \leqslant u<1, \\ 1-\mathrm{e}^{-u}, & u \geqslant 1. \end{cases}$

8. 略.

总 习 题 三

1. （1）

Y\X	0	1	2	3
1	0	$C_3^1 \cdot \dfrac{1}{2} \times \dfrac{1}{2} \times \dfrac{1}{2} = \dfrac{3}{8}$	$C_3^2 \cdot \dfrac{1}{2} \times \dfrac{1}{2} \times \dfrac{1}{2} = \dfrac{3}{8}$	0
3	$\dfrac{1}{8}$	0	0	$\dfrac{1}{2} \times \dfrac{1}{2} \times \dfrac{1}{2} = \dfrac{1}{8}$

（2）

Y\X	0	1	2	3
0	0	0	$\dfrac{C_3^2 \cdot C_2^2}{C_7^4} = \dfrac{3}{35}$	$\dfrac{C_3^3 \cdot C_2^1}{C_7^4} = \dfrac{2}{35}$
1	0	$\dfrac{C_3^1 \cdot C_2^1 \cdot C_2^2}{C_7^4} = \dfrac{6}{35}$	$\dfrac{C_3^2 \cdot C_2^1 \cdot C_2^1}{C_7^4} = \dfrac{12}{35}$	$\dfrac{C_3^3 \cdot C_2^1}{C_7^4} = \dfrac{2}{35}$
2	$P[0\,\text{黑},\ 2\,\text{红},\ 2\,\text{白}] = \dfrac{C_2^2 \cdot C_2^2}{C_7^4} = \dfrac{1}{35}$	$\dfrac{C_3^1 \cdot C_2^2 \cdot C_2^1}{C_7^4} = \dfrac{6}{35}$	$\dfrac{C_3^2 \cdot C_2^2}{C_7^4} = \dfrac{3}{35}$	0

2.（1） $k=\dfrac{1}{8}$; （2） $\dfrac{3}{8}$; （3） $\dfrac{27}{32}$; （4） $\dfrac{2}{3}$.

3. $A=6$;

$$F(x,y)=\begin{cases}(1-\mathrm{e}^{-3x})(1-\mathrm{e}^{-2y}), & x>0,\ y>0,\\ 0, & 其他;\end{cases}$$

独立.

4. $f_X(x)=\begin{cases}2.4x^2(2-x), & 0<x<1,\\ 0, & 其他;\end{cases}$ $f_Y(y)=\begin{cases}2.4y(3-4y+y^2), & 0<y<1,\\ 0, & 其他.\end{cases}$

5.

（1）

X	51	52	53	54	55
p_k	0.28	0.28	0.22	0.09	0.13

Y	51	52	53	54	55
p_k	0.18	0.15	0.35	0.12	0.20

（2）

$Y=k$	51	52	53	54	55
$P\{Y=k\mid X=51\}$	$\dfrac{6}{28}$	$\dfrac{7}{28}$	$\dfrac{5}{28}$	$\dfrac{5}{28}$	$\dfrac{5}{28}$

6. $\dfrac{\alpha}{\alpha+\beta}$.

7.（1） $f_X(x)=\begin{cases}x, & 0<x<1,\\ 2-x, & 1<x<2,\\ 0, & 其他;\end{cases}$ $f_Y(y)=\begin{cases}1, & 0<y<1,\\ 0, & 其他.\end{cases}$

（2）当 $0<y<1$ 时,

$$f_{X|Y}(x|y)=\begin{cases}1, & 0\le x\le 2,\max\{0,x-1\}\le y\le\min\{1,x\}\\ 0, & 其他;\end{cases}$$

当 $0<x<1$ 时,

$$f_{Y|X}(y|x)=\begin{cases}\dfrac{1}{x}, & 0<x<1,0<y<x,\\ \dfrac{1}{2-x}, & 1<x<2,\ x-1<y<1,\\ 0, & 其他.\end{cases}$$

8.（1） $f_X(x)=\begin{cases}\dfrac{\ln x}{x^2}, & x>1,\\ 0, & 其他;\end{cases}$ $f_Y(y)=\begin{cases}\dfrac{1}{2}, & 0<y<1,\\ \dfrac{1}{2y^2}, & 1<y<2,\\ 0, & 其他.\end{cases}$

（2）当 $0<y<2$ 时,

$$f_{X|Y}(x|y)=\begin{cases}\dfrac{1}{x^2 y}, & 0<y<1,\ y<x<\dfrac{1}{y},\\ \dfrac{y}{x^2}, & 1<y<2,\ y<x<\dfrac{1}{y},\\ 0, & 其他;\end{cases}$$

当 $0<x<1$ 时,

$$f_{Y|X}(y|x) = \begin{cases} \dfrac{1}{2y\ln x}, & \dfrac{1}{x} < y < x, \\ 0, & \text{其他.} \end{cases}$$

（3）不独立.

9.（1）$f(x,y) \xlongequal{X,Y独立} f_X(x) \cdot f_Y(y) = \begin{cases} 25\mathrm{e}^{-5y}, & 0 < x < 0.2, y > 0, \\ 0, & \text{其他;} \end{cases}$

（2）e^{-1}.

10.

$X+Y$	2	3	$\cdots$	k	$\cdots$
p_k	$\dfrac{1}{2^2}$	$\dfrac{2}{2^3}$	$\cdots$	$\dfrac{k-1}{2^k}$	$\cdots$

11.（1）$f(x,y) \xlongequal{X,Y独立} f_X(x) \cdot f_Y(y) = \begin{cases} \dfrac{1}{2}\mathrm{e}^{-\frac{y}{2}}, & 0 < x < 1, y > 0, \\ 0, & \text{其他;} \end{cases}$

（2）0.144 5.

12.
$$f_Z(z) = \begin{cases} 0, & z \leqslant 0, \\ \dfrac{1}{2}(1-\mathrm{e}^{-z}), & 0 < z \leqslant 2, \\ \dfrac{1}{2}(\mathrm{e}^2-1)\mathrm{e}^{-z}, & \text{其他.} \end{cases}$$

13.　$f_Z(z) = \begin{cases} \dfrac{1}{2z^2}, & z \geqslant 1, \\ \dfrac{1}{2}, & 0 < z < 1, \\ 0, & \text{其他.} \end{cases}$

14.　$f_U(u) = \begin{cases} u, & 0 < u < 1, \\ \dfrac{1}{2}, & 1 < u < 2, \\ 0, & \text{其他;} \end{cases}$

$$f_V(v) = \begin{cases} \dfrac{3}{2}-v, & 0 < v < 1, \\ 0, & \text{其他.} \end{cases}$$

15. 略.

16. 略.

17.　$f_Z(z) = \begin{cases} \mathrm{e}^z-\mathrm{e}^{z-1}, & z < 0, \\ 1-\mathrm{e}^{z-1}, & 1 < z < 2, \\ 0, & \text{其他.} \end{cases}$

18.（1）$P\{X=2|Y=2\}=0.2$，$P\{Y=3|X=0\}=\dfrac{1}{3}$；

（2）

U	0	1	2	3	4	5
p_k	0	0.04	0.16	0.28	0.24	0.28

（3）

V	0	1	2	3
p_k	0.28	0.30	0.25	0.17

（4）

W	0	1	2	3	4	5	6	7	8
p_k	0	0.02	0.06	0.13	0.19	0.24	0.19	0.12	0.05

习 题 4-1

1. $\dfrac{3}{5}$.

2. 略.

3. $k=3,\alpha=2$.

4. $E(X)=0$.

5. $E(X)=-0.2$ ， $E(X^2)=2.8$ ， $E(3X^2+5)=13.4$.

6. （1） $A=1$ ； （2） $E(Y_1)=2$ ， $E(Y_2)=\dfrac{1}{3}$.

7. 14 kg.

8. 33.64 元.

9. （1） $E(X)=2,E(Y)=0$ ； （2） $-\dfrac{1}{15}$ ； （3）5.

10. $E(X)=\dfrac{4}{5},E(Y)=\dfrac{3}{5}$ ， $E(XY)=\dfrac{1}{2}$ ， $E(X^2+Y^2)=\dfrac{16}{15}$.

11. 略.

习 题 4-2

1. $E(X)=0.6,D(X)=0.46$.

2. $E(X)=1,D(X)=\dfrac{1}{6}$.

3. $E(3X-2Y)=3,D(2X-3Y)=192$.

4. $D(X)=\dfrac{5}{252},D(Y)=\dfrac{17}{448}$.

5. $D(X+Y)=\dfrac{5}{16}$.

6. $E(Y)=7,D(Y)=37.25$.

7. $Z_1\sim N(2\,080,4\,225),Z_2\sim N(80,1\,525)$, $P\{X>Y\}=0.979\,8,P\{X+Y>1\,400\}=0.153\,9$.

8. （1） 1 200， 1 225； （2） 1 282 kg.

9. 略.

10. $p\geqslant\dfrac{8}{9}$.

习 题 4-3

1. 略.

2. 略.

3. $\dfrac{1}{27}$.

4. $E(X) = \dfrac{2}{3}, E(Y) = 0, \text{Cov}(X,Y) = 0$.

5. $E(X) = E(Y) = \dfrac{7}{6}$，$\text{Cov}(X,Y) = -\dfrac{1}{36}$，$\rho_{XY} = -\dfrac{1}{11}$，$D(X+Y) = \dfrac{5}{9}$.

6. $E(X+Y+Z) = 1$，$D(X+Y+Z) = 3$.

7.（1）$E(Z) = \dfrac{1}{3}, D(Z) = 3, \rho_{XZ} = 0$；（2）$X, Z$ 相互独立.

8. -28.

习 题 4-4

1. 原点矩为 $\dfrac{4}{3}$，2，3.2，$\dfrac{16}{3}$；中心矩为 0，$\dfrac{2}{9}$，$-\dfrac{8}{135}$，$\dfrac{6}{135}$.

2. $f(x,y) = \dfrac{1}{32\pi} e^{\frac{-1}{512}(25x^2 - 24xy + 16y^2)}$.

3. $a = 3$，$E(W)$ 的最小值为 108.

4. 略.

5. $f_X(x) = \dfrac{1}{\sqrt{2\pi}} e^{-\frac{x^2}{2}}, f_Y(Y) = \dfrac{1}{2\sqrt{2\pi}} e^{-\frac{(y-1)^2}{2 \cdot 2^2}}, \text{Cov}(X,Y) = -\sqrt{3}, \rho_{XY} = -\dfrac{\sqrt{3}}{2}$.

6. 0.5.

总 习 题 四

1. $E(Y^2) = 5$.

2. $n\left[1 - \left(1 - \dfrac{1}{n}\right)^r\right]$.

3. $k = 2, E(XY) = 0.25$.

4. $E(X) = \dfrac{7}{2}, D(X) = \dfrac{35}{12}$.

5.（1）$a = \dfrac{1}{4}, b = 1, c = -\dfrac{1}{4}$；（2）$E(e^X) = \dfrac{1}{4}(e^2 - 1)^2, D(e^X) = \dfrac{1}{4}e^2(e^2 - 1)^2$.

6. $E(X) = 0$，$D(X) = 2$.

7. 略.

8. 略.

9. $\text{Cov}(X,Y) = -\dfrac{1}{36}, \rho_{XY} = -\dfrac{1}{2}$.

10.（1）

X_1 \ X_2	0	1
0	0.1	0.1
1	0.8	0

（2）$\rho_{X_1 X_2} = -\dfrac{2}{3}$.

11. $\rho_{Z_1 Z_2} = \dfrac{5}{26}\sqrt{13}$.

12.（1）$f_1(x)=\dfrac{1}{\sqrt{2\pi}}\mathrm{e}^{-\frac{x^2}{2}}$，$f_2(y)=\dfrac{1}{\sqrt{2\pi}}\mathrm{e}^{-\frac{y^2}{2}}$，$\rho=0$；（2）不独立.

13. $C=\begin{pmatrix}1 & -4\\ -4 & 16\end{pmatrix}$.

14. 略.

15. 不超过 $\dfrac{1}{12}$.

16. 略.

总习题五

1. 250 000.

2.（1）$2\Phi(\sqrt{3n}\varepsilon)-1$；（2）0.92；（3）46.

3. 0.988 1.

4. 0.038 4.

5. 0.022 8.

6. 0.876 4.

7.（1）0；（2）0.995，0.5，0.005.

8. 0.952.

9. 3201.78 kW.

10. 16 条.

11. 0.006 2.

12.（1）0.125 1；（2）0.993 8.

13.（1）0.291 2；（2）至少 1024.4 kW·h.

14.（1）0.905；（2）0.749 8.

习 题 6-1

1. $P\{X_1=x_1,X_2=x_2,\cdots,X_n=x_n\}=p^{\sum\limits_{i=1}^{n}x_i}(1-p)^{n-\sum\limits_{i=1}^{n}x_i}$.

2. $P\{X_1=x_1,X_2=x_2,\cdots,X_n=x_n\}=\left(\dfrac{m}{n}\right)^{\sum\limits_{i=1}^{n}x_i}\left(1-\dfrac{m}{n}\right)^{n-\sum\limits_{i=1}^{n}x_i}$.

3. $P\{X_1=x_1,X_2=x_2,\cdots,X_n=x_n\}=\dfrac{\lambda^{\sum\limits_{i=1}^{n}x_i}}{x_1!x_2!\cdots x_n!}\mathrm{e}^{-n\lambda}$.

4. $f(x_1,x_2,\cdots,x_n)=\begin{cases}\lambda^n\mathrm{e}^{-\lambda\sum\limits_{i=1}^{n}x_i}, & x_i>0,i=1,2,\cdots,n,\\ 0, & \text{其他}.\end{cases}$

5. $f(x_1,x_2,\cdots,x_n)=\begin{cases}\dfrac{1}{a^n}, & 0<x_1,x_2,\cdots,x_n<a,\\ 0, & \text{其他}.\end{cases}$

6. $F_{20}(x)=\begin{cases}0, & x<4,\\ 0.1, & 4\leqslant x<6,\\ 0.3, & 6\leqslant x<7,\\ 0.75, & 7\leqslant x<9,\\ 0.9, & 9\leqslant x<10,\\ 1, & x\geqslant 10.\end{cases}$

习 题 6-2

1. （1）总体为某车间生产的某种零件的直径，样本为 $X_1,X_2,\cdots,X_5$ ，样本值为 13.7，13.08，13.11，13.11，13.13，样本容量为 5；

（2）$\overline{X}=13.226,S^2=0.73$.

2. $E(\overline{X}-S^2)=np^2$.

3. 略.

4. 略.

习 题 6-3

1. $D(\overline{X})=\dfrac{\lambda}{n}$ ， $E(S^2)=\lambda$.

2. 略.

3. 略.

4. （1）$c=\dfrac{1}{4}$ ，自由度为 3；

（2）$d=\dfrac{\sqrt{6}}{2}$ ，自由度为 3.

5. $c=-1.8125$.

6. $P\{|\overline{X}-\overline{Y}|>0.3\}=0.6744$.

7. $P\left[\sum\limits_{i=1}^{10}X_i^2>1.44\right]=0.1$.

8. （1）$P\left[\dfrac{S^2}{\sigma^2}\leqslant 2.014\right]=0.99$ ； （2）$D(S^2)=\dfrac{2\sigma^4}{15}$.

总 习 题 六

1. （C）.

2. （B）.

3. $\overline{X}\sim N\left(\mu,\dfrac{\sigma^2}{n}\right)$ ， $\dfrac{X_i-\mu}{S/\sqrt{n}}\sim t(n-1)$.

4. $E(\overline{X})=np$ ， $D(\overline{X})=p(1-p)$ ， $E(S^2)=np(1-p)$.

5. $c=\dfrac{1}{3}$.

6. 4， t .

7. $N(0,1)$.

8. $P\{|\overline{X}-\mu|>3\}=P\left\{\dfrac{|\overline{X}-\mu|}{2}>\dfrac{3}{2}\right\}=1-\varPhi(1.5)=0.0668$.

9. $n\geqslant 35$.

10.（1）0.93；（2）0.

11. 0.903.

12. 略.

13.（1）$t(2)$；（2）$t(n-1)$；（3）$F(3,n-3)$.

14. $a=\dfrac{1}{110}$，$b=\dfrac{1}{550}$，$Y\sim\chi^2(2)$.

习 题 7-1

1. $\hat{\theta}=\dfrac{5}{6}$.

2. p 的矩估计量为 $\hat{p}=\overline{X}=\dfrac{1}{n}\sum\limits_{i=1}^{n}X_i=\dfrac{n_A}{n}$，最大似然估计量为 $\hat{p}=\dfrac{1}{n}\sum\limits_{i=1}^{n}X_i=\overline{X}$.

3. θ 的矩估计量为 $\hat{\theta}=\mathrm{e}^{\frac{-1}{\overline{X}}}$.

4.（1）σ 的矩估计量为 $\hat{\sigma}=\overline{X}-2$；（2）最大似然估计量为 $\hat{\sigma}=\dfrac{\sum\limits_{i=1}^{n}(X_i-\mu)}{n}=\overline{X}-2$.

5.（1）矩估计量为 $\hat{\beta}=\dfrac{1}{1-\overline{X}}-2$；（2）最大似然估计量为 $\hat{\beta}=\dfrac{-n}{\sum\limits_{i=1}^{n}\ln X_i}-1$.

6. 最大似然估计为 $\hat{p}=\mathrm{e}^{-\hat{\lambda}}$.

习 题 7-2

1. $\overline{X}$ 是 λ^{-1} 的无偏估计量；$\overline{X}^2$ 不是 λ^{-2} 的无偏估计量；$\dfrac{n}{n+1}\overline{X}^2$ 是 λ^{-2} 的无偏估计量.

2. $\hat{\mu}_1,\hat{\mu}_2,\hat{\mu}_3$ 均为总体参数 μ 的无偏估计量，$\hat{\mu}_2$ 是三个估计量中最有效的估计量.

3. 当 $\alpha=\dfrac{1}{3}$，$\beta=\dfrac{2}{3}$ 时 $\hat{\theta}=\alpha\hat{\theta}_1+\beta\hat{\theta}_2$ 为 θ 的无偏估计，并使得 $D(\hat{\theta})$ 达到最小.

4. 略.

5. 略.

习 题 7-3

1.（B）.

2.（C）.

3.（C）.

习 题 7-4

1. μ 的置信度为 0.95 的置信区间为 $(199.02,200.98)$.

2. μ 的置信度为 0.95 的置信区间为 $(75.05, 84.95)$.

3. （1）$\hat{\sigma} = \dfrac{1}{n}\displaystyle\sum_{i=1}^{n}(X_i - \mu)$;

    （2）$\hat{\mu} = \min\{X_1, X_2, \cdots, X_n\} = X_{(1)}$.

4. σ^2 的置信度为 0.95 的置信区间为 $(37.618, 265.037)$.

5. σ^2 的置信度为 0.95 的置信区间为 $(0.029, 0.229)$.

6. $(-140.959, 168.959)$.

7. $\dfrac{\sigma_1^2}{\sigma_2^2}$ 的置信度为 0.90 的置信区间为 $(0.993, 3.093)$.

习 题 7-5

1. μ 的置信度为 0.95 的左侧置信区间为 $(-\infty, 546.645)$.

2. σ^2 的置信度为 0.95 的右侧置信区间为 $(20.923, +\infty)$.

3. μ 的置信度为 0.9 的右侧置信区间为 $(1097.582, +\infty)$.

总 习 题 七

1.（B）.

2.（B）.

3.（C）.

4. θ 的矩估计值为 $\hat{\theta} = 1 - \bar{x} = \dfrac{2}{7}$，$\theta$ 的最大似然估计值为 $\hat{\theta} = \dfrac{2}{7}$.

5. 矩估计量为 $\hat{\theta} = \dfrac{\bar{X}}{1 - \bar{X}}$，最大似然估计量为 $\hat{\theta} = -\dfrac{n}{\displaystyle\sum_{i=1}^{n}\ln X_i}$.

6. $\hat{\theta} = \bar{X} - \dfrac{1}{2}$，是 θ 的无偏估计量.

7.（1）β 的最大似然估计量为 $\hat{\beta} = \dfrac{1}{\bar{T} - t_0}$;

    （2）t_0 的最大似然估计量为 $\hat{t}_0 = T_{(1)}$.

8. α 的矩估计为 $\hat{\alpha} = \dfrac{A_1^2}{A_2 - A_1^2} = \dfrac{\bar{X}^2}{\dfrac{n-1}{n}S^2} = \dfrac{n\bar{X}^2}{(n-1)S^2}$，$\beta$ 的矩估计为 $\hat{\beta} = \dfrac{A_1}{A_2 - A_1^2} = \dfrac{\bar{X}}{\dfrac{n-1}{n}S^2} = \dfrac{n\bar{X}}{(n-1)S^2}$.

9.（1）$a = \dfrac{1}{2(n-1)}$；（2）$b = \dfrac{1}{n}$.

10. S_1^2

11. $(37.55, 39.45)$.

12.（1）$(3.1733, 3.8267)$；（2）$(2.8233, 4.1767)$；（3）$(2.63, 6.81)$.

13. $(0.45, 2.91)$.

14. $\mu_1 - \mu_2$ 的置信度为 0.95 的置信区间为 $(0.62, 2.78)$.

习 题 8-1

略.

习 题 8-2

1.（B）.

2.（B）.

3.（A）.

4. 接受 H_0，无显著差异.

5. 拒绝 H_0，不可以认为.

6. 接受 H_0，没有发生变化.

7. 拒绝 H_0，不能认为.

总 习 题 八

1. 拒绝 H_0，不可以认为.

2. 接受 H_0，无显著差异.

3.（1）拒绝 H_0；（2）接受 H_0.

4. 拒绝 H_0，不正确.

5. 接受 H_0，可以认为.

6. 拒绝 H_0，不能认为.

7. 略.

8. 接受 H_0，无显著差异.

9. 拒绝 H_0，有明显差异.

总 习 题 九

1. 无显著差异.

2. 无显著差异.

3. 有显著差异.

4. $\hat{y} = 67.5078 + 0.8706x$.

5.（1） $\hat{y} = 36.5891 + 0.4565x$;

（2）显著;

（3）（68.5474±0.9540）=（67.5934, 69.5014）.

6.（1）y 与 x 之间具有线性相关关系;

（2）$\hat{y} = 2.4849 + 0.76x.$;

（3）显著.

7. $\hat{y} = -54.5041 + 4.8424x_1 + 0.2631x_2$.

8. $\hat{y} = 0.3822 + 0.0678x_1 + 0.0244x_2$.

9～12. 略

概率论与数理统计综合测试题一

一、1. $\dfrac{1}{15}$.　2. 0.2.　3. $\chi^2(7)$.　4. $(5.608, 6.392)$.　5. $\dfrac{1}{4}X_1 + \dfrac{1}{3}X_2 + \dfrac{1}{6}X_3 + \dfrac{1}{4}X_4$.

二、6.（D）.7.（B）.8.（C）.9.（C）.10.（B）.

三、11. √.12. ×.13. √.14. √.15. ×.

四、16. 解：（1）设 $A=\{$此人经胸部透视诊断为患有肺结核$\}$，$B_1=\{$此人患病$\}$，$B_2=\{$此人不患病$\}$，
则 $P(B_1)=0.001$，$P(B_2)=0.999$，$P(A|B_1)=0.92$，$P(A|B_2)=0.003$，由全概率公式知

$$P(A)=\sum_{i=1}^{2}P(A|B_i)P(B_i)=0.001\times0.92+0.003\times0.999=0.003\,917.$$

（2）由贝叶斯公式知

$$P(B_1|A)=\frac{P(A|B_1)P(B_1)}{P(A)}=\frac{0.001\times0.92}{0.003\,917}=\frac{920}{3\,917}.$$

17. 解：（1）由 $\dfrac{1}{2}k+\dfrac{3}{4}k+\dfrac{3}{4}k=1$ 得 $k=\dfrac{1}{2}$.

（2）$F(x)=\begin{cases}0, & x<-1,\\ \dfrac{1}{4}, & -1\leq x<1,\\ \dfrac{5}{8}, & 1\leq x<2,\\ 1, & x\geq 2.\end{cases}$

（3）$P\left\{-\dfrac{1}{2}\leq X<2\right\}=P\{X=1\}=\dfrac{3}{8}$.

18. 解：（1）由题意知

$$f_X(x)=\int_{-\infty}^{+\infty}f(x,y)\mathrm{d}y=\begin{cases}\int_x^1 6x\mathrm{d}y, & 0\leq x\leq1,\\ 0, & \text{其他}\end{cases}=\begin{cases}6x-6x^2, & 0\leq x\leq1,\\ 0, & \text{其他},\end{cases}$$

$$f_Y(y)=\int_{-\infty}^{+\infty}f(x,y)\mathrm{d}x=\begin{cases}\int_0^y 6x\mathrm{d}x, & 0\leq y\leq1,\\ 0, & \text{其他}\end{cases}=\begin{cases}3y^2, & 0\leq y\leq1,\\ 0, & \text{其他}.\end{cases}$$

因为 $f(x,y)\neq f_X(x)f_Y(y)$，所以 X,Y 不是相互独立的.

（2）对于一切 $0<y\leq1$，

$$f_{X|Y}(x|y)=\frac{f(x,y)}{f_Y(y)}=\begin{cases}\dfrac{6x}{3y^2}=\dfrac{2x}{y^2}, & 0\leq x\leq y,\\ 0, & \text{其他}.\end{cases}$$

（3）$P\{X+Y\leq1\}=\int_0^{\frac{1}{2}}\int_x^{1-x}6x\mathrm{d}y\mathrm{d}x=\dfrac{1}{4}$.

19. 解：提出假设

$$H_0:\mu=70,\quad H_1:\mu\neq70.$$

检验统计量为 $Z=\dfrac{\overline{X}-70}{S/\sqrt{n}}$，拒绝域为 $|t|\geq t_{\frac{\alpha}{2}}$，则

$$|t|=\left|\frac{\overline{x}-70}{s/\sqrt{n}}\right|=\left|\frac{66.5-70}{15/\sqrt{36}}\right|=1.4<t_{\frac{\alpha}{2}}(35)=2.030\,1,$$

检验统计量的值没有落在拒绝域内，所以接受原假设 H_0，即可以认为这次考试全体考生的平均成绩为70分.

20. 解：由题意知

$$L(\alpha) = \prod_{i=1}^{n} f(x) = (\alpha+1)^n (x_1 x_2 \cdots x_n)^{\alpha},$$

则

$$\ln L(\alpha) = n\ln(\alpha+1) + \alpha \sum_{i=1}^{n} \ln x_i,$$

令

$$\frac{\mathrm{d}\ln L(\alpha)}{\mathrm{d}\alpha} = \frac{n}{\alpha+1} + \sum_{i=1}^{n} \ln x_i = 0,$$

得

$$\hat{\alpha} = -\frac{n}{\sum_{i=1}^{n} \ln x_i} - 1,$$

故 α 的最大似然估计量为 $\hat{\alpha} = -\dfrac{n}{\sum_{i=1}^{n} \ln X_i} - 1$.

21. 解：由 X, Y 的联合分布律知

$$E(X) = -2 \times 0.1 + 1 \times 0.9 = 0.7, \quad E(X^2) = 1 \times 0.9 + 4 \times 0.1 = 1.3,$$

$$E(Y) = 0 \times 0.9 + 1 \times 0.1 = 0.1, \quad E(Y^2) = 0 \times 0.9 + 1 \times 0.1 = 0.1,$$

则

$$D(X) = E(X^2) - E^2(X) = 1.3 - 0.7^2 = 0.81,$$

$$D(Y) = E(Y^2) - E^2(Y) = 0.1 - (0.1)^2 = 0.09,$$

$$E(XY) = 1 \times 1 \times 0.1 = 0.1,$$

$$\mathrm{Cov}(X,Y) = E(XY) - E(X)E(Y) = 0.1 - 0.7 \times 0.1 = 0.03,$$

故

$$\rho_{XY} = \frac{\mathrm{Cov}(X,Y)}{\sqrt{D(X)D(Y)}} = \frac{0.03}{\sqrt{0.81 \times 0.09}} = \frac{1}{9}.$$

22. 解：设100台机器中正在工作的机器数为 X，则 $X \sim b(100, 0.8)$，由棣莫弗-拉普拉斯中心极限定理知

$$\frac{X - 100 \times 0.8}{\sqrt{100 \times 0.8 \times 0.2}} = \frac{X - 80}{4} \sim N(0,1),$$

所以

$$P\{72 < X < 90\} = P\left\{\frac{72-80}{4} < \frac{X-80}{4} < \frac{90-80}{4}\right\}$$
$$= \Phi(2.5) - \Phi(-2)$$
$$= \Phi(2.5) + \Phi(2) - 1$$
$$= 0.9710.$$

五、23. 证明：因为 $X_1 \sim N(0,1), X_2 \sim N(0,1)$，且 X_1, X_2 相互独立，则 $X_1 - X_2 \sim N(0,2)$，从而

$\dfrac{X_1 - X_2}{\sqrt{2}} \sim N(0,1)$，故 $\left(\dfrac{X_1 - X_2}{\sqrt{2}}\right)^2 \sim \chi^2(1)$.

又因为 $X_3 \sim N(0,1), X_4 \sim N(0,1)$，且 X_3, X_4 相互独立，则 $X_3^2 + X_4^2 \sim \chi^2(2)$，且 $\dfrac{X_1 - X_2}{\sqrt{2}}$ 与 $X_3^2 + X_4^2$ 也相互

独立，所以

$$\frac{\left(\dfrac{X_1 - X_2}{\sqrt{2}}\right)^2}{\dfrac{X_3^2 + X_4^2}{2}} = \frac{(X_1 - X_2)^2}{X_3^2 + X_4^2} \sim F(1,2).$$

概率论与数理统计综合测试题二

一、1. . √　　 2. ×. 　 3. √. 　 4. √. 　 5. √.

二、6. $\dfrac{7}{8}$ 或 0.875.　7. 20.　8. 2.　9. 10.　10. $\left(\overline{X} \pm \dfrac{\sigma}{\sqrt{n}} \cdot u_{\frac{\alpha}{2}}\right)$.

三、11.（D）. 12.（C）. 13.（C）. 14.（B）. 15.（A）.

四、16.解：设 $A = \{$找到校园卡$\}$，$B_1 = \{$掉在宿舍$\}$，$B_2 = \{$掉在教室$\}$，$B_3 = \{$掉在路上$\}$，由题意知，B_1，B_2，B_3 构成一个划分，且

$$P(B_1) = 0.5, \quad P(B_2) = 0.3, \quad P(B_3) = 0.2,$$
$$P(A|B_1) = 0.8, \quad P(A|B_2) = 0.3, \quad P(A|B_3) = 0.1,$$

由全概率公式知

$$P(A) = \sum_{i=1}^{3} P(A|B_i)P(B_i) = 0.8 \times 0.5 + 0.3 \times 0.3 + 0.1 \times 0.2 = 0.51,$$

$$P(B_1|A) = \frac{P(A|B_1)P(B_1)}{P(A)} = \frac{0.8 \times 0.5}{0.51} = \frac{40}{51} \quad （或 \approx 0.78）.$$

17. 解：（1）$F(x)$ 的分段点为 X 的可能取值点：0，1，3，6.

$$P\{X = 0\} = F(0) - F(0-0) = \frac{1}{4} - 0 = \frac{1}{4}.$$

同理，可得

$$P\{X = 1\} = \frac{1}{3} - \frac{1}{4} = \frac{1}{12}, \quad P\{X = 3\} = \frac{1}{2} - \frac{1}{3} = \frac{1}{6}, \quad P\{X = 6\} = 1 - \frac{1}{2} = \frac{1}{2},$$

所以 X 的分布律为

X	0	1	3	6
p_k	$\dfrac{1}{4}$	$\dfrac{1}{12}$	$\dfrac{1}{6}$	$\dfrac{1}{2}$

（2）$P\{X < 3\} = F(3-0) = \dfrac{1}{3}$ 或

$$P\{X<3\} = P\{X=0\} + P\{X=1\} = \frac{1}{4} + \frac{1}{12} = \frac{1}{3}.$$

18. 解：（1） $f_X(x) = \int_{-\infty}^{+\infty} f(x,y)\mathrm{d}y = \int_0^x 3x\mathrm{d}y = 3x^2 \qquad (0<x<1)$，

$$f_Y(y) = \int_{-\infty}^{+\infty} f(x,y)\mathrm{d}x = \int_y^1 3x\mathrm{d}x = \frac{3}{2}(1-y^2) \quad (0<y<1)，$$

因为 $f(x,y) \neq f_X(x)f_Y(y)$，所以 X 与 Y 不独立.

（2）当 $0<y<1$ 时，

$$f_{X|Y}(x\mid y) = \frac{f(x,y)}{f_Y(y)} = \begin{cases} \dfrac{3x}{\dfrac{3}{2}(1-y^2)}, & y<x<1, \\ 0, & \text{其他} \end{cases} = \begin{cases} \dfrac{2x}{1-y^2}, & y<x<1, \\ 0, & \text{其他}. \end{cases}$$

五、19.解： $X \sim f_X(x) = \begin{cases} 1, & 0<x<1, \\ 0, & \text{其他}, \end{cases}$

$$F_Y(y) = P\{Y \leqslant y\} = P\{-2\ln X \leqslant y\} = P\{X \geqslant \mathrm{e}^{-\frac{y}{2}}\} = 1 - F_X(\mathrm{e}^{-\frac{y}{2}}),$$

$$f_Y(y) = -f_X(\mathrm{e}^{-\frac{y}{2}}) \cdot (\mathrm{e}^{-\frac{y}{2}})' = \begin{cases} \dfrac{1}{2}\mathrm{e}^{-\frac{y}{2}}, & 0<\mathrm{e}^{-\frac{y}{2}}<1, \\ 0, & \text{其他} \end{cases} = \begin{cases} \dfrac{1}{2}\mathrm{e}^{-\frac{y}{2}}, & y>0, \\ 0, & \text{其他}. \end{cases}$$

20. 解：因为 $X_i \sim N(0,\sigma^2)$，所以 $\dfrac{X_i}{\sigma} \sim N(0,1)$ $(i=1,2,\cdots,10)$，又因为 $X_1,X_2,\cdots,X_{10}$ 独立，所以由 χ^2 分布的定义知

$$\frac{X_1^2+X_2^2+X_3^2+X_4^2}{\sigma^2} \sim \chi^2(4), \qquad \frac{X_5^2+X_6^2+\cdots+X_{10}^2}{\sigma^2} \sim \chi^2(6),$$

于是由 F 分布的定义知

$$Y = \frac{3(X_1^2+X_2^2+X_3^2+X_4^2)}{2(X_5^2+X_6^2+\cdots+X_{10}^2)} = \frac{\dfrac{X_1^2+X_2^2+X_3^2+X_4^2}{\sigma^2}\Big/4}{\dfrac{X_5^2+X_6^2+\cdots+X_{10}^2}{\sigma^2}\Big/6} \sim F(4,6).$$

21.解： $E(X) = 0.8$，$E(Y) = 0.1$，$E(XY) = 0$，

$$\mathrm{Cov}(X,Y) = E(XY) - E(X)E(Y) = 0 - 0.8 \times 0.1 = -0.08，$$

$$D(X) = 0.8 \times 0.2 = 0.16，\quad D(Y) = 0.9 \times 0.1 = 0.09，$$

$$\rho_{XY} = \frac{\mathrm{Cov}(X,Y)}{\sqrt{D(X)}\sqrt{D(Y)}} = \frac{-0.08}{0.4 \times 0.3} = -\frac{2}{3}.$$

六、22.解： $L(\theta) = \prod_{i=1}^n f(x_i;\theta) = \prod_{i=1}^n (\theta+1)x_i^\theta = (\theta+1)^n \left(\prod_{i=1}^n x_i\right)^\theta,$

$$\ln L(\theta) = n\ln(\theta+1) + \theta\sum_{i=1}^n \ln x_i,$$

令

$$\frac{\mathrm{d}\ln L(\theta)}{\mathrm{d}\theta} = 0,$$

得

$$\frac{n}{\theta+1} + \sum_{i=1}^{n} \ln x_i = 0,$$

解之得，θ 的最大似然估计为 $\hat{\theta} = \dfrac{n}{-\sum\limits_{i=1}^{n} \ln X_i} - 1$.

23.解：由题意知，要检验的假设为

$$H_0 : \mu = \mu_0, \qquad H_1 : \mu \neq \mu_0.$$

由于方差未知，检验统计量为 $T = \dfrac{\overline{X} - \mu_0}{S / \sqrt{n}}$，拒绝域为 $|t| \geqslant t_{1-\frac{\alpha}{2}}(n-1)$，其中 $t = \dfrac{\overline{x} - \mu_0}{s / \sqrt{n}}$.

由题意知，$\overline{x} = 99$，$\mu_0 = 100$，$s = 1.5$，$n = 9$，$\alpha = 0.05$，易得 $|t| = \dfrac{|99-100|}{1.5 / \sqrt{9}} = 2 < 2.306\,0 = t_{0.025}(8)$，

拒绝域不等式不成立，接受 H_0，认为该天打包机工作正常.

主要参考文献

韩旭里，谢永钦，2018. 概率论与数理统计. 北京：北京大学出版社.

李永乐，王式安，2020. 考研数学（一）、（二）、（三）复习全书. 西安：西安交通大学出版社.

盛骤，谢式千，潘承毅，2008. 概率论与数理统计. 4 版. 北京：高等教育出版社.

唐国兴，1999. 高等数学（二）概率统计. 2 版. 武汉：武汉大学出版社.

吴传生，2016. 经济数学：概率统计与数理统计学习辅导与习题选解. 3 版. 北京：高等教育出版社.

张宇，2019. 概率论与数理统计 9 讲. 北京：高等教育出版社.

附　　表

附表 1　几种常用的概率分布

分布	参数	分布律或概率密度函数	数学期望	方差
(0-1)分布	$0<p<1$	$P\{X=k\}=p^k(1-p)^{1-k}$ $(k=0,1)$	p	$p(1-p)$
二项分布	$n\geq 1$, $0<p<1$	$P\{X=k\}=C_n^k p^k(1-p)^{n-k}$ $(k=0,1,\cdots,n)$	np	$np(1-p)$
负二项分布	$r\geq 1$, $0<p<1$	$P\{X=k\}=C_{k-1}^{r-1}p^r(1-p)^{k-r}$ $(k=r,r+1,\cdots)$	$\dfrac{r}{p}$	$\dfrac{r(1-p)}{p^2}$
几何分布	$0<p<1$	$P\{X=k\}=p(1-p)^{k-1}$ $(k=1,2,\cdots)$	$\dfrac{1}{p}$	$\dfrac{1-p}{p^2}$
超几何分布	N,M,n, $n\leq M$	$P\{X=k\}=\dfrac{C_M^k C_{N-M}^{n-k}}{C_N^n}$ $(k=0,1,\cdots,n)$	$\dfrac{nM}{N}$	$\dfrac{nM}{N}\left(1-\dfrac{M}{N}\right)\dfrac{N-n}{N-1}$
泊松分布	$\lambda>0$	$P\{X=k\}=\dfrac{\lambda^k}{k!}e^{-\lambda}$ $(k=0,1,\cdots)$	λ	λ
均匀分布	$a<b$	$f(x)=\begin{cases}\dfrac{1}{b-a}, & a<x<b,\\ 0, & \text{其他}\end{cases}$	$\dfrac{a+b}{2}$	$\dfrac{(b-a)^2}{12}$
正态分布	μ, $\sigma>0$	$f(x)=\dfrac{1}{\sqrt{2\pi}\sigma}e^{-\frac{(x-\mu)^2}{2\sigma^2}}$	μ	σ^2
Γ 分布	$\alpha>0$, $\beta>0$	$f(x)=\begin{cases}\dfrac{1}{\beta^\alpha\Gamma(\alpha)}x^{\alpha-1}e^{-\frac{x}{\beta}}, & x>0,\\ 0, & \text{其他}\end{cases}$	$\alpha\beta$	$\alpha\beta^2$
指数分布	$\lambda>0$	$f(x)=\begin{cases}\lambda e^{-\lambda x}, & x>0,\\ 0, & \text{其他}\end{cases}$	$\dfrac{1}{\lambda}$	$\dfrac{1}{\lambda^2}$
χ^2 分布	$n\geq 1$	$f(x)=\begin{cases}\dfrac{1}{2^{n/2}\Gamma(n/2)}x^{n/2-1}e^{-x/2}, & x>0,\\ 0, & \text{其他}\end{cases}$	n	$2n$
韦布尔分布	$\eta>0$, $\beta>0$	$f(x)=\begin{cases}\dfrac{\beta}{\eta}\left(\dfrac{x}{\eta}\right)^{\beta-1}e^{-\left(\frac{x}{\eta}\right)^\beta}, & x>0,\\ 0, & \text{其他}\end{cases}$	$\eta\Gamma\left(\dfrac{1}{\beta}+1\right)$	$\eta^2\left\{\Gamma\left(\dfrac{2}{\beta}+1\right)-\left[\Gamma\left(\dfrac{1}{\beta}+1\right)\right]^2\right\}$

分布	参数	分布律或概率密度函数	数学期望	方差
瑞利分布	$\sigma>0$	$f(x)=\begin{cases}\dfrac{x}{\sigma^2}\mathrm{e}^{-\frac{x^2}{2\sigma^2}}, & x>0,\\ 0, & \text{其他}\end{cases}$	$\sqrt{\dfrac{\pi}{2}}\sigma$	$\dfrac{4-\pi}{2}\sigma^2$
β 分布	$\alpha>0,\ \beta>0$	$f(x)=\begin{cases}\dfrac{\Gamma(\alpha+\beta)}{\Gamma(\alpha)\Gamma(\beta)}x^{\alpha-1}(1-x)^{\beta-1}, & 0<x<1,\\ 0, & \text{其他}\end{cases}$	$\dfrac{\alpha}{\alpha+\beta}$	$\dfrac{\alpha\beta}{(\alpha+\beta)^2(\alpha+\beta+1)}$
对数正态分布	$\mu,\alpha,$ $\sigma>0$	$f(x)=\begin{cases}\dfrac{1}{\sqrt{2\pi}\sigma x}\mathrm{e}^{-\frac{(\ln x-\mu)^2}{2\sigma^2}}, & x>0,\\ 0, & \text{其他}\end{cases}$	$\mathrm{e}^{\mu+\frac{\sigma^2}{2}}$	$\mathrm{e}^{2\mu+\sigma^2}(\mathrm{e}^{\sigma^2}-1)$
柯西分布	$\alpha,$ $\lambda>0$	$f(x)=\dfrac{\lambda}{\pi}\cdot\dfrac{1}{\lambda^2+(x-\alpha)^2}$	不存在	不存在
t 分布	$n\geqslant1$	$f(x)=\dfrac{\Gamma\left(\dfrac{n+1}{2}\right)}{\sqrt{n\pi}\Gamma(n/2)}\left(1+\dfrac{x^2}{n}\right)^{-\frac{n+1}{2}}$	0	$\dfrac{n}{n-2}\ (n>2)$
F 分布	n_1,n_2	$f(x)=\begin{cases}\dfrac{\Gamma[(n_1+n_2)/2]}{\Gamma(n_1/2)\Gamma(n_2/2)}\left(\dfrac{n_1}{n_2}\right)\left(\dfrac{n_1}{n_2}x\right)^{-\frac{n_1+n_2}{2}}\\ \times\left(1+\dfrac{n_1}{n_2}x\right)^{-\frac{n_1+n_2}{2}}, & x>0,\\ 0, & \text{其他}\end{cases}$	$\dfrac{n_2}{n_2-2}$ $(n_2>2)$	$\dfrac{2n_2^2(n_1+n_2-2)}{n_1(n_2-2)^2(n_2-4)}$ $(n_2>4)$

附表2　标准正态分布表

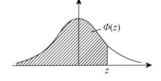

$$\Phi(z)=\int_{-\infty}^{x}\frac{1}{\sqrt{2\pi}}\mathrm{e}^{-u^2/2}\mathrm{d}u=P\{Z\leqslant z\}$$

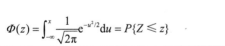

z	0	1	2	3	4	5	6	7	8	9
0.0	0.500 0	0.504 0	0.508 0	0.512 0	0.516 0	0.519 9	0.523 9	0.527 9	0.531 9	0.535 9
0.1	0.539 8	0.543 8	0.547 8	0.551 7	0.555 7	0.559 6	0.563 6	0.567 5	0.571 4	0.575 3
0.2	0.579 3	0.583 2	0.587 1	0.591 0	0.594 8	0.598 7	0.602 6	0.606 4	0.610 3	0.614 1
0.3	0.617 9	0.621 7	0.625 5	0.629 3	0.633 1	0.636 8	0.640 6	0.644 3	0.648 0	0.651 7
0.4	0.655 4	0.659 1	0.662 8	0.666 4	0.670 0	0.673 6	0.677 2	0.680 8	0.684 4	0.687 9
0.5	0.691 5	0.695 0	0.698 5	0.701 9	0.705 4	0.708 8	0.712 3	0.715 7	0.719 0	0.722 4
0.6	0.725 7	0.729 1	0.732 4	0.735 7	0.738 9	0.742 2	0.745 4	0.748 6	0.751 7	0.754 9
0.7	0.758 0	0.761 1	0.764 2	0.767 3	0.770 3	0.773 4	0.776 4	0.779 4	0.782 3	0.785 2
0.8	0.788 1	0.791 0	0.793 9	0.796 7	0.799 5	0.802 3	0.805 1	0.807 8	0.810 6	0.813 3
0.9	0.815 9	0.818 6	0.821 2	0.823 8	0.826 4	0.828 9	0.831 5	0.834 0	0.836 5	0.838 9

z	0	1	2	3	4	5	6	7	8	9
1.0	0.841 3	0.843 8	0.846 1	0.848 5	0.850 8	0.853 1	0.855 4	0.857 7	0.859 9	0.862 1
1.1	0.864 3	0.866 5	0.868 6	0.870 8	0.872 9	0.874 9	0.877 0	0.879 0	0.881 0	0.883 0
1.2	0.884 9	0.886 9	0.888 8	0.890 7	0.892 5	0.894 4	0.896 2	0.898 0	0.899 7	0.901 5
1.3	0.903 2	0.904 9	0.906 6	0.908 2	0.909 9	0.911 5	0.913 1	0.914 7	0.916 2	0.917 7
1.4	0.919 2	0.920 7	0.922 2	0.923 6	0.925 1	0.926 5	0.927 8	0.929 2	0.930 6	0.931 9
1.5	0.933 2	0.934 5	0.935 7	0.937 0	0.938 2	0.939 4	0.940 6	0.941 8	0.943 0	0.944 1
1.6	0.945 2	0.946 3	0.947 4	0.948 4	0.949 5	0.950 5	0.951 5	0.952 5	0.953 5	0.954 5
1.7	0.955 4	0.956 4	0.957 3	0.958 2	0.959 1	0.959 9	0.960 8	0.961 6	0.962 5	0.963 3
1.8	0.964 1	0.964 8	0.965 6	0.966 4	0.967 1	0.967 8	0.968 6	0.969 3	0.970 0	0.970 6
1.9	0.971 3	0.971 9	0.972 6	0.973 2	0.973 8	0.974 4	0.975 0	0.975 6	0.976 2	0.976 7
2.0	0.977 2	0.977 8	0.978 3	0.978 8	0.979 3	0.979 8	0.980 3	0.980 8	0.981 2	0.981 7
2.1	0.982 1	0.982 6	0.983 0	0.983 4	0.983 8	0.984 2	0.984 6	0.985 0	0.985 4	0.985 7
2.2	0.986 1	0.986 4	0.986 8	0.987 1	0.987 4	0.987 8	0.988 1	0.988 4	0.988 7	0.989 0
2.3	0.989 3	0.989 6	0.989 8	0.990 1	0.990 4	0.990 6	0.990 9	0.991 1	0.991 3	0.991 6
2.4	0.991 8	0.992 0	0.992 2	0.992 5	0.992 7	0.992 9	0.993 1	0.993 2	0.993 4	0.993 6
2.5	0.993 8	0.994 0	0.994 1	0.994 3	0.994 5	0.994 6	0.994 8	0.994 9	0.995 1	0.995 2
2.6	0.995 3	0.995 5	0.995 6	0.995 7	0.995 9	0.996 0	0.996 1	0.996 2	0.996 3	0.996 4
2.7	0.996 5	0.996 6	0.996 7	0.996 8	0.996 9	0.997 0	0.997 1	0.997 2	0.997 3	0.997 4
2.8	0.997 4	0.997 5	0.997 6	0.997 7	0.997 7	0.997 8	0.997 9	0.997 9	0.998 0	0.998 1
2.9	0.998 1	0.998 2	0.998 2	0.998 3	0.998 4	0.998 4	0.998 5	0.998 5	0.998 6	0.998 6
3.0	0.998 7	0.999 0	0.999 3	0.999 5	0.999 7	0.999 8	0.999 8	0.999 9	0.9999	1.000 0

注: 表中末行系函数值 $\Phi(3.0)$, $\Phi(3.1)$, …, $\Phi(3.9)$.

附表 3　泊松分布表

$$1 - F(x-1) = \sum_{z=x}^{\infty} \frac{\mathrm{e}^{-\lambda} \lambda^r}{r!}$$

x	λ=0.2	λ=0.3	λ=0.4	λ=0.5	λ=0.6
0	1.000 000 0	1.000 000 0	1.000 000 0	1.000 000 0	1.000 000 0
1	0.181 269 2	0.259 181 8	0.329 680 0	0.323 469	0.451 188
2	0.017 523 1	0.086 936 3	0.061 551 9	0.090 204	0.121 901
3	0.001 148 5	0.003 599 5	0.007 926 3	0.014 388	0.023 115
4	0.000 056 8	0.000 265 8	0.000 776 3	0.001 752	0.003 358
5	0.000 002 3	0.000 015 8	0.000 061 2	0.000 172	0.000 394
6	0.000 000 1	0.000 000 8	0.000 004 0	0.000 014	0.000 039
7			0.000 000 2	0.000 001	0.000 003
x	λ=0.7	λ=0.8	λ=0.9	λ=1.0	λ=1.2
0	1.000 000 0	1.000 000 0	1.000 000 0	1.000 000 0	1.000 000 0
1	0.503 415	0.550 671	0.593 430	0.632 121	0.698 806
2	0.155 805	0.191 208	0.227 518	0.264 241	0.337 373

续表

x	$\lambda=0.7$	$\lambda=0.8$	$\lambda=0.9$	$\lambda=1.0$	$\lambda=1.2$
3	0.034 142	0.047 423	0.062 875	0.080 301	0.120 513
4	0.005 753	0.009 080	0.013 459	0.018 988	0.033 769
5	0.000 786	0.001 411	0.002 344	0.003 660	0.007 746
6	0.000 090	0.000 184	0.000 343	0.000 594	0.001 500
7	0.000 009	0.000 021	0.000 043	0.000 083	0.000 251
8	0.000 001	0.000 002	0.000 005	0.000 010	0.000 037
9				0.000 001	0.000 005
10					0.000 000 1

x	$\lambda=1.4$	$\lambda=1.6$	$\lambda=1.8$		
0	1.000 000	1.000 000	1.000 000		
1	0.753 403	0.789 103	0.834 701		
2	0.408 167	0.475 069	0.537 163		
3	0.166 502	0.216 642	0.269 379		
4	0.053 725	0.078 813	0.108 708		
5	0.014 253	0.023 682	0.036 407		
6	0.003 201	0.006 040	0.010 378		
7	0.000 622	0.001 336	0.002 569		
8	0.000 107	0.000 260	0.000 562		
9	0.000 016	0.000 045	0.000 110		
10	0.000 002	0.000 007	0.000 019		
11		0.000 001	0.000 003		

x	$\lambda=2.5$	$\lambda=3.0$	$\lambda=3.5$	$\lambda=4.0$	$\lambda=4.5$	$\lambda=5.0$
0	1.000 000	1.000 000	1.000 000	1.000 000	1.000 000	1.000 000
1	0.917 915	0.950 213	0.969 803	0.981 684	0.988 891	0.993 262
2	0.712 703	0.800 852	0.864 112	0.908 422	0.938 901	0.959 572
3	0.456 187	0.576 810	0.679 153	0.761 897	0.826 422	0.875 348
4	0.242 424	0.352 768	0.463 367	0.566 530	0.657 704	0.734 974
5	0.108 822	0.184 737	0.274 555	0.371 163	0.467 896	0.559 507
6	0.042 021	0.083 918	0.142 386	0.214 870	0.297 070	0.384 039
7	0.014 187	0.033 509	0.065 288	0.110 674	0.168 949	0.237 817
8	0.004 247	0.011 905	0.026 739	0.051 134	0.086 586	0.133 372
9	0.001 140	0.003 803	0.009 874	0.021 363	0.040 257	0.068 094

续表

x	λ=2.5	λ=3.0	λ=3.5	λ=4.0	λ=4.5	λ=5.0
10	0.000 277	0.001 102	0.003 315	0.008 132	0.017 093	0.031 828
11	0.000 062	0.000 292	0.001 019	0.002 840	0.006 669	0.013 695
12	0.000 013	0.000 071	0.000 289	0.000 915	0.002 404	0.005 453
13	0.000 002	0.000 016	0.000 076	0.000 274	0.000 805	0.002 019
14		0.000 003	0.000 019	0.000 076	0.000 252	0.000 698
15		0.000 001	0.000 004	0.000 020	0.000 074	0.000 226
16			0.000 001	0.000 005	0.000 020	0.000 069
17				0.000 001	0.000 005	0.000 020
18					0.000 001	0.000 005
19						0.000 001

附表 4　t 分布表

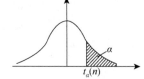

$$P\{t(n) > t_\alpha(n)\} = \alpha$$

n	α=0.25	0.10	0.05	0.025	0.01	0.005
1	1.000 0	3.077 7	6.313 8	12.706 2	31.820 7	63.657 4
2	0.816 5	1.885 6	2.920 0	4.302 7	6.964 6	9.924 8
3	0.764 9	1.637 7	2.353 4	3.182 4	4.540 7	5.840 9
4	0.740 7	1.533 2	2.131 8	2.776 4	3.746 9	4.604 1
5	0.726 7	1.475 9	2.015 0	2.570 6	3.364 9	4.032 2
6	0.717 6	1.439 8	1.943 2	2.446 9	3.142 7	3.707 4
7	0.711 1	1.414 9	1.894 6	2.364 6	2.998 0	3.499 5
8	0.706 4	1.396 8	1.859 5	2.306 0	2.896 5	3.355 4
9	0.702 7	1.383 0	1.833 1	2.262 2	2.821 4	3.249 8
10	0.699 8	1.372 2	1.812 5	2.228 1	2.763 8	3.169 3
11	0.697 4	1.363 4	1.795 9	2.201 0	2.718 1	3.105 8
12	0.695 5	1.356 2	1.782 3	2.178 8	2.681 0	3.054 5
13	0.693 8	1.350 2	1.770 9	2.160 4	2.650 3	3.012 3
14	0.692 4	1.345 0	1.761 3	2.144 8	2.624 5	2.976 8
15	0.691 2	1.340 6	1.753 1	2.131 5	2.602 5	2.946 7

n	$\alpha=0.25$	0.10	0.05	0.025	0.01	0.005
16	0.690 1	1.336 8	1.745 9	2.119 9	2.583 5	2.920 8
17	0.689 2	1.333 4	1.739 6	2.109 8	2.566 9	2.898 2
18	0.688 4	1.330 4	1.734 1	2.100 9	2.552 4	2.878 4
19	0.687 6	1.327 7	1.729 1	2.093 0	2.539 5	2.860 9
20	0.687 0	1.325 3	1.724 7	2.086 0	2.528 0	2.845 3
21	0.686 4	1.323 2	1.720 7	2.079 6	2.517 7	2.831 4
22	0.685 8	1.321 2	1.717 1	2.073 9	2.508 3	2.818 8
23	0.685 3	1.319 5	1.713 9	2.068 7	2.499 9	2.807 3
24	0.684 8	1.317 8	1.710 9	2.063 9	2.492 2	2.796 9
25	0.684 4	1.316 3	1.708 1	2.059 5	2.485 1	2.787 4
26	0.684 0	1.315 0	1.705 6	2.055 5	2.478 6	2.778 7
27	0.683 7	1.313 7	1.703 3	2.051 8	2.472 7	2.770 7
28	0.683 4	1.312 5	1.701 1	2.048 4	2.467 1	2.763 3
29	0.683 0	1.311 4	1.699 1	2.045 2	2.462 0	2.756 4
30	0.682 8	1.310 4	1.697 3	2.042 3	2.457 3	2.750 0
31	0.682 5	1.309 5	1.695 5	2.039 5	2.452 8	2.744 0
32	0.682 2	1.308 6	1.693 9	2.036 9	2.448 7	2.738 5
33	0.682 0	1.307 7	1.692 4	2.034 5	2.444 8	2.733 3
34	0.681 8	1.307 0	1.690 9	2.032 2	2.441 1	2.728 4
35	0.681 6	1.306 2	1.689 6	2.030 1	2.437 7	2.723 8
36	0.681 4	1.305 5	1.688 3	2.028 1	2.434 5	2.719 5
37	0.681 2	1.304 9	1.687 1	2.026 2	2.431 4	2.715 4
38	0.681 0	1.304 2	1.686 0	2.024 4	2.428 6	2.711 6
39	0.680 8	1.303 6	1.684 9	2.022 7	2.425 8	2.707 9
40	0.680 7	1.303 1	1.683 9	2.201 1	2.423 3	2.704 5
41	0.680 5	1.302 5	1.682 9	2.019 5	2.420 8	2.701 2
42	0.680 4	1.302 0	1.682 0	2.018 1	2.418 5	2.698 1
43	0.680 2	1.301 6	1.681 1	2.016 7	2.416 3	2.695 1
44	0.680 1	1.301 1	1.680 2	2.015 4	2.414 1	2.692 3
45	0.680 0	1.300 6	1.679 4	2.014 1	2.412 1	2.689 6

附表 5　χ^2 分布表

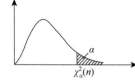

$P\{\chi^2(n) > \chi_\alpha^2(n)\} = \alpha$

n	α=0.995	0.99	0.975	0.95	0.90	0.75
1	—	—	0.001	0.004	0.016	0.102
2	0.010	0.020	0.051	0.103	0.211	0.575
3	0.072	0.115	0.216	0.352	0.584	1.213
4	0.207	0.297	0.484	0.711	1.064	1.923
5	0.412	0.554	0.831	1.145	1.610	2.675
6	0.676	0.872	1.237	1.635	2.204	3.455
7	0.989	1.239	1.690	2.167	2.833	4.255
8	1.344	1.646	2.180	2.733	3.490	5.071
9	1.735	2.088	2.700	3.325	4.168	5.899
10	2.156	2.558	3.247	3.940	4.865	6.737
11	2.603	3.053	3.816	4.575	5.578	7.584
12	3.074	3.571	4.404	5.226	6.304	8.438
13	3.565	4.107	5.009	5.892	7.042	9.299
14	4.075	4.660	5.629	6.571	7.790	10.165
15	4.601	5.229	6.262	7.261	8.547	11.037
16	5.142	5.812	6.908	7.962	9.312	11.912
17	5.697	6.408	7.564	9.672	10.085	12.792
18	6.265	7.015	8.231	9.390	10.865	13.675
19	6.844	7.633	8.907	10.117	11.651	14.562
20	7.434	8.260	9.591	10.851	12.443	15.452
21	8.034	8.897	10.283	11.591	13.240	16.344
22	8.643	9.542	10.982	12.338	14.042	17.240
23	9.260	10.196	11.689	13.091	14.848	18.137
24	9.886	10.856	12.401	13.848	15.659	19.037
25	10.520	11.524	13.120	14.611	16.473	19.939
26	11.160	12.198	13.844	15.379	17.292	20.843
27	11.808	12.879	14.573	16.151	18.114	21.749
28	12.461	13.565	15.308	16.928	18.939	22.657

n	α=0.995	0.99	0.975	0.95	0.90	0.75
29	13.121	14.257	16.047	17.708	19.768	23.567
30	13.787	14.954	16.791	18.493	20.599	24.478
31	14.458	15.655	17.539	19.281	21.434	25.390
32	15.134	16.362	18.291	20.072	22.271	26.304
33	15.815	17.074	19.047	20.867	23.110	27.219
34	16.501	17.789	19.806	21.664	23.952	28.136
35	17.192	18.509	20.569	22.465	24.797	29.054
36	17.887	19.233	21.336	23.269	25.643	29.973
37	18.586	19.960	22.106	24.075	16.492	30.893
38	19.289	20.691	22.878	24.884	27.343	31.815
39	19.996	21.426	23.654	25.695	28.196	32.737
40	20.707	22.164	24.433	26.509	29.051	33.660
41	21.421	22.906	25.215	27.326	29.907	34.585
42	22.138	23.650	25.999	28.144	30.765	35.510
43	22.859	24.398	26.785	28.965	31.625	36.436
44	23.584	25.148	27.575	29.787	32.487	37.363
45	24.311	25.901	28.366	30.612	33.350	38.291
n	α=0.25	0.10	0.05	0.025	0.01	0.005
1	1.323	2.706	3.841	5.024	6.635	7.879
2	2.773	4.605	5.991	7.378	9.210	10.597
3	4.108	6.251	7.815	9.348	11.345	12.838
4	5.385	7.779	9.488	11.143	13.277	14.860
5	6.626	9.236	11.071	12.833	15.086	16.750
6	7.841	10.645	12.592	14.449	16.812	18.548
7	9.037	12.017	14.067	16.013	18.475	20.278
8	10.219	13.362	15.507	17.535	20.090	21.955
9	11.389	14.684	16.919	19.023	21.666	23.589
10	12.549	15.987	18.307	20.483	23.209	25.188
11	13.701	17.275	19.675	21.920	24.725	26.757
12	14.845	18.549	21.026	23.337	26.217	28.299
13	15.984	19.812	22.362	24.736	27.688	29.819
14	17.117	21.064	23.685	26.119	29.141	31.319
15	18.245	22.307	24.996	27.488	30.578	32.801
16	19.369	23.542	26.296	28.845	32.000	34.267

n	$\alpha=0.25$	0.10	0.05	0.025	0.01	0.005
17	20.489	24.769	27.587	30.191	33.409	35.718
18	21.605	25.989	28.869	31.526	34.805	37.156
19	22.718	27.204	30.144	32.852	36.191	38.582
20	23.828	28.412	31.410	34.170	37.566	39.997
21	24.935	39.615	32.671	35.479	38.932	41.401
22	26.039	30.813	33.924	36.781	40.289	42.796
23	27.141	32.007	35.172	38.076	41.638	44.181
24	28.241	33.196	36.415	39.364	42.980	45.559
25	29.339	34.382	37.652	40.646	44.314	46.928
26	30.435	35.563	38.885	41.923	45.642	48.290
27	31.528	36.741	40.113	43.194	46.963	49.645
28	32.620	37.916	41.337	44.461	48.278	50.993
29	33.711	39.087	42.557	45.722	49.588	52.336
30	34.800	40.256	43.773	46.979	50.892	53.672
31	35.887	41.422	44.985	48.232	52.191	55.003
32	36.973	42.585	46.194	49.480	53.486	56.328
33	38.058	43.745	47.400	50.725	54.776	57.648
34	39.141	44.903	48.602	51.966	56.061	58.964
35	40.223	46.059	49.802	53.203	57.342	60.275
36	41.304	47.212	50.998	54.437	58.619	61.581
37	42.383	48.363	52.192	55.668	59.892	62.883
38	43.462	49.513	53.384	56.896	61.162	64.181
39	44.539	50.660	54.572	58.120	62.428	65.476
40	45.616	51.805	55.758	59.342	63.691	66.766
41	46.692	52.949	56.942	60.561	64.950	68.053
42	47.766	54.090	58.124	61.777	66.206	69.336
43	48.840	55.230	59.304	62.990	67.459	70.616
44	49.913	56.369	60.481	64.201	68.710	71.893
45	50.985	57.505	61.656	65.410	69.957	73.166

附表 6　F 分布表

$$P\{F(n_1,n_2)>F_\alpha(n_1,n_2)\}=\alpha$$

$\alpha=0.10$

n_2 \ n_1	1	2	3	4	5	6	7	8	9	10	12	15	20	24	30	40	60	120	∞
1	39.86	49.50	53.59	55.83	57.24	58.20	58.91	59.44	59.86	60.19	60.71	61.22	61.74	62.00	62.26	62.53	62.79	63.06	63.33
2	8.53	9.00	9.16	9.24	9.29	9.33	9.35	9.37	9.38	9.39	9.41	9.42	9.44	9.45	9.46	9.47	9.47	9.48	9.49
3	5.54	5.46	5.39	5.34	5.31	5.28	5.27	5.25	5.24	5.23	5.22	5.20	5.18	5.18	5.17	5.16	5.15	5.14	5.13
4	4.54	4.32	4.19	4.11	4.05	4.01	3.98	3.95	3.94	3.92	3.90	3.87	3.84	3.83	3.82	3.80	3.79	3.78	3.76
5	4.06	3.78	3.62	3.52	3.45	3.40	3.37	3.34	3.32	3.30	3.27	3.24	3.21	3.19	3.17	3.16	3.14	3.12	3.10
6	3.78	3.46	3.29	3.18	3.11	3.05	3.01	2.98	2.96	2.94	2.90	2.87	2.84	2.82	2.80	2.78	2.76	2.74	2.72
7	3.59	3.26	3.07	2.96	2.88	2.83	2.78	2.75	2.72	2.70	2.67	2.63	2.59	2.58	2.56	2.54	2.51	2.49	2.47
8	3.46	3.11	2.92	2.81	2.73	2.67	2.62	2.59	2.56	2.54	2.50	2.46	2.42	2.40	2.38	2.36	2.34	2.32	2.29
9	3.36	3.01	2.81	2.69	2.61	2.55	2.51	2.47	2.44	2.42	2.38	2.34	2.30	2.28	2.25	2.23	2.21	2.18	2.16
10	3.29	2.92	2.73	2.61	2.52	2.46	2.41	2.38	2.35	2.32	2.28	2.24	2.20	2.18	2.16	2.13	2.11	2.08	2.06
11	3.23	2.86	2.66	2.54	2.45	2.39	2.34	2.30	2.27	2.25	2.21	2.17	2.12	2.10	2.08	2.05	2.03	2.00	1.97
12	3.18	2.81	2.61	2.48	2.39	2.33	2.28	2.24	2.21	2.19	2.15	2.10	2.06	2.04	2.01	1.99	1.96	1.93	1.90
13	3.14	2.76	2.56	2.43	2.35	2.28	2.23	2.20	2.16	2.14	2.10	2.05	2.01	1.98	1.96	1.93	1.90	1.88	1.85
14	3.10	2.73	2.52	2.39	2.31	2.24	2.19	2.15	2.12	2.10	2.05	2.01	1.96	1.94	1.91	1.89	1.86	1.83	1.80
15	3.07	2.70	2.49	2.36	2.27	2.21	2.16	2.12	2.09	2.06	2.02	1.97	1.92	1.90	1.87	1.85	1.82	1.79	1.76
16	3.05	2.67	2.46	2.33	2.24	2.18	2.13	2.09	2.06	2.03	1.99	1.94	1.89	1.87	1.84	1.81	1.78	1.75	1.72
17	3.03	2.64	2.44	2.31	2.22	2.15	2.10	2.06	2.03	2.00	1.96	1.91	1.86	1.84	1.81	1.78	1.75	1.72	1.69
18	3.01	0.62	2.42	2.29	2.20	2.13	2.08	2.04	2.00	1.98	1.93	1.89	1.84	1.81	1.78	1.75	1.72	1.69	1.66
19	2.99	2.61	2.40	2.27	2.18	2.11	2.06	2.02	1.98	1.96	1.91	1.86	1.81	1.79	1.76	1.73	1.70	1.67	1.63
20	2.97	2.59	2.38	2.25	2.16	2.09	2.04	2.00	1.96	1.94	1.89	1.84	1.79	1.77	1.74	1.71	1.68	1.64	1.61
21	2.96	2.57	2.36	2.23	2.14	2.08	2.02	1.98	1.95	1.92	1.87	1.83	1.78	1.75	1.72	1.69	1.66	1.62	1.59
22	2.95	2.56	2.35	2.22	2.13	2.06	2.01	1.97	1.93	1.90	1.86	1.81	1.76	1.73	1.70	1.67	1.64	1.60	1.57
23	2.94	2.55	2.34	2.21	2.11	1.05	1.99	1.95	1.92	1.89	1.84	1.80	1.74	1.72	1.69	1.66	1.62	1.59	1.55
24	2.93	2.54	2.33	2.19	2.10	2.04	1.98	1.94	1.91	1.88	1.83	1.78	1.73	1.70	1.67	1.64	1.61	1.57	1.53
25	2.92	2.53	2.32	2.18	2.09	2.02	1.97	1.93	1.89	1.87	1.82	1.77	1.72	1.69	1.66	1.63	1.59	1.56	1.52
26	2.91	2.52	2.31	2.17	2.08	2.01	1.96	1.92	1.88	1.86	1.81	1.76	1.71	1.68	1.65	1.61	1.58	1.54	1.50
27	2.90	2.51	2.30	2.17	2.07	2.00	1.95	1.91	1.87	1.85	1.80	1.75	1.70	1.67	1.64	1.60	1.57	1.53	1.49
28	2.89	2.50	2.29	2.16	2.06	2.00	1.94	1.90	1.87	1.84	1.79	1.74	1.69	1.66	1.63	1.59	1.56	1.52	1.48
29	2.89	2.50	2.28	2.15	2.06	1.99	1.93	1.89	1.86	1.83	1.78	1.73	1.68	1.65	1.62	1.58	1.55	1.51	1.47
30	2.88	2.49	2.28	2.14	2.05	1.98	1.93	1.88	1.85	1.82	1.77	1.72	1.67	1.64	1.61	1.57	1.54	1.50	1.46
40	2.84	2.44	2.23	2.09	2.00	1.93	1.87	1.83	1.79	1.76	1.71	1.66	1.61	1.57	1.54	1.51	1.47	1.42	1.38
60	2.79	2.39	2.18	2.04	1.95	1.87	1.82	1.77	1.74	1.71	1.66	1.60	1.54	1.51	1.48	1.44	1.40	1.35	1.29
120	2.75	2.35	2.13	1.99	1.90	1.82	1.77	1.72	1.68	1.65	1.60	1.55	1.48	1.45	1.41	1.37	1.32	1.26	1.19
∞	2.71	2.30	2.08	1.94	1.85	1.77	1.72	1.67	1.63	1.60	1.55	1.49	1.42	1.38	1.34	1.30	1.24	1.17	1.00

续表

$\alpha = 0.05$

n_2 \ n_1	1	2	3	4	5	6	7	8	9	10	12	15	20	24	30	40	60	120	∞
1	161.4	199.5	215.7	224.6	230.2	234.0	236.8	238.9	240.5	241.9	243.9	245.9	248.0	249.1	250.1	251.1	252.2	253.3	254.3
2	18.51	19.00	19.16	19.25	19.30	19.33	19.35	19.37	19.38	19.40	19.41	19.43	19.45	19.45	19.46	19.47	19.48	19.49	19.50
3	10.13	9.55	9.28	9.12	9.01	8.94	8.89	8.85	8.81	8.79	8.74	8.70	8.66	8.64	8.62	8.59	8.57	8.55	8.53
4	7.71	6.94	6.59	6.39	6.26	6.16	6.09	6.04	6.00	5.96	5.91	5.86	5.80	5.77	5.75	5.72	5.69	5.66	5.63
5	6.61	5.79	5.41	5.19	5.05	4.95	4.88	4.82	4.77	4.74	4.68	4.62	4.56	4.53	4.50	4.46	4.43	4.40	4.36
6	5.99	5.14	4.76	4.53	4.39	4.28	4.21	4.15	4.10	4.06	4.00	3.94	3.87	3.84	3.81	3.77	3.74	3.70	3.67
7	5.59	4.74	4.35	4.12	3.97	3.87	3.79	3.73	3.68	3.64	3.57	3.51	3.44	3.41	3.38	3.34	3.30	3.27	3.23
8	5.32	4.46	4.07	3.84	3.69	3.58	3.50	3.44	3.39	3.35	3.28	3.22	3.15	3.12	3.08	3.04	3.01	2.97	2.93
9	5.12	4.26	3.86	3.63	3.48	3.37	3.29	3.23	3.18	3.14	3.07	3.01	2.94	2.90	2.86	2.83	2.79	2.75	2.71
10	4.96	4.10	3.71	3.48	3.33	3.22	3.14	3.07	3.02	2.98	2.91	2.85	2.77	2.74	2.70	2.66	2.62	2.58	2.54
11	4.84	3.98	3.59	3.36	3.20	3.09	3.01	2.95	2.90	2.85	2.79	2.72	2.65	2.61	2.57	2.53	2.49	2.45	2.40
12	4.75	3.89	3.49	3.26	3.11	3.00	2.91	2.85	2.80	2.75	2.69	2.62	2.54	2.51	2.47	2.43	2.38	2.34	2.30
13	4.67	3.81	3.41	3.18	3.03	2.92	2.83	2.77	2.71	2.67	2.60	2.53	2.46	2.42	2.38	2.34	2.30	2.25	2.21
14	4.60	3.74	3.34	3.11	2.96	2.85	2.76	2.70	2.65	2.60	2.53	2.46	2.39	2.35	2.31	2.27	2.22	2.18	2.13
15	4.54	3.68	3.29	3.06	2.90	2.79	2.71	2.64	2.59	2.54	2.48	2.40	2.33	2.29	2.25	2.20	2.16	2.11	2.07
16	4.49	3.63	3.24	3.01	2.85	2.74	2.66	2.59	2.54	2.49	2.42	2.35	2.28	2.24	2.19	2.15	2.11	2.06	2.01
17	4.45	3.59	3.20	2.96	2.81	2.70	2.61	2.55	2.49	2.45	2.38	2.31	2.23	2.19	2.15	2.10	2.06	2.01	1.96
18	4.41	3.55	3.16	2.93	2.77	2.66	2.58	2.51	2.46	2.41	2.34	2.27	2.19	2.15	2.11	2.06	2.02	1.97	1.92
19	4.38	3.52	3.13	2.90	2.74	2.63	2.54	2.48	2.42	2.38	2.31	2.23	2.16	2.11	2.07	2.03	1.98	1.93	1.88
20	4.35	3.49	3.10	2.87	2.71	2.60	2.51	2.45	2.39	2.35	2.28	2.20	2.12	2.08	2.04	1.99	1.95	1.90	1.84
21	4.32	3.47	3.07	2.84	2.68	2.57	2.49	2.42	2.37	2.32	2.25	2.18	2.10	2.05	2.01	1.96	1.92	1.87	1.81
22	4.30	3.44	3.05	2.82	2.66	2.55	2.46	2.40	2.34	2.30	2.23	2.15	2.07	2.03	1.98	1.94	1.89	1.84	1.78
23	4.28	3.42	3.03	2.80	2.64	2.53	2.44	2.37	2.32	2.27	2.20	2.13	2.05	2.01	1.96	1.91	1.86	1.81	1.76
24	4.26	3.40	3.01	2.78	2.62	2.51	2.42	2.36	2.30	2.25	2.18	2.11	2.03	1.98	1.94	1.89	1.84	1.79	1.73
25	4.24	3.39	2.99	2.76	2.60	2.49	2.40	2.34	2.28	2.24	2.16	2.09	2.01	1.96	1.92	1.87	1.82	1.77	1.71
26	4.23	3.37	2.98	2.74	2.59	2.47	2.39	2.32	2.27	2.22	2.15	2.07	1.99	1.95	1.90	1.85	1.80	1.75	1.69
27	4.21	3.35	2.96	2.73	2.57	2.46	2.37	2.31	2.25	2.20	2.13	2.06	1.97	1.93	1.88	1.84	1.79	1.73	1.67
28	4.20	3.34	2.95	2.71	2.56	2.45	2.36	2.29	2.24	2.19	2.12	2.04	1.96	1.91	1.87	1.82	1.77	1.71	1.65
29	4.18	3.33	2.93	2.70	2.55	2.43	2.35	2.28	2.22	2.18	2.10	2.03	1.94	1.90	1.85	1.81	1.75	1.70	1.64
30	4.17	3.32	2.92	2.69	2.53	2.42	2.33	2.27	2.21	2.16	2.09	2.01	1.93	1.89	1.84	1.79	1.74	1.68	1.62
40	4.08	3.23	2.84	2.61	2.45	2.34	2.25	2.18	2.12	2.08	2.00	1.92	1.84	1.79	1.74	1.69	1.64	1.58	1.51
60	4.00	3.15	2.76	2.53	2.37	2.25	2.17	2.10	2.04	1.99	1.92	1.84	1.75	1.70	1.65	1.59	1.53	1.47	1.39
120	3.92	3.07	2.68	2.45	2.29	2.17	2.09	2.02	1.96	1.91	1.83	1.75	1.66	1.61	1.55	1.50	1.43	1.35	1.25
∞	3.84	3.00	2.60	2.37	2.21	2.10	2.01	1.94	1.88	1.83	1.75	1.67	1.57	1.52	1.46	1.39	1.32	1.22	1.00

续表

$\alpha = 0.025$

n_2 \ n_1	1	2	3	4	5	6	7	8	9	10	12	15	20	24	30	40	60	120	∞
1	647.8	799.5	864.2	899.6	921.8	937.1	948.2	956.7	963.3	968.6	976.7	984.9	993.1	997.2	1001	1006	1010	1014	1018
2	38.51	39.00	39.17	39.25	39.30	39.33	39.36	39.37	39.39	39.40	39.41	39.43	39.45	39.46	39.46	39.47	39.48	39.49	39.50
3	17.44	16.04	15.44	15.10	14.88	14.73	14.62	14.54	14.47	14.42	14.34	14.25	14.17	14.12	14.08	14.04	13.99	13.95	13.90
4	12.22	10.65	9.98	9.60	9.36	9.20	9.07	8.98	8.90	8.84	8.75	8.66	8.56	8.51	8.46	8.41	8.36	8.31	8.26
5	10.01	8.43	7.76	7.39	7.15	6.98	6.85	6.76	6.68	6.62	6.52	6.43	6.33	6.28	6.23	6.18	6.12	6.07	6.02
6	8.81	7.26	6.60	6.23	5.99	5.82	5.70	5.60	5.52	5.46	5.37	5.27	5.17	5.12	5.07	5.01	4.96	4.90	4.85
7	8.07	6.54	5.89	5.52	5.29	5.12	4.99	4.90	4.82	4.76	4.67	4.57	4.47	4.42	4.36	4.31	4.25	4.20	4.14
8	7.57	6.06	5.42	5.05	4.82	4.65	4.53	4.43	4.36	4.30	4.20	4.10	4.00	3.95	3.89	3.84	3.78	3.73	3.67
9	7.21	5.71	5.08	4.72	4.48	4.23	4.20	4.10	4.03	3.96	3.87	3.77	3.67	3.61	3.56	3.51	3.45	3.39	3.33
10	6.94	5.46	4.83	4.47	4.24	4.07	3.95	3.85	3.78	3.72	3.62	3.52	3.42	3.37	3.31	3.26	3.20	3.14	3.08
11	6.72	5.26	4.63	4.28	4.04	3.88	3.76	3.66	3.59	3.53	3.43	3.33	3.23	3.17	3.12	3.06	3.00	2.94	2.88
12	6.55	5.10	4.47	4.12	3.89	3.73	3.61	3.51	3.44	3.37	3.28	3.18	3.07	3.02	2.96	2.91	2.85	2.79	2.72
13	6.41	4.97	4.35	4.00	3.77	3.60	3.48	3.39	3.31	3.25	3.15	3.05	2.95	2.89	2.84	2.78	2.72	2.66	2.60
14	6.30	4.86	4.24	3.89	3.66	3.50	3.38	3.29	3.21	3.15	3.05	2.95	2.84	2.79	2.73	2.67	2.61	2.55	2.49
15	6.20	4.77	4.15	3.80	3.58	3.41	3.29	3.20	3.12	3.06	2.96	2.86	2.76	2.70	2.64	2.59	2.52	2.46	2.40
16	6.12	4.69	4.08	3.73	3.50	3.34	3.22	3.12	3.05	2.99	2.89	2.79	2.68	2.63	2.57	2.51	2.45	2.38	2.32
17	6.04	4.62	4.01	3.66	3.44	3.28	3.16	3.06	2.98	2.92	2.82	2.72	2.62	2.56	2.50	2.44	2.38	2.32	2.25
18	5.98	4.56	3.95	3.61	3.38	3.22	3.10	3.01	2.93	2.87	2.77	2.67	2.56	2.50	2.44	2.38	2.32	2.26	2.19
19	5.92	4.51	3.90	3.56	3.33	3.17	3.05	2.96	2.88	2.82	2.72	2.62	2.51	2.45	2.39	2.33	2.27	2.20	2.13
20	5.87	4.46	3.86	3.51	3.29	3.13	3.01	2.91	2.84	2.77	2.68	2.57	2.46	2.41	2.35	2.29	2.22	2.16	2.09
21	5.83	4.42	3.82	3.48	3.25	3.09	2.97	2.87	2.80	2.73	2.64	2.53	2.42	2.37	2.31	2.25	2.18	2.11	2.04
22	5.79	2.24	3.78	3.44	3.22	3.05	2.93	2.84	2.76	2.70	2.60	2.50	2.39	2.33	2.27	2.21	2.14	2.08	2.00
23	5.75	4.35	3.75	3.41	3.18	3.02	2.90	2.81	2.73	2.67	2.57	2.47	2.36	2.30	2.24	2.18	2.11	2.04	1.97
24	5.72	4.32	3.72	3.38	3.15	2.99	2.87	2.78	2.70	2.64	2.54	2.44	2.33	2.27	2.21	2.15	2.08	2.01	1.94
25	5.69	4.29	3.69	3.35	3.13	2.97	2.85	2.75	2.68	2.61	2.51	2.41	2.30	2.24	2.18	2.12	2.05	1.98	1.91
26	5.66	4.27	3.67	3.33	3.10	2.94	2.82	2.73	2.65	2.59	2.49	2.39	2.28	2.22	2.16	2.09	2.03	1.95	1.88
27	5.63	2.24	3.65	3.31	3.08	2.92	2.80	2.71	2.63	2.57	2.47	2.36	2.25	2.19	2.13	2.07	2.00	1.93	1.85
28	5.61	4.22	3.63	3.29	3.06	2.90	2.78	2.69	2.61	2.55	2.45	2.34	2.23	2.17	2.11	2.05	1.98	1.91	1.83
29	5.59	4.20	3.61	3.27	3.04	2.88	2.76	2.67	2.59	2.53	2.43	2.32	2.21	2.15	2.09	2.03	1.96	1.89	1.81
30	5.57	4.18	3.59	3.25	3.03	2.87	2.75	2.65	2.57	2.51	2.41	2.31	2.20	2.14	2.07	2.01	1.94	1.87	1.79
40	5.42	4.05	3.46	3.13	2.90	2.74	2.62	2.53	2.45	2.39	2.29	2.18	2.07	2.01	1.94	1.88	1.80	1.72	1.64
60	5.29	3.93	3.34	3.01	2.79	2.63	2.51	2.41	2.33	2.27	3.17	2.06	1.94	1.88	1.82	1.74	1.67	1.58	1.48
120	5.15	3.80	3.23	2.89	2.67	2.52	2.39	2.30	2.22	2.16	2.05	1.94	1.82	1.76	1.69	1.61	1.53	1.43	1.31
∞	5.02	3.69	3.12	2.79	2.57	2.41	2.29	2.19	2.11	2.05	1.94	1.83	1.71	1.64	1.57	1.48	1.39	1.27	1.00

续表

$\alpha = 0.01$

n_2＼n_1	1	2	3	4	5	6	7	8	9	10	12	15	20	24	30	40	60	120	∞
1	4052	4999.5	5403	5625	5764	5859	5928	5982	6022	6056	6106	6157	6209	6235	6261	6287	6313	6339	6366
2	98.50	99.00	99.17	99.25	99.30	99.33	99.36	99.37	99.39	99.40	99.42	99.43	99.45	99.46	99.47	99.47	99.48	99.49	99.50
3	34.12	30.82	29.46	28.71	28.24	27.91	27.67	27.49	27.35	27.23	27.05	26.87	26.69	26.60	26.50	26.41	26.32	26.22	26.13
4	21.20	18.00	16.69	15.98	15.52	15.21	14.98	14.80	14.66	14.55	14.37	24.20	14.02	13.93	13.84	13.75	13.65	13.56	13.46
5	16.26	13.27	12.06	11.39	10.97	10.67	10.46	10.29	10.16	10.05	9.89	9.72	9.55	9.47	9.38	9.29	9.20	9.11	9.02
6	13.75	10.92	9.78	9.15	8.75	8.47	8.25	8.10	7.98	7.87	7.72	7.56	7.40	7.31	7.23	7.14	7.06	6.97	6.88
7	12.25	9.55	8.45	7.85	7.46	7.19	6.99	6.84	6.72	6.62	6.47	6.31	6.16	6.07	5.99	5.91	5.82	5.74	5.65
8	11.26	8.65	7.59	7.01	6.63	6.37	6.18	6.03	5.91	5.81	5.67	5.52	5.36	5.28	5.20	5.12	5.03	4.95	4.86
9	10.56	8.02	6.99	6.42	6.06	5.80	5.61	5.47	5.35	5.26	5.11	4.96	4.81	4.73	4.65	4.57	4.48	4.40	4.31
10	10.04	7.56	6.55	5.99	5.64	5.39	5.20	5.06	4.94	4.85	4.71	4.56	4.41	4.33	4.25	4.17	4.08	4.00	3.91
11	9.65	7.21	6.22	5.67	5.32	5.07	4.89	4.74	4.63	4.54	4.40	4.25	4.10	4.02	3.94	3.86	3.78	3.69	3.60
12	9.33	6.93	5.95	5.41	5.06	4.82	4.64	4.50	4.39	4.30	4.16	4.01	3.86	3.78	3.70	3.62	3.54	3.45	3.36
13	9.07	6.70	5.74	5.21	4.86	4.62	4.44	4.30	4.19	4.10	3.96	3.82	3.66	3.59	3.51	3.43	3.34	3.25	3.17
14	8.86	6.51	5.56	5.04	4.69	4.46	4.28	4.14	4.03	3.94	3.80	3.66	3.51	3.43	3.35	3.27	3.18	3.09	3.00
15	8.68	6.36	5.42	4.89	4.56	4.32	4.14	4.00	3.89	3.80	3.67	3.52	3.37	3.29	3.21	3.13	3.05	2.96	2.87
16	8.53	6.23	5.29	4.77	4.44	4.20	4.03	3.89	3.78	3.69	3.55	3.41	3.26	3.18	3.10	3.02	2.93	2.84	2.75
17	8.40	6.11	5.18	4.67	4.34	4.10	3.93	3.79	3.68	3.59	3.46	3.31	3.16	3.08	3.00	2.92	2.83	2.75	2.65
18	8.29	6.01	5.09	4.58	4.25	4.01	3.84	3.71	3.60	3.51	3.37	3.23	3.08	3.00	2.92	2.84	2.75	2.66	2.57
19	8.18	5.93	5.01	4.50	4.17	3.94	3.77	3.63	3.52	3.43	3.30	3.15	3.00	2.92	2.84	2.76	2.67	2.58	2.49
20	8.10	5.85	4.94	4.43	4.10	3.87	3.70	3.56	3.46	3.37	3.23	3.09	2.94	2.86	2.78	2.69	2.61	2.52	2.42
21	8.02	5.78	4.87	4.37	4.04	3.81	3.64	3.51	3.40	3.31	3.17	3.03	2.88	2.80	2.72	2.64	2.55	2.46	2.36
22	7.95	5.72	4.82	4.31	3.99	3.76	3.59	3.45	3.35	3.26	3.12	2.98	2.83	2.75	2.67	2.58	2.50	2.40	2.31
23	7.88	5.66	4.76	4.26	3.94	3.71	3.54	3.41	3.30	3.21	3.07	2.93	2.78	2.70	2.62	2.54	2.45	2.35	2.26
24	7.82	5.61	4.72	4.22	3.90	3.67	3.50	3.36	3.26	3.17	3.03	2.89	2.74	2.66	2.58	2.49	2.40	2.31	2.21
25	7.77	5.57	4.68	4.18	3.85	3.63	3.46	3.32	3.22	3.13	2.99	2.85	2.70	2.62	2.54	2.45	2.36	2.27	2.17
26	7.72	5.53	4.64	4.14	3.82	3.59	3.42	3.29	3.18	3.09	2.96	2.81	2.66	2.58	2.50	2.42	2.33	2.23	2.13
27	7.68	5.49	4.60	4.11	3.78	3.56	3.39	3.26	3.15	3.06	2.93	2.78	2.63	2.55	2.47	2.38	2.29	2.20	2.10
28	7.64	5.45	4.57	4.07	3.75	3.53	3.36	3.23	3.12	3.03	2.90	2.75	2.60	2.52	2.44	2.35	2.26	2.17	2.06
29	7.60	5.42	4.54	4.04	3.73	3.50	3.33	3.20	3.09	3.00	2.87	2.73	2.57	2.49	2.41	2.33	2.23	2.14	2.03
30	7.56	5.39	4.51	4.02	3.70	3.47	3.30	3.17	3.07	2.98	2.84	2.70	2.55	2.47	2.39	2.30	2.21	2.11	2.01
40	7.31	5.18	4.31	3.83	3.51	3.29	3.12	2.99	2.89	2.80	2.66	2.52	2.37	2.29	2.20	2.11	2.02	1.92	1.80
60	7.08	4.98	4.13	3.65	3.34	3.12	2.95	2.82	2.72	2.63	2.50	2.35	2.20	2.12	2.03	1.94	1.84	1.73	1.60
120	6.85	4.79	3.95	3.48	3.17	2.96	2.79	2.66	2.56	2.47	2.34	2.19	2.03	1.95	1.86	1.76	1.66	1.53	1.38
∞	6.63	4.61	3.78	3.32	3.02	2.80	2.64	2.51	2.41	2.32	2.18	2.04	1.88	1.79	1.70	1.59	1.47	1.32	1.00

续表

$\alpha = 0.005$

$n_2 \backslash n_1$	1	2	3	4	5	6	7	8	9	10	12	15	20	24	30	40	60	120	∞
1	16211	20000	21615	22500	23056	23437	23715	23925	24091	24224	24426	24630	24836	24940	25044	25148	35253	25339	25465
2	198.5	199.0	199.2	199.2	199.3	199.3	199.4	199.4	199.4	199.4	199.4	199.4	199.4	199.5	199.5	199.5	199.5	199.5	199.5
3	55.55	49.80	47.47	46.19	45.39	44.84	44.43	44.13	43.88	43.69	43.39	43.08	42.78	42.62	42.47	42.31	42.15	41.99	41.83
4	31.33	26.28	24.26	23.15	22.46	21.97	21.62	21.35	21.14	20.97	20.70	20.44	20.17	20.03	19.89	19.75	19.61	19.47	19.32
5	22.78	18.31	16.53	15.56	14.94	14.51	14.20	13.96	13.77	13.62	13.38	13.15	12.90	12.78	12.66	12.53	12.40	12.27	12.14
6	18.63	14.54	12.92	12.03	11.46	11.07	10.79	10.57	10.39	10.25	10.03	9.81	9.59	9.47	9.36	9.24	9.12	9.00	8.88
7	16.24	12.40	10.88	10.05	9.52	9.16	8.89	8.68	8.51	8.38	8.18	7.97	7.75	7.65	7.53	7.42	7.31	7.19	7.08
8	14.69	11.04	9.60	8.81	8.30	7.95	7.69	7.50	7.34	7.21	7.01	6.81	6.61	6.50	6.40	6.29	6.18	6.06	5.95
9	13.61	10.11	8.72	7.96	7.47	7.13	6.88	6.69	6.54	6.42	6.23	6.03	5.83	5.73	5.62	5.52	5.41	5.30	5.19
10	12.83	9.43	8.08	7.34	6.87	6.54	6.30	6.12	5.97	5.85	5.66	5.47	5.27	5.17	5.07	4.97	4.86	4.75	4.64
11	12.23	8.91	7.60	6.88	6.42	6.10	5.86	5.68	5.54	5.42	5.24	5.05	4.86	4.76	4.65	4.55	4.44	4.34	4.23
12	11.75	8.51	7.23	6.52	6.07	5.76	5.52	5.35	5.20	5.09	4.91	4.72	4.53	4.43	4.33	4.23	4.12	4.01	3.90
13	11.37	8.19	6.93	6.23	5.79	5.48	5.25	5.08	4.94	4.82	4.64	4.46	4.27	4.17	4.07	3.97	3.87	3.76	3.65
14	11.06	7.92	6.68	6.00	5.56	5.26	5.03	4.86	4.72	4.60	4.43	4.25	4.06	3.96	3.86	3.76	3.66	3.55	3.44
15	10.80	7.70	6.48	5.80	5.37	5.07	4.85	4.67	4.54	4.42	4.25	4.07	3.88	3.79	3.69	3.58	3.48	3.37	3.26
16	10.58	7.51	6.30	5.64	5.21	4.91	4.69	4.52	4.38	4.27	4.10	3.92	3.73	3.64	3.54	3.44	3.33	3.22	3.11
17	10.38	7.35	6.16	5.50	5.07	4.78	4.56	4.39	4.25	4.14	3.97	3.79	3.61	3.51	3.41	3.31	3.21	3.10	2.98
18	10.22	7.21	6.03	5.37	4.96	4.66	4.44	4.28	4.14	4.03	3.86	3.68	3.50	3.40	3.30	3.20	3.10	2.99	2.87
19	10.07	7.09	5.92	5.27	7.85	4.56	4.34	4.18	4.04	3.93	3.76	3.59	3.40	3.31	3.21	3.11	3.00	2.89	2.78
20	9.94	6.99	5.82	5.17	4.76	4.47	4.26	4.09	3.96	3.85	3.68	3.50	3.32	3.22	3.12	3.02	2.92	2.81	2.69
21	9.83	6.89	5.73	5.09	4.68	4.39	4.18	4.01	3.88	3.77	3.60	3.43	3.24	3.15	3.05	2.95	2.84	2.73	2.61
22	9.73	6.81	5.65	5.02	4.61	4.32	4.11	3.94	3.81	3.70	3.54	3.36	3.18	3.08	2.98	2.88	2.77	2.66	2.55
23	9.63	6.73	5.58	4.95	4.54	4.26	4.05	3.88	3.75	3.64	3.47	3.30	3.12	3.02	2.92	2.82	2.71	2.60	2.48
24	9.55	6.66	5.52	4.89	4.49	4.20	3.99	3.83	3.69	3.59	3.42	3.25	3.06	2.97	2.87	2.77	2.66	2.55	2.43
25	9.48	6.60	5.46	4.84	4.43	4.15	3.94	3.78	3.64	3.54	3.37	3.20	3.01	2.92	2.82	2.72	2.61	2.50	2.38
26	9.41	6.54	5.41	4.79	4.38	4.10	3.89	3.73	3.60	3.49	3.33	3.15	2.97	2.87	2.77	2.67	2.56	2.45	2.33
27	9.34	6.49	5.36	4.74	4.34	4.06	3.85	3.69	3.56	3.45	3.28	3.11	2.93	2.83	2.73	2.63	2.52	2.41	2.29
28	9.28	6.44	5.32	4.70	4.30	4.02	3.81	3.65	3.52	3.41	3.25	3.07	2.89	2.79	2.69	2.59	2.48	2.37	2.25
29	9.23	6.40	5.28	4.66	4.26	3.98	3.77	3.61	3.48	3.38	3.21	3.04	2.86	2.76	2.66	2.56	2.45	2.33	2.21
30	9.18	6.35	5.24	4.62	4.23	3.95	3.74	3.58	3.45	3.34	3.18	3.01	2.82	2.73	2.63	2.52	2.42	2.30	2.18
40	8.83	6.07	4.98	4.37	3.99	3.71	3.51	3.35	3.22	3.12	2.95	2.78	2.60	2.50	2.40	2.30	2.18	2.06	1.93
60	8.49	5.79	4.73	4.14	3.76	3.49	3.29	3.13	3.01	2.90	2.74	2.57	2.39	2.29	2.19	2.08	1.96	1.83	1.69
120	8.18	5.54	4.50	3.92	3.55	3.28	3.09	2.93	2.81	2.71	2.54	2.37	2.19	2.09	1.98	1.87	1.75	1.61	1.43
∞	7.88	5.30	4.28	3.72	3.35	3.09	2.90	2.74	2.62	2.52	2.36	2.19	2.00	1.90	1.79	1.67	1.53	1.36	1.00

续表

$\alpha = 0.001$

n_2 \ n_1	1	2	3	4	5	6	7	8	9	10	12	15	20	24	30	40	60	120	∞
1	4053+	5000+	5404+	5625+	5764+	5859+	5929+	5981+	6023+	6056+	6107+	6158+	6209+	6235+	6261+	6287+	6313+	6340+	6366+
2	998.5	999.0	999.2	999.2	999.3	999.3	999.4	999.4	999.4	999.4	999.4	999.4	999.4	999.5	999.5	999.5	999.5	999.5	999.5
3	167.0	148.5	141.1	137.1	134.6	132.8	131.6	130.6	129.9	129.2	128.3	127.4	126.4	125.9	125.4	125.0	124.5	124.0	123.5
4	74.14	61.25	56.18	53.44	51.71	50.53	49.66	49.00	48.47	48.05	47.41	46.76	46.10	45.77	45.43	45.09	44.75	44.40	44.05
5	47.18	37.12	33.20	31.09	27.75	28.84	28.16	27.64	27.24	26.92	26.42	25.91	25.39	25.14	24.87	24.60	24.33	24.06	23.79
6	35.51	27.00	23.70	21.92	20.81	20.03	19.46	19.03	18.69	18.41	17.99	17.56	17.12	16.89	16.67	16.44	16.21	15.99	15.75
7	29.25	21.69	18.77	17.19	16.21	15.52	15.02	14.63	14.33	14.08	13.71	13.32	12.93	12.73	12.53	12.33	12.12	11.91	11.70
8	25.42	18.49	15.83	14.39	13.49	12.86	12.40	12.04	11.77	11.54	11.19	10.84	10.48	10.30	10.11	9.92	9.73	9.53	9.33
9	22.86	16.39	13.90	12.56	11.71	11.13	10.70	10.37	10.11	9.89	9.57	9.24	8.90	8.72	8.55	8.37	8.19	8.00	7.80
10	21.04	14.91	12.55	11.28	10.48	9.92	9.52	9.20	8.96	8.75	8.45	8.13	7.80	7.64	7.47	7.30	7.12	6.94	6.76
11	19.69	13.81	11.56	10.35	9.58	9.05	8.66	8.35	8.12	7.92	7.63	7.32	7.01	6.85	6.68	6.52	6.35	6.17	6.00
12	18.64	12.97	10.80	9.63	8.89	8.38	8.00	7.71	7.48	7.29	7.00	6.71	6.40	6.25	6.09	5.93	5.76	5.59	5.42
13	17.81	12.31	10.21	9.07	8.35	7.86	7.49	7.21	6.98	6.80	6.52	6.23	5.93	5.78	5.63	5.47	5.30	5.14	4.97
14	17.14	11.78	9.73	8.62	7.92	7.43	7.08	6.80	6.58	6.40	6.13	5.85	5.56	5.41	5.25	5.10	4.94	4.77	4.60
15	16.59	11.34	9.34	8.25	7.57	7.09	6.74	6.47	6.26	6.08	5.81	5.54	5.25	5.10	4.95	4.80	4.64	4.47	4.31
16	16.12	10.97	9.00	7.94	7.27	6.81	6.46	6.19	5.98	5.81	5.55	5.27	4.99	4.85	4.70	4.54	4.39	4.23	4.06
17	15.72	10.66	8.73	7.68	7.02	6.56	6.22	5.96	5.75	5.58	5.32	5.05	4.78	4.63	4.48	4.33	4.18	4.02	3.85
18	15.38	10.39	8.49	7.46	6.81	6.35	6.02	5.76	5.56	5.39	5.13	4.87	4.59	4.45	4.30	4.15	4.00	3.84	3.67
19	15.08	10.16	8.28	7.26	6.62	6.18	5.85	5.59	5.39	5.22	4.97	4.70	4.43	4.29	4.14	3.99	3.84	3.68	3.51
20	14.82	9.95	8.10	7.10	6.46	6.02	5.69	5.44	5.24	5.08	4.82	4.56	4.29	4.15	4.00	3.86	3.70	3.54	3.38
21	14.59	9.77	7.94	6.95	6.32	5.88	5.56	5.31	5.11	4.95	4.70	4.44	4.17	4.03	3.88	3.74	3.58	3.42	3.26
22	14.38	9.61	7.80	6.81	6.19	5.76	5.44	5.19	4.98	4.83	4.58	4.33	4.06	3.92	3.78	3.63	3.48	3.32	3.15
23	14.19	9.47	7.67	6.69	6.08	5.65	5.33	5.09	4.89	4.73	4.48	4.23	3.96	3.82	3.68	3.53	3.38	3.22	3.05
24	14.03	9.34	7.55	6.59	5.98	5.55	5.23	4.99	4.80	4.64	4.39	4.14	3.87	3.74	3.59	3.45	3.29	3.14	2.97
25	13.88	9.22	7.45	6.49	5.88	5.46	5.15	4.91	4.71	4.56	4.31	4.06	3.79	3.66	3.52	3.37	3.22	3.06	2.89
26	13.74	9.12	7.36	6.41	5.80	5.38	5.07	4.83	4.64	4.48	4.24	3.99	3.72	3.59	3.44	3.30	3.15	2.99	2.82
27	13.61	9.02	7.27	6.33	5.73	5.31	5.00	4.76	4.57	4.41	4.17	3.92	3.66	3.52	3.38	3.23	3.08	2.92	2.75
28	13.50	8.93	7.19	6.25	5.66	5.24	4.93	4.69	4.50	4.35	4.11	3.86	3.60	3.46	3.32	3.18	3.02	2.86	2.69
29	13.39	8.85	7.12	6.19	5.59	5.18	4.87	4.64	4.45	4.29	4.05	3.80	3.54	3.41	3.27	3.12	2.97	2.81	2.64
30	13.29	8.77	7.05	6.12	5.53	5.12	4.82	4.58	4.39	14.24	4.00	3.75	3.49	3.36	3.22	3.07	2.92	2.76	2.59
40	12.61	8.25	6.60	5.70	5.13	4.73	4.44	4.21	4.02	3.87	3.64	3.40	3.15	3.01	2.87	2.73	2.57	2.41	2.23
60	11.97	7.76	6.17	5.31	4.76	4.37	4.09	3.87	3.69	3.54	3.31	3.08	2.83	2.69	2.55	2.41	2.25	2.08	1.89
120	11.38	7.32	5.79	4.95	4.42	4.04	3.77	3.55	3.38	3.24	3.02	2.78	2.53	2.40	2.26	2.11	1.95	1.76	1.54
∞	10.83	6.91	5.42	4.62	4.10	3.74	3.47	3.27	3.10	2.96	2.74	2.51	2.27	2.13	1.99	1.84	1.66	1.45	1.00

注: +表示要将所列数乘以100.

附表 7　秩和临界值表

T_1	T_2	α	T_1	T_2	α	T_1	T_2	α
	(2,4)		11	25	0.029	30	54	0.051
3	11	0.067	12	24	0.057		(6,8)	
	(2,5)			(4,5)		29	61	0.021
3	13	0.047	12	28	0.032	32	58	0.054
	(2,6)		13	27	0.056		(6,9)	
3	15	0.036		(4,6)		31	65	0.025
4	14	0.071	12	32	0.019	33	63	0.044
	(2,7)		14	30	0.057		(6,10)	
3	17	0.028		(4,7)		33	69	0.028
4	16	0.056	13	35	0.021	35	67	0.047
	(2,8)		15	33	0.055		(7,7)	
3	19	0.022		(4,8)		37	68	0.027
4	18	0.044	14	38	0.024	39	66	0.049
	(2,9)		16	36	0.055		(7,8)	
3	21	0.018		(4,9)		39	73	0.027
4	20	0.036	15	41	0.025	41	71	0.047
	(2,10)		17	39	0.053		(7,9)	
4	22	0.030		(4,10)		41	78	0.027
5	21	0.061	16	44	0.026	43	76	0.045
	(3,3)		18	42	0.053		(7,10)	
6	15	0.050		(5,5)		43	83	0.028
	(3,4)		18	37	0.028	46	80	0.054
6	18	0.028	19	36	0.048		(8,8)	
7	17	0.057		(5,6)		49	87	0.025
	(3,5)		19	41	0.026	52	84	0.052
6	21	0.018	20	40	0.041		(8,9)	
7	20	0.036		(5,7)		51	93	0.023
	(3,6)		20	45	0.024	54	90	0.046
7	23	0.024	22	43	0.053		(8,10)	
8	22	0.048		(5,8)		54	98	0.027
	(3,7)		21	49	0.023	57	95	0.051
8	25	0.033	23	47	0.047		(9,9)	
9	24	0.058		(5,9)		63	108	0.025
	(3,8)		22	53	0.021	66	105	0.047
8	28	0.024	25	50	0.056		(9,10)	
9	27	0.042		(5,10)		66	114	0.027
	(3,9)		24	56	0.028	69	111	0.047
9	30	0.032	26	54	0.050		(10,10)	
10	29	0.050		(6,6)		79	131	0.026
	(3,10)		26	52	0.021	83	127	0.053
9	33	0.024	28	50	0.047			
11	31	0.056		(6,7)				
	(4,4)		28	56	0.026			

注：括号内数字表示样本容量（$n_1 n_2$）.

附表 8　简单相关系数的临界值表

$n-2$	5%	1%	$n-2$	5%	1%	$n-2$	5%	1%
1	0.997	1.000	16	0.468	0.590	35	0.325	0.418
2	0.950	0.990	17	0.456	0.575	40	0.304	0.393
3	0.878	0.959	18	0.444	0.561	45	0.288	0.372
4	0.811	0.947	19	0.433	0.549	50	0.273	0.354
5	0.754	0.874	20	0.423	0.537	60	0.250	0.325
6	0.707	0.834	21	0.413	0.526	70	0.232	0.302
7	0.666	0.798	22	0.404	0.515	80	0.217	0.283
8	0.632	0.765	23	0.396	0.505	90	0.205	0.267
9	0.602	0.735	24	0.388	0.496	100	0.195	0.254
10	0.576	0.708	25	0.381	0.487	125	0.174	0.228
11	0.553	0.684	26	0.374	0.478	150	0.159	0.208
12	0.532	0.661	27	0.367	0.470	200	0.138	0.181
13	0.514	0.641	28	0.361	0.463	300	0.113	0.148
14	0.497	0.623	29	0.355	0.456	400	0.098	0.128
15	0.482	0.606	30	0.349	0.449	1 000	0.062	0.081